建筑外装饰工程
——设计、制图与实例

JIANZHU
WAI ZHUANGSHI GONGCHENG
SHEJI ZHITU YU SHILI

■ 孙勇 主编　■ 焦杨 田衍新 副主编

化学工业出版社
·北京·

本书以国家建筑外装饰最新规范为标准，以怎样识读和绘制建筑外装饰设计工程图的实际操作为重点；从建筑外装饰设计的基本原则出发，采用计算机辅助设计软件；结合建筑外装饰设计的基本要求及传统设计绘制方法，参照实际工程案例，分项、分步骤地详细阐述，在建筑外装饰设计中使用计算机专业软件的方法和技巧。从而使读者通过对本书学习，能够逐步掌握建筑外装饰设计的基本方法和CAD等软件的操作技巧，提高设计工作效率，能更加自如地表达自己的设计理念，快速绘制出规范、具有较高水平的建筑外装饰设计工程图。

本书力求语言精练，图文并茂，深入浅出，通俗易懂，做到科学性与实用性统一。本书可为广大建筑装饰从业人员提供有益的帮助，也可供高等学校建筑装饰专业和其他相关专业师生学习和参考。

图书在版编目（CIP）数据

建筑外装饰工程——设计、制图与实例/孙勇主编．—北京：化学工业出版社，2009.9

ISBN 978-7-122-06174-4

Ⅰ．建…　Ⅱ．孙…　Ⅲ．室外装饰-建筑设计：计算机辅助设计　Ⅳ．TU238

中国版本图书馆CIP数据核字（2009）第108101号

责任编辑：朱　彤　　　　文字编辑：王　琪
责任校对：凌亚男　　　　装帧设计：刘丽华

出版发行：化学工业出版社（北京市东城区青年湖南街13号　邮政编码100011）
印　　刷：北京永鑫印刷有限责任公司
装　　订：三河市万龙印装有限公司
787mm×1092mm　1/16　印张19½　字数539千字　2009年9月北京第1版第1次印刷

购书咨询：010-64518888（传真：010-64519686）　售后服务：010-64518899
网　　址：http：//www.cip.com.cn
凡购买本书，如有缺损质量问题，本社销售中心负责调换。

定　　价：46.00元

前　言

建筑外装饰制图与识图是建筑外装饰设计和施工基础，建筑外装饰构造是建筑外装饰设计的重要组成部分，也是建筑外装饰施工中必须给予重视的重要环节，其构造好坏不仅影响建筑外装饰质量，同时也影响建筑外装饰的使用和艺术价值。随着我国建筑装饰业的迅速发展，新技术、新工艺、新机具及新材料不断得到应用，与建筑外装饰密切相关的新标准、新规范也不断修订和发布。为此，编者依据新的工程设计标准与规范，在结合多年教学与实际工作经验基础上，编写了本书。

本书系统介绍了建筑外装饰工程图的成图原理、识图法则以及建筑外装饰的构造方法，通过对国家制图标准、投影原理的介绍，建立起空间想象模式，培养读者识读建筑外装饰施工图所必备的理论知识；通过对建筑外装饰的构造原理及构造方法的介绍，使读者充分了解建筑外装饰的设计原理与方法。本书应用的建筑外装饰实例，经编者选择、编纂，力求恰如其分、一目了然；书中适当摘录现行《建筑制图国家标准》中的有关规定，以及国家、地区的通用规范、标准和图例。因此，本书对建筑外装饰工程的设计与施工具有一定的实用指导意义和参考价值。

参加本书编写的有：焦杨（第一、二章）；泰安华鲁锻压机床有限公司田衍新（第三章）；李永昌（第四章）；甄珍（第五章）；胡琳琳（第六章）、孙勇（第七章）；赵芙蓉（第八章）。全书由孙勇担任主编，焦杨、田衍新担任副主编。另外，李婷、孟维涛也参与了本书编写，山东省煤田地质局杨楠仝面校阅了书稿，在编写过程中还得到李继业教授的大力支持和帮助，本书实例分别由深圳市华辉装饰工程有限公司和曲阜市远东装饰有限公司提供，特在此一并表示衷心感谢。

由于编写时间有限，书中难免有遗漏与不足之处，恳请广大读者提出宝贵意见。

编　者

2009 年 7 月

目 录

第一章 建筑外装饰设计概述

第二章 建筑外装饰设计因素

第三章 建筑外装饰构成元素设计

第四章　建筑外装饰设计投影基础知识

第五章　建筑外装饰设计制图的技巧

第六章　建筑外装饰工程施工图及绘制

第七章 AutoCAD软件在制图中的应用

第八章 建筑外装饰工程实例

参考文献

第一章

建筑外装饰设计概述

本章介绍了建筑外装饰的概念和建筑外装饰的设计原则，叙述了建筑外装饰的组成、作用和分类以及外装饰设计一般思路。

通过阅读，初步了解建筑外装饰设计的一些基本理论、基本方法和特点，为理解后续内容打下良好基础。

第一节 建筑外装饰设计的重要性

随着人民生活水平的提高，人们对建筑空间不仅仅从数量上提出了更高的要求，从质量上也提出了新的要求，要求环境美观、舒适。建筑外装饰因此受到了社会的广泛关注。

一、建筑装饰与建筑外装饰

建筑装饰是在已有的建筑主体上覆盖新的装饰表面，是对已有建筑空间效果的进一步设计，也是对建筑空间不足之处的改进和弥补，是使建筑空间满足使用要求、更具个性的一种手段。由于有各种使用要求的建筑物经二次装饰后，都被赋予了各自鲜明的性格特征，建筑装饰能够满足人们的视觉、触觉享受，能够改善建筑物理性能，进一步提高建筑空间的质量，因此建筑装饰已成为现代建筑工程不可缺少的重要组成部分。

建筑装饰水平的高低是评价一个建筑物总体乃至其内部质量优劣的重要依据：优秀的建筑装饰设计及施工，能够完善一个建筑设计的总体意图，甚至弥补某些不足；相反，不好的建筑装饰设计及施工会改变一个建筑方案的设计意图，甚至会影响使用功能。

建筑外装饰就是建筑和建筑的外部空间直接接触的界面以及其展现出来的形象和构成方式，或者是建筑内外空间界面处的构件及其组合方式的统称。一般情况下，建筑外装饰包括屋顶外建筑所有外围护部分。在某些特定情况下，如特定几何形体造型的建筑屋顶与墙体表现出很强的连续性并难以区分，或为了特定建筑观察角度的需要将屋顶作为建筑的“第五立面”来处理时，也可以将屋顶作为建筑外装饰的组成部分。

二、建筑外装饰设计的重要性

建筑外装饰工程涉及的建筑装饰材料品种十分繁多，所采用的构造方法细致而复杂多样，良好的建筑外装饰对建筑总体形象及环境气氛的形成起到十分重要的作用，但这种效果往往是在使用过程中才能被人们直接感受到。

或许大多数人都有这样的感受：每当人们到达一个新的城市，站在城市中心环顾四周，这个城市所带给人们的最为直观的印象就是建筑的外部装饰。建筑外装饰以其色彩、质感、造型等内容成为人们关注的焦点。如图 1-1 所示的中国香港维多利亚湾全景所展现出来的现代感极强的建筑外观让人为之赞叹。

图 1-1　中国香港维多利亚湾

三、建筑外装饰设计的历史演变进程

建筑外装饰设计从历史演变情况来看，始终处于一种动态、持续变化发展的状态中。人们生活在不同的国家、地区，当地的地域文化直接影响人们所赖以生存的空间环境。然而不同的环境因素直接影响人的审美以及对于美的追求、创造美的欲望。在不同的历史时期，不同的地域环境中产生“美”的动力和动机是不相同的，建筑的外装饰设计也是大相径庭。

1. 原始社会时期

在原始社会早期，原始人群曾利用天然崖洞作为居住处所，或构木为巢。到了原始社会晚期，在北方，人们在利用黄土层为壁体的土穴上，用木架和草泥建造简单的穴居或浅穴居，以后逐步发展到地面上。南方出现了干栏式木构建筑。人们为自己构建了个人生存的自由空间——“家”。这个构建的空间虽然减少了自然灾害对人类的侵袭，但是从人的心理上依然有着对自然的恐惧感。于是人们在“家”中增加了一些有灵性的“守护神”，以此带给“家”吉祥与平安，如图 1-2 所示。因此，在原始社会时期，建筑外装饰在摆脱自然恐惧、寻求安全感中产生了。

图 1-2　原始的图腾纹样

2. 农业社会时期

古代时期人们生活的焦点主要集中在财富、权势和生活情趣上。从这三方面可以分析出，在古代生活的人们对于建筑的需求除了满足基本的功能之外，更多地用来展现财富、体现权势等方面，这样的需求在建筑外装饰方面表现得很清晰，如图 1-3 所示。

3. 工业化时期

工业革命对于建筑来讲影响最大的就是新的结构技术、新材料和新型的技术设备。例如，生铁、钢铁等被广泛地应用到建筑中的柱子和框架，玻璃因采光较好被广泛地应用到建筑外表上。这些新型的建筑在材料、结构、技术、造型等方面比过去的建筑自由得多、丰富得多。其主要特点就是以生铁框架代替承重墙，外墙不再担负承重的使命，从而能够使外立面墙体得到

(a) 建筑梁、柱等的装饰是主人情趣的表现

(b) 建筑屋顶的装饰是主人权贵的象征

(c) 中国古代皇宫建筑是皇权和富贵的标志

(d) 德国波茨坦无忧宫是欧洲贵族权利和富贵的标志

图 1-3 古代建筑

解放，得到更多自由设计的空间。

1858～1868 年建造的巴黎圣日内维夫图书馆，是初期生铁框架形式的代表（图 1-4）。此外还有英国利兹货币交易所、伦敦老火车站、米兰埃曼尔美术馆、利物浦议院、伦敦老天鹅院（图 1-5）、耶鲁大学法尔南厅等。

图 1-4 巴黎圣日内维夫图书馆

美国 1850～1880 年之间“生铁时代”建造的大量商店、仓库和政府大厦多应用生铁构件门面或框架，如圣路易斯市的河岸上就聚集有 500 座以上这种生铁结构的建筑，在立面上以生铁梁柱纤细的比例代替了古典建筑沉重稳定的印象，但还未完全摆脱古典形式的羁绊。在新结构技术的条件下，建筑在层数和高度上都出现了巨大的突破，第一座依照现代钢框架结构

原理建造起来的高层建筑是芝加哥家庭保险公司大厦（1883～1885 年，William Le Baron Jenney），共 10 层，它的外形仍然保持着古典的比例（图 1-6）。这个时期建筑师和设计师通过现代材料和技术以一种新的角度进入人们的视野。

图 1-5　伦敦老天鹅院

图 1-6　芝加哥家庭保险公司大厦

4. 后工业化时期

工业化时期的建筑外装饰设计带给人们的是过多的严肃性、科学性和理性，人们的情感得不到释放，这使得人们渴望一种能满足心理、情感的设计，于是后工业化时期的设计出现了。后工业化时期建筑有如下特点。

（1）采用装饰。

（2）具有象征性或隐喻性。

（3）与现有环境相融合。

后工业化的特征主要反映在建筑设计领域，直接表现为设计意念的多样化。不论是对传统的缅怀、广告的需求、人们的娱乐心理，还是人们审美心理的需求变化，都把后工业化时期的建筑外装饰设计推向一个新的发展方向。如图 1-7 所示为瓦尔特·格罗皮乌斯设计、1911～1912 年建成的德国法古斯工厂，是后工业化时期建筑的代表作。

图 1-7　德国法古斯工厂（瓦尔特·格罗皮乌斯设计）

第二节　建筑外装饰设计原则

建筑外装饰设计必须综合考虑各种因素，通过分析比较选择适合特定装饰工程的最佳设计方案，一般应遵循以下几项原则。

一、满足使用功能要求

建筑物是供人们使用的，因此建筑装饰构造要最大限度地满足人们对使用功能的要求。

1. 保护建筑主体结构构件

建筑物主体结构构件是装饰构件的基础和依托，是建筑物的支撑骨架，这些建筑构件直接暴露在大气中，会受到大气中各种介质的侵蚀，如铜铁构件会由于氧化作用而锈蚀；水泥构件表面会因大气侵蚀而使表面疏松；竹、木等材料构件会因微生物的侵蚀而腐朽等。建筑装饰工程中，通常采用涂饰、抹灰等覆盖性的装饰构造措施进行处理。

这样，一方面能提高建筑构件的防火、防水、防锈、防酸碱的抵抗能力，另一方面可以保护建筑构件免受机械外力的碰撞和磨损。一些重点部位，如内墙面的踢脚、墙裙、窗台、门窗套等为防止磕碰损坏、便于清洁而应做出特殊处理，当覆盖层受到破坏时可不更换结构构件而直接重做装饰，使建筑物焕然一新。

2. 保证建筑空间的使用要求

建筑外装饰设计的目标就是创造出一个既美观舒适，又能满足人们各种生理要求，还能给人以美感的空间环境。对建筑物室内外进行装饰，不仅可使建筑物不易污染，容易清洗，改善室内外清洁卫生条件，保持建筑物整洁清新的外观，而且还可改善建筑物的热工、声学、光学等物理状况，从而为人们创造舒适良好的生活、生产工作环境。对特殊要求的建筑，应根据其特点进行装饰，不同部位需采用不同的装饰材料及相应的构造措施。

3. 协调各工种之间的关系

现代化设备的建筑，尤其是一些有特殊要求或大型公共建筑，其结构空间大、设备数量多、功能要求复杂、各种设备错综布置，常利用装饰的各种构造方法将各种设施进行有机组织，如将通风口、窗帘盒、灯具、消防管道设施等与顶棚或墙面有机结合，不仅可减少设备占用空间、节省材料，而且可起到美化建筑物的作用。

装饰工程是建筑施工的最后一道工序，它具有将各工种之间协调统一的作用。如果外装饰构造得当、合理，就能够更好地满足使用功能要求。

二、满足精神生活的需要

建筑外装饰设计从色彩、质感等美学角度合理选择装饰材料，通过准确的造型设计和细部处理，可以使建筑空间形成某种气氛，体现某种意境与风格，这种艺术表现力称为“建筑的精神功能”。

建筑外装饰设计通过对局部造型及尺度的把握、纹线和线脚的处理、色彩与质地的选用等设计方法，将工程技术与艺术加以融合，改变建筑物的空间感。通过建筑外装饰处理，原本平凡的建筑可以被赋予某种特定的格调。

不同性质和功能的建筑，通过不同的装饰加以设计处理，能形成不同的环境和气氛，以其强烈的艺术感染力影响人们的精神生活。

三、确保坚固耐久、安全可靠

建筑外装饰构造设计如果没有安全保障，任何建筑功能都会荡然无存。因此，一定要注意以下几方面。

1. 结构安全方面

首先是装饰构件自身的强度、刚度和稳定性。它们的强度、刚度、稳定性一旦出现问题，不仅直接影响装饰效果，而且还可能造成人身伤害和财产损失，如玻璃幕墙的覆面玻璃和铝合金骨架在正常荷载情况下应满足强度、刚度等要求。

其次是主体结构的安全性。由于外装饰所用材料大多依附在主体结构上，主体结构构件必须承受由此传来的附加荷载。

因此要正确验算装饰构件和主体结构构件的承载力，尤其是当需要拆改某些主体结构构件时，主体结构构件的验算就非常重要。

另外，装饰构件与主体结构的连接也必须保证安全可靠。连接点承担外界各种荷载并传递给主体结构，如果连接点强度不足，会导致装饰构件坠落，后果十分危险。

在建筑外装饰工程施工过程中，切忌破坏性装修。不经计算校核和批准，不得随意拆除墙体，损坏原有建筑结构。

2. 消防、疏散方面

建筑外装饰设计必须与建筑设计协调一致，满足建筑设计规范要求。不得在建筑装饰设计中对原有建筑设计中的交通疏散、消防处理进行随意改变，要考虑装饰处理后对建筑消防和交通的影响。

现代建筑外装饰工程中经常采用木材、织物、不锈钢等易燃或易导热材料，使建筑物受到火灾隐患威胁，应根据消防规范要求采取调整和处理措施，建筑外装饰设计必须符合规范要求。

3. 环保安全方面

建筑外装饰材料的选择和施工应符合相关部门的要求，避免选择含有毒性物质和放射性物质的建筑外装饰材料，如挥发有毒气体的涂料和化纤制品、放射性指标超过国家标准的石材，防止对使用者造成身体伤害，确保为人们提供一个安全可靠、环境舒适、有益健康的工作、生活空间环境。

四、材料选择合理

建筑外装饰材料是装饰工程效果的物质基础，在很大程度上决定装饰工程的质量、造价和装饰效果，轻质高强、性能优良、易于加工、价格适中是理想装饰材料所具备的特点。

在材料选择时，首先应正确认识材料的物理性能和化学性能，如耐磨、防腐、保温、隔热、防潮、防火、隔声以及强度、硬度、耐久性、加工性能等，还应考虑装饰材料的纹理、色泽、形状、质感等外观特征；其次应了解材料的价格、产地及运输情况，一般来说，中低档价格的装饰材料普及率高、应用广泛，高档价格的装饰材料常用于局部空间的点缀，在满足装饰效果和使用功能的前提下，就地取材是创造具有地方装饰特色和节省投资的好方法。

五、施工方便可行

建筑外装饰工程施工是整个建筑工程的最后一道主要工序，通过一系列施工，使外装饰设计变为现实。一般装饰工程的施工工期约占整个工程施工工期的20％～30％，高级建筑装饰工程的施工工期可达50％，甚至更长。因此，设计方案应便于施工操作，便于各工种之间的协调配合，便于施工机械化程度的提高，设计还应考虑维修方便和检修方便。

六、满足经济合理要求

建筑外装饰工程费用在整个工程造价中占有很高比例，一般民用建筑外装饰工程费用占工程总造价的20％～30％及以上，因此，根据建筑性质和用途确定装饰标准、装饰材料和构造方案，控制工程造价，对于实现经济上的合理性有着非常重要的意义。

装饰并不意味着多花钱和多用贵重材料，节约也不是单纯地降低标准，重要的是在相同的经济和装饰材料条件下，通过不同的设计处理手法，创造出令人满意的空间环境。表1-1、表1-2分别为建筑装饰等级和建筑装饰标准，可供参考。

表 1-1　建筑装饰等级

建筑装饰等级	建筑物类型
一	高级宾馆，别墅，纪念性建筑，大型博览、观演、交通和体育建筑，一级行政机关办公楼，市级商场等
二	科研、高校建筑，普通博览、观演、交通和体育建筑，广播通信、医疗、商业、旅馆建筑，局级以上行政办公楼等
三	中学、小学和托儿所建筑，生活服务性建筑，普通行政办公楼，普通居住建筑等

表 1-2　建筑装饰标准

<table>
<tr><th>装饰类别</th><th>房间名称</th><th>部位</th><th>内装饰标准及材料</th><th>外装饰标准及材料</th><th>备注</th></tr>
<tr><td rowspan="5">一</td><td rowspan="5">全部房间</td><td>墙面</td><td>塑料壁纸(布)、织物墙面、大理石、装饰板、水泥墙裙、各种面砖及内墙堆料</td><td>大理石、花岗岩、面砖、无机涂料、金属板及玻璃幕墙</td><td rowspan="5"></td></tr>
<tr><td>楼面地面</td><td>软木橡胶地板、各种塑料地板、大理石、彩色水磨石、地毯及木地板</td><td></td></tr>
<tr><td>顶棚</td><td>金属装饰板、塑料装饰板、金属壁纸、塑料壁纸、装饰吸声板、玻璃顶棚及灯具</td><td>室外雨篷下和悬挑部分的楼板下，可参照内装饰顶棚</td></tr>
<tr><td>门窗</td><td>夹板门、推拉门、带木镶边板或大理石镶边板，设窗帘盒</td><td>各种颜色玻璃、铝合金门窗、塑钢门窗、特制木门窗、钢窗及玻璃栏板</td></tr>
<tr><td>其他设施</td><td>各种金属花格、竹木花格，自动扶梯、有机玻璃栏板，各种花饰、灯具、空调、防火设备、暖气设备及高档卫生设备</td><td>局部屋檐、屋顶可用各种瓦件和金属装饰物(可少用)</td></tr>
<tr><td rowspan="8">二</td><td rowspan="4">门厅
楼梯
走道
普通房间</td><td>墙面</td><td>各种内墙涂料和装饰抹灰，有窗帘盒和暖气罩</td><td>主要立面可用面砖、局部大理石及无机涂料</td><td rowspan="8">功能有特殊者除外</td></tr>
<tr><td>楼面地面</td><td>彩色水磨石、各种塑料地板、地毯、卷材地毯及碎拼大理石地面</td><td></td></tr>
<tr><td>顶棚</td><td>混合砂浆、石灰罩面、板材顶棚(钙塑板、胶合板、吸声板)</td><td></td></tr>
<tr><td>门窗</td><td></td><td>普通钢木门窗、塑钢门窗、铝合金门窗</td></tr>
<tr><td rowspan="4">厕所
盥洗室</td><td>墙面</td><td>水泥砂浆</td><td></td></tr>
<tr><td>楼面地面</td><td>普通水磨石、马赛克，1.4～1.7m 高白瓷砖墙裙</td><td></td></tr>
<tr><td>顶棚</td><td>混合砂浆、石灰膏罩面</td><td></td></tr>
<tr><td>门窗</td><td></td><td>普通钢木门窗、塑钢门窗、铝合金门窗</td></tr>
<tr><td rowspan="6">三</td><td rowspan="4">一般房间</td><td>墙面</td><td>混合砂浆、色浆粉刷，可赛银乳胶漆，局部油漆墙裙柱子不做特殊装饰</td><td>局部可用面砖，而大部分用水刷石、干黏石、无机涂料、色浆粉刷及清水砖</td><td rowspan="6"></td></tr>
<tr><td>楼面地面</td><td>局部水磨石、水泥砂浆地面</td><td></td></tr>
<tr><td>顶棚</td><td>混合砂浆、石灰膏罩面</td><td></td></tr>
<tr><td>其他</td><td>文体用房、托幼小班可用木地板、窗饰板，除托幼外不设暖气罩，不准做钢装饰件。不用白水泥、大理石及铝合金门窗，不贴墙纸</td><td>禁用大理石、金属外墙板</td></tr>
<tr><td>门厅
楼梯
走道</td><td></td><td>除门厅局部吊顶外，其他同一般房间，楼梯用金属栏杆、木扶手或抹灰栏板</td><td></td></tr>
<tr><td>厕所
盥洗室</td><td></td><td>水泥砂浆地面、水泥砂浆墙裙</td><td></td></tr>
</table>

第三节　建筑外装饰设计的一般思路

建筑外装饰设计要求完成可供指导施工过程的装饰效果图和施工图，其中施工图应有明确的细部尺寸、材料种类要求、做法说明、正确的连接关系等。设计一般是在整个装饰设计要求已经确定、装饰设计方案基本确定的前提下开始的，是一个从整体统筹设计到局部细部处理再到整体构造设计，不断修改完善的设计过程，主要设计思路有以下几方面。

一、确定设计基调

确定设计基调就是确定建筑以及外部空间环境整体的设计风格，做到统一、和谐。例如，有的环境需要沉稳厚重，有的环境需要轻灵飘逸，有的环境需要粗拙古朴，有的环境需要精巧典雅等。设计基调不仅应与建筑的使用功能和特色一致，而且还应与城市规划和地方特色相协调，基调环境的确定是设计的前提和关键。

二、选定装饰材料并确定装饰材料的构造尺寸和规格

在绘制效果图及施工图时，需要对装饰效果设计中已初步选择的材料，做进一步斟酌考虑。

(1) 进一步确定材料的档次和材质加工方案。不同档次的材料通过处理可以达到相似的效果。例如，在装饰效果图中看到的清水木纹，可以采用不同树种的木材来实现；对一些价格低廉的材料进行精工仿造或对一些材料表面进行改性加工，在外观或实用上均能取得良好效果。各种不同的方案其造价显然不同。

(2) 确定装饰材料的类型和规格。有的材料供货尺寸就是它的构造尺寸，可直接拼贴；有的材料则需要裁割。确定材料的尺寸规格主要应考虑整体效果对分块的尺度要求，避免用边角料拼接，尽可能充分利用材料；考虑龙骨间距与面板规格尺寸的协调，减少面板下料损耗；考虑要为设备管线的隐蔽和后期检修留出足够尺寸。

(3) 进一步考虑材料的供货、施工机具、技术力量等因素，如季节因素、地域因素、一次性投资和日常维护等。

综合考虑，确定选用的装饰材料的品种、类型和规格。

三、确定细部构造设计方案

细部构造设计方案是否合理直接影响整个建筑外装饰的效果。装饰设计的失败，不少是由于细部处理及其构造方法不妥所致，应从安全、美观、经济及方案个性等方面进一步校核，推敲各个部位的细部构造方案，预计完工后的装饰效果。主要考虑以下几方面。

(1) 配件连接固定的方法、装饰面层的边缘和边角处理、不同材质和不同界面的衔接构造。

(2) 构造上要求的设缝分块的处理方案，以及设缝分块后对建筑物尺度比例的影响。

(3) 用料质地和纹理感受、主要色彩与配件的配色、构配件对整体造型的影响等。

四、确定设计方案及绘制装饰施工图

建筑外装饰设计内容繁杂，要求细致、准确、完整，是一个反复修改、不断完善的过程。当确定了各个细部的设计方案后，应先绘制方案设计草图及效果图。然后，从建筑空间的整体角度来审视设计方案，进一步考虑是否符合装饰设计的要求，各个细部设计处理是否协调、合理并进行必要的局部调整。最后，按照规范有关要求，绘制装饰构造施工图。

第二章

建筑外装饰设计因素

每一个建筑都应该有自己的风格特征，而不是所有的建筑在形式上都趋于雷同。正如雷纳·班纳姆所说："建筑是一种必不可少的视觉艺术。无论承认与否，这是一个文化历史性事实，建筑师受到视觉形象的训练与影响。"

建筑外装饰设计的艺术形式，在设计的实践过程中遵循很多形式美规律，如统一变化、均衡稳定、节奏韵律、比例尺度等，这些视觉方面的规律影响外装饰的形式。

第一节　美学因素

一、建筑外装饰设计的形式美

一个建筑给人们以美或不美的感受，在人们心理、情绪上产生某种反应，存在某种规律。建筑形式美法则就表述了这种规律。建筑物是由各种构成要素如墙、门、窗、台基、屋顶等组成的。这些构成要素具有一定的形状、大小、色彩和质感，而形状（及其大小）又可抽象为点、线、面、体（及其度量），建筑形式美法则就表述了这些点、线、面、体以及色彩和质感的普遍组合规律。建筑形式美法则可以归纳为以下几方面。

1. 主和从

古希腊哲学家赫拉克利特发现，自然界趋向于差异的对立。他认为协调是差异的对立产生的，而不是由类似的东西产生的。例如植物的干和枝、花和叶、动物的躯干和四肢等，都呈现出一种主和从的差异。这就启示人们：在一个有机统一的整体中，各个组成部分是不能不加以区别的，它们存在主和从、重点和一般、核心和外围的差异。建筑构图为了达到统一，从平面组合到立面处理，从内部空间到外部体形，从细部处理到群体组合，都必须处理好主和从、重点和一般的关系。在一些采用对称构图的古典建筑中，对此做了明确的处理，如图 2-1 所示，这是设计的圆厅别墅（上为透视图，下为平面图）。现代强调形式必须服从功能的要求，反对盲目追求对称，出现了各种不对称的组合形式，虽然主和从的差异不像古典建筑那样明显，但还是力求突出重点，区分主和从，以求得整体的统一。国外一些建筑师常用的"趣味中心"一词，指的就是整体中最富有吸引力的部分，如图 2-2 所示为美国亚特兰大桃树中心广场旅馆中庭（上为透视图，下为平面图）。一个整体如果没有比较引人注目的焦点——重点或核心，会使人感到平淡、松散，从而失掉统一性。

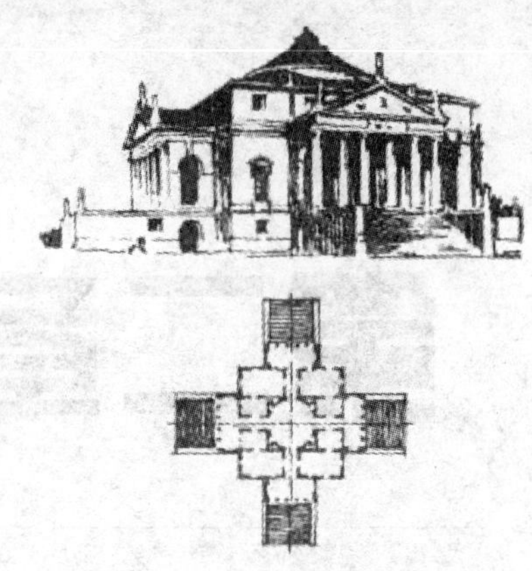

图 2-1　主从分明（圆厅别墅）

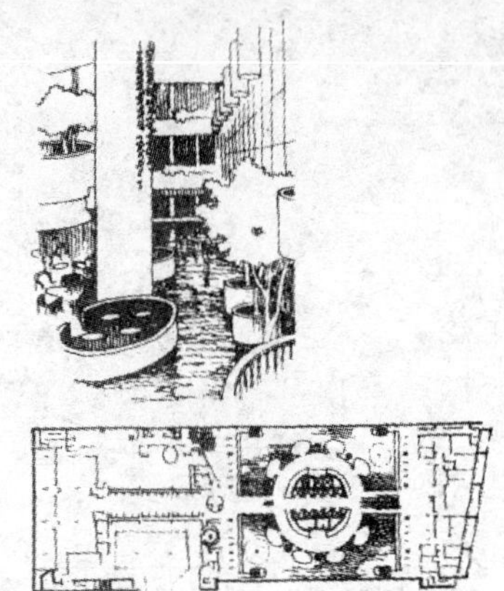

图 2-2　重点突出（美国亚特兰大桃树中心广场旅馆中庭）

2. 比例尺度

谐调的比例可以引起人们的美感。公元前 6 世纪，古希腊的毕达哥拉斯学派认为万物最基本的要素是数，数的原则统摄着宇宙中心的一切现象。这个学派运用这种观点研究美学问题：在音乐、建筑、雕刻和造型艺术中，探求什么样的数量比例关系能产生美的效果。著名的“黄金分割”就是这个学派提出来的。在建筑中，无论是组合要素本身，还是各组合要素之间以及某一组合要素与整体之间，无不保持着某种确定的数的制约关系。这种制约关系中的任何一处，如果超越和谐所允许的限度，就会导致整体比例失调。至于什么样的比例关系能产生和谐并给人以美感，则众说纷纭。

同比例相联系的是尺度，比例主要表现为整体或部分之间长短、高低、宽窄等关系，是相对的，一般不涉及具体尺寸。尺度则涉及具体尺寸。不过，尺度一般不是指真实的尺寸和大小，而是给人们感觉上的大小印象同真实大小之间的关系。虽然按理两者应当是一致的，然而在实践中却可能出现不一致。如果两者一致，意味着建筑形象正确反映建筑物的真实大小。如果不一致，可能出现两种情况：一是大而不见其大——实际很大，但给人印象并不如真实的大；二是小而不见其小——本身不大，却显得大。两者都称为失掉了应有的尺度感。经验丰富的建筑师也难免在尺度上处理失误。问题在于人们很难准确地判断建筑物体量的真实大小。通常只能依靠组成建筑的各种构件来估量整体的大小，如果这些构件本身的尺寸超越常规（人们习以为常的大小），就会造成错觉，而凭借这种印象去估量整体，对建筑真实大小的判断就难以准确。建筑中一些构件如栏杆、扶手、坐凳、台阶等，因有功能要求，尺寸比较确定，有助于正确显示出建筑物的整体尺度感。一般来说，建筑师总是力图使观赏者所得到的印象同建筑物的真实大小一致，但对于某些特殊类型的建筑如纪念性建筑，则往往通过尺度处理，给人以崇高的尺度感。对于庭园建筑，则希望使人感到小巧玲珑，产生一种亲切的尺度感。这两种情况，虽然产生的感觉同真实尺度之间不尽吻合，但为了实现某种艺术意图是被允许的（图 2-3）。

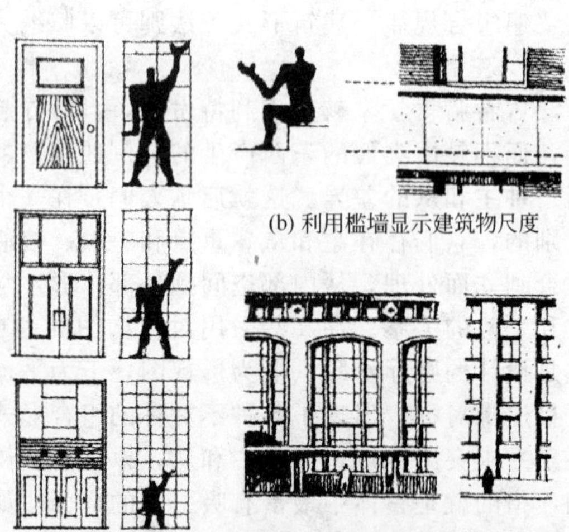

(a) 不同尺度的门　(b) 利用槛墙显示建筑物尺度　(c) 北京火车站立面设计的尺度处理

图 2-3　比例和尺度

3. 均衡稳定

处于地球重力场内的一切物体只有在重心最低和左右均衡的时候，才有稳定的感觉。如下大上小的山、左右对称的人等。人眼习惯于均衡的组合。通过建筑的实践使人们认识到，均衡而稳定的建筑不仅实际上是安全的，而且在感觉上也是舒服的。

对称本身就是均衡的。由于中轴线两侧必须保持严格的制约关系，所以凡是对称的形式都能够获得统一性。中外建筑史上无数优秀的实例，都是因为采用了对称的组合形式而获得完整统一的。中国古代的建筑，几乎都是通过对称布局把众多的建筑组合成为统一的建筑群。在西方，特别是从文艺复兴时期到 19 世纪后期，建筑师几乎都倾向于利用均衡对称的构图手法谋求整体的统一（图 2-4）。

(a) 印度泰吉·玛哈尔陵

(b) 北京中国美术馆

图 2-4　对称均衡

（1）不对称均衡　由于构图受到严格制约，对称形式往往不能适应现代建筑复杂的功能要求。现代建筑师常采用不对称均衡构图。这种形式构图，因为没有严格的约束，适应性强，显得生动活泼。在中国古典园林中这种形式构图应用已很普遍（图 2-5）。

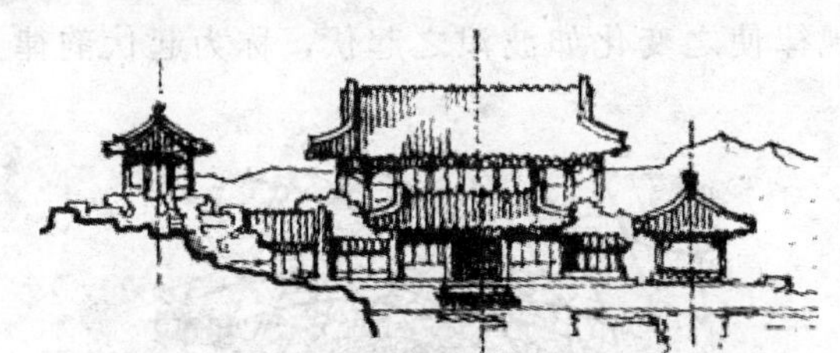

图 2-5　不对称均衡（承德避暑山庄烟雨楼）

图 2-6　动态均衡（纽约肯尼迪机场美国环球航空公司候机楼）

（2）动态均衡　对称均衡和不对称均衡形式通常是在静止条件下保持均衡的，故称为静态均衡。而旋转的陀螺、展翅的飞鸟、奔跑的走兽所保持的均衡，则属于动态均衡。现代建筑理论强调时间和空间两种因素的相互作用和对人的感觉所产生的巨大影响，促使建筑师去探索新的均衡形式——动态均衡。例如，把建筑设计成飞鸟的外形（图 2-6）、螺旋体形，或采用具有运动感的曲线等，将动态均衡形式引进建筑构图领域。

同均衡相联系的是稳定。如果说均衡着重处理建筑构图中各要素左右或前后之间的轻重关系，那么稳定则着重考虑建筑整体上下之间的轻重关系。西方古典建筑几乎总是把下大上小、下重上轻、下实上虚奉为求得稳定的金科玉律。随着工程技术的进步，现代建筑师则不受这些约束，创造出许多同上述原则相对立的新的建筑形式（图 2-7）。

4. 节奏韵律

自然界中的许多事物或现象，往往由于有秩序地变化或有规律地重复出现而激起人们的美感，这种美通常称为韵律美。例如，投石入水，激起一圈圈的波纹，就是一种富有韵律的现象。蜘蛛结的网、某些动物（包括昆虫）身上的斑纹、树叶的脉络也是富有韵律的图案。有意识地模仿自然现象，可以创造出富有韵律变化和节奏感的图案，韵律美在建筑构图中的应用极为普遍。古今中外的建筑，不论是单体建筑或群体建筑，乃至细部装饰，几乎处处都有应用韵律美造成节奏感。

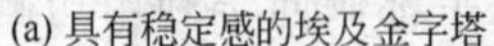

(a) 具有稳定感的埃及金字塔

(b) 突破传统的稳定观念的波士顿市政厅

图 2-7　稳定与不稳定

(1) 连续韵律　以一种或几种组合要素连续安排，各要素之间保持恒定的距离，可以连续地延长等，是这种韵律的主要特征。建筑装饰中的带形图案，墙面的开窗处理，均可运用这种韵律获得连续性和节奏感（图 2-8）。

图 2-8　连续韵律（建筑装饰图案）

(2) 渐变韵律　重复出现的组合要素在某一方面有规律地逐渐变化，例如，加长或缩短，变宽或变窄，变密或变疏，变浓或变淡等，便形成渐变的韵律。古代密檐式砖塔由下而上逐渐收分，许多构件往往具有渐变韵律的特点。

(3) 起伏韵律　渐变韵律如果按照一定的规律使之变化如波浪之起伏，称为起伏韵律（图 2-9）。

图 2-9　起伏韵律（悉尼歌剧院）

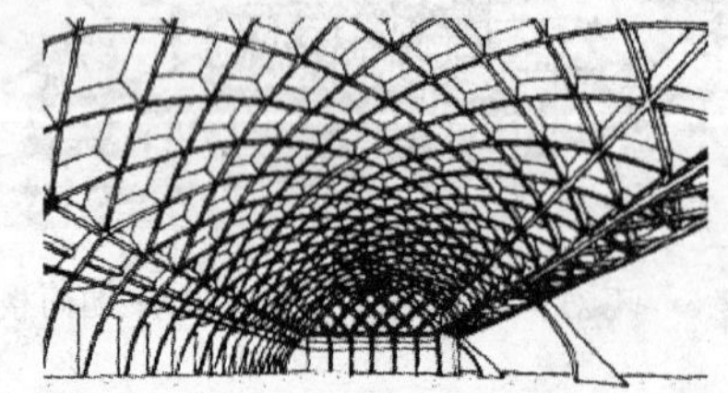

图 2-10　具有交错韵律感的网架拱面结构

(4) 交错韵律　两种以上的组合要素互相交织穿插，一隐一显，便形成交错韵律。简单的交错韵律由两种组合要素作纵横两向的交织、穿插构成；复杂的交错韵律则由三个或更多要素作多向交织、穿插构成。现代空间网架结构的构件往往具有复杂的交错韵律（图 2-10）。

5. 渗透和层次

西方古典建筑多为砖石结构，各个房间多为六面体的闭合空间，很少有连通的可能。近代技术的进步和新材料的不断出现，特别是框架结构取代砖石结构，为自由灵活地分隔空间创造了条件，从而以空间自由灵活"分隔"的概念代替传统的把若干个六面体空间连成整体的"组合"概念。这样，各部分空间互相连通、贯穿、渗透，呈现出极其丰富的层次变化（图 2-11）。所谓"流动空间"正是对这种空间所做形象的概括。中国古典园林中的借景就是一种空间的渗透。"借"是把彼处的景物引到此处来，以获得层次丰富的景观效果。"庭院深深深几许"就是描述中国古典庭园所独具的幽深境界（图 2-12）。

近年来国外一些公共建筑，更加注意空间的渗透，不仅考虑到同一层内若干空间的相互渗透（图 2-13，右上为平面图，下为透视图），而且通过楼梯、夹层的处理，造成上下多层空间的相互穿插渗透，以丰富层次变化（图 2-14，右为各层平面图，左下为透视图）。

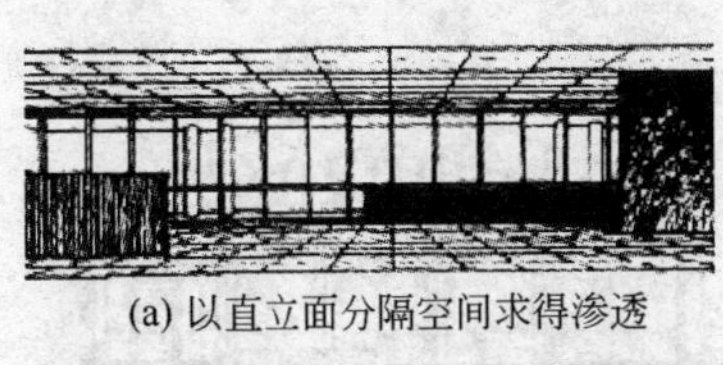

(a) 以直立面分隔空间求得渗透

(b) 利用玻璃围护建筑求得内外空间渗透

图 2-11 渗透和层次

图 2-12 多层次空间渗透获得深邃感（苏州留园窗景）

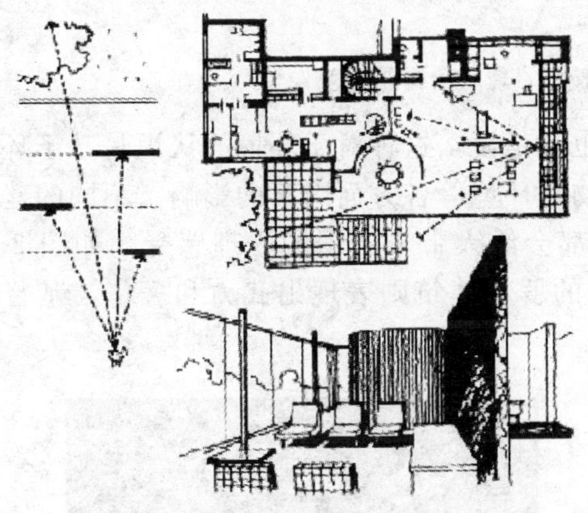

图 2-13 多层次空间渗透的效果（屠根达住宅）

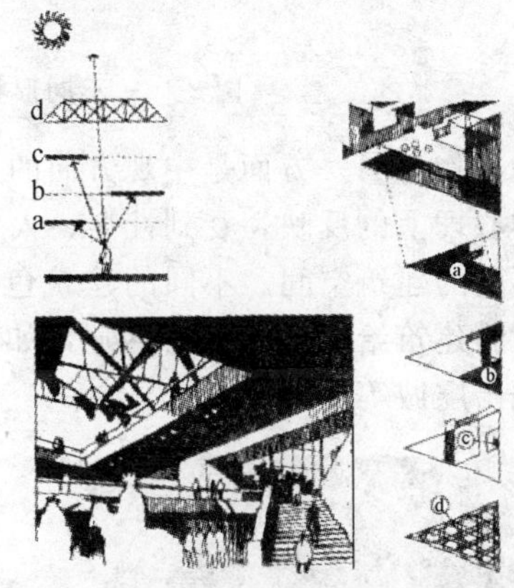

图 2-14 上下层空间互相渗透的效果（华盛顿国家美术馆东馆）

6. 对比和微差

建筑要素之间存在差异，对比是显著的差异，微差则是细微的差异。就形式美而言，两者都不可少。对比可以借相互烘托陪衬求得变化，微差则借彼此之间的协调和连续性以求得调和。没有对比会产生单调，而过分强调对比以致失掉了连续性又会造成杂乱。只有把这两者巧妙地结合起来，才能达到既有变化又协调一致。对比在建筑构图中主要体现在不同度量、不同形状、不同方向、不同色彩和不同质感之间。

（1）不同度量之间的对比　在空间组合方面体现最为显著。两个毗邻空间，大小悬殊，当由小空间进入大空间时，会因相互对比作用而产生豁然开朗之感。中国古典园林正是利用这种对比关系获得小中见大的效果。各类公共建筑往往在主要空间之前有意识地安排体量极小或高度很低的空间，以欲扬先抑的手法突出、衬托主要空间（图 2-15）。

（2）不同形状之间的对比和微差　在建筑构图中，圆球体和奇特的形状比方形、立方体、矩形和长方体更引人注目。利用圆同方之间、穹窿同方体之间、较奇特形状同一般矩形之间的对比和微差关系，可以获得变化多样的效果。如不来梅的高层公寓用有微差变化的扇形单元组成了整体和谐的构图（图 2-16）。

二、建筑外装饰设计的艺术美

人们在面对观赏对象时主张美感，心理上所产生的愉悦美感来自主客观两方面，一方面是

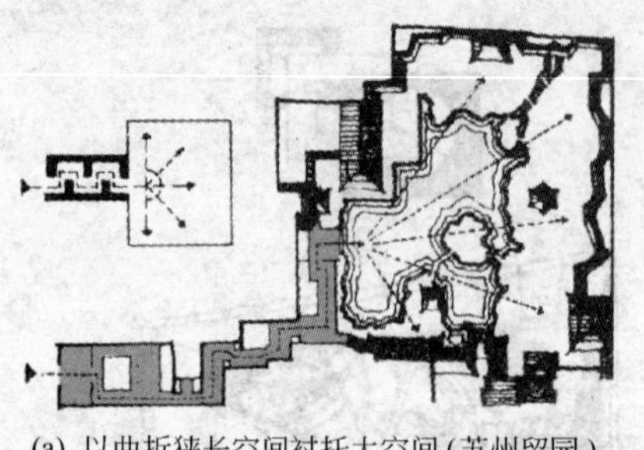

(a) 以曲折狭长空间衬托大空间(苏州留园)

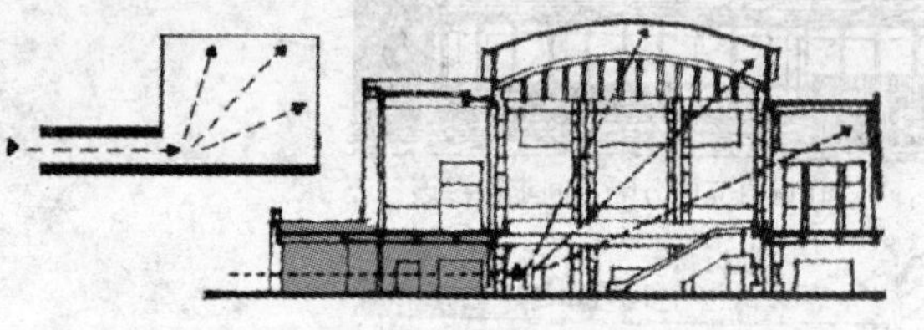

(b) 以低空间衬托高空间(北京火车站)

图 2-15 大小高低的对比

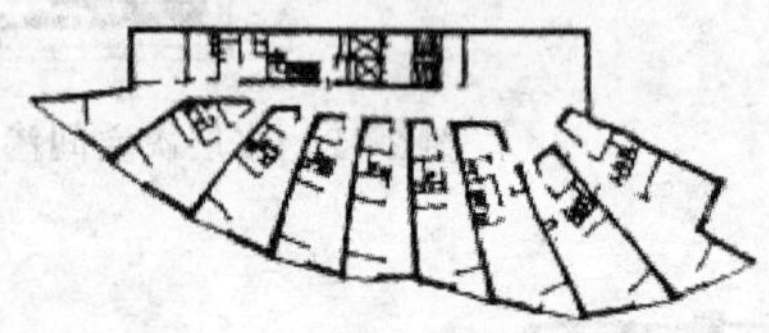

图 2-16 不同形状的微差（不来梅的高层公寓平面）

客观美的事物，另一方面是主观方面的某种观念，也就是说，这种对于环境的认识是基于环境对于人的心理上的反映，受到社会、人文、教育、物理环境等各方面因素的影响。不同的建筑形体、不同的建筑空间、不同的建筑色彩和材质等都会给人带来不同的心理感受，如图 2-17 所示的希腊建筑给人以优美的感觉，如图 2-18 所示的罗马建筑则表现出武力和奢华，基督教建筑表现出虔诚等。

图 2-17 希腊建筑

图 2-18 罗马建筑

建筑是存在于三维空间的庞然大物，它的空间、色彩、形、线、质感、光影等构成了建筑的形象，建筑美作为艺术美的一种，也存在客观美、主观美、审美标准等问题。一般可以把建筑美分为以下两种形式。

(1) 物质形态的建筑美，即狭义的建筑美。

(2) 观念性的建筑美，即建筑艺术美。

建筑艺术美在空间里塑造的永远是正面、抽象的形象。说它是正面的，是因为建筑所反映的社会生活只能为一般的，而不可能出现什么悲剧式、颓废式、讽刺式、伤感式、漫画式的形象。就建筑形象本身而言，也分不出什么进步或落后，革命或反动。天安门过去是封建王朝宫殿的正门，今天却是国徽上的图案，是伟大祖国的象征。万里长城本来是民族交往的障碍，是刀光剑影的战争产物，现在却成了中华民族的骄傲，是闻名世界的游览圣地。

同时，它塑造的这个正面形象又是抽象的，是由几何形的线、面、体组成的一种物质实体，是通过空间组合、色彩、质感、体形、尺度、比例等建筑艺术语言造成的一种意境、气氛，或庄严、或活泼、或华美、或朴实、或凝重、或轻快，引起人们的共鸣与联想。人们很难具体描述一个建筑形象的具体情节内容。所表现的时代、民族的精神也是不明确、不具体的，是空泛、朦胧的。它不可能也不必要像绘画、雕塑那样细腻地描摹，再现现实；更不能像小说、戏剧、电影那样表达复杂的思想内容，反映广阔的生活图景。

正因如此，建筑艺术美常用象征、隐喻、模拟等艺术手法塑造形象。比如，古希腊曾有人认为人体各部分都体现着理想的美，故而早在公元前 6 世纪，古希腊建筑艺术的精华——多立安柱式建筑就以粗犷狂放的线条，形象地模拟了男子挺拔雄健的体形特征；而爱奥尼柱式建筑则以柔和精细的线条，形象地模拟了女子娴雅柔美的体形特征。近代纽约航空港的 TWA 公司，则用典型的象征主义手法，建成了一座外形像展翅欲飞的大鸟的候机大楼。巴黎明星广场上的凯旋门（图 2-19），建造的初衷，则是象征了拿破仑一世军威、强权、傲世的特点。北京天坛公园的双环亭（图 2-20）、南京天王府的双亭，则象征了亲密无间的挚友关系。由此可见，建筑艺术的正面抽象性和象征表现性构成了它的又一审美特征。

图 2-19　巴黎明星广场上的凯旋门

图 2-20　天坛公园的双环亭

当代建筑的审美已经不像传统建筑那样把形式美放在一个非常重要的地位，建筑设计也不再是两步走的过程，先解决功能问题，再解决形式美观问题，实际上当代建筑师早已打破了这些原则，冲突、破损、错位等手法都会应用到建筑装饰设计中。设计师更多的是关心人对建筑的真实体验，建立人与建筑自然的对话关系，也就是说当代的建筑美已经突破了形式，寻找人对建筑的体验。如图 2-21 所示为安藤忠雄设计的水上教堂，以水为主体，完美地处理了自然、人、建筑的有机关系，当人们看到土教堂前面的湖面和湖面上的十字架时，人们的内心获得一种心旷神怡的纯洁感和神圣感，他的设计注重人的内心感受，将外在形式减少到最低限度，在他的设计中人们总能体味到一种沉闷、内敛的气质，是对建筑空间的真实体验。

图 2-21　安藤忠雄设计的水上教堂

第二节 形体因素

一、建筑外装饰设计的形状

周围的山、水、林地、植被、建筑物与人工构筑物形成了大量在人们看来是不同的空间环境。为了帮助理解它们的视觉特性，可以用基本而合理的方法进行分析。组成这些成分的物件或物体都可以看成是一个“基本建筑模块”。

根据我们看这些物体的情况，例如我们与它们之间的距离，我们可以把它们看成是四种基本要素之一：点、线、面或体。

1. 点

- 一个点可以在空间界定一个位置；
- 小的物体可以被看成一个点；
- 点的特性可以和权利及所有权发生联系，可以有各种各样的象征性。

一个点，严格来说没有大小，但可以在空间标定位置。因此，最初它可以由一些第二位的手段来表示，如交叉线或聚焦线，或者是一个光点。实际上，一个点需要某种尺寸以吸引注意力。在建筑外装饰设计中，小的或者远的物体可以看成是点。

在建筑外装饰设计中外立面上的点一般是间隔分布的，因而具有明显节奏。窗洞是建筑外立面上最富有表现力的构件，设计中常常利用窗的自然分布形成点式构图。建筑外装饰面上大面积密布的点窗，呈现质感效果。还可以利用对立面窗洞的巧妙组织形成赏心悦目的图案。如图 2-22 所示的苏格兰议会大厦，外墙面上窗户由橡木窗框、金属百叶、花岗岩等材质组成，窗洞点缀着墙面在外装饰立面上有明显的点的表现，起到了画龙点睛的效果。

图 2-22 苏格兰议会大厦

2. 线

- 在一个方向上延伸一个点可以产生一条线；
- 点的位置可以暗示一条线；
- 线可以是想象中的，但仍可以施加影响；
- 平面的边可以看成是一条线；
- 线可以有自身的特性；
- 在景观中，自然的线是普通和重要的；
- 人造的线也是大量的；
- 线可以广泛用于边界；
- 线在建筑中可以作为定义性的要素。

严格来说，点没有尺寸，而线是点在一个方向上的延伸。线需要一定的厚度来标记，并且根据画出或生成时的情况可以有特殊的性质，例如干净、模糊、不规则或者不连续的。平面的一条边缘或多条边缘也都是在一定距离下的线。不同颜色和纹理之间的边界也是线。线还可以有独特的形状，含有方向、力量或能量的意思。

在建筑外装饰设计中，线是大量的，而且非常重要。自然界的线存在于河流、树枝、植被边缘、天际线、地平线以及岩石地层中。田野的边界、道路、犁沟都是人造线的例子。在建筑环境中，在建筑或城市规划中，线可以是重要的定义性或控制性要素，如墙面的凹槽、以材料的色彩区分的线型、光和影形成的线、体面相交形成的线，如图 2-23、图 2-24 所示。

图 2-23 墙面凹槽、体面相交形成的线

图 2-24 光和影、色彩区分形成的线

立柱、过梁、窗台、窗棂等构件及屋檐、窗间墙部位都是形成立面线型的依据。这些丰富多彩的线型可以构成不可胜数的造型优美的立面图案，如图 2-25 所示。

图 2-25 立柱、过梁形成的线

3. 面

- 延伸一维空间的线可以生成二维空间的面；
- 面可以是平的、弯曲的或扭曲的；
- 面可以是隐喻的，也可以是真实的；
- 不同位置的面可以围合空间；
- 自然完美的面很少；
- 大地的表面是一个面；
- 建筑物的正面是一个面；
- 面可以在论述别的问题时作为媒介；
- 面可以因其固有的性质（如反映）而被使用。

把一条一维的线向二维伸展就形成一个面。它没有深度和厚度，只有长度和宽度。实际上，一张纸或一堵墙或多或少都可以看成是纯粹的平面。近看一个三维物体的表面，常常感知为一个平面。平面可以是简单的、平的、弯曲的或扭曲的。它们不需要是连续的，也不需要是真实的，就像“图画平面”中所隐喻的那样。用平面围合成空间时，可以具有一种特殊功能，如地面、墙面或屋顶平面。

在自然界很少有“完美”的平面。规则、对称、水晶般的表面是十分罕见的。未搅动、平静的池塘或湖泊表面就是接近完美的平面。它的这种特性以及在平静水面上的反映特性都可以有意识地应用于设计之中。

就设计而言，平面可以理解为一种媒介，用于其他的处理，如纹理或颜色的应用，或者作为围合空间的手段。许多变量都依赖平面来提供基本的媒介。但是平面本身就可以使用，映射的池塘就是一个典型的例子。一些建筑物用水平的平面达到特殊的效果，如用平行的平屋顶来突出地平面。一些摩天大楼的垂直面上，透明的玻璃幕墙能够映射天空或周围的建筑物。在建筑中，地面和屋顶的高低起伏、墙面的曲直开合，都影响建筑空间的形态。如图 2-26 所示的汉姆·夏隆设计的柏林爱乐音乐厅，在结构上拒绝矩形的对称，整个建筑物的内外形都极不规则，周围墙面曲折多变，而大弧度屋顶面则容易让人想起游牧民族的帐篷。

图 2-26　汉姆·夏隆设计的柏林爱乐音乐厅

4. 体

- 体是二维平面在三维方向的延伸；
- 体可以是实体的，也可以是开敞的；
- 实体可以是几何形的，或者是不规则的；
- 建筑、地形、树木和森林都是实体——空间的质体；
- 开敞的空间由平面或其他实体界定——围合的空间；
- 建筑物的内部、深深的山谷和森林中树冠下的空间都是开敞的体。

从二维移向三维，从而得到体。体有两种类型。

(1) 实体。三维要素形成一个体或空间的质体。

(2) 开敞的体。空间的体由其他要素（如平面）围合而成。

实体可以是几何形的。立方体、四面体、球体和锥体都是欧几里得实体的例子。在景观中，埃及的金字塔和其他古代人造结构，与网球体、玻璃立方体等近代的例子都是几何形体的实例。在建筑设计中，规则的几何形体常被建筑师直接加以采用。几何形体是构架建筑整体形态的基础，复杂的建筑形态也大多是由基础的几何形体衍生出来的。常用的几何形体有方体、圆体、角体。

当然不规则的实体也很多，一些可能是圆滑而连贯的，如图 2-27 所示的诺曼·福斯特设计的瑞士再保险公司总部，子弹头形状的建筑外体再加上连贯动感纹理的玻璃幕墙，给人很大的视觉冲击力。

而另一些则坚硬而有棱角，如图 2-28 所示的日本建筑师黑川纪章设计的中银舱体大楼，规则的长方体块通过不规则的形式排列，给人一种体量上的视觉冲击。如图 2-29 所示的马里奥·博塔在里昂 Villeurbanne 设计的图书馆，图书馆外立面上镂空出来的几何图形是博塔标志性的图形，曾经以不同形式出现在博塔其他作品的外立面上。

图 2-27　诺曼·福斯特设计的瑞士再保险公司总部

图 2-28　黑川纪章设计的中银舱体大楼

图 2-29　马里奥·博塔在里昂 Villeurbanne 设计的图书馆

二、建筑外装饰设计的造型手法

在建筑外装饰设计中，建筑是通过不同的设计手法，通过注入个人的意愿和情感来表达设计意图和内涵。建筑外装饰的造型手法很多，如加法、减法、凹凸、旋转、扭曲等，创造一种成功的造型手法，会给建筑形象带来一种新鲜的个性化的表现。

1. 加法

加法是建筑师最常用的造型手法，这种手法是将基础的几何形体（如正方体、长方体、圆柱、棱柱、球体等）进行各种组合，从而产生抽象而又丰富的立面形式。如图 2-30 所示的古根海姆博物馆，就是运用了方、圆等多种基本几何形体，使用加法的手法将这些形体组织在一起，形成了丰富多样的建筑形象。

2. 减法

采用基本的几何形体，运用减法法则对建筑进行切割，也是建筑师常用的手法。减法就是在基本形体上，按照形式构成规律进行削减，减去原形体的某些不足部分。如图 2-31 所示，马里奥·博塔在瑞士南部卢加诺酒店设计的兰希拉一号楼就是在方体的建筑上做了部分有规律可遵循的切割。建筑位于都市街角处，角楼部位采用敞开式——除承重部分以巨型转角柱的形式存在外，其余部分深凹进去，垂直贯通几层，强调中心区广场的角色，转角处顶部的一棵树更加强调了这一形象。建筑单一的厚重体量上开有台阶形洞口，外壁上可以看到斯卡帕式的建筑细部，无一不体现出对材料感觉、对质地的考究和对节点的关注。由于红色砖墙饰面拼贴图案和方式的差异，承重结构被表现得非常明确。

图 2-30　运用加法的造型手法（古根海姆博物馆）

图 2-31　运用减法的造型手法（瑞士南部卢加诺酒店）

3. 凹凸

勒·柯布西耶在《走向新建筑》中写道："凹凸曲折是建筑师的试金石。他被考验出来是艺术家或者不过是工程师。凹凸曲折不受任何约束。它与习惯、传统、结构方式都没有任何关系，也不必适应功能的需要。凹凸曲折是精神的纯创作，需要造型艺术家。"很多建筑师很注重运用凹凸关系的处理来增强建筑物的体积感。如图 2-32 所示，萨伏伊别墅是现代主义建筑的经典作品之一，位于巴黎近郊的普瓦西（Poissy），由现代建筑大师勒·柯布西耶于 1928 年设计，1930 年建成，使用钢筋混凝土结构。这幢白房子表面看起来平淡无奇，简单的柏拉图形体和平整的白色粉刷的外墙，简单到几乎没有任何多余装饰的程度，"唯一的可以称为装饰部件的是横向长窗，这是为了能最大限度地让光线射入。"

图 2-32　运用凹凸的造型手法（萨伏伊别墅）

萨伏伊别墅是勒·柯布西耶纯粹主义的杰作，它是勒·柯布西耶的作品中最能体现其建筑观点的作品之一。作为一处乡间住宅来设计，这个由强化混凝土修筑的光滑的几何建筑被认为是勒·柯布西耶的标志性作品。圆柱撑起建筑并在下方形成阴凉区域，平顶包括一个带多功能花园的阳台，凹凸有序的设计表现完美的功能主义。简洁的线状窗户在设计上力求获得稳定的采光和室内空气流通效果。马瑞诺称这所房子是个现代建筑的"标志性"范例，还赞扬其设计的"知性协调"。

4. 重复

重复是通过不同角度，以不同的组合方式表现同样的形状。重复组合的方式一般有两种：一种是平接；另一种是咬接。平接时连接关系明确，各单位具有相对性，这样的建筑形体表情明快、富有节奏。咬接是将同一或者相似的单体相互交错咬合，其特点是具有整体感，形象丰富并有机统一。如图 2-33 所示的圣地亚哥·卡拉特拉瓦为雅典奥运会所设计的主场馆，采用了相同的单体进行了重复的连接，充分体现了建筑的韵律美感。

(a) 平接　　　　(b) 咬接

图 2-33　运用重复的造型手法

5. 穿插

穿插是一种相交的形态。穿插可以是面与体穿插或者是体与体穿插；可以是相同体穿插或者异形体穿插；也可以是虚实两部分的穿插。如图 2-34 所示的圣地亚哥·卡拉特拉瓦为位于西班牙 Canary Islands（加拿列群岛）的 Santa Cruz 所设计的 Auditorio de Tenerife 音乐厅，不规则的体块彼此间穿插交替，形成丰富的形式空间。

图 2-34　运用穿插的造型手法（Auditorio de Tenerife 音乐厅）

6. 旋转

旋转是一个或者几个部分围绕一个中心运动的概念性过程。所有旋转部分可能有同一个旋转中心，但也不一定是同一个。在设计中用旋转的方法可以改变形式空间的方向，以适应不同的环境对应关系，以此为契机构成形式空间的变化。如图 2-35 所示的瑞典马尔默新建成的欧洲前卫住宅摩天大厦“旋转中心”。该大厦由西班牙建筑师卡拉特拉瓦设计，高 189m，共有 9 个区层，每个区层有 5 层，有 152 个单元，每个区层都旋转少许，使整栋大厦共旋转 90°。该大厦最底下两个区层是办公室，其余 7 个区层共有 150 个豪华住宅单元，总面积 1.5 万平方米。卡拉特拉瓦表示，设计这座大厦的灵感来自一件身体扭动的人体雕塑。现在这座极具特色的建筑已成为瑞典南部城市马尔默的标志。

7. 拉伸

拉伸是从整体中拉出一部分的造型手法。拉出来的部分有吸引注意力的作用，容易成为重点和趣味中心，拉出来的部分与整体的衔接处也是趣味所在，这部分会由于衔接方式的不同形成有表现力的造型和特异空间。如图 2-36 所示扎哈·哈迪德设计的因斯布鲁克伯吉瑟尔山上的滑雪台，其充满幻想和超现实主义风格，在建筑的边缘部位拉伸出一条长长的滑道，成为视觉的中心，达到特别的效果。

8. 错位

错位就是两个部分之间的相对位移，和旋转不同，移动时它们的方向是保持不变的。错位可以改变建筑的比例和尺度、平衡和稳定，可以增加建筑的层次，错位还可以制造多元化的运

图 2-35　运用旋转的造型手法（瑞典马尔默住宅摩天大厦“旋转中心”）

图 2-36　运用拉伸的造型手法（因斯布鲁克伯吉瑟尔山上的滑雪台）

动变化状态。如图 2-37 所示诺曼·福斯特设计的英国伦敦市政厅，建筑平面采用不同大小的椭圆并向南错位倾斜，外观犹如一个斜置的卵形，竖立于泰晤士河畔。

9. 仿生

仿生建筑是 21 世纪建筑学领域的一项新运动，仿生建筑学理论结合了生物学、美学和自然界中的科学规律。仿生建筑学把人类的建筑结构、建筑功能、自然生态环境进行了结合和搭配。目前的建筑仿生学具体表现在四方面：城市环境仿生、建筑功能仿生、建筑形式仿生、建筑内部结构仿生。如图 2-38 所示的巴黎“防烟雾”大厦，这栋建筑是一个新科技中心，建筑所用的原料都是可回收可降解材料。这栋建筑的功能非常完善，有公共场所、会议室、画廊、餐厅和花园。采用太阳能发电和光合作用净化空气，预计将修建在巴黎运河上，将成为教育巴黎市民、保护环境、普及可持续发展战略的重要基地。

图 2-37　运用错位的造型手法（英国伦敦市政厅）

图 2-38　运用功能仿生的造型手法（巴黎“防烟雾”大厦）

还有如图 2-39 所示荷兰鹿特丹的“城市仙人掌”，是一个坐落在荷兰的住宅工程，它将在 19 层楼中提供 98 个居住单元。多亏了这种错落有致的曲线阳台的设计，每个单元的室外空间能够得到足够的阳光。这意味着，当所有居民的花园中的花正在开花期时，这个绿色摩天大楼将真的是绿色。尽管这个建筑可能缺乏技术部分，但它的碳减排能力依然很高，这多亏了在门廊处进行的光合作用。再加上，它的白色外表也帮助减轻了室内的热度。

图 2-39　运用形态仿生的造型手法（荷兰鹿特丹的“城市仙人掌”）

第三节　色彩因素

色彩是建筑外装饰设计中最重要的设计要素之一，也是建筑外装饰设计中最容易创造气氛和情感的手段之一。在外装饰设计中，色彩的运用可以加强建筑外装饰造型的表现力与统一性，丰富外装饰空间的效果，在一定程度上体现了城市建筑的整体风格。

一、色彩的基本理论

色彩可分为无彩色与有彩色两大类。凡是黑、白及各种深浅不一的灰都属于无彩色。无彩色只有明度变化。任何有彩色都具有色相、明度和纯度三种属性。

（一）色相

色相是指一种色彩区别于另一种色彩的相貌特征，简单来讲就是各种色彩的名称，如红、黄、蓝等。红、橙、黄、绿、蓝、紫为六种基本色相。在每两个基本色相中间各插入一个中间色，就形成了十二色相，按照光谱的顺序依次排列为红、红橙、橙、橙黄、黄、黄绿、绿、蓝绿、蓝、蓝紫、紫、紫红。这十二色相的变化在光谱色感上是均匀的。如果进一步再插入中间色就可以得到二十四色相，以此类推可以得到更多的色相。人眼可以识别的色相达 160 个左右。

（二）明度

明度是指色彩的明暗程度。无彩色只有明度属性，最亮是白，最暗是黑，黑白之间不同程度的灰色体现了明暗程度的变化。向有彩色中加减不同程度的灰色就形成了有彩色的明暗关系。

（三）纯度

纯度是指色彩的纯净程度。纯度用高低来描述，纯度越高，色越纯，越艳；纯度越低，色越涩，越浊。

色彩具有精神价值。色彩总会在不同程度上对人的心理产生一定的影响，这些影响总是在不知不觉中发生作用，影响人们的情绪。

二、色彩的知觉效应

不同波长色彩的光信息作用于人的眼睛，通过视觉神经传入大脑后，经过思维与以往的记忆及经验产生联想，从而产生一系列的色彩知觉效应。

（一）色彩的物理性心理错觉

1. 冷暖感

心理学家曾做过多次试验发现，在红色环境中，人的脉搏跳动会加快，情绪易兴奋冲动。而在蓝色环境中，人的脉搏跳动会减缓，情绪比较平静。因此，人们将色彩分为暖色与冷色。波长较长的颜色如红、橙、黄等容易使人感到温暖、兴奋，被称为暖色；波长较短的颜色，特别是蓝色系列，如蓝、蓝绿、蓝紫等能使人沉静下来，给人以寒冷的感觉，被称为冷色。冷暖色调在设计中的应用十分广泛。例如，在餐饮业一般采用暖色调（图 2-40），能够引起人的食欲，给人温馨舒适的感觉。舞厅、游乐场等一般也采用暖色调。而在一些车间、厂房及科研单位采用冷色和中性色较多（图 2-41），一般不宜采用暖色。

图 2-40　暖色调建筑（夸德拉·圣·克里斯托瓦尔俱乐部）

图 2-41　冷色调建筑（中国国家游泳中心）

2. 轻重感

一般来讲，高明度的色彩使人感觉轻盈飘逸，低明度的色彩使人感觉沉重，即浅色偏轻，深色偏重。其中，白色最轻，黑色最重。色彩的轻重感在景观建筑中的影响较大，一般建筑的基础部分采用重量感强的暗色，而上部采用重量感较轻的色彩，这样可以给人一种稳定感。例如，房间的顶棚及墙面采用白色及浅色，墙裙使用白色及浅色，踢脚线使用深色，就会给人一种上轻下重的稳定感，反之，上深下浅会给人一种头重脚轻的压抑感。

3. 软硬感

一般高明度、低纯度的有彩色及黑白两色具有软感，高纯度、低明度的有彩色具有硬感；弱对比色调具有软感，强对比色调具有硬感。在建筑装饰设计中，居室设计多用软色，公共场所多用硬色。

（二）色彩表情与联想

色彩容易引起人们的思想感情的变化，受各方面因素的影响，人们对不同的色彩有不同的思想感情。色彩表情是一个复杂、微妙的问题，对不同的国家、不同的民族、不同的条件和时间，同一色相可以产生许多不同的表情。

1. 红色表情

红色，是暖色系的代表色，它积极奋进，热情四溢，最容易使人产生热烈、兴奋的感觉。红色炽热、跳跃、充满不可抗拒的力量。在我国，红色是积极、热烈和吉祥的颜色。因此，红色常用在婚礼、节日和某些仪式等喜庆的场合上。在欧洲，红色还象征权利，因为红色具有庄严、安定的特征。如在天主教中，身穿红色长袍的红衣主教为神职人员中最高的阶层，代表着上帝的意志。红色还具有革命的含义，因此，红色象征勇敢、力量、前进、胜利、光明、希望、鼓舞、号召和光荣等。由红色联想到血，红色具有血腥、搏斗、生与死等英雄式的悲剧气氛，有时红色还会给人恐惧感。由于红色光与其余各色光相比其波长最长、传得最远，因此，它被用于表示警戒、警惕、危险和停止前进等信息的符号或讯号。

匹配后的红色表情：红色与其他色彩并置时所产生的异样寓意，深红底＋红色＝热度渐衰；黄色底＋红色＝热情、积极、主动；橙色底＋红色＝忧郁、黯淡；绿色底＋红色＝冒失、粗鲁、激烈、狂妄；绿蓝色底＋红色＝欲望、冲动；黑色底＋红色＝迸发的热情。

调混后的红色表情：红＋蓝＝紫（有难堪的意蕴）；红＋黄＝橙红色（力量、决心、快乐）；红＋白＝粉（肉色、娇柔、梦幻）。当正红色掺黑暗化为深红色序时，不同明度的深红色释义内涵为：高贵、端庄、安详、宽容、沉稳、忠厚、诚实、苦涩、烦恼、悲伤、枯萎等。

2. 橙色表情

橙色，兼有红与黄两种色相的成分，是暖色中最温暖的成分，因含有黄色的成分，所以有辉煌、灿烂的感觉。橙色与黄色并置时，极为和谐，产生富丽堂皇之感。我国古代皇宫及寺院常将橙色与黄色并用，古代贵族妇女也常用此色作为服装颜色，都是取其富丽感，以示高贵和尊严。现代的宴会厅、贵宾厅也常常采用此色来烘托一种豪华富丽之氛围。秋天的颜色多为橙色，因此，橙色又象征丰收、富有、喜悦等。

同时也表示成熟之意，具有秋季收获的联想，但在巴西则被诠释为没落、凶丧的颜色而受冷落。在欧洲的教会及宗教经典中，大凡恶人、贱人等的头发都是被描绘成橙色，如犹大就长着橙发。但橙色的华丽与活力内涵使现代西方人抵挡不住它的吸引，成为现代西方人“最能使眼睛得到温暖和快乐的情感之色”（康定斯基）、“对情感具有无比的影响力”（歌德）；在印度，代表信赖、责任与权力，每当新一任总理宣誓就职时，在其肩上都要披一块橙色方巾以示任重道远、重望所归。

匹配后的橙色表情：浅黄底＋橙色＝鲜见的成熟与厚重的仪态；蓝色底＋橙色＝响亮、迷人、快乐；草绿底＋橙色＝柔情；土红底＋橙色＝夕阳辉煌之意；紫色底＋橙色＝晨曦中喷薄而出的旭日，是光明与希望之意；灰色底＋橙色＝荧光效果、无与伦比。

调混后的橙色表情：橙色兑白淡化为浅橙色色序时，其富于细腻、温和、香甜、祥和、温暖等情调。橙色兑黑暗化成深色色序时，显示缄默、安定、拘谨、腐朽、悲伤等。橙色兑灰成灰橙色色序时，显示优雅、含蓄、自然、质朴、柔和等格调。橙色兑灰如灰色过量，则会有消沉、失意、衰败、没落、昏庸等意味。

3. 黄色表情

黄色是基本色相中明度最高的色彩，给人以明亮、活泼、轻快的感觉。因阳光、金子是黄色的，所以黄色象征着光明、希望、财富。在我国历史上，黄色是帝王的色彩，象征至高无上的权力。沙漠是黄色的，所以黄色又有荒凉、寂寞、干枯和孤独之感。黄色的嫩芽则令人有幼弱之感。黄色在黑色或紫色背景下分外明亮，但在白色背景下，明度很弱，几乎被吞没。

在我国传统文化中，黄色始终如一被尊奉为高贵神圣的正色。“阴阳五色说”中黄色位居中央，象征宇宙万物之色由此派生。“天地玄黄”即为印证。华夏轩辕帝被尊誉为“黄帝”。

匹配后的黄色表情：红色底＋黄色＝欣喜、欢庆之意；橙色底＋黄色＝稚气、轻浮、缺乏诚意；红紫底＋黄色＝病态、倦容；蓝色底＋黄色＝太阳、温暖、辉煌；黄绿底＋黄色＝荧光、闪亮；紫色底＋黄色＝强刺激（色相、明度、对比）；白色底＋黄色＝平淡、无为；黑色底＋黄色＝强劲、锐利；灰色底＋黄色＝平静、理智、洗练。

调混后的黄色表情：黄色掺绿或蓝所呈现的绿味黄色色序时，就像绿色植物的复苏；黄色掺紫或黑、灰而生成新色序时，则会丧失黄色的品格，而表露卑鄙、妒忌、怀疑、背叛、失信的阴暗心理；黄色加白淡化为浅黄色色序时，则显得文静、轻快、安详、洁净、幼稚、虚伪等，该类色还具有集中注意力的功效，浅黄色纸已成为有些国家书籍和报刊的应用纸张。

4. 绿色表情

绿色是生命的颜色，象征新鲜、生机、少壮、健康、青春及和平。在光谱中，绿色的明度处于中性位置，而且，色性又介于冷暖色之间，加之它能减轻视觉疲劳，对于视觉的刺激极弱，对神经系统有良好的刺激，可压抑消极情绪，让人心情平稳，给人以舒适感。所以，绿色的性格是柔顺温和的。歌德这样说过：绿色给人以“一种真正的满足”，它使眼睛和心灵“在这一调和色上得到……休息”。同样，康定斯基在绿色中看到“完全的平静和安定不动，没有相当于诸如快乐、悲伤和热情那样的感染力，它们什么也不要求”。所以，绿色又给人以宁静之感。绿色是医疗、教育空间的常用色。

匹配后的绿色表情：红色底＋绿色＝生机、静谧；蓝色底＋绿色＝海洋、平淡、缺乏激情；紫色底＋绿色＝悠闲、高雅；白色底＋绿色＝自信；黑色底＋绿色＝神秘、光辉、富于生气；灰色底＋绿色＝青翠欲滴、活力充沛。

调混后的绿色表情：绿色加蓝成蓝绿色色序时，令人联想到年轻、纯洁、永恒、权力、端庄、珍贵、深远、酸涩、色情等语义；绿色加黄色而显示出黄绿色色序时，是最典型的早春时节颜色，富于新生、纯真、无邪、活力、无知的色彩语汇；绿色加白淡化成浅绿色色序时，它表露出宁静、清淡、凉爽、舒畅、飘逸、轻盈的切身感受，显得清爽宜人；绿色加黑暗化为深绿色色序时，充满着苍翠茂盛感觉的大森林的颜色，能触发出富饶、兴旺、幽深、古朴、沉默、隐蔽、安全、忧愁、刻苦、自私等精神意念，是国际上普遍采用的陆军着装及装备的专用色；绿色混灰柔化为含灰绿色色序时，诸如银松、石板等色，富有古典、优雅、朴素、精巧、迷惑、庸俗、腐朽等的思想寓意。

5. 蓝色表情

蓝色使人联想到天空和大海，因而，蓝色具有博大、空旷、深沉和幽远的意味。在我国人民的传统心理上，对于蓝色特别喜爱。明、清时期的青瓷、青花瓷和近代的蓝花布都采用单纯的蓝色为图案色彩，显得十分朴素、大方、纯净、高雅。蓝色是理智与智慧的象征，因此广泛应用于科技领域。在欧洲人眼里，蓝色多半是消极的色彩。在英语中“blue”一词，既有蓝色之意，又有忧郁的含义。

匹配后的蓝色表情：淡紫底＋蓝色＝空虚、退缩和无所适从；红橙底＋蓝色＝鲜亮迷人、风韵犹存；黄色底＋蓝色＝沉着自信、唯我独尊；绿色底＋蓝色＝暧昧消极、无所建树；褐色底＋蓝色＝颤动、激昂、生机；白色底＋蓝色＝清晰、质朴、有力；黑色底＋蓝色＝亮丽矜持。

调混后的蓝色表情：蓝色兑白淡化成浅蓝色色序时，积蕴着轻盈、清澈、洁净、透明、纯正、卫生、清爽、缥缈等的精神向度；蓝色掺黑暗化为深蓝色色序时，暗示出朴素、稳重、深远、智慧、老练、严谨、孤独、静谧、不朽的语汇意境。

6. 紫色表情

紫色具有冷、暖双重的矛盾性格，红色略带蓝或蓝色略带红都会呈现紫色，偏红时显暖意，偏蓝时显冷意。紫色给人以高贵、优雅、神秘的感觉。有时具有不稳定、阴暗、悲哀、压抑等意味。室外景观设计中不常用紫色。

匹配后的紫色表情：黄色底＋紫色＝激情内敛的颜色典范；浅蓝底＋紫色＝伤感、绝望；黑色底＋紫色＝鲜艳、光彩；白色底＋紫色＝古典、新潮兼容并蓄。

调混后的紫色表情：紫色接近红色呈红紫色色序时，形成大胆、开放、娇艳、温暖、甜美等的心理定式，所以在西方这种颜色常与色情、颓废等贬义词相提并论；紫色掺白淡化成浅紫色色序时，显示出优美、浪漫、梦幻、妩媚、羞涩、清秀、含蓄等婉约韵致；紫色混黑暗化为深紫色色序时，渗透着珍贵、成熟、神秘、深刻、忧郁、悲哀、自私、痛苦等抽象寓意；紫色加灰柔化为含灰紫色色序时，则表示雅致、含蓄、忏悔、无为、腐朽、病态、消极、堕落等精神状态。

7. 白色表情

白色是光谱中全部色彩的总和，是万色之源的颜色。有纯洁、神圣、清白、朴素、光明、洁净、坦率、正直、无私、空虚、缥缈、臣服等的思想启迪。西方人在举行庄重的婚礼庆典时，新娘的传统婚服均为白色，象征着新娘冰清玉洁的品质。在佛教信仰中，白色有吉祥、如意、尊崇的含义。在我国，白色被作为哀悼逝者的传统殡葬用色。中部非洲原始森林中的土著人以在身体上涂绘白色纹样为美、为荣耀。白色属于能够满足视觉生理平衡要求的舒适的中性颜色，具有响亮、清爽特性，具有最大的色彩清晰度及感染力。

调混后的白色表情：白色中适宜地掺加微量其他鲜艳颜色时，由此产生一系列被淡化了的粉彩色系列，有柔和、轻盈、浪漫、新鲜、朦胧、诗意、空气、阳光等的超然气质。当红色被淡化为粉红色时，这类颜色总是给人以女性味十足的心理触发，如浪漫、妩媚、婉约、温存、甜蜜、健康、梦幻等诗意注释；当橙色被淡化为粉橙色时，可呈现出米色、象牙色、奶油色等，它们富有细腻、温和、香甜、精致、温暖、祥和等令人舒心惬意的色彩情感；当黄色加白淡化成粉黄色时，如米黄、鹅黄等，则显得文静、轻快、洁净、幼稚；粉蓝色使人联想到晴空万里的天空或冰天雪地的雪山之色，它传递着轻盈、洁净、透明、清澈、纯正等含义；而粉紫色，尤其是丁香花色则是少女花季时节的代表色，它象征着优美、浪漫、梦幻、羞涩、含蓄、迷惘、忧郁等莫衷一是的色彩语境。粉彩色既可以是朝气蓬勃而带有稚气的，也可以是轻柔浪漫而别致的，它总能使人想起洁净与透明、轻巧与朴素的事物。给人以无尽的意象体悟。

8. 黑色表情

黑色即无光时的一种色彩感觉，黑色多呈现出力量、严肃、永恒、毅力、谦逊、刚正、充实、忠义、神秘、高贵、意志、保守、哀悼、黑暗、罪恶、恐惧等的语境意味。

9. 灰色表情

正灰色是黑与白对等的中和色，也被称为“高级灰”，类似于北京老城墙的颜色。作为一种典型化的中性颜色，正灰色不啻是人类精神世界中一个独具异彩的符号载体，是谦逊、沉稳、含蓄、优雅、平凡、中庸、暧昧、消极、灰心的象征，象征朴素与优雅，有时也象征着简朴为尚的清教徒式的生活态度，寓意诚信，具有贬义，代表消沉、失意。

二、建筑外装饰色彩设计

建筑艺术是人们公认的一门综合性艺术，建筑设计工作则是一项融科学技术与造型艺术为一炉的综合性非常强的工作。在建筑创作的过程中，色彩只是其凭借的众多艺术手段之一。本质上，建筑并不像绘画、广告等一类纯视觉艺术那样倚重甚至依赖色彩，比之于形体、光影等要素，色彩对于建筑是相对次要的。

成功的建筑中不乏灰白一类单色者，中外民间大量有色彩组合关系的建筑，也并不一定是出于对色彩变化的刻意追求，而常常是直接运用了带有某种固有色的材料，自然或稍加经营地构筑而成。但这些事实丝毫不能否定有许多的精彩建筑艺术作品，确实是倾注着建筑师对色彩运用的巧思。每个建筑师可以有自己的创作原则、习惯、偏爱。成功者都会被评说者冠以“风格独特”的美名，对色彩是否重视，显然并非此类“风格”形成的必要条件；但有一个事实却是不容置疑的：天地间存在蓝天、红日、绿树、黄土等缤纷万千的色彩，而“上帝”赋予所有健全人一双能感色的眼睛，人们所认知的这个客观世界既然是彩色的，就必须积极地面对，因为色彩关系可以很美丽，也可以很丑陋，建筑师奉献给这个世界的当然应该是美丽，至少不能去添加丑陋。

这就是说，建筑师如果能驾驭色彩，建筑将会使人类生活在更舒心的世界里，如果不能驾驭色彩，倒不如老老实实设计一些白色、米色等毫不张扬的单色建筑，那样至少可以其较“中性”的面貌，干净而平凡地做一个“谦逊”的配角，以免“献丑”。但是，不能想象大批建筑师都对色彩“退避三舍”，那样，人们将会面对一个多么单调的建筑环境。因此在做建筑外装饰设计时，应考虑以下几部分之间的色彩关系。

1. 墙体

墙体在建筑外装饰中占有很大的比重，所以墙体的颜色很自然成为建筑的主色调，墙体的颜色应注意与周边环境的色彩衬托关系并考虑建筑的功能。墙面的色彩设计可以分为明暗型、单色型和彩色型。

(1) 明暗型　是指无彩色的黑白灰关系，黑白灰分明的明暗层次给人以丰富和条理清晰的感觉。如图 2-42 所示的 corinth 住宅改建，形成了黑与白，明快、简洁、大方的现代建筑风格。

图 2-42　明暗型（corinth 住宅改建）

图 2-43　单色型（英国伯明翰塞尔福瑞吉百货大楼）

(2) 单色型　是指墙体采用单色调或者单一色调以及无彩色的类型。单色性具有单纯鲜明的造型效果。如图 2-43 所示的英国伯明翰塞尔福瑞吉百货大楼就是采用了统一的单色：其外形轮廓犹如女性的身体，外表悬挂了 1.5 万个铝碟，创造出一种极具现代气息的纹理装饰效果，有如女人服饰上鳞片式的金属圆片，闪烁于阳光之下，使建筑的商业氛围表现到极致。

(3) 彩色型　是指前提采用不同的色彩，具有丰富多样的效果。在设计时应注意颜色之间的搭配协调，宜选用明度高、纯度低的颜色为佳。如图 2-44 所示的瓦西里大教堂是俄国沙皇伊凡雷帝为庆祝 1552 年 6 月攻占喀山城而建。它坐落在红场一角，这座有着像洋葱一样圆顶的大教堂，被誉为“一个石头的神话”。富于创意的形式、色彩与精妙绝伦的结构完美结合，使这座教堂令人叹为观止。

图 2-44　彩色型（俄罗斯瓦西里大教堂）

2. 入口

各种建筑由于功能不同因此色彩的使用也是多种多样的，政府办公楼、金融类建筑要表现的是一种稳重、大方的感觉，因此一般都使用浅灰、浅棕等较为素雅的颜色，而宾馆、餐厅等较多地选用乳白、红、黄等一些温馨的颜色。正确处理入口与建筑的色彩关系，可以使用调和色或者同类色达到一种整体美，也可以使用对比色来突出入口。如图 2-45 所示的雀巢巧克力博物馆，博物馆呈现出一种对孩子具有启发作用的有趣折叠外形，它像是一只手工折叠的纸鸟，是努力地设计探索以及对表达场所特质的一种直觉的结果。它开阔的主入口采用了与红色对比强烈的黑、白色，来吸引参观者的视觉。在这里，参观者能获得一种新奇的体验，这来自于扭曲和折叠的感性建筑。

3. 门窗

墙体上门窗的形状、分布和色彩影响建筑外立面的构图。门窗的色彩造型可以使用以下几种方法。

图 2-45 雀巢巧克力博物馆

（1）在门窗的局部构件上使用不同的色彩，如图 2-44 所示的转运阁坐落在东京郊外三鹰市的一座老年公寓，堪称世界上最花哨的住宅，由日本艺术家荒川修作和他的妻子、诗人玛德琳·琴斯根据多种科学规律设计而成，其中包括神经学及实验现象。这座建筑外形奇异，色彩艳丽，建筑内部也是波澜起伏，色彩缤纷，特别是窗框颜色多样，十分醒目。

图 2-46 彩色门窗（日本转运阁）

（2）直接使用构成门窗的各种颜色的玻璃，形成建筑外立面丰富的色彩变化。如图 2-47 所示的圣心天主教堂坐落于广州市一德东路，是基督教、天主教广州教区最宏伟、最具特色的一间大教堂。所有门窗都以法国制造的较深的红、黄、蓝、绿等七彩玻璃镶嵌。这种玻璃可避免窗外强光射入，而使室内光线终年保持柔和，形成祥和、肃穆、神秘的宗教气氛。

图 2-47 圣心天主教堂

图 2-48 伦敦拉班现代舞中心

（3）使用彩色玻璃和彩色墙面配合，共同创造建筑立面以及营造室内彩色光线的效果。如图 2-48 所示的伦敦拉班现代舞中心，建筑墙面微微弯曲，淡雅的橙色、紫色、绿色 PC 板在阳光下闪耀。表皮是半透明、双层的。外部的聚碳酸酯表皮与建筑混凝土结构、砖墙、半透明的玻璃窗分开，形成一个隔声、隔热系统。赫尔佐戈和德梅隆重新诠释了双层表皮覆盖系统的意义，建筑呈现一种朦胧抽象效果。

4. 地面

一般情况下建筑地面的色彩不引人注目，通常自然与建筑物区分，但在可供人们观赏和停留时间较长的地方，地面的色彩设计就具有非同一般的意义。如图 2-49 所示的上海五角场，建筑前广场铺地与绿色植物带错落有致的间隔，形成了广场行走区域与水域的隔离带。

图 2-49　上海五角场

图 2-50　犹太教堂

5. 屋顶

屋顶式建筑上部的边界，同时也是建筑最具有表现力的部件之一。屋顶的轮廓是通过与天空的色彩对比呈现出来的。天空一般是呈现冷色调蓝色，采用低明度的色彩时，与天空形成明暗对比，有利于表达建筑物屋顶的轮廓线；采用暖色调时，与天空形成冷暖对比，有利于加强建筑的鲜明感。如图 2-50 所示的犹太教堂，内有一个避难所、学校和图书馆。作为一个新拓展的东校区，位于美国克利夫兰市，由孟德尔在 1950 年设计的这所教堂屋顶采用较重色调形成明暗对比。

第四节　材料与工艺因素

建筑装饰材料是指用于建筑物表面（如墙面、柱面、地面及顶棚等）起装饰作用的材料，也称为装饰材料或饰面材料。一般是在建筑主体工程（结构工程和管线安装等）完成后，最后铺设、粘贴或涂刷在建筑物表面。

装饰材料除了起装饰作用，满足人们的美感需求外，通常还起着保护建筑物主体结构和改善建筑物使用功能的作用，是房屋建筑中不可缺少的一类材料。

一、材料的基本要求及选用

1. 装饰材料的基本要求

(1) 颜色　材料的颜色实质上是材料对光谱的反射，并非是材料本身固有的。它主要与光线的光谱组成有关，还与观看者的眼睛对光谱的敏感性有关。颜色选择合适、组合协调能创造出更加美好的工作、居住环境，因此，颜色对于建筑物的装饰效果就显得极为重要。

材料的颜色应按《土木工程材料色度测量方法》(GB 11942—89) 进行测定。

(2) 光泽　光泽是材料表面的一种特性，是有方向性的光线反射性质，它对物体形象的清晰度起着决定性的作用。在评定材料的外观时，其重要性仅次于颜色。镜面反射则是产生光泽的主要因素。

材料表面的光泽按《建筑饰面材料镜面光泽度测定方法》(GB/T 13891—92) 来评定。

(3) 透明性　材料的透明性也是与光线有关的一种性质。既能透光又能透视的物体，称为透明体；只能透光而不能透视的物体，称为半透明体；既不能透光又不能透视的物体，称为不透明体。如普通门窗玻璃大多是透明的；磨砂玻璃和压花玻璃是半透明的；釉面砖则是不透明的。

(4) 质感　质感是材料质地的感觉，主要是通过线条的粗细、凹凸不平程度等对光线吸收、反射强弱不同产生感观上的区别。质感不仅取决于饰面材料的性质，而且取决于施工方法，同种材料不同的施工方法，也会产生不同的质地感觉。

(5) 形状与尺寸　对于块材、板材和卷材等装饰材料的形状和尺寸，以及表面的天然花纹(如天然石材)、纹理(如木材)及人造花纹或图案(如壁纸)等都有特定的要求，除卷材的尺寸和形状可在使用时按需要裁剪外，大多数装饰板材和块材都有一定的形状和规格(如长方、正方、多角等几何形状)，以便拼装成各种图案或花纹。

2. 装饰材料的选用

不同环境、不同部位，对装饰材料的要求也不同，选用装饰材料时，主要考虑的是装饰效果、颜色、光泽、透明性等应与环境相协调。除此以外，材料还应具有某些物理、化学和力学方面的基本性能，如一定的强度、耐水性和耐腐蚀性等，以提高建筑物的耐久性，降低维修费用。

对于室外装饰材料，也即外墙装饰材料，应兼顾建筑物的美观和对建筑物的保护作用。外墙除需要时承担荷载外，主要是根据生产、生活需要作为围护结构，达到遮挡风雨、保温隔热、隔声防水等目的。因所处环境较复杂，直接受到风吹、日晒、雨淋、冻害的袭击，以及空气中腐蚀气体和微生物的作用，应选用能耐大气侵蚀、不易褪色、不易沾污、不泛霜的材料。

对于室内装饰材料，要妥善处理装饰效果和使用安全的矛盾。优先选用环保型材料和不燃烧或难燃烧等消防安全型材料，尽量避免选用在使用过程中会挥发有毒成分和在燃烧时会产生大量浓烟或有毒气体的材料，努力创造一个美观、整洁、安全、适用的生活和工作环境。

二、装饰材料的分类

建筑装饰材料的品种繁多，可从各种角度进行分类，如按建筑装饰材料的使用部位可分为外墙装饰材料、内墙装饰材料、地面装饰材料、吊顶与屋面装饰材料等(表 2-1)，按化学成分的不同分为金属材料、非金属材料、复合材料等(表 2-2)。

表 2-1　建筑装饰材料按装饰部位分类

类别	装饰位置	常用装饰材料
外墙装饰材料	外墙、阳台、台阶、雨篷等建筑物全部外露部位装饰所用材料	天然花岗石、陶瓷装饰制品、玻璃制品、外墙涂料、金属制品、装饰混凝土、装饰砂浆
内墙装饰材料	内墙墙面、墙裙、踢脚线、隔断、花架等内部构造所用的装饰材料	壁纸、墙布、内墙涂料、织物饰品、塑料饰面板、大理石、人造石材、内墙釉面砖、人造板材、玻璃制品、隔热吸声装饰板
地面装饰材料	地面、楼面、楼梯等结构的全部装饰材料	地毯、地面涂料、天然石材、人造石材、陶瓷地砖、木地板、塑料地板
顶棚装饰材料	室内及顶棚装饰材料	石膏板、矿棉装饰吸声板、珍珠岩装饰吸声板、玻璃棉、装饰吸声板、钙塑泡沫装饰吸声板、聚苯乙烯泡沫塑料装饰吸声板、纤维板、涂料

表 2-2 建筑装饰材料按化学成分分类

金属材料	黑色金属材料		普通钢材、不锈钢、彩色不锈钢
	有色金属材料		铝及铝合金、铜及铜合金、金、银
非金属材料	无机材料	天然饰面石材	天然大理石、天然花岗石
		陶质装饰制品	釉面砖、彩釉砖、陶瓷锦砖
		玻璃装饰制品	吸热玻璃、中空玻璃、激光玻璃、压花玻璃、彩色玻璃、空心玻璃砖、玻璃锦砖、镀膜玻璃、镜面玻璃
		石膏装饰制品	装饰石膏板、纸面石膏、嵌装式装饰石膏板、装饰石膏吸声板、石膏艺术制品
		白水泥、彩色水泥	
		装饰混凝土	彩色混凝土路面砖、水泥混凝土花砖
		装饰砂浆	
		矿棉、珍珠岩装饰制品	
	有机材料	木材装饰制品	胶合板、纤维板、细木工板、旋切微薄木、木地板
			竹材、藤材装饰制品
		装饰织物	地毯、墙布、窗帘类材料
		塑料装饰制品	塑料壁纸、塑料地板、塑料装饰板
		装饰涂料	地面涂料、外墙涂料、内墙涂料
复合材料	有机与无机复合材料		钙塑泡沫装饰吸声板、人造大理石、人造花岗石
	金属与非金属复合材料		彩色涂层铜板

三、常用装饰材料

（一）*石材*

石材分为天然石材和人造石材。具有一定物理、化学性能，可用于建筑材料的岩石称为建筑石材。具有装饰性能的建筑石材，加工后可供建筑装饰用的称为装饰石材。天然装饰石材不仅具有较高的强度、硬度、耐磨性、耐久性等，而且经过表面加工处理后可获得优良的装饰性。天然装饰石材来源广泛，是人类自古以来广泛采用的建筑装饰材料，也是目前被公认为最优良的建筑装饰材料。

人造装饰石材是一种人工合成的新型装饰材料，无论在材料加工生产、使用方面，还是在装饰效果、性能价格方面，都显示出极大的优越性，成为一种具有良好发展前途的装饰材料。

1. 天然石材

天然石材是指从天然岩体中开采出来的毛料经加工而成的板状或块状的饰面材料。用于建筑装饰的主要有大理石板和花岗石板两大类。天然石料如花岗石、大理石等可以加工成板材、块材和面砖用于饰面材料。天然石材饰面板不仅具有各种颜色、花纹、斑点等天然材料的自然美感，装饰效果强，而且质地密实坚硬，故耐久性、耐磨性等均较好。但是由于材料的品种、来源比较局限，造价比较高，常用于高级建筑的墙柱饰面。

天然石材按其表面的装饰效果及加工方法，分为磨光和剁斧两种主要处理形式。磨光的产品又有粗磨板、精磨板、镜面板等。剁斧的产品可分为磨面、条纹面等类型。根据设计的需要，也可加工成剔凿表面、蘑菇状表面等其他表面。

（1）大理石板材饰面特点　大理石是一种变质岩，属于中硬石材。主要由方解石和白云石组成，其成分以碳酸钙为主，约占50%以上，其他还有碳酸镁、氧化钙、氧化锰及二氧化硅等。天然大理石的结晶常是层状结构，其纹理有斑点或条纹，是一种富有装饰性的天然石材。大理石的颜色有纯黑、纯白、纯灰等色泽，还有各种混杂花纹色彩。

当大理石用于室外时，由于其中的碳酸钙在大气中受二氧化碳、硫化物、水汽的作用转化为石膏，会使表面很快失去光泽，变得疏松多孔。因此，除汉白玉、艾叶青等少数几种质纯的品种外，大理石一般不宜用于室外。

大理石可锯成薄板，经过磨光打蜡，加工成表面光滑的装饰板材，一般厚度为 20～30mm。

(2) 花岗石板材饰面特点　花岗石为火成岩中分布最广的岩石，属于硬石材。它的主要矿物成分为长石、石英和云母。花岗石常呈整体的均粒状结构，其构造密实，抗压强度较高，孔隙率及吸水率较小，抗冻性和耐磨性均好，还具有良好的抵抗风化性能。

花岗石有不同的色彩，如黑、白、灰、粉红色等，纹理多呈斑点状。花岗石不易风化变质，其外观色泽可以保持上百年以上，因而多用于重要建筑的外墙饰面。

根据加工方法及形成的装饰质感不同，可将花岗石饰面板分为以下四种。

① 剁斧板材　表面粗糙，具有规则的条状斧纹。

② 机刨板材　表面平整，具有平行刨纹。

③ 粗磨板材　表面平滑、无光。

④ 磨光板材　表面平整，色泽光亮如镜，晶粒显露。

其中剁斧板、机刨板、粗磨板等厚度一般为 50mm、76mm、100mm，墙面、柱面多用 50mm 板，勒脚饰面多用 100mm 板。由于面积大、板厚，所以质量也相当大。磨光花岗石（又称“镜面花岗石”）饰面板一般厚度为 20～30mm。

(3) 天然石材饰面的基本构造　大理石和花岗石饰面板材的构造方法一般有钢筋网固定挂贴法、金属件锚固挂贴法、干挂法、聚酯砂浆固定法、树脂胶黏结法等几种。

钢筋网固定挂贴法和金属件锚固挂贴法的基本构造层次分为基层、浇注层、饰面层，在饰面层和基层之间用挂件连接固定。这种“双保险”构造法，能够保证当饰面板（块）材尺寸大、质量大、铺贴高度高时饰面材料与基层连接牢固。

① 钢筋网固定挂贴法　首先剔凿出在结构中预留的钢筋头或预埋铁环钩，绑扎或焊接与板材相应尺寸的一个直径 6mm 的钢筋网，横筋必须与饰面板材的连接孔位置一致，钢筋网与基层预埋件焊牢，如图 2-51 所示，按施工要求在板材侧面打孔洞，以便不锈钢挂钩或穿绑铜丝与墙面预埋钢筋骨架固定；然后，将加工成型的石材绑扎在钢筋网上，或用不锈钢挂钩与基层的钢筋网套紧，石材与墙面之间的距离一般为 30～50mm，墙面与石材之间灌注 1∶2.5 水泥砂浆，每次不宜超过 200mm 及板材高度的 1/3，待初凝再灌第二层至板材高度的 1/2，第三层灌浆至板材上口 80～100mm，所留余量为上排板材灌浆的结合层，以使上下排连成整体。钢筋网固定挂贴法构造如图 2-52 所示。

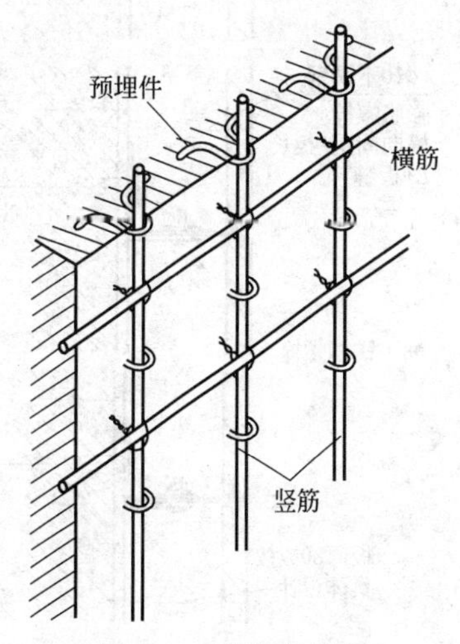

图 2-51　钢筋网固定

② 金属件锚固挂贴法　金属件锚固挂贴法又称木楔固定法，与钢筋网挂贴法的区别是墙面上不安钢筋网，将金属件一端楔固入墙身，另一端勾住石材。其主要构造做法是：首先对石板钻孔和提槽，对应板块上孔的位置对基体进行钻孔；板材安装定位后将 U 形钉端勾进石板直孔，随即用硬木楔楔紧，U 形钉另一端勾入基体上的斜孔内，调整定位后用木楔塞紧基体斜孔内的 U 形钉部分，接着用大木楔塞紧石板与基体之间；最后分层浇注水泥砂浆，其做法与钢筋网挂贴法相同。木楔固定法构造如图 2-53 所示。

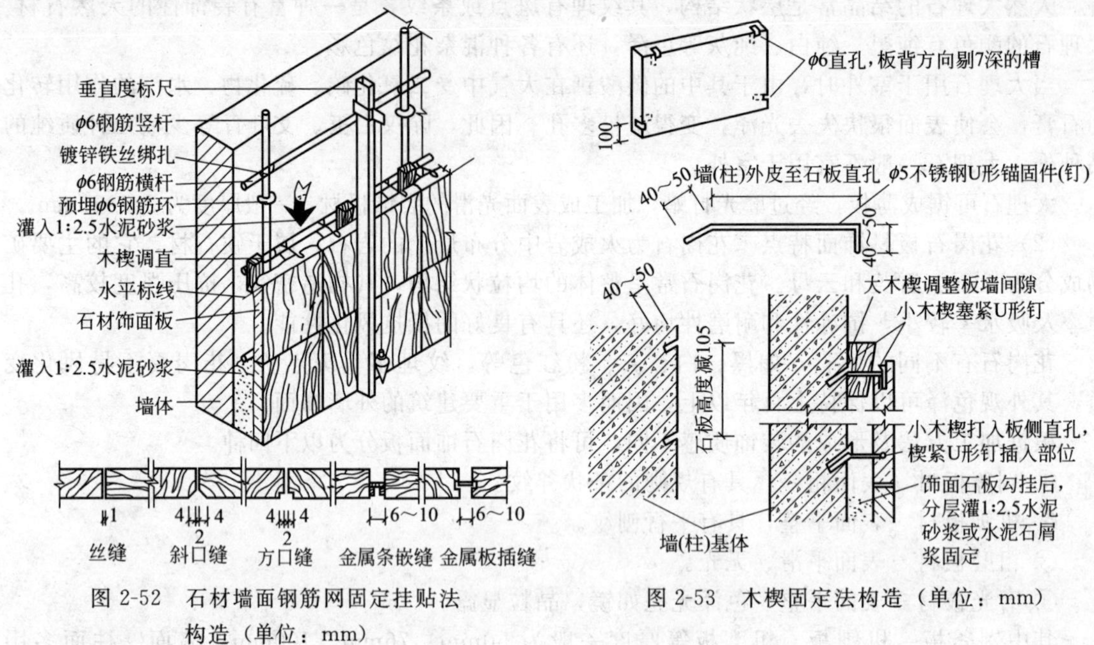

图 2-52　石材墙面钢筋网固定挂贴法构造（单位：mm）

图 2-53　木楔固定法构造（单位：mm）

③ 干挂法　直接用不锈钢型材或金属连接件将石板材支托并锚固在墙体基面上，而不采用灌浆湿作业的方法称为干挂法。干挂法的优点是：石板背面与墙基体之间形成空气层，可避免墙体析出的水分、盐分等对饰面石板的影响。但是虽然干作业施工速度快，但不如灌浆法牢固。干挂法构造要点是：按照设计在墙体基面上电钻打孔，固定不锈钢膨胀螺栓；将不锈钢挂件安装在膨胀螺栓上；安装石板并调整固定。其基本构造如图 2-54 所示。目前干挂法流行构造是板销式做法，如图 2-55 所示。

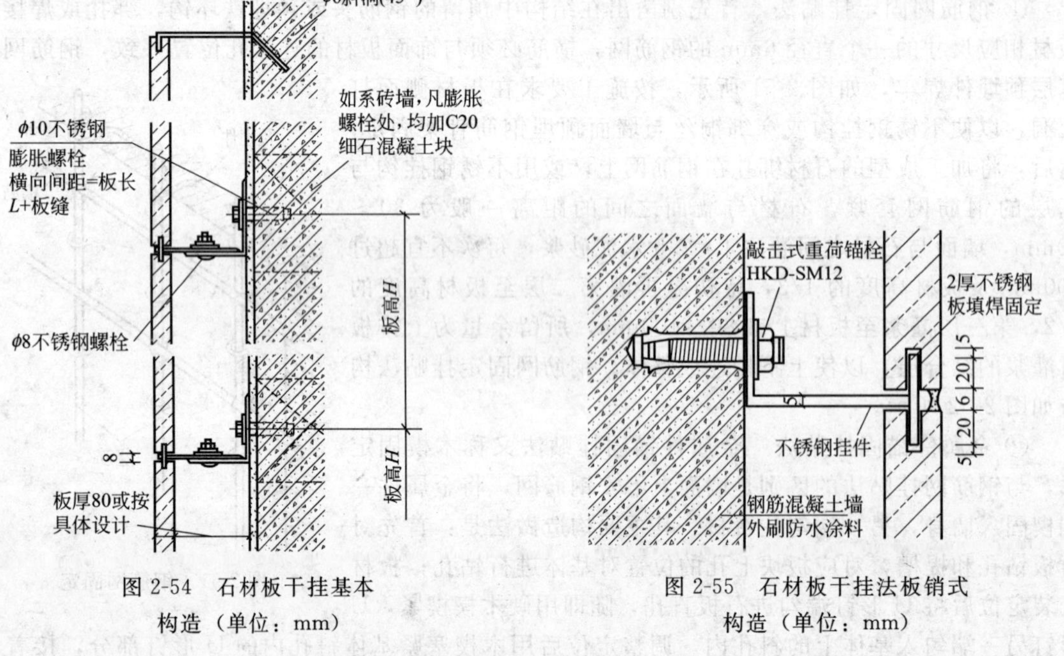

图 2-54　石材板干挂基本构造（单位：mm）

图 2-55　石材板干挂法板销式构造（单位：mm）

④ 聚酯砂浆固定法　用聚酯砂浆固定饰面石材具体做法是：在灌浆前先用胶砂比 1∶(4.5～5) 的聚酯砂浆固定板材四角并填满板材之间的缝隙，待聚酯砂浆固化并能起到固定拉

紧作用以后，再进行分层灌浆操作。分层灌浆的高度每层不能超过 15cm，初凝后方能进行第二次灌浆。不论灌浆次数及高度如何，每层板上口应留 5cm 余量作为上层板材灌浆的结合层。

⑤ 树脂胶黏结法　树脂胶黏结法是饰面石材墙面装饰最简捷、经济的一种装饰工艺，具体构造做法是：在清理好的基层上，先将胶黏剂涂在板背面相应的位置，尤其是悬空板材胶量必须饱满，然后将带胶黏剂的板材就位，挤紧找平、校正、扶直后，立刻进行预、卡固定。挤出缝外的胶黏剂，随即清除干净。待胶黏剂固化至与饰面石材完全牢固贴于基层后，方可拆除固定支架。

2. 人造石材

预制人造石材饰面板也称预制饰面板，大多都在工厂预制，然后现场进行安装。其主要类型有人造大理石饰面板、预制水磨石饰面板、预制斩假石饰面板、预制水刷石饰面板以及预制陶瓷砖饰面板。根据材料的厚度不同，又分为厚型和薄型两种，厚度为 30～40mm 以下的称为板材，厚度为 40～130mm 的称为块材。人造石材饰面具有以下优点。

① 工艺可以更合理，能充分利用机械加工。

② 能够保证质量。现制水刷石、斩假石等墙面在耐久性方面的一个最大的弱点是饰面层比较厚，刚性大，墙体基层与面层在大气温度、湿度变化影响下胀缩不一致易开裂。即使面层做了分格处理，因底灰一般不分格，仍不能避免日久开裂。预制板面积在 $1m^2$ 左右，板本身有配筋，与墙体连接的灌浆处也有配件网与挂钩，可防止饰面脱落与本身开裂。

③ 方便施工。现场安装预制板要比现制饰面速度快，有利于改善劳动条件。

(1) 人造大理石饰面板饰面　人造石材，顾名思义即并非百分之百天然石材原料加工而成的石材。

人造石材是以不饱和聚酯树脂为黏结剂，配以天然大理石或方解石、白云石、硅砂、玻璃粉等无机物粉料，以及适量的阻燃剂、颜色等，经配料混合、浇铸、振动压缩、挤压等方法成型固化制成的一种人造石材。在建筑外装饰施工中，人造石材大多都是在工厂预制，然后现场进行安装，通常称为预制人造石材饰面板，又称预制饰面板。根据所用材料和生产工艺的不同可分为聚酯型人造大理石、无机胶结型人造大理石、复合型人造大理石和烧结型人造大理石四类，这四类人造大理石板在物理性能、与水有关的性能、黏附性能等方面各不相同，对它们采用的构造固定方式也不同，有水泥砂浆粘贴法、聚酯砂浆粘贴法、有机胶黏剂粘贴法和挂贴法四种方法。

对于聚酯型人造大理石产品，可以采用水泥砂浆和聚酯砂浆粘贴，最理想的胶黏剂是有机胶黏剂，如环氧树脂，但成本较高。为了降低成本并保证装饰效果，也可采用与人造大理石成分相同的不饱和聚酯树脂作为胶黏剂，在树脂中掺用一定量的中砂，一般树脂与中砂的比例为 1∶(4.5～5)，还掺入适量的引发剂和促进剂。

烧结型人造大理石是在 1000℃左右的高温下焙烧而成的，在各个方面基本接近陶瓷制品，其黏结构造为：用 12～15mm 厚的 1∶3 水泥砂浆打底；黏结层采用 2～3mm 厚的 1∶2 细水泥砂浆。为了提高黏结强度，可在水泥砂浆中掺入水泥质量 5%的 108 胶。

无机胶结型人造大理石饰面和复合型人造大理石饰面的构造，主要应根据其板厚来确定。目前，国内生产这两种人造饰面板的厚度主要有两种：一种板厚为 8～12mm，板材单位面积质量约为 17～25kg/m^2；另一种厚度通常为 4～6mm，板材单位面积质量约为 8.5～12.5kg/m^2。

对于厚板，其铺贴宜采用聚酯砂浆粘贴的方法。聚酯砂浆的胶砂比一般为 1∶(4.5～5)，固化剂的掺用量视使用要求而定。但一般 $1m^2$ 铺贴面积的聚酯砂浆耗用量为 4～6kg，费用相对较高。目前多采用聚酯砂浆固定与水泥胶砂浆粘贴相结合的方法，以达到粘贴牢固、成本较低的目的。其构造方法是先用胶砂比 1∶(4.5～5) 的聚酯砂浆固定板材四角和填满板材之间的缝隙，待聚酯砂浆固化并能起到固定拉紧作用以后，再进行灌浆操作，构造如图 2-56 所示。

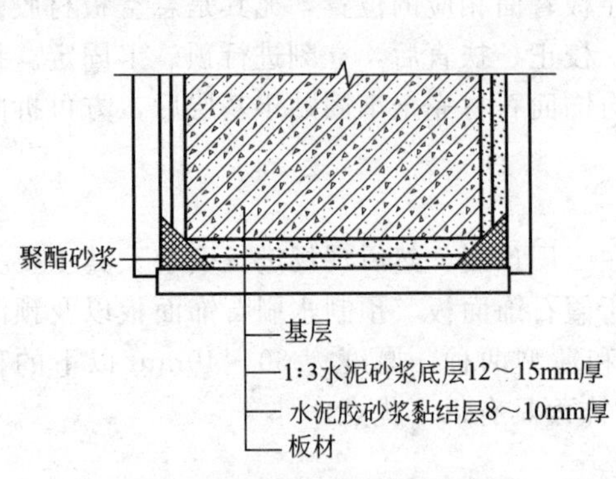

图 2-56 聚酯砂浆粘贴构造

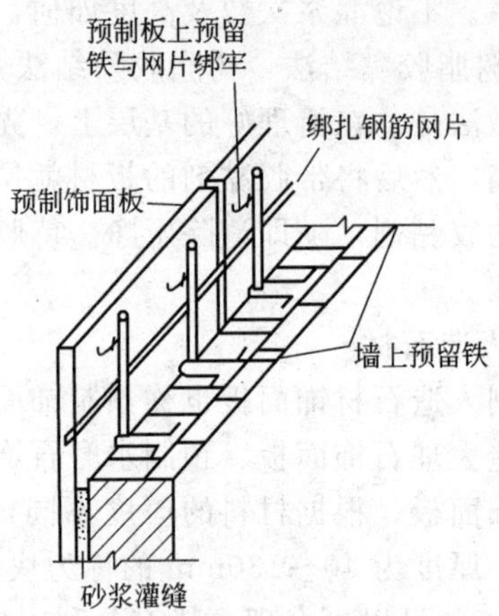

图 2-57 人造石材饰面板安装构造

对于薄板，其构造方法比较简单：用 1∶3 水泥砂浆打底；黏结层以 1∶0.3∶2 的水泥石灰混合砂浆或水泥∶108 胶∶水＝1∶0.5∶2.6 的 108 胶水泥浆，然后镶贴板材。

(2) 预制水磨石饰面板饰面 预制水磨石板的色泽品种较多、表面光滑、美观耐用，可分为普通水磨石板和彩色水磨石板两类。普通水磨石板是采用普通硅酸盐水泥，加入白色石子后，经成型磨光制成。彩色水磨石板是采用白水泥或彩色水泥，加入彩色石料后，经成型磨光制成。

预制水磨石板饰面构造方法是：先在墙体内预埋铁件或甩出钢筋，绑扎直径 6mm、间距为 400mm 的钢筋骨架后，通过预埋在预制板上的铁件与钢筋网固定牢，然后分层灌注 1∶2.5 水泥砂浆，每次灌浆高度为 20～30mm，灌浆接缝应留在预制板的水平接缝以下 5～10cm 处。第一次灌完浆，将上口临时固定石膏剔掉，清洗干净再安装第二行预制饰面板。

无论是哪种类型的人造石材饰面板，当板材厚度较大、尺寸规格较大、铺贴高度较高时，应考虑采用挂贴相结合的方法，以保证粘贴更为可靠。人造石材饰面构造如图 2-57 所示。

(二) 建筑陶瓷

凡以黏土、长石、石英为基本原料，经配料、制坯、干燥、焙烧而制成的成品，称为陶瓷制品。用于建筑工程中的陶瓷制品，则称为建筑陶瓷。我国建筑陶瓷源远流长，自古以来就是一种良好的建筑装饰材料。随着科学技术发展和人民生活水平的不断提高，陶瓷的花色、品种、性能都发生了极大变化。在现代建筑装饰工程中应用的陶瓷制品，主要包括陶瓷墙地砖、卫生陶瓷、园林陶瓷、玻璃陶瓷制品等，其中以陶瓷墙地砖生产量最大。

陶瓷制品烧结程度相对较低，为多孔结构，通常吸水率较大（10%～22%），强度较低，抗冻性较差，断面粗糙无光，不透明，敲击时声音粗哑。其分为无釉和施釉两种制品，适用于室内使用。根据其原料土杂质含量的不同，陶瓷制品可分为粗陶和精陶两种。粗陶不施釉，建筑上常用的烧结黏土砖、瓦及日常用的瓦罐、瓦缸等就是最普通的粗陶制品；精陶一般要经素烧、施釉和釉烧工艺，根据施釉状况呈白、乳白、浅绿等颜色，建筑上常用的釉面砖及卫生陶瓷、彩陶等均属此类。

1. 陶瓷面砖的特点

① 装饰效果美观大方。外墙面砖作为传统的装饰材料，其装饰效果有层次感、色调柔和，装饰后的建筑物显得庄严、高雅、气派。

② 外形规则，井然有序。面砖的使用可以混贴，可拼图拉线，可不同规格互用，更能展示高档质感。

③ 陶瓷面砖具有装饰效果丰富、色泽稳定、易清洗、耐腐防水、坚固耐用、价格适中等优点，是目前中高级建筑装饰中经常用到的材料。

2. 陶瓷面砖的种类

(1) 釉面砖　瓷砖又称“釉面瓷砖”，它是用瓷土或优质陶土经高温烧制而成的饰面材料。其底胎均为白色，表面上釉有白色和彩色。彩色釉面砖又分为有光和无光两种。此外，还有装饰釉面砖、图案釉面砖、瓷画砖等。装饰釉面砖有花釉砖、结晶釉砖、斑纹釉砖、大理石釉砖等。图案釉面砖能做成各种色彩和图案、浮雕，别具风格。瓷画砖则是将画稿按我国传统陶瓷彩绘技术分块烧成釉面砖，然后再拼成整幅画面。釉面砖颜色稳定，不易褪色，美观，吸水率低，表面细腻光滑，不易积垢，清洁方便。一般用于室内墙面及水池等饰面。釉面砖的主要规格为 152mm×152mm、108mm×108mm、152mm×200mm、152mm×751mm 等，厚度为 5mm 及 6mm，另有阳角条、阴角条、压条或带有圆边的配件可供选用。

瓷砖饰面构造做法是：先在基层用 1∶3 水泥砂浆打底，厚度为 10～15mm；黏结砂浆用 1∶0.1∶2.5 水泥石灰膏混合砂浆，厚度为 5～8mm；黏结砂浆也可用掺 5%～7%的 108 胶的水泥素浆，厚度为 2～3mm；釉面砖贴好后，要用清水将表面擦洗干净，然后用白水泥擦缝，随即将瓷砖擦干净。

(2) 陶瓷锦砖　又称“马赛克”，是以优质瓷土烧制而成的小块瓷砖。分为挂釉和不挂釉两种。陶瓷锦砖规格较小，常用的有 18.5mm×18.5mm、39mm×39mm、39mm×18.5mm、25mm 六角形等，厚度为 5mm。陶瓷锦砖是不透明的饰面材料，具有质地坚实，经久耐用，花色繁多，耐酸、耐碱、耐火、耐磨，不渗水，易清洁等优点。应用于卫生间、走廊、厨房、化验室等处的地面和墙面装饰。与面砖相比，有造价略低、面层薄、自重较轻的优点。

陶瓷锦砖饰面构造做法是：在清理好基层的基础上，用 15mm 厚 1∶3 的水泥砂浆打底；黏结层用 3mm 厚，配合比为纸筋∶石灰膏∶水泥＝1∶1∶8 的水泥浆，或采用掺加水泥量 5%～10%的 108 胶或聚乙酸乙烯乳胶的水泥浆。

(3) 文化石　在一些崇尚个性和自然风格的居室中往往采用它来装饰墙面或地面，它属于特殊加工的瓷砖，表面模仿天然岩石的凹凸不平和点点晶体反光，有一种返璞归真的真实感，由于工艺特殊其造价较高。

(4) 建筑陶瓷新产品　我国近几年来还开发研制并生产了一系列的新型建筑陶瓷产品。如无硼-锆釉面砖、陶瓷彩色波纹贴面砖、黑瓷装饰板等。

(三) 涂料类

建筑涂料一般可分为四类，即溶剂型涂料、乳液型涂料、硅酸盐无机涂料及水溶性涂料。

外墙涂料的主要功能是装饰和保护建筑物的外墙，使建筑物外观整洁美观，达到美化环境的作用，延长其使用时间。

为了获得良好的装饰与保护效果，外墙涂料一般应具有以下特点：装饰性好；耐水性良好；耐沾污性良好；良好的耐候性。

1. 溶剂型涂料

溶剂型涂料是以高分子合成树脂为主要成膜物质，有机溶剂为稀释剂，加入一定量的颜料、填料及助剂，经混合、搅拌溶解、研磨而配制成的一种挥发性涂料。涂刷在外墙面以后，随着涂料中所含溶剂的挥发，成膜物质与其他不挥发组分共同形成均匀连续的薄膜，即涂层。由于涂膜较紧密，通常具有较好的硬度、光泽、耐水性、耐酸碱性和良好的耐候性、耐污染性等特点。但由于施工时有大量的有机溶剂挥发，容易污染环境。涂膜透气性差，又有疏水性，如在潮湿基层上施工，易产生起皮、脱落等现象。由于这些原因，国内外这类外墙涂料的用量低于乳液型外墙涂料。近年来发展起来的溶剂型丙烯酸酯外墙涂料，其耐候性及装饰性都很突出，耐用年限在 10 年以上，施工周期也较短，可以在较低温度下使用。国外有耐候性、防水性都很好，具有高弹性的聚氨酯外墙涂料，耐用期可达15年以上。溶剂型涂料的主要品种为过氯乙烯外墙涂料，它是我国将合成树脂涂料用于建筑外墙装饰的最早品种之一。过氯乙烯外墙涂料是以过氯乙烯树脂为主要成膜物质，还用少量其他树脂，再加入增塑剂、稳定剂、填料、颜料等物质，经捏合、混炼、塑化、切粒、溶解、过滤等过程而制成的一种溶剂型外墙涂料。

2. 乳液型涂料

以高分子合成树脂乳液为主要成膜物质的外墙涂料称为乳液型外墙涂料。按乳液制造方法不同可以分为两类：一是由单体通过乳液聚合工艺直接合成的乳液；二是由高分子合成树脂通过乳化方法制成的乳液。按涂料的质感又可分为乳胶漆（薄型乳液涂料）、厚质涂料及彩色砂壁状涂料等。目前，大部分乳液型外墙涂料是由乳液聚合方法生产的乳液作为主要成膜物质的。乳液型外墙涂料的主要特点如下。

① 以水为分散介质，涂料中无易燃的有机溶剂，因而不会污染周围环境，不易发生火灾，对人体的毒性小。

② 施工方便，可刷涂，也可辊涂或喷涂，施工工具可以用水清洗。

③ 涂料透气性好，含有大量水分，因而可在稍湿的基层上施工，非常适宜于建筑工地的应用。

④ 外用乳液型涂料的耐候性良好，尤其是高质量的丙烯酸酯乳液型外墙涂料，其光亮度、耐候性、耐水性及耐久性等各种性能可以与溶剂型丙烯酸酯类外墙涂料媲美。

⑤ 乳液型外墙涂料存在的主要问题是其在太低温度下不能形成优质的涂膜，通常必须在10℃以上施工才能保证质量，因而冬季一般不宜应用。

3. 无机分子涂料

无机分子建筑涂料是近年来发展起来的一大类新型建筑涂料。建筑上广泛应用的有碱金属硅酸盐和硅溶胶两类。有机高分子建筑涂料一般都有耐老化性较差、耐热性差、表面硬度小等缺点。无机分子涂料恰好在这些方面性能较好，耐老化性、耐高温性、耐腐蚀性、耐久性等性能好，涂膜硬度大，耐磨性好。若选材合理，耐水性也好，而且原材料来源广泛，价格便宜，因而近年来受到国内外普遍重视，发展较快。

地面涂料的主要功能是装饰与保护室内地面，使地面清洁美观，与其他装饰材料一同创造优雅的室内环境。为了获得良好的装饰效果，地面涂料应具有以下特点：耐碱性好、黏结力强、耐水性好、耐磨性好、抗冲击力强、涂刷施工方便及价格合理等。

4. 木地板涂料

木地板涂料又称地板漆，它的品种较多，一般只用于木地板的保护，耐磨性差。

5. 过氯乙烯地面涂料

过氯乙烯地面涂料是以过氯乙烯树脂为主要成膜物质，掺入少量的酚醛树脂改性，加入填料、颜料、稳定剂等，经捏合、混炼、塑化、切粒、溶解等工艺制成的。

其特点如下。

① 施工干燥快，施工方便。常温下2h可以全干。冬季气温低时也可施工。

② 具有良好的耐磨性，在人流多的地面其耐磨性可达1～2年。

③ 具有很好的耐水性及耐化学药品性。

④ 重涂性好，施工方便。

⑤ 室内施工时，因有大量有机溶剂挥发且易燃，因此要注意通风、防火、防毒。

6. 聚氨酯地面涂料

聚氨酯地面涂料有薄质罩面涂料与厚质弹性地面涂料两类。

聚氨酯弹性地面涂料是双组分常温固化型，由甲、乙两种组分组成。

该涂料的特点如下。

① 涂层耐磨性很好，并且耐油、耐水、耐酸碱。

② 涂布后地坪整体性好，装饰性好，清扫方便。

③ 涂层固化后具有一定弹性，步感舒适。

④ 重涂性好，便于维修。

⑤ 因是双组分涂料，施工较复杂。

聚氨酯地面涂料可用于会议室、放映厅、图书馆等的弹性装饰地面，地下室、卫生间等的防水装饰地面以及工厂车间的耐磨、耐腐蚀等地面。

7. 环氧树脂地面涂料

环氧树脂地面涂料是以环氧树脂为主要成膜物质的双组分常温固化型涂料。

这种涂料是由甲、乙两种组分组成的。甲组分是以环氧树脂为主要成膜物质，加入填料、颜料、增塑剂和其他助剂等组成的。乙组分是以胺类为主的固化剂组成的。

环氧树脂地面涂料的特点如下。

① 涂层坚硬、耐磨，有一定的韧性。

② 具有良好的耐化学腐蚀性、耐油性、耐水性等性能。

③ 涂层与水泥基层的黏结力强，耐久性好。

④ 可涂刷成各种图案，装饰性好。

⑤ 双组分固化，施工复杂，施工时应注意通风、防火，地面含水率不大于 8%。

8. 防火涂料

防火涂料的主要功能就是降低已涂防火涂料的底材的可燃性。为了实现这样的功能，涂料本身必须是不易燃的，或对其他火源引起的燃烧不起助燃作用，最好是防火涂层能使底材和由火产生的热隔离，从而延长热量侵入底材和到达底材另一侧所需的时间。侵入底材所需的时间越长，涂层的防火性能就越好。但是不管这些防火涂料所用的组分如何，都无法经受大火的损坏作用。防火涂料的主要价值就是在其所施涂的底材表面延迟和抑制火焰的蔓延。因此，所谓的防火涂料，更确切地说应该是阻燃涂料，这只是人们的习惯称呼。

防火涂料一般分为膨胀型难燃防火涂料、非膨胀型防火涂料和饰面型防火涂料。目前，我国生产的饰面型防火涂料均为膨胀型防火涂料。按溶剂类型的不同，可分为溶剂型和水剂型两类，两类涂料所选用的防火组分基本相同，因此很难说它们的防火性能有多大差别，只是在涂料的理化性能以及耐候性能方面有所不同，溶剂型防火涂料这两方面的性能优于水剂型防火涂料。考虑到节约能源、劳动卫生与安全等因素，在实际应用中，应更多地发展水剂型防火涂料。

9. 高科技涂料

(1) 可吸收太阳能的高效涂料　俄罗斯机器制造科学生产联合公司采用经改进过的现代工艺，研制成功可吸收太阳能的高效涂料。这种涂料的吸光效果可达 96%，能保持 50～80℃的温度。它所具有的高强度性，可以保持在 10 年内不发生变化，将这种涂料用于太阳能热水器装置，可使水温达到 95℃；用于家庭吸热装置，可免费获取能源。该涂料生产成本低，无生态危害，属于绿色建材。

(2) 耐高温陶瓷涂料　日本宇部产业公司新近研制成功一种新型的耐高温陶瓷涂料。这种涂料是一种硅聚合物，涂刷在陶瓷表面后经 250～270℃的烘烤，即可形成珐琅陶瓷膜。这层膜可耐 1400℃的高温，同时能抗酸碱与有机溶剂的侵蚀。

(3) 环保灭虫乳胶漆　这是一种可取代驱蚊剂的产品，其遮盖率高，附着力强，耐水、耐擦洗，涂层光洁滑腻，高雅华贵，装饰效果突出，同时具有较强而又独特的灭虫功效。

(4) 珍珠镶嵌涂料　这是一种酷似天然珍珠镶嵌的高档装饰，主要采用不同直径的玻璃球加工而成。用这种涂料装饰后的房间显得气派。在卫生间、浴池中使用可替代马赛克、防滑地砖。其耐磨性好，颗粒不易脱落并且有优良的防潮、防渗漏功能。

(5) 高性能液体仿瓷涂料　这种涂料可用来装饰浴室墙面。它有如瓷砖般的光亮度，有韧性，耐高温、低温，耐磨、耐擦洗等。其色彩可任意选择，使用方便。

(6) 天然真石漆　装饰外观效果如同大理石、花岗石的这种天然水性建筑涂料，主要采用各种天然石粉加工而成。用真石漆加工装修的建筑物具有防火、耐碱、耐污染、无毒、无味、黏结力强、永不褪色等特点。

(7) 绿色环保调湿涂料　这种涂料是以吸水树脂为主要成膜物质，配以各种特殊粉料调制而成的一种功能性涂料，具有特殊的调湿功效。当室内过于干燥时能放出水分，保持一定的湿度，予人以清新自然之感。

(8) 丝绸幻彩涂料　丝绸幻彩涂料具有水性、无毒、附着力强、耐水、耐擦洗的特点。通过喷涂施工用于室内，可形成丝绸般的质感效果，尤其适用于客厅和卧室。

(四) 油漆类

油漆类涂料在建筑装饰工程中也有着广泛的应用，下面就油漆类涂料加以简单介绍。

1. 天然漆

天然漆又称大漆，有生漆和熟漆之分。它是将从漆树上提取的汁液经加工处理而得的棕黄色黏稠液体。主要成分是复杂的醇酸树脂。天然漆为我国特产，盛产于陕西、四川、湖南、湖北和贵州等省，此外，福建、浙江、安徽等省也有生产。

天然漆的特性是：漆膜坚硬，富有光泽，耐久、耐磨、耐油、耐水、耐腐蚀、绝缘和耐热(≤250℃)，与基底表面结合力强。缺点是：黏度高而不易施工(尤其是生漆)，漆膜色深，性脆，不耐阳光直射，抗强氧化性和抗碱性差。生漆有毒，干燥后漆膜粗糙，所以很少直接使用。生漆经加工即成熟漆，或改性后制成各种精制漆。熟漆适于在潮湿环境中使用，所形成的漆膜光泽好、坚韧、稳定性高、耐酸性强，但干燥较慢，甚至需2～3个星期。精制漆有广漆和催光漆等品种，具有漆膜坚韧、耐水、耐热、耐久、耐腐蚀等良好性能，光泽动人，装饰性强，适用于木器家具、工艺美术品及某些建筑制品。

2. 调合漆

调合漆又称调和漆，它是以干性油为基料，加入着色颜料、溶剂、催干剂等配制而成的可直接使用的涂料。调合漆质地均匀，较软，稀稠适度，漆膜耐腐蚀，耐晒，经久不裂，遮盖力强，耐久性好，施工方便，适用于室内外钢、铁、木质等材料表面涂饰。

常用的调合漆有油性调合漆和磁性调合漆等品种。油性调合漆是基料中没有树脂的调合漆。该种漆附着力好，不易脱落，不易龟裂，不易粉化，经久耐用，但干燥较慢，漆膜较软，适用于室外面层涂饰。磁性调合漆基料中含有树脂，它的干燥性比油性调合漆好，漆膜较硬，光亮平滑，但抗气候的能力较油性调合漆差，易失光、龟裂。磁性调合漆中醇酸调合漆属于较高级产品，适用于室外；酚醛、酯胶调合漆可用于室内外。调合漆按漆面还分为有光、半光和无光三种，常用的是有光调合漆，可刷洗；半光和无光调合漆的光线柔和，可轻度刷洗，建筑上主要用于木门窗和室内墙面涂饰。

3. 清漆

清漆分为油基清漆和树脂清漆两类。油基清漆俗称凡立水，是由合成树脂、干性油、溶剂、催干剂等配制而成的。油料用量较多时，漆膜柔韧、耐久且富有弹性，但干燥较慢；油料用量少时，则漆膜坚硬、光亮、干燥快，但较易脆裂。油基清漆有钙酯清漆、酚醛清漆和醇酸清漆等。树脂清漆不含干性油，这种清漆干燥迅速，漆膜硬度高，绝缘性好，色泽光亮，但膜脆，耐热性、抗大气性差。树脂清漆中常用的是虫胶清漆。现将建筑上常用的清漆分述如下。

(1) 酯胶清漆　酯胶清漆又称耐水清漆，是以干性油和甘油松香为胶黏剂制成的。其漆膜光亮，耐水性较好，但光泽不持久，干燥性较差，适用于木质家具、门窗、板壁等的涂饰及金属表面的罩光。

(2) 酚醛清漆　酚醛清漆俗称永明漆，是以干性油和改性酚醛树脂为胶黏剂制成的。它干燥快，漆膜坚韧耐久，光泽好，耐热，耐水，耐弱酸碱，缺点是漆膜容易泛黄。将其用于室内外木器和金属面涂饰，可得到很好的效果。

(3) 醇酸清漆　醇酸清漆又称三宝漆，是以干性油和改性醇酸树脂溶于溶剂中制成的。它的附着力、光泽度、耐久性比酯胶清漆和酚醛清漆都好，漆膜干燥快，硬度高，色泽光亮，绝缘性好，可抛光、打磨，但膜脆，耐热性、抗大气性较差。主要用于涂刷室内门窗、木地板和家具等，不宜用于室外。

(4) 虫胶清漆　虫胶清漆又名包立水、酒精凡立水、漆片等，是将虫胶片（干切片）用酒精溶解制成的溶液。虫胶清漆使用方便，干燥快，漆膜坚硬光亮，缺点是耐水性和耐候性差，日光曝晒会失光，热水浸烫会泛白。一般用于室内涂饰。

(5) 硝基清漆　硝基清漆又称清喷漆，简称腊克。它是以硝化棉即硝化纤维素为基料，加入其他树脂、增塑剂制成的。硝基清漆的干燥是通过溶剂的挥发，而没有复杂的化学变化。具有干燥快、漆膜坚硬、光亮、耐磨、耐久等优点，是一种高级涂料。适用于木材和金属表面的涂饰，主要用于高级建筑的门窗、板壁、扶手等部位的装饰，但注意不能用湿布揩。

4. 磁漆

磁漆也称瓷漆，是在清漆的基础上加入无机颜料制成的，因漆膜光亮、坚硬，酷似瓷（磁）器，故称为磁漆。磁漆与调合漆的区别是漆料中含有较多的树脂，使用了鲜艳的着色颜料，漆膜具有坚硬、耐磨、光亮、美观及附着力强等优点，适用于室内装饰和家具，也可用于室外的钢铁和木材表面。常用的有醇酸清漆和酚醛清漆等品种。

5. 特种涂料

建筑上常用的特种涂料有各种防锈漆和防腐漆。防锈漆是用精炼的亚麻仁油、桐油等优质干性油作为成膜剂，加入红丹、锌铬黄、铁红及铝粉等防锈颜料制成的。常用的有醇酸红丹防锈漆、酚醛硼酸钡防锈漆等。防锈漆主要用于钢铁材料的底层涂刷。

防腐漆是具有优良耐腐蚀性的涂料，主要通过屏蔽作用（即隔离开）、缓蚀和钝化作用、电化学作用等来实现防腐，其中后两种作用只对金属材料有效。通常防腐涂料的基料具有高度的耐腐蚀性和密闭性，用于金属材料的防腐涂料还应具有很高的电绝缘性。常用的防腐涂料有酚醛防腐漆、环氧防腐漆、聚氨酯防腐漆、过氯乙烯防腐漆、沥青防腐漆、氯丁橡胶防腐漆和氯磺化聚乙烯防腐漆等。主要用于金属材料的表面防腐。

（五）玻璃

玻璃在过去只是作为采光使用，随着现代建筑的发展，很多建筑采用玻璃材料进行装饰，同时也需要玻璃具备控制光线、调节热量、节约能源、控制噪声、降低建筑自重、改善建筑环境、提高建筑艺术等功能。因此，玻璃已成为建筑装饰工程一种重要的装饰材料。

1. 玻璃的组成

玻璃制品是以难熔黏土作为原料，经配料、成型、干燥、素烧、表面涂玻璃釉料后再烧制而得到的制品。

(1) 玻璃的主要原料

① 硅砂或硼砂　硅砂或硼砂引入玻璃的主要成分是氧化硅或氧化硼，它们在燃烧中能单独熔融成玻璃主体，决定了玻璃的主要性质，相应地称为硅酸盐玻璃或硼酸盐玻璃。

② 苏打或芒硝　苏打和芒硝引入玻璃的主要成分是氧化钠，它们在煅烧中能与硅砂等酸性氧化物形成易熔的复盐，起了助熔作用，使玻璃易于成型。但如含量过多，将使玻璃热膨胀率增大，抗拉强度下降。

③ 石灰石、白云石、长石等　石灰石引入玻璃的主要成分是氧化钙，增强玻璃化学稳定性和机械强度，但含量过多使玻璃析晶和降低耐热性。白云石作为引入氧化镁的原料，能提高玻璃的透明度、减小热膨胀率及提高耐水性。长石作为引入氧化铝的原料，它可以控制熔化温度，同时也可提高耐久性。此外，长石还可提供氧化钾成分，提高玻璃的热膨胀性。

④ 碎玻璃　一般来说，制造玻璃时不是全部用新原料，而是掺入15%～30%的碎玻璃。

（2）玻璃的辅助原料

① 脱色剂　原料中的杂质如铁的氧化物会给玻璃带来色泽，常用纯碱、碳酸钠、氧化钴、氧化镍等作为脱色剂，它们在玻璃中呈现与原来颜色的补色，使玻璃变成无色。此外，还有与着色杂质能形成浅色化合物的减色剂，如碳酸钠能将氧化铁氧化成三氧化二铁，使玻璃由绿色变为黄色。

② 着色剂　某些金属氧化物能直接溶于玻璃熔液中使玻璃着色。如氧化铁使玻璃呈现黄色或绿色，氧化锰能呈现紫色，氧化钴能呈现蓝色，氧化镍能呈现棕色，氧化铜和氧化铬能呈现绿色等。

③ 澄清剂　澄清剂能降低玻璃熔液的黏度，使化学反应所产生的气泡，易于逸出而澄清。常用的澄清剂有白砒、硫酸钠、硝酸钠、铵盐、二氧化锰等。

④ 乳浊剂　乳浊剂能使玻璃变成乳白色半透明体。常用乳浊剂有冰晶石、氟硅酸钠、磷化锡等。它们能形成0.1～1.0μm的颗粒，悬浮于玻璃中，使玻璃乳浊化。

2. 琉璃制品的特点与品种

建筑琉璃制品在我国具有悠久的历史，从遗留下来的一些古代建筑中可以见到，这类制品造型古朴、优美，色泽绚丽，质地紧密，表面光滑，不易沾污，富有传统的民族特点。主要用于我国传统建筑风格的宫殿式建筑以及纪念性建筑，还常用于园林建筑中具有古代园林风格的亭、台、楼、阁等。建筑琉璃制品还是近代建筑中的屋面材料，它既可以体现现代与传统美的结合，又富有东方民族精神，富丽堂皇，雄伟壮观。

琉璃制品的品种很多，包括琉璃瓦、琉璃脊、琉璃兽以及各种装饰制品如花窗、花格、栏杆等，还有供陈设工艺品的，如琉璃桌、凳、花盆、鱼缸、花瓶等。

琉璃装饰制品有数百种，常用的有几十种，琉璃瓦是其中用量最多的一种，约占琉璃制品总产量的70%。琉璃瓦类制品，按其形状和用途分为板瓦、筒瓦、滴水、底瓦和勾头等品种。琉璃脊类制品有正脊筒瓦、垂脊筒瓦、岔脊筒瓦、围脊筒瓦、博脊边砖、群色条、三连砖、扒头、窜头、方眼勾头、正当沟、斜当沟、押带条及平口条等品种。琉璃装饰制品有正吻、垂兽、岔兽、合角兽、套兽、仙人和走兽等品种。

琉璃制品以北京、广东石湾、江苏宜兴等地最负盛名，历史悠久，品种最多，配套较全，规模较大。其生产工艺、技术设备和生产管理水平都处于国内领先水平。琉璃瓦的釉色主要有金黄、翠绿、浅棕、深棕、古铜和钴蓝等。

3. 玻璃的分类

（1）普通平板玻璃　也称单光玻璃、净片玻璃，简称玻璃，属于钠玻璃类，是未经研磨加工的平板玻璃。主要装配于门窗，起着透光、挡风和保温的作用，要求具有较好的透明度和表面平整无缺陷。普通平板玻璃的特点是：平板玻璃既透光又透视，透光率可高达85%左右，具有一定的隔声作用、保温性和机械强度，而且耐风压、雨淋、擦洗和酸碱腐蚀。但质脆，怕敲击、强震，受急冷急热作用易碎，紫外线透过率较低。

（2）彩色玻璃　又称饰面玻璃。分为透明、不透明和半透明三种。彩色玻璃的颜色有乳白、茶色、海蓝、宝石蓝和翡翠绿等。透明和半透明彩色玻璃常用于建筑内外墙、隔断、门窗及对光线有特殊要求的部位等。也可以加工成中空玻璃、夹层玻璃、压花玻璃及钢化玻璃等，使其更具装饰性和使用功能。不透明彩色玻璃主要用于建筑内外墙的装饰，可拼成不同的图案，表面光洁、明亮或漫射无光，具有独特的装饰效果，还可以加工成钢化玻璃。彩色玻璃的尺寸一般不大于1000mm×1500mm，厚度为5～6mm。

（3）釉面玻璃　又称不透明饰面玻璃，是在按一定尺寸裁切好的玻璃基体上涂敷一层彩色易熔的釉料，然后加热到彩釉的熔融温度，经退火或钢化等热处理，使釉层与玻璃牢固结合而制成的具有美丽的色彩或图案的玻璃制品。玻璃基片可用普通平板玻璃、钢化玻璃、磨光玻璃或玻璃砖等。目前生产的釉面玻璃最大规格为3.2m×1.2m，厚度为5～15mm。

釉面玻璃的特点是：耐酸、耐碱、耐磨和耐水，图案精美，不褪色，不掉色，可按用户的要求或艺术设计图案制作。

釉面玻璃的用途是：釉面玻璃具有良好的化学稳定性和装饰性，可用于食品工业、化学工业、商业、公共食堂等的室内饰面层，以及一般建筑物房间、门厅、楼梯间的饰面层和建筑物外饰面层，特别适用于防腐、防污要求较高部位的表面装饰。

（4）钢化玻璃　又称强化玻璃，它具有较高的抗弯强度和抗冲击能力，克服了普通玻璃性脆、易碎的最大缺陷。钢化玻璃按生产方法分为物理钢化玻璃和化学钢化玻璃两种；按钢化范围分为全钢化玻璃、半钢化玻璃、区域钢化玻璃等；按形状分为平面钢化玻璃和曲面钢化玻璃；按碎片状态分为Ⅰ、Ⅱ、Ⅲ三类。

钢化玻璃的性能特点是机械强度高，钢化玻璃抗折强度、抗冲强度较高，为普通玻璃的4～5倍，弹性好。钢化玻璃的弹性变形能力大，如一块1200mm×350mm×6mm的钢化玻璃，受力后可发生达100mm的弯曲变形，当外力撤除后，仍能恢复原状。钢化玻璃的热稳定性高，可经受180～200℃的急冷急热作用而不破坏。当一侧面受温度剧变作用时，可经受300～350℃的温度剧变而不破坏。

钢化玻璃主要用于建筑物的门窗、幕墙、隔断、护栏（护板、楼梯栏杆等）、家具以及电话亭、车、船、设备等门窗、观察孔、采光天棚等；可做成无框玻璃门；用于玻璃幕墙可大大提高抗风压能力，防止热炸裂；可增大单块玻璃的面积，减少支撑结构。钢化玻璃不宜用于有防火要求的门窗和可能受到吊车、汽车直接多次碰撞的部位。

（5）夹层玻璃　夹层玻璃是在两片或多片玻璃之间嵌夹透明、柔软而强劲的塑料薄片，经加热、加压黏合成的平面或曲面的复合玻璃制品。夹层玻璃属于安全玻璃的一种。夹层玻璃所采用的原片可以是普通平板玻璃、浮法玻璃、钢化玻璃、彩色玻璃、吸热玻璃或热反射玻璃等。常用的塑料胶片为聚乙烯醇缩丁醛（PVB），厚度为0.2～0.8mm。夹层玻璃的原片层数有2层、3层、5层、7层、9层，建筑上常用的为2～3层。

夹层玻璃的生产方法有直接合片法和预聚法两种。随着科学技术的发展，夹层玻璃正向高抗击穿、薄型和多功能方向发展。

夹层玻璃的主要特点有透明性好，抗冲击性和抗穿透性高。在受到冲击力作用时，玻璃不易开裂、破碎。玻璃被击碎后，由于中间有塑料衬片的黏合作用，仅能产生辐射状或同心圆形裂纹，而不落碎片，不致伤人。夹层玻璃还具有较好的隔声、保温、耐热、耐寒、耐湿和耐光等性能，长期使用不变色、老化。

夹层玻璃主要用于有振动或冲击力作用的，或防弹、防盗及其他有特殊安全要求的建筑门窗、隔墙、工业厂房的天窗、某些水下工程；可用于汽车、飞机的风挡玻璃等。

夹层玻璃主要有减薄夹层玻璃（用1～2mm厚的薄玻璃为原片和弹性胶片制成）、遮阳夹层玻璃（吸热玻璃或热反射玻璃为原片，夹入带色的膜片制成）、电热夹层玻璃、防弹夹层玻璃、玻璃纤维增强玻璃（在两层平板玻璃中间夹一层玻璃纤维）及报警夹层玻璃（在两块玻璃中间的胶片上再接上一个报警驱动装置）等。

（6）夹丝玻璃　夹丝玻璃是将预先热处理的钢丝网或铁丝网压入已软化的红热玻璃中间而制成的。其表面可以是压花或磨光的，颜色可以是透明或彩色。由于金属丝与玻璃黏结在一起，当受到冲击荷载作用时，玻璃裂而不散，碎片仍黏附在金属丝上，避免了碎片飞溅伤人，故属于安全玻璃。当夹丝玻璃受热炸裂后，仍能保持原形，起到隔绝火势的作用，故又称“防火玻璃”。

夹丝玻璃具有均匀的内应力和一定的抗冲强度及耐火性能，当受外力作用超过本身强度而引起破裂时，其碎片仍连在一起，不致伤人，具有安全作用。

夹丝玻璃主要用于高层建筑、公共建筑的天窗、仓库门窗、防火门窗、地下采光窗、振动较大的厂房以及其他要求安全、防振、防盗、防火以及建筑物的墙体装饰、阳台围护等。

（六）金属类

金属材料作为建筑装饰材料，有着悠久的历史。金属材料一般分为黑色金属和有色金属两种。黑色金属的基本成分主要是铁及铁合金，有色金属是除铁以外的其他金属（如铝、铜、铅、锡、锌及其合金等）的总称。

1. 钢材

钢材是建筑工程和建筑装饰工程中的重要材料。在实际工程中，将铁矿石经过冶炼得到钢锭，再将钢锭经过轧压、锻压等加工工艺制成各种型材，如角钢、工字钢、槽钢、钢筋、钢管、钢板、钢丝等。

钢材具有品质均匀、抗拉、抗压、抗冲击和耐疲劳等特性，能承受较大的弹性和塑性变形，具有可焊、可铆、可切割和弯曲等易于加工的性能。因此，其型材及制品在建筑工程中不仅可以作为结构用材，也可以用于建筑物的外墙面、屋面及各种吊顶龙骨等的装饰骨架材料。钢材制品（不锈钢板、彩色钢板、压型钢板等）更被赋予各种颜色和质感，成为现代建筑室内外装饰的高档材料。

2. 铝材

铝元素占地壳组成的 8.13%，仅次于氧和硅。铝在自然界中是以化合物的形式存在的，纯铝是通过从铝矿石中提取 Al_2O_3，再经电解而提炼制得的。

铝属于有色金属中的轻金属，密度为 $2.79g/cm^3$，只有钢或铜的 1/3 左右，熔点为 660℃。呈银白色，对光的反射强，导电性和导热性好。不耐酸碱腐蚀，易与氧产生化学反应。铝的电极电位较低，当与电极电位高的金属接触，并且有电介质（水、蒸汽等）存在时，会形成微电池而遭受腐蚀，因此使用铝制品时要避免与电极电位高的金属接触。

铝有良好的塑性和延展性（伸长率可达 50%），可加工成管材、板材、薄壁空腔型材，还可压延成极薄的铝箔，具有极高的光、热反射比（87%～97%），但铝的强度和硬度较低（强度为 80～100MPa，硬度为 17～44HB）。为提高铝的实用价值，常加入合金元素。

为提高铝的强度，在不降低铝的原有特性的基础上，在铝中加入合金元素形成铝合金，以改变铝的某些性质，大大提高了其使用价值，使其不仅可用于建筑装修，还可用于结构方面。

铝合金既保持了铝密度低的特性，同时，力学性能明显提高（屈服强度可达 210～500MPa，抗拉强度可达 380～550MPa）。铝合金以它所特有的力学性能广泛应用于建筑结构，如美国用铝合金建造了跨度为 66m 的飞机库，大大降低了结构物的自重。还建造了硕大无比的铝合金异形屋顶，轻盈新颖。我国山西太原 34m 的悬臂钢结构，面板与吊顶采用了铝合金，另加保温层等，都充分显示了铝合金良好的性能。

铝合金的主要缺点是弹性模量小（约为钢的 1/3），热膨胀系数大，耐热性低，焊接需采用惰性气体保护等焊接新技术。常用的铝合金有铝锰合金（Al-Mn 合金）、铝镁合金（Al-Mg 合金）、铝镁硅合金（Al-Mg-Si 合金）等。其中，Al-Mg-Si 系列合金是目前制作铝合金门窗、铝合金幕墙等铝合金装饰制品的主要基础材料。

铝合金制品的表面易腐蚀，可用阳极氧化和表面着色的方法对其表面进行处理，从而提高其耐腐蚀性、耐磨性、耐光性和耐气候性，其表面也可获得各种颜色的膜层，有良好的装饰效果。铝合金的阳极氧化就是使铝制品表面形成比自然氧化膜厚得多的人工氧化膜层。由于这层阳极氧化膜层的结构为多孔状，易吸附有害物质，使铝合金制品的表面易被污染或腐蚀，故还需对铝合金制品的表面进行封孔处理。

铝合金制品的表面着色是通过控制铝材中不同合金元素的种类、含量及热处理来实现的。常用的着色方法有自然着色法和电解着色法。自然着色法是指铝材在特定的电解液和电解条件下，被阳极氧化同时又能着色的方法。电解着色法是对常规硫酸法中生成的氧化膜进一步电解，使电解液所含的金属阳离子沉积到氧化膜孔底后而着色的方法。

铝合金装饰制品有铝合金型材、铝合金门窗、铝合金装饰板和铝合金百叶窗帘等。

3. 铜材

纯铜的密度为8.9g/cm^3，熔点为1083℃，纯铜表面氧化而生成氧化铜薄膜后呈紫红色，故称紫铜，导电性、导热性好（仅次于银），耐腐蚀性好，其强度较低、塑性较高（$\sigma_b \approx 230 \sim 250$MPa，$\delta$约为40%～50%），不适宜用于结构材料，主要用于制造导电器材或配制各种铜合金。根据铜中的杂质含量不同，工业纯铜可分为T1、T2、T3、T4四种。我国纯铜应用分为两类：一类属于冶炼产品，包括铜锭、铜线锭和电解铜；另一类属于加工产品，是指铜锭经过加工变形后获得的各种形状的纯铜材。

在铜中掺加锌、锡等元素可制成铜合金，铜合金主要有黄铜、白铜和青铜，其强度、硬度等物理机械性能得到提高，价格比纯铜低。

按照化学成分的不同，铜合金可以分为黄铜、青铜和白铜。工业上广泛应用的还是黄铜合金。

(1) 黄铜　黄铜是指以铜、锌为主要合金元素的铜合金。黄铜分为普通黄铜和特殊黄铜。普通黄铜呈金黄色或黄色，色泽随锌含量的增加而逐渐变淡。黄铜不易生锈腐蚀，延展性较好，易于加工成各种建筑五金、装饰制品、水暖器材。黄铜粉俗称“金粉”，常用于调制装饰涂料，代替“贴金”。

(2) 青铜　锡青铜是由铜与锡组成的合金，无锡青铜是含铝、硅、铅、钡、锰等合金元素的铜基合金，包括铝青铜、硅青铜、铅青铜等。

铜合金经挤制或压制可形成不同横断面形状的型材，有空心型材和实心型材。

铜合金型材也具有铝合金型材类似的特点，可用于门窗的制作。另外，利用铜合金板材制成铜合金压型板应用于建筑物外墙装饰。

（七）木材类

木材是传统的建筑材料，但是由于目前林木资源较为贫乏，因此应该合理使用木材和节约木材。木材具有下述一系列的优点。木材的分类方法主要有两种：一种是按树木的种类分类，另一种是按加工程度和用途不同分类。

1. 木材的分类

(1) 按树木种类分　木材的树种很多，从树叶的外观形状可将木材分为针叶树木和阔叶树木两大类（表2-3）。

(2) 按树木材质分　针叶树树叶细长如针，多为常绿树，树干通直高大，易得大材，材质均匀，纹理平顺，木质软而易于加工，所以又称“软木材”。针叶树木材强度较高，表观密度和胀缩变形较小，常含有较多的树脂，耐腐蚀性较强，是主要的建筑用材，广泛用于各种承重构件、装饰和装修部件。常用的树种有红松、落叶松、云杉、冷杉、杉木及柏木等。

阔叶树树叶宽大，叶脉呈网状，大多为落叶树，树干通直部分一般较短，大部分树种的表观密度较大，材质较硬，较难加工，所以又称“硬木材”。阔叶树木材干缩湿胀较大，易于翘曲变形，较易开裂，建筑上常用于尺寸较小的构件。有些树种具有美丽的纹理，适用于室内装饰、制作家具及胶合板等。常用的树种有榆木、榉木、柞木、水曲柳木、椴木、桦木及樟木等。

表 2-3 常用树种特色对照

代号	名称	密度大	硬度大	脆性强	纤维粗	纹理美	审美感
A	栓木					溪流型	绵延、轻快感
B	榉木					花岗岩型	大众化点状、牛毛细雨的纹不失浪漫温馨
C	樱桃木					贝壳型	白里透红、自然本色、高贵典雅感
D	花梨木	√	√				
E	金丝柚				√		
F	马兰地			√	√		
G	红影木				√		
H	桦木						
I	金不换		√				
J	山樟			√			给人以厚重之感
K	浅榉					毛雨型	此时无声胜有声
L	枫木			√		梯田型	耕耘、收获感，并有海浪之动感
M	桃花芯				√	黄土高原型	粗犷、红色中蕴含强大的生命力
N	橡木	√	√	√		沼泽地	旷野、宁静之感
O	松木					一泓清潭	明净
P	水曲柳木					沙滩	
Q	白木				√	雪花型	浪漫缥缈
R	沙比利				√	朝霞	希望、胜利感
S	柚木				√	海岸线	金黄色、气味清新
T	胡桃木					黑美人	高贵、典雅、沉稳、成熟之感，不变形
U	白桦					白沙型	朦胧、含蓄

(3) 按加工程度和用途不同分　木材可分为原木、条木和板方材等。原木是指生长的树木被伐倒后，经修枝并截成规定长度的木材。条木是指只经过修枝、剥皮，而没有加工造材的木材。板方材是指按一定尺寸锯解、加工成的板材和方材。截面宽度为厚度的 3 倍或 3 倍以上者称为板材；截面宽度不足厚度的 3 倍者称为方材。

2. 木材的特点

(1) 不可替代的天然性　竹、木材是天然的，有独特的质地与构造，其纹理、年轮和色泽等能够给人们一种回归自然、返璞归真的感觉，深受广大人们所喜爱。

(2) 典型的绿色材料　竹、木材本身不存在污染源，其散发的清香和纯真的视觉感受有益于人们的身体健康。与塑料、钢铁等材料相比，木、竹材是可循环利用和永续利用的材料。

(3) 优良的物理机械性能　竹、木材是质轻而比强度高的材料，具有良好的绝热性、吸声性、吸湿性和绝缘性。同时，竹、木材与钢铁、水泥和石材相比具有一定的弹性，可以缓和冲击力，提高人们居住和行走的安全性。其加工性良好，竹、木材可以方便地进行锯、刨、铣、钉、剪等机械加工和贴、粘、涂、画、烙、雕等装饰加工。

(4) 保温性好（热导率低）　木材的热导率很小，同其他材料相比，铝的热导率是它的 2000 倍，塑料的热导率是它的 30 倍。因此，木材具有良好的保温性。

(5) 电绝缘性　木材的电传导性差，是较好的电绝缘材料。

(6) 易加工性　木材软硬程度适中，容易加工。

(7) 装饰性　由于木材上述的一些独有特性，尽管它本身也存在一些缺点，它仍然受到人们的偏爱，特别是作为室内高档装饰用材，如门、门窗套、木地板、暖气罩、家具等在人们直接接触的空间范围内，仍处于“独领风骚”的地位。

3. 新型木质装饰制品

（1）中密度纤维板　中密度纤维板是近年来国内外大力发展的一种新型木质人造板，简称MDF。它是利用木材或其他植物的纤维为主要原料，加入适量的胶黏剂和添加剂，经成型、热压制成的人造板材。中密度纤维板在各种人造板中，是性能最接近天然木材的一种。具有组织结构均匀、密度适中、重量轻、抗拉强度大、板面平滑、易于装饰、握持螺钉牢固、开榫、钻孔及截断容易等优点。在生产过程中加入防火、防霉及防腐蚀等添加剂可制成具有各种特殊性能的中密度纤维板，以满足各种需要。

中密度纤维板可代替天然木材，广泛用于家具、建筑、车船、家用电器及乐器制造等方面。在建筑上，主要用于内门、墙板、隔断、地板、贴面及筒子板、窗台板、暖气罩、踢脚板、楼梯扶手和各种装饰线条等。

（2）浸渍胶膜纸饰面人造板　浸渍胶膜纸饰面人造板是采用专用的纸浸渍氨基树脂，干燥到一定固化程度，铺装在人造板基材表面，经热压制成的人造板。其特点是：具有多种花纹图案，颜色丰富，表面可制成多种凹凸花纹，立体感强，耐磨、耐水、耐热、耐污染。主要用于室内墙面、墙裙、顶棚和台面等部位的装饰。

（3）塑料贴面装饰板　塑料贴面装饰板是将热塑性树脂制成的薄膜贴在人造板表面而制成的装饰板材。它具有色泽鲜艳、花纹美观、耐水性好、有立体感及价格低等优点；缺点是透气性、耐热性差，表面硬度不理想。

塑料贴面装饰板根据所使用的塑料薄膜不同可分为聚氯乙烯贴面装饰板、聚酯贴面装饰板和聚碳酸酯贴面装饰板三种；按基材的不同分为塑料贴面胶合板、塑料贴面纤维板、塑料贴面刨花板等。塑料贴面装饰板属于中、低档装饰材料，主要用于装饰墙面、吊顶及家具制作等。

（4）涂饰人造板　涂饰人造板是在人造板表面直接采用涂料涂饰制成的装饰人造板。采用涂饰的方法制造装饰板，方法简单，价格低廉，应用普遍。

根据涂料的不同，涂饰人造板可分为透明涂饰人造板和不透明涂饰人造板两种。采用透明涂料涂饰人造板可显露基材表面原有的色泽和纹理，风格古朴自然；采用不透明涂料（即着色涂料）涂饰人造板遮盖力强，适宜现代风格。

由于涂饰人造板的质量及其装饰效果均比浸渍胶膜纸饰面人造板差，所以，它主要用于中、低档家具的制作及建筑物的墙面、墙裙和顶棚等部位的装饰。

（5）镁铝曲面装饰板　镁铝曲面装饰板是以着色铝合金箔为装饰面层，纤维板或甘蔗板为基材，特种牛皮纸为底面纸，经粘接、刻沟等工艺而制成的装饰板。

镁铝曲面装饰板具有表面光亮，颜色丰富（有银白、瓷白、浅黄、橙黄、金红、墨绿、古铜、黑咖啡等多种颜色），不变形，不翘曲，耐擦洗，耐热，耐压，防水，安全性高，加工性良好（可锯、可钻、可钉、可卷、可叠）等优点；缺点是易被硬物划伤，施工时应注意保护。

4. 竹质装饰材料

竹材作为天然生长且具有与木材性质及外观类似的材料，近几年在装饰领域崭露头角。此外，竹材的生长周期短，有很高的力学强度，抗拉、抗压能力均优于木材。抗弯能力也很强，不易折断，富有韧性和弹性，是理想的节木、代木材料。目前，市场上的竹质装饰材料有竹木胶合板、竹地板等。

（1）竹木胶合板　竹木胶合板是将竹篾、竹材单板或小竹条用胶粘贴在胶合板上制成的一种装饰材料。具有幅面大、重量轻、材质坚韧、刚性好、防潮防腐、耐热耐寒及纹理美观等优点。具有素雅、朴实的民族风格，硬度和强度均高于木材，加工性能优良，可以进行锯、铣、刨等各种机械加工，也可进行开榫、胶合接长等后续加工。可作为室内顶棚、墙面、门等部位的装饰板材及家具制作。

竹木胶合板有2层、3层、4层、5层和7层，其规格有1800mm×960mm、1850mm×750mm、1830mm×915mm、2000mm×1000mm、2440mm×1220mm、3000mm×1500mm，厚度为2.5～13mm。

(2) 竹地板　竹地板是20世纪90年代兴起的地面装饰材料，它采用中、上等竹材，经严格选材、制材、漂白、硫化、脱水、防虫和防腐等工序加工处理后，再经高温、高压下的热固胶合而成。竹地板板面光洁平滑，外观呈现自然竹纹，色泽高雅美观，符合人们崇尚回归大自然的心理。同时，竹地板具有耐磨、耐压、防潮、阻燃、富有弹性及经久耐用的优点。此外，竹地板还能弥补木地板易损变形的缺点，是高级宾馆、写字楼及现代家庭地面装饰的新型材料。

按外观形状竹地板可分为条形竹地板和方形竹地板；按涂料不同又可分为原色竹地板和上色竹地板。

(八) 装饰塑料

随着石油工业的发展，塑料在建筑和装饰工程中的应用越来越广，以塑料为主的新型建筑和装饰材料不断涌现出来。塑料装饰材料及制品一般具有质轻、绝缘、耐腐、耐磨、绝热、隔声等优良性能。塑料的原料来源丰富，生产工艺简单，加工成型方便，宜于工业生产。但塑料也有其不足之处，如某些机械强度还不及金属，一般耐热性较低，热膨胀系数较大，易变形，长期受日光、大气作用会发生老化等。目前正在对塑料性能进行深入的科学研究，以寻找克服或弥补其缺点的方法，发展改性品种，使之更趋于完善。

(九) 建筑装饰纤维织物及其制品

建筑装饰纤维织物及其制品是现代建筑室内装饰中必不可少的装饰材料。纤维装饰织物的色彩、质地、柔软度和弹性等均会对室内的景观、光线、质感及色彩产生直接影响。合理地选用装饰织物与纤维制品不仅能美化室内环境，给人们的生活带来舒适感，而且能增加室内的豪华气派，取得其他装饰材料无法达到的艺术效果。建筑装饰纤维织物及其制品主要包括地毯、挂毯或壁挂、墙布、窗帘等纤维织物。近几年来，这些装饰织物在品种、花样、材质及性能方面都有很大发展，为现代室内装饰提供了良好材料。

建筑装饰织物所用的纤维有天然纤维、化学纤维和无机纤维等。这些纤维的特性各异，对装饰织物的性能影响也不尽相同。

1. 天然纤维

天然纤维包括羊毛、棉、麻、丝等。

(1) 羊毛纤维　羊毛纤维以其温暖、柔软而富有弹性、不易燃、色泽鲜艳、稳定成为人们最早使用的天然纤维之一，但它的缺点是易受虫蛀。

(2) 棉纤维　棉纤维柔软，透气性好，并且有较好的保温性，易于熨烫，易皱、易污。棉纤维制品主要有素面和印花的墙布、窗帘和垫罩等。

(3) 麻纤维　麻纤维刚性大，强度高，耐磨性好，美观挺括，但纯麻的价格较高，所以常与化学纤维混纺制成各种制品。

(4) 丝纤维　丝纤维是最长的天然纤维，滑润、柔软、半透明、易上色、柔和，隔热性良好，是一种高级装饰材料。

(5) 其他纤维　除了以上各种常用的天然纤维以外，还有一些不常用的纤维品种，例如椰壳纤维、木质纤维、苇纤维、黄麻纤维及竹纤维等。

2. 化学纤维

化学纤维又分为人造纤维（如黏胶纤维和醋酸纤维等）和合成纤维（如涤纶、腈纶、锦纶、氨纶和丙纶等）。

（1）黏胶纤维　黏胶纤维又分为人造棉、人造丝和人造毛等。此类纤维不耐脏、不耐磨和易皱，一般要掺入其他纤维混合使用，常用于窗帘或包垫布。

（2）醋酸纤维　它具有光稳定性，不易燃，不易皱，而且具有丝绸的外观，主要用于窗帘。

（3）聚酰胺纤维（锦纶）　旧称尼龙，又称锦纶。优点是不怕腐蚀，易清洗，耐磨性特别好。缺点是弹性差，易吸尘，易变形，遇火易局部熔融等。

（4）聚酯纤维（涤纶）　它耐磨性好，并且在湿润状态下同干燥时一样耐磨。它不易缩皱，耐晒、耐热，可与多种纤维、棉纱混纺制成床单、窗帘等。

（5）聚丙烯纤维（丙纶）　其具有质地轻、强力高、弹性好、不霉、不蛀及易于清洗和耐磨性好等优点，生产成本较低。

（6）聚丙烯腈纤维（腈纶）　它质地轻，柔软保暖，弹性好，耐潮、不霉、不蛀、耐酸碱腐蚀。其最大优点是耐晒，这是天然纤维和大多数合成纤维所不能比拟的。

3. 玻璃纤维

玻璃纤维是由熔融的玻璃制成的一种纤维材料，直径从数微米至数十微米。玻璃纤维性脆，较易折断，不耐磨，但耐高温，耐腐蚀，吸声性好。因为对人体有刺激，一般不用于和人接触的部位。

市场上纤维品种比较多，正确地识别各种纤维，对于使用有指导作用。纤维的鉴别方法很多，燃烧鉴别法是一种简单易行的方法，通过比较各种纤维的燃烧情况、产生的气味及灰烬的颜色和形状等区别纤维（表 2-4）。

表 2-4　常见纤维燃烧时的特征

纤维种类	燃烧情况	气　味	灰烬颜色和形状
棉	燃烧很快，发出黄色火焰及蓝烟	有烧纸的气味	灰烬少，灰末细软，呈灰色
麻	燃烧起来比棉纤维慢，发出黄色火焰	有烧草的气味	灰烬少，颜色比棉纤维的深
丝	燃烧比较慢，而且缩成一团	有烧头发的气味	灰烬为黑褐色小球，用手指一压即碎
羊毛	不燃烧，冒烟且起泡	有烧头发的气味	灰烬多，烧后为有光泽的黑色脆块，用手指一压即碎
黏胶纤维	燃烧很快，发出黄色火焰	有烧纸的气味	灰烬极少，细软，呈灰或浅灰色
醋酸纤维	燃烧很慢，熔化后离开火焰，一面熔化，一面燃烧，滴下深褐色胶状液体	发出扑鼻的醋酸气味	灰烬为黑色、有光泽的块状，可用手指压碎
锦纶	边缓慢燃烧边熔化，纤维迅速卷缩熔融成胶状，趁热可以把它拉成丝，燃烧火焰呈蓝色	有芹菜气味	灰烬为坚韧的褐色硬球，不易碎
涤纶	点燃时纤维卷缩，一面熔化，一面冒烟燃烧，有黄色火焰	有芳香气味	灰烬呈黑色硬块，但能用手压碎
腈纶	边熔化，边缓慢燃烧，火焰呈白色，明亮有力，有时略有黑烟	有鱼腥臭味	灰烬为黑色硬球，脆而易碎
丙纶	燃烧时迅速卷缩熔融，发出蓝色火焰	有烧蜡气味	灰烬为易研碎的硬块
氯纶	点燃中几乎不能起燃，接近火焰时收缩燃烧，离火即熄灭	发出氯气的刺鼻气味	灰烬为不规则黑色硬块

第三章

建筑外装饰构成元素设计

每一个建筑都应该有自己的风格特征，而不是所有的建筑在形式上都趋于雷同。正如雷纳·班纳姆所说："建筑是一种必不可少的视觉艺术。无论承认与否，这是一个文化历史性事实，建筑师受到视觉形象的训练与影响。"

建筑外装饰设计的艺术形式在设计的实践过程中遵循很多形式美规律，如统一变化、均衡稳定、节奏韵律、比例尺度等，这些视觉方面的规律影响外装饰的形式。

第一节　建筑外装饰入口设计

一、建筑入口的含义

建筑入口是指人们进入建筑物所经过的门或者口部，是从室外进入室内的过渡性空间。建筑入口是建筑物必不可少的基本要素之一。一般来说，它大多设置在建筑物的基本部位。P. L. 奈尔维说过："建筑现象具有双重意义。一方面是由服从客观要求的物理结构所构成；另一方面则是有在产生某种主观性质的感情的美学意义。"同样，建筑入口一方面需要设计和技术综合运用，另　方面它也应具有一定的美学意义。随着建筑技术和设计思路的不断创新，建筑入口也变得愈加多样。

二、建筑入口的功能和属性

建筑入口设计必须"以人为本"，把入口形态分解进行深入剖析，积极探讨入口环境设计的功能和属性，从而创造出多元化、立体化的艺术作品。

1. 交通的组织

建筑入口首先要满足交通这一功能要求。无论是何种类型的建筑物，其入口都是连接建筑内外空间的交通要道。建筑入口的交通根据建筑物的规模大小以及人、车流量的多少可以设计成通道式和广场式两种。通道式入口适合人流量小或逗留时间短的入口，如图 3-1 所示。广场式入口适合功能复杂的大型建筑，如高层建筑、大跨度建筑等。其入口往往是大流量人流和车流的集散地，因此需要一个较大规模的空间来解决人流、车流的疏散问题，如图 3-2 所示。

图 3-1　通道式入口

图 3-2　广场式入口

2. 入口的标识

为了使建筑入口更容易被找到，做好入口的标识是很重要的。一般而言，入口的标识具有两方面的含义：一方面是能够识别建筑的性质和功能；另一方面是通过入口的空间和形态设计识别建筑入口的存在，如图 3-3 所示。

3. 空间的区分

入口是一种介于建筑内外部之间的过渡空间，是建筑内外空间的交接点，入口空间经过组织设计，可以形成一定的空间开合变化。现代建筑入口不仅具有进入和疏散的功能，还具有休憩、等候等不同程度的停留功能，故将入口空间分为外围过渡空间和核心入口空间。外围过渡空间是指从进入建筑所控制的领域开始一直到达入口台阶前的空间。如图 3-4 所示的日新法院建筑空间入口设计，入口处台阶与园林绿化相结合，成为建筑入口的外围过渡空间。核心入口空间介于建筑内外之间，可以是室外的一部分空间，也可以是室内的一部分空间，如为人们提供进入或离开建筑时的活动所提供的空间。如图 3-5 所示的让·努维尔设计的南特市法院，在北部临街的一面带有细长的钢质圆柱的门廊有 3 层楼高，形成建筑的核心入口空间。在褐色网格和抛光地面的作用下，法院的入口很难找到，它们静静地被消隐在墙里。外围过渡空间和核心入口空间之间的划分可以通过地面的高差、铺装的质感、雨篷、门廊等构件进行区别。

4. 文脉的彰显

文脉虽然属于“虚”环境，却是客观的存在。任何建筑的产生都有一定的文化背景，反映一定的模式。“建筑文脉”讲的就是过去—现在—将来，犹如一条河在运动、变化、发展，其中必然有继承和创新，也就是承前启后，继往开来。

建筑入口显示了建筑文脉，包括时代、区域和民族的文脉。在建筑史上西方建筑的入口设计丰富多彩，但无论是文艺复兴时期、巴洛克时期，还是古典主义时期，期间主入口的设计基本上都是以门廊为过渡空间，侧重于构件的形态和立面的装饰，形成了丰富的外观形象，如图 3-6 所示的伦敦大英博物馆，建筑的门廊采用了古罗马式风格。而中国古典建筑入口的处理就较为简单了，侧重于建筑空间的层次与序列设计。如图 3-7 所示的北京大学入口，将入口作为空间序列中独立的建筑元素，与西方注意入口本身的设计理念有很大不同。而在现代建筑中，中外建筑入口相互交融，以新的形式出现在建筑中。

三、建筑入口的类型

建筑入口是根据建筑物的体量、人流、车流的大小来设定。建筑入口的位置可设在建筑的不同部位。建筑入口根据入口的形态和构成元素的不同可分为四种基本类型，即外饰型入口、结构型入口、空间型入口以及复合型入口。

(a) 住宅入口设计

(b) 入口处无障碍设计

(c) 文化中心入口设计

(d) 科学城入口设计

(e) 博物馆入口设计

(f) 教堂入口设计

(g) 音乐厅入口设计

(h) 店面入口设计

(i) 办公楼入口设计

图 3-3　运用功能和形态设计识别建筑

(1) 外饰型入口　外饰型入口是建筑入口最基本的类型，也是最常见的建筑入口类型。外饰型入口可以使本体结构与装饰结构分开，保持两者的相对独立。外饰型入口更多地通过一些符号来传达某些意义，如可以通过图像、标识、象征符号等来传达意义和强调入口（图 3-8）。

(2) 结构型入口　结构型入口是一种顺应结构选型并表现结构本身美学的入口形态。它所涉及的建筑结构有两方面：受力结构和围护结构。受力结构如建筑的结构柱等，围护结构如张力膜、点式连接玻璃等。结构型入口是直接利用建筑物的本体结构来表现建筑入口，而不需要

图 3-4　外围过渡空间

图 3-5　核心入口空间

图 3-6　西方建筑入口

图 3-7　中国古典建筑入口

(a) 图像符号

(b) 指示符号

(c) 象征符号

图 3-8　外饰型入口

外加的附属装饰物强化。结构型入口在形态处理上有两种尺度：一种是正常的入口尺度；另一种是超出人体尺度的巨型尺度，后一种处理方式与建筑的体量有一定关系（图 3-9）。

（3）空间型入口　空间型入口是以空间为主，将围合空间作为形态处理的重点，而将界面的表层处理放在其次。这种类型的入口在形态上有拱形、弧形和矩形等，在尺度上有符合人体常规尺度的，也有与建筑尺度相吻合的非人体尺度，在空间序列上有内外空间鲜明的，也有内外空间相互渗透、交叉的（图 3-10）。

图 3-9　结构型入口

图 3-10　空间型入口

（4）复合型入口　复合型入口是几种入口类型的交叉组合，实体构件与空间形态相互补充，同时在尺度、色彩、肌理、材质等方面细致处理，丰富建筑入口（图 3-11）。

图 3-11　复合型入口

根据入口与建筑主体的组成关系划分为平面型入口、凸出型入口、凹入型入口、立体型入口、交叉型入口。

（1）平面型入口　这种类型入口的立面与建筑主体的立面基本处于建筑平面的同一轴线位置上。这种形态的建筑入口呈平面型，它往往能保持建筑外墙的整体感和立面构图的简洁性。平面型入口可以通过利用图案和装饰标明位置，通过入口周围材料色彩、肌理的变化突出入口（图 3-12）。

图 3-12　平面型入口

图 3-13　凸出型入口

（2）凸出型入口　这种类型的建筑入口在形态上凸出建筑物的外立面，依靠雨篷、柱廊等构件或是建筑本身的体量对建筑施以加法处理，此类建筑的入口布置灵活，具有一定的引导性，是比较常见的入口形式（图 3-13）。

图 3-14 凹入型入口

图 3-15 立体型入口

（3）凹入型入口 这种类型的建筑入口在建筑外立面之内，将外部空间或浅或深地引入建筑的区域内，以内凹的虚空间与建筑外立面形成鲜明的形体和光影的对比，给人以丰富的空间层次感。这一类型的入口对城市交通有利，可缓解入口区域对街道的直接压力（图 3-14）。

（4）立体型入口 有的建筑入口的标高设计比较复杂，人们不止通过一个开口进入建筑内部，可通过其他的入口进入建筑，与城市交通体系贯通形成立体交通网，分散密集的人流，如除了地面层水平进入建筑入口外，还可以通过设置下沉广场、坡道等形式连接地上地下的建筑空间，也可以通过室外楼梯直接进入建筑的二层及以上的空间，从而形成立体型的建筑入口（图 3-15）。

图 3-16 交叉型入口

（5）交叉型入口 很多建筑的入口在空间构成关系上往往采用十几种布局方式的综合运用，以取得丰富的立面效果。如图 3-16 所示的法国 Pierres Vives 建筑入口，使用玻璃幕墙作为入口的铺垫。

四、建筑入口的构成元素

建筑入口外部空间构成的实体要素可分为七类：边界、场所、出入口、通道、周边、自然构成要素、无障碍入口外环境设计。

1. 边界

将无限定空间进行划分和限定空间的要素，以“隔断性”为特点。

所谓边界就是对茫茫空间采取什么手段进行划分，将无个性的空间变为个性鲜明、具有特殊氛围的场所要素。因此，会产生无数个不同规模、各具特色的边界。城墙、护城河、土堤、广场墙、围墙、栅栏、篱笆、柱子、边界桩等，尽管其规模和性格各异，但都可以作为边界的要素。不能认为边界只是按照人的意志而建造的人工构筑物。有很多由自然要素构成的边界，一棵树或一堆叠石等自然物，都可以被视为象征性的天然边界。

2. 场所

从内部可感受到宽广的空间，以“广阔性和中心性”为特点。一个不具有任何特点、中性、不确定的空间不能称为场所。用于区别于其他空间而选定的空间才可称为场所。因此，场所不是简单的物质空间，而是物质空间与主体空间相互作用的结果，也可以说是能从内部感受到的一种印象和心理的空间。

一个场所要有中心，就必然会有边缘。这个中心并非一定要与物理、几何概念中的中心相一致，可以说它只是印象中的中心。场所的基本形态类型是由中心和沿中心向四周划定的边缘所形成的圆形。场所大致有两种划分方法，这也与场所的特点即中心性和广阔性有关。

3. 出入口

为了分隔空间，将连续的空间隔断，同时又将相邻的空间连接起来，以“分段性”为特点。一般来说，出入口都设在边界的某个部位，具有开闭场所的作用。一块场地不是孤立的，一定要存在于与其他场所、其他空间的联系之中。出入口是既能划分连续空间又能连接相邻空间的一个要素。

因而，这一要素同时具有开启与闭合、分隔空间与连接空间的双重特征。

4. 通道

一个场所与其他场所或空间作线性连接而构成通道，以“连接性”为特征。最简单的通道是以出入口为媒介，将一个场所与另一个场所连接而成的线性空间。一般来说，随着空间从住宅这样小的场所向城市那样庞大区域的不断延伸，会产生若干各具特色的场所，空间组织也变得更加复杂。不过，无论是城市空间还是一块小场所，层次虽然不同，但它们无疑都是具有各自一定秩序的场所空间，也就必然能根据场所的特征即中心性和广阔性来确定中心与边缘的存在与关系。

如果空间组织变得复杂了，其中的各个场所之间就会出现差异。同样，作为连接这些场所并发挥结构作用的通道也会具有各自的特点，正因如此才构成了城市主干道和社区小马路那样性格各异、多种多样的通道。场所需要通道，而通道又会使场所焕发出新的活力。在现实的外部空间中，各种规模或不同形式的通道不计其数，但从空间结构的角度看，可以归纳为几种类型。例如，从街道到住宅门的通道、神社内的通道等都具有相同的空间结构。在通道中间或路旁放置的设施、使用的材料及日常维修方式等，会因具体形状不同而各不相同。

5. 周边

场所以外向四周延伸的广阔空间，以“广阔性”和“模糊性”为特点。周边的概念正好与场所的概念相反。如果说场所是有中心的确定世界，那么周边则是模糊的无序空间。若把前者称为“图”，那么后者就可以称为“底”。

周边虽然是场所以外宽广而模糊的空间，但并不是完全中性、无限定的均质空间。它不具备像场所那样明确的轮廓，有一种模糊、不太明朗的性格。因此，边界、场所、出入口、通道、标志都是描绘在周边这块“底”上的“画”，这样能更形象、生动地理解外部空间的结构。

6. 自然构成要素

自然构成要素是以具有生态功能的自然物质为代表的，能为营造良好的建筑入口外部空间起重要作用。

（1）植物 “树木、花草与城市的联系有着悠久与光辉的历史”（引自卡伦《城市景观艺术》）。自古以来，植物就是人类的密友，它自身便是一个活跃的有机体，它是存在于我们之中的绿色生命。植物除了如上述可作为视觉及精神审美对象用于烘托建筑入口外部空间气氛，还具有物质功能特征，可将树木、植物、花草作为构成和完善入口外部空间的特殊手段，如围蔽、遮挡。

（2）水　自然界的水是富有灵性的，它的风韵、气势及流动的声音能给人以美的享受，引起人们无穷遐想，将水引到生活中，引入建筑入口外部空间的营造中，是设计师的一种常用手段。水的形、声、色，使其成为外部空间中最活跃、最具塑造潜力的要素之一。水池的形态、深浅、池岸的造型能使环境具有特色。规划方整的水池，构图严谨，气氛庄重；宽的水池能形成开阔的感觉，曲线形的水池则具有更多自然情趣并起着柔化环境的作用；简洁的流线型水池则会给人以动感和现代的气息。

（3）设施　雕塑、花坛、废物箱、灯具、电话亭、信箱、室外家具、指示牌、广告等都属于广场的设施。它们的设置是为了使人们使用入口外部空间提供方便、保障安全、提供服务。这些设施的位置、体量、材质、色彩、造型等都对环境的整体效果产生影响，直接反映环境空间的实用性、观赏性和审美价值，是外部空间构成的重要因素。

7. 无障碍入口外环境设计

在城市公共环境中设置的无障碍设施，既是社会对于残疾人、老年人及能力丧失者的关心，也是体现社会文明程度的重要标志。无障碍设施能消除环境中对上述人群活动造成不便的各类障碍，使全体社会成员都具有平等参与社会生活的机会，共享社会发展的成果。

处理好建筑物的位置及入口的相对位置、服务处的入口、停车场的相对位置有助于残疾人更方便地使用建筑物。

以上提到的建筑入口空间构成要素与人们生活和城市建设息息相关。因此，建筑入口外部空间作为城市空间和建筑空间的联系空间，对建筑和城市空间相协调起着关键作用。构成建筑入口外部空间的要素可分为建筑入口中的主体——人，还有构成的实体要素。建筑入口外部空间是需要人去感受它的，所以要了解人对外部空间的感知模式。而实体要素构成了建筑入口外部空间的实体外形，人置身于其中去感受、评价它，所以这两种构成要素是相互影响、相互制约的。出入口的设计方法大致可分为两种：一种是作为边界的接口而存在；另一种则暗示边界或场所的存在。

五、建筑入口的设计方法

1. 空间

空间是建筑入口设计中比较虚的部分，但却是入口设计考虑的一个重要因素。现代建筑的入口不仅具有进入和疏散的要求，还应为人们提供休息等候等活动的区域，对于大型公共建筑还应考虑停车的需要，根据这样的一些要求，对建筑主入口空间进行功能分区。在建筑入口空间设计中还应考虑空间的层次和序列，合理地组织空间的入口，使空间产生一定的序列和层次，从而使人们对空间产生新的体验。如图 3 17 所示的贝聿铭设计的苏州博物馆新馆，在建筑入口处从南到北分别为建筑主入口、前庭、建筑中央大厅入口以及主庭园，体现了主入口设计的序列性。

2. 尺度

由于入口处是内外空间的交接处，因此它同时容纳了外部空间尺度和人体尺度两部分之间的尺度关系。对于入口附近人们经常到达的地方适用于人体接近的尺度，界面的处理精巧细致。对于远离人们接触范围的地方以建筑立面为参照物，侧重于入口处的体量关系组合。建筑入口的尺度选定与建筑内部的功能也有很大的关系。如一些商业店面、餐厅等建筑的入口尺度往往由于强调商业因素而不是建筑形体的尺度相协调。如图 3-18 所示的天使圣玛丽亚大教堂，两个宏伟的入口在整个建筑立面中由于夸张的尺度而显得格外明显。

3. 形体组合

建筑入口空间的形体不要过于简单，结合空间界面或雨篷等构件，使用分离结合、拼连构成、交叉咬接等处理手法使建筑入口的空间形态富于变化，增加入口的立体感。如图 3-19 所

(a) 博物馆入口

(b) 博物馆前庭

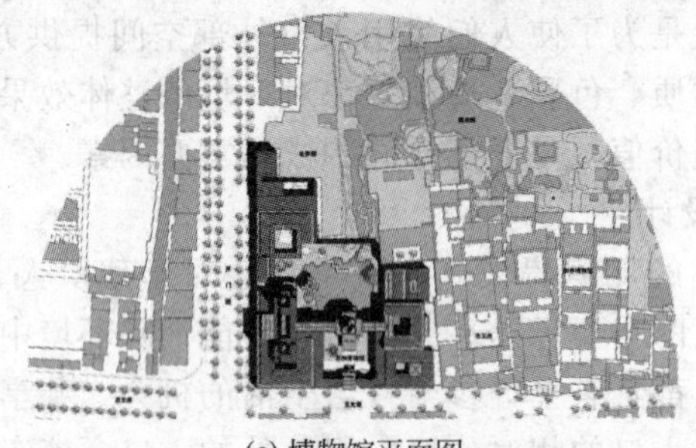

(c) 博物馆平面图

图 3-17　苏州博物馆新馆

图 3-18　天使圣玛丽亚大教堂

图 3-19　宝马慕尼黑总部大楼

示的德国宝马汽车公司在位于慕尼黑总部大楼的建筑入口，建筑主要入口的立面表面在巨大的对角线突出的屋顶之下向内收入，形成了丰富的空间结合的虚实变化，参观者从这里下车进入玻璃围合的公共大厅。

4. 色彩设计

色彩是人类最普遍的审美形式，色彩给人的视觉感觉也最为直观，而且还会对人们的心理产生影响，引发人们的审美联想和情感效果。同样在建筑入口设计中，不同的色彩以及色彩组合会给人带来不同的情感效应。

各种建筑由于功能不同，色彩的使用也是多种多样的，如政府办公大楼、金融类建筑主要表现的是一种稳重、大方的感觉，因此入口的设计一般都使用浅灰、灰等较为淡雅的色调。而宾馆、餐厅等建筑的入口需要表达人与建筑的亲和力，色彩会选用乳白、红、黄等一些温馨的色调。正确处理入口与整个建筑的色彩关系，可以使用同类色或者类似色达到一种整体和谐的效果，也可以使用对比色来达到突出建筑入口的目的（图 3-20）。

5. 材料和肌理

建筑入口可以选用金属、木材、石材、混凝土、玻璃、涂料等多种材料，选用的材料不仅要

图 3-20　建筑入口色彩设计

满足功能上的需要，而且应充分运用材料的质感创造不同的视觉效果。粗糙的质感有一种凝重、厚实的感觉；光滑的质感给人以洁净、明快的印象。如石材给人以沉稳、庄重的感觉（图 3-21）；木材具有朴实、亲切、温馨、典雅的感觉（图 3-22）。透明材料给人以明亮、开敞、轻快的感觉，如玻璃具有光亮感（图 3-23）；反光材料产生的光影变化显得丰富而又强烈，材料由于反映物象，使得环境显得深远、开阔，如不锈钢具有灵秀、有序、飘逸的感觉（图3-24）。

图 3-21　运用粗造石材的入口设计

图 3-22　运用木材的入口设计

图 3-23　运用玻璃的入口设计

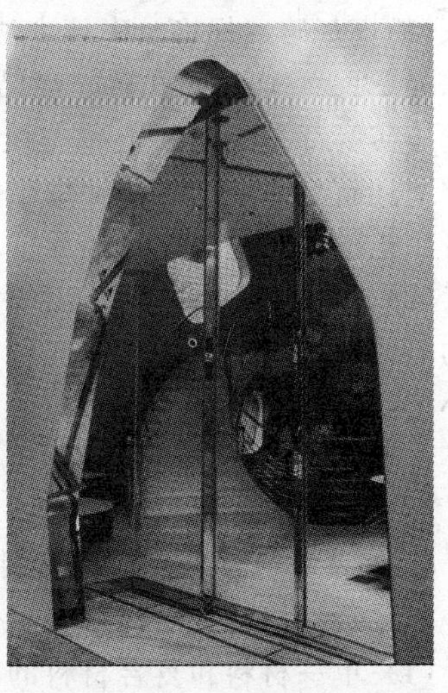

图 3-24　运用不锈钢的入口设计

第二节　建筑外装饰墙体及柱式设计

一、建筑墙体

（一）建筑墙体的作用

墙体是建筑物的重要组成部分，它既可以是承重构件，又可以是围护构件。当墙体承受房屋的屋顶、楼板、陈设、人物等荷载及本身自重荷载并将这些荷载传递给基础时，它是承重构件；当墙体担当挡风遮雨、保温隔热、防火安全、防止噪声的作用并按照功能使用、审美心理上的要求合理划分建筑内部空间时，可起着围护分隔的作用，是围护构件。由于目前经济形势和使用要求的不断变化，建筑的结构形式已以框架结构为主取代了以砖混结构为主的格局，墙体更多地从承重作用中解脱出来，更加灵活地充当围护分隔的作用。

（二）墙体的分类

1. 从部位划分

从部位上墙体可分为外墙（包括山墙和檐墙）和内墙。将外部环境与建筑内部空间分隔开来的墙体，通常是处于建筑物的最外一层，人们习惯上将它称为外墙；建筑内部起着划分内部空间作用的墙体称为内墙。外墙和内墙同样既可能是承重墙，也可能是非承重墙。当内墙不承重只起分隔作用时，习惯上被称为隔墙。

2. 从结构形式划分

从结构形式上墙体可分为承重墙、非承重墙。承重墙和非承重墙上面已有了叙述，这里不再重复。需要提到的是：为了保证结构的合理性，在选用墙体承重的结构体系时，上下承重墙必须对齐，各层承重墙上面的门窗洞口也尽量做到上下对齐。对于空间较大的房间，一般将它布置在顶层，以保证结构布置的合理性、经济性。

3. 从构造材料划分

（1）砖墙　砖墙按照砌筑方式的不同可分为砖砌实墙和空斗墙（图 3-25、图 3-26），按照砖的种类不同又分为黏土砖（规格 240mm×115mm×53mm，红砖、青砖）、多孔砖（规格 190mm×190mm×90mm、190mm×90mm×90mm）以及矿渣砖（规格及砌筑方法同黏土砖）、粉煤灰砖（规格及砌筑方法同黏土砖）、耐火砖（种类及规格较多）等。新型的建筑用砖，如 PT1 型烧结多孔砖、烧结空心砖、粉煤灰烧结砖、粉煤灰水浸砖、页岩砖、粉煤灰烧结空心砖等都是普通黏土砖的换代产品，既保留了黏土砖的强度与耐久性，又大大降低了谷重。上述新型建筑用砖，除烧结空心砖主要应用于非承重隔墙及框架结构的填充墙之外，其他均可用于工业与民用建筑的承重墙体。

（2）砌块墙　砌块墙是用预制好的砌块作为主要构造材料，采用简单的机械吊装和砌筑而成的墙体。砌块种类包括粉煤灰硅酸盐砌块、混凝土空心砌块、加气混凝土砌块、轻集料混凝土小型空心砌块及石膏空心砌块等。目前在大量的民用建筑所选用的墙体填充材料中，砌块类以其自重轻、施工方便快捷、整体刚度和抗震性较好等优势而占有一定的比重。

（3）板材墙　建筑内外墙体均采用工厂预制或现场预制生产的板材，然后组合装配而成。

4. 外墙板材按本身结构材料划分

外墙板材按本身结构材料划分可分为单一材料和复合材料两种。

（1）单一材料和复合材料的承重外墙板　单一材料的承重外墙板包括钢筋混凝土空心墙板、烟灰矿渣混凝土墙板、陶粒混凝土墙板、浮石混凝土墙板、粉煤灰硅酸盐墙板等；复合材

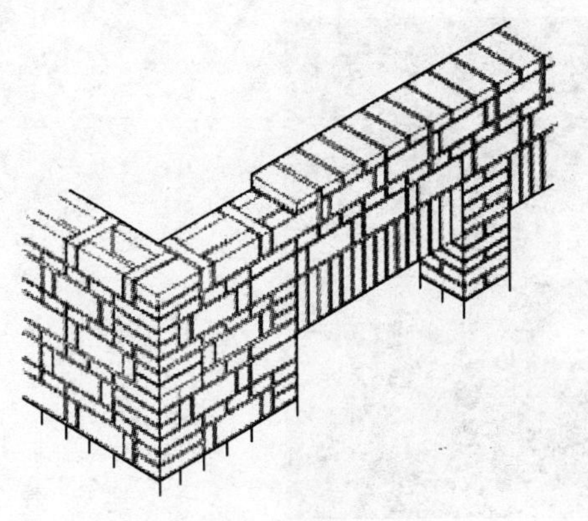

图 3-25　有眠空斗墙

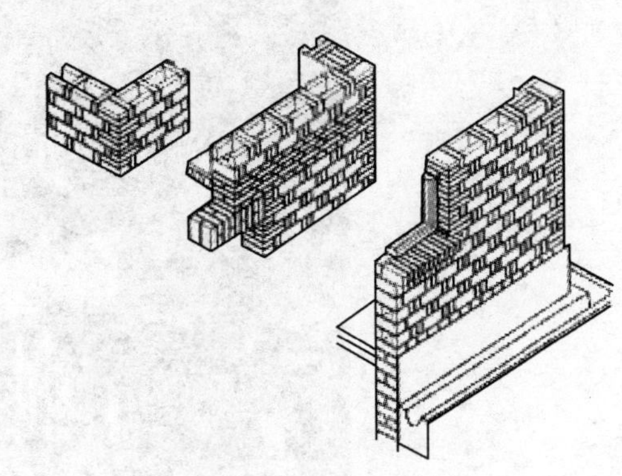

图 3-26　无眠空斗墙

料的承重外墙板是由两种以上不同容重的材料结合在一起的墙板。按功能要求常分为饰面层、防水层、保温层、结构层等，其中结构层和防水层多用混凝土或水泥砂浆制成。复合板内的保温材料有散料、预制块料、现浇轻质料和纤维性板料，如矿渣棉、蛭石混凝土、加气混凝土、泡沫水泥、泡沫硅酸盐、泡沫塑料以及玻璃丝织品等，保温材料内部也可采用不通气的空气层。饰面层将在下面详细叙述，这里从略。

（2）单一材料和复合材料的悬挂外墙板（简称挂板）　单一材料的挂板是用一种主要材料来满足热工、防火、隔声、耐风压等要求，表面另做防水、耐腐蚀的饰面层。常见的有 TK 板（纤维增强低碱度水泥建筑平板）、钢筋混凝土空心挂板、加气混凝土挂板、轻质大型墙板（SCH 板）等。复合材料的挂板采用多种轻质高效材料分别满足防水、防火、热工、隔声等要求。例如钢筋混凝土复合挂板、石棉水泥复合挂板等。目前推广使用的一种国内比较新型的材料是 ALC 板。ALC 板即蒸压轻质加气混凝土板（autoclaved lightweight concrete），是以硅砂、水泥和生石灰为主要原料，由经过防锈处理的钢筋增强，经过高温、高压蒸汽养护而成的多孔混凝土板材。可预制加工成各种板材、制品等。通过配件及辅材的组合，及采用先进的装配式施工工艺进行现场拼装，能够形成具有独特艺术样式的 ALC 建筑类型。目前市场上主要开发的 ALC 板可分为普通板材及特殊板材，ALC 板的墙体构造及板材的断面、配筋如图 3-27 所示。

（3）板筑墙　板筑墙是在现场立模板，浇灌而成的墙体，例如现浇混凝土墙等。如图3-28

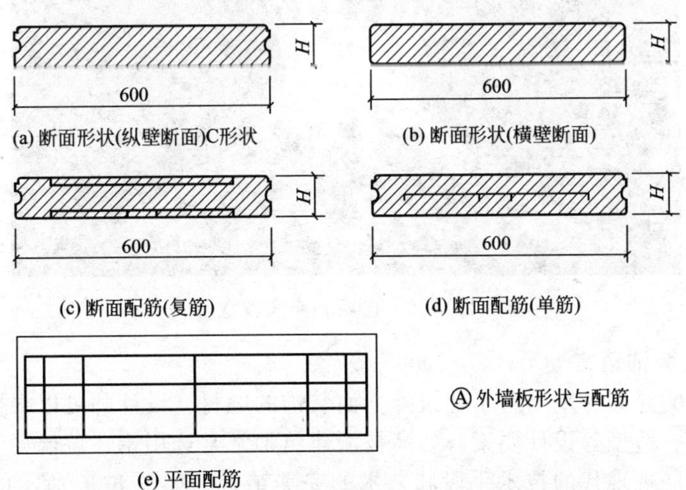

图 3-27　ALC 板的墙体构造及板材的断面、配筋

图 3-28 玉名天望馆

所示的是日本建筑设计师高崎正治设计的玉名天望馆，现场浇筑混凝土是其主要建筑材料。

（三）建筑外装饰墙体的设计方法

随着社会的发展，建筑墙体不仅仅局限于功能的实用，对其外观效果也有很高的要求。人们对建筑的感觉往往与建筑墙面装饰所产生的视觉反应有着很大的关系。建筑墙面的装饰很大程度上是对建筑形式进一步的艺术处理。建筑墙面的装饰设计体现在很多方面，诸如墙体装饰的肌理效果、材料的色彩效果、墙体构造的美感以及墙体虚实的对比等。而建筑外装饰墙体的设计方法有以下几方面。

1. 确立建筑的本质属性

设计师在设计时，有意识地运用色彩、线条等装饰语汇对墙面进行艺术处理，将设计所要表达的含义和反映的内容展示出来，就是这里所说的确立建筑的本质属性。如图 3-29 所示的巴西利亚大教堂，该教堂是由巴西建筑设计师奥斯卡·尼迈耶设计。1958 年为了刺激巴西国内经济，巴西政府在 1960 年将首都从里约热内卢迁到全新设计建设的新城巴西利亚。这个光滑的现代主义混凝土建筑被设计用来折射巴西作为具有超前意识的国家的身份，将建筑的本质属性完美地刻画出来。

图 3-29 巴西利亚大教堂

2. 选择适当的装饰语言

现代装饰材料的异彩纷呈丰富了建筑外立面装饰的题材。设计师可以根据设计的想法大胆而合理地使用色彩、造型等设计要素。如高技派建筑师常常选用钢、玻璃等坚硬冷峻的现代材料作为墙面材料，展现现代的技术手段和艺术的完美结合。如图 3-30 所示的是美国建筑设计师密斯·凡·德·罗设计的西格拉姆大厦。玻璃与钢铁交融的西格拉姆大厦是一栋具有符号性

图 3-30　西格拉姆大厦

图 3-31　阿拉伯世界协会

和历史性的曼哈顿摩天大楼。其矩形轮廓已经为纽约乃至世界的数不胜数的办公大楼设置了标杆。马瑞诺称其比例“特别优雅”，并评价称“这是城市多功能办公楼流派最好的广场原型”。

还有如图 3-31 所示的法国著名设计师让·努维尔设计的阿拉伯世界协会——世界之眼。这个矩形建筑看起来完全是极简抽象风格的。但是玻璃的外部被金属的屏所覆盖，这些屏又由单个可移动的孔径所组成，这些孔径像眼睛的虹膜一样张合，控制阳光的进入量，既能在温度升高时保证内部的凉爽，又能在晴天为房间注入充足的光线；设计参考了传统伊斯兰建筑的风格，采用雕刻的屏和墙来控制光线。马瑞诺称这种结构“是世界上大多数创新性金属和玻璃外立面中最好的”。

（1）注重光影效果　建筑是静止不动的，而墙面上的阴影则是随着光线的变化而改变的，阴影可以使建筑的轮廓感更加突出，它随光线照射角度的改变而改变的性质又为建筑物带来了生气。值得注意的是光影除了阴影的利用之外，还包括光线的利用，设计应考虑环境的变幻，往往会产生意想不到的效果。如图 3-32 所示的是由世界著名建筑设计师勒·柯布西耶设计的朗香教堂。朗香教堂是现代主义建筑中最具影响力的作品之一，也是著名建筑师勒·柯布西耶的里程碑式作品。朗香教堂有船头似的外墙和倒转的蟹壳形状的屋顶，“白”是建筑的主色调，白的墙就像是画纸，光影就在其上自由地作着移动。外墙立面开凿的几何形窗口把光线自由投放到室内空间，形成了自由梦幻般的光影效果。这座教堂是勒·柯布西耶的“纯粹的精神创作”。

图 3-32　朗香教堂

图 3-33　人体大厦

(2) 隐喻的手法　建筑外墙面装饰的表现手法应表现出多样性。现代外墙装饰内容除去纯装饰性以外，还应该与城市及其有关的文化内涵的总体构思相适应，强调城市的文化情趣，体现一定的文脉关系。对此设计师可以运用大量的装饰喻义来表现设计的对象。如图 3-33 所示，这是一座刚刚在荷兰落成的人体大厦，它其实是一个博物馆，专门用来为参观者提供有关于人体构成和功能机理的科普知识。由于大厦内部的结构也都是完全按照人体的器官和组织构成来设计制造的，因此人们可以直接走入“人体”以便更直观地了解相关的知识。这座大厦的设计采用了具象的隐喻手法，向人们传达了设计师对于建筑的理解。

二、柱式

(一) 柱式的概念和作用

研究现代建筑的柱式可以从中国古典建筑的柱式、西方古典建筑的柱式入手，因为古典建筑中柱子的概念、类别都已明确。

在中国古代文献中柱子又称“楹”，是建筑中主要承受轴向压力的纵长形构件，一般呈竖立状，用以支撑梁、枋、屋架。柱子通常用木材、石材、砖等建成。由于中国古代建筑多采用木材作为建筑材料，结构原则是梁柱式建筑的构架制，即立柱四根，上施梁枋，成为“一间”。因此，中国古代建筑中的柱式注重的是其本身的功能性，在使用木材的同时，巧妙地发展出多种构架形式以解决不同情况下的承重问题。

西方古典建筑的柱式是从石材梁柱结构的建筑形式中不断发展而演变出的规范化的造型艺术形式。这些柱式从整体比例到细部线脚、装饰花纹等都形成一定的规范样式。在西方古典建筑中的柱式是指由横梁与立柱组合成的一种建筑结构形式，由柱子和檐部两大部分组成，由两者和其他细部之间的比例关系形成一种建筑制度或法式，它是建筑风格的缩影。柱式的选用决定了整个建筑的风格。从某种角度讲，西方柱式更注重其外在形式的艺术化。

现代建筑中的柱式是指在柱子的基础上以装饰文化为特征的建筑构件，从广义上是指柱子的样式。在解决了建筑的承重问题后，柱式更多地被赋予形式多样的艺术内涵，也更多地涉及与建筑空间环境的配合及统一，进而成为现代建筑装饰艺术的重要组成部分。

(二) 柱子的种类

中西方柱子的发展各不相同，故柱子的种类也十分多样。

1. 中国古代柱子的种类

中国古典建筑中，柱子的种类可按所处位置、所起作用、样式、内部构造等方面划分。

(1) 按所处位置的不同　可分为檐柱、金柱、中柱、山柱、童柱、通柱、侏儒柱等。

① 檐柱　建筑最外侧除角柱以外用以支撑屋檐的一排柱。宋代又称副阶柱。在楼阁建筑中，其上下层之檐柱，分别称为上、下檐柱。

② 金柱　除在建筑纵中线上的柱子以外，在檐柱以内的柱子的统称。按柱位不同有里外、上下、前后之分。离檐柱近的是外金柱，远的是里金柱，近前檐的称前金柱，近后檐的称后金柱。在楼阁建筑中则按上下层分别称上、下金柱。宋式建筑有外廊时，此金柱又称殿身檐柱。

③ 中柱　在建筑纵中线上，除山面两端以外，顶端支承脊檩的通柱，柱径较大。宋式建筑又称分心柱。

④ 山柱　在山面或山墙中，除角柱以外的各种由下至上的通柱。

⑤ 童柱　清式建筑构架中，下脚置于梁上而并非从地面竖立起的柱子，一般用于重檐建筑或多层建筑。

⑥ 通柱　清式多层木构建筑中从地面直达屋顶的立柱。

⑦ 侏儒柱　又指蜀柱，是立于梁上的短柱。梁架之上的蜀柱，在清式抬梁式构架中称瓜柱。处于脊部位置的称脊瓜柱。在南方有的地区穿斗木构架中，把不落地坐于穿枋上支撑檩条

的柱子也称瓜柱。

(2) 按所起构造作用的不同　可分为望柱、垂莲柱、雷公柱等。

① 望柱　在古代祭祀山川时，立一木制的牌，以表其位，称为望柱。古时候望柱也称石柱，又称碣、表、标、华表等，是封建社会皇权的象征。人们今天能见到的华表多为明清两代的实物，作为标志和装饰用的大柱，演变成现在天安门前华表的样子，在形体和装饰上自然经过了一个不断发展的漫长过程。望柱头部可刻琢为多种形式，常作狮子、云龙、莲瓣、风摆柳、石榴头等雕饰。

② 垂莲柱　又称吊柱、虚柱、垂柱，是吊挂于某一构件上，其上端固定，下端悬空的柱子。垂柱下端头部多雕刻莲瓣等作为装饰，常施于垂花门或室内。

③ 雷公柱　是清式庑殿建筑中，于两面推山位置的构架内立在太平梁上的柱子。其上部承托脊桁、扶脊木，可作出吻桩以固定正吻。在攒尖建筑中，处于屋顶中心位置，周边由戗支撑，悬吊于中央的柱子也称雷公柱。其上部作宝顶桩以固定宝顶，柱下端通常刻作垂莲。

(3) 按样式的不同　可分为圆柱、八角柱、方柱、梭柱、瓜楞柱、束莲柱、蟠龙柱等。

① 圆柱　横断面为圆形的柱子。一般均有收分，即柱径上小下大呈直线轮廓收分。

② 八角柱　横断面为八角形的柱子。

③ 梭柱　北齐、五代、宋、明建筑中一种上下两端或仅上端收杀成梭形的柱子。

④ 瓜楞柱　又称瓜棱柱。外表做成连续的圆弧状，似瓜瓣形的柱。有的由整木加工刻成，有的由若干根木料拼合而成。

⑤ 束莲柱　在中国古代建筑中，柱身上饰以莲瓣雕刻纹样的柱子。

⑥ 蟠龙柱　柱身上雕刻蟠龙、行云的柱子，一般用于等级较高的建筑中。

(4) 按柱子内部构造的不同　可分为单柱、拼合柱等。

① 单柱　用整木加工而成的柱子。

② 拼合柱　又称拼帮柱。即用多根木料拼合成的整柱。清代的包镶柱，也是拼合柱的一种。做法是中间用一根较大的木料作为心柱，四周用多块木料包镶而成。包镶柱大多是圆柱，也有一些是方形或多角形的。

2. 西方古代柱子的种类

(1) 按柱式种类　可分为古代希腊柱式和古代罗马柱式。

① 古代希腊柱式　如图 3-34 所示的多立克柱式、爱奥尼柱式、科林斯柱式以及人像柱都属于此类柱式。

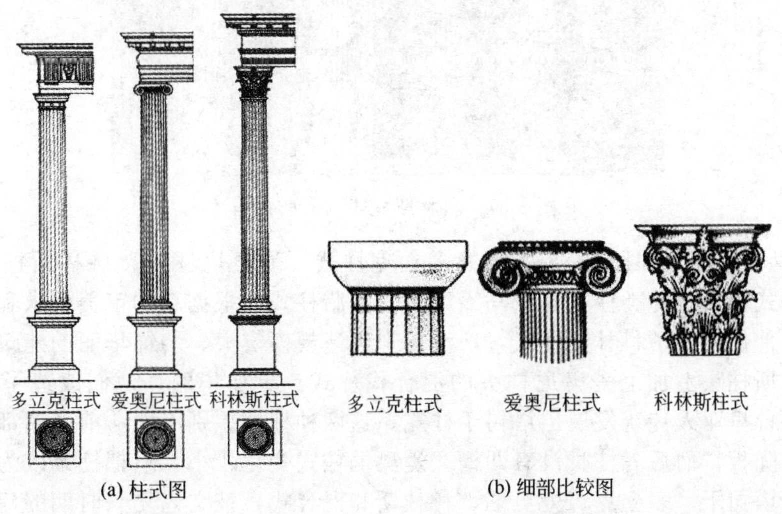

(a) 柱式图　　(b) 细部比较图

图 3-34　多立克柱式、爱奥尼柱式和科林斯柱式

爱奥尼柱式（Ionic Order）的特点是比较纤细秀美，柱身有 24 条凹槽，柱头有一对向下的涡卷形装饰，爱奥尼柱又被称为女性柱。爱奥尼柱由于其优雅高贵的气质，广泛出现在古希腊的大量建筑中，雅典卫城的胜利女神神庙（Temple of Athena Nike）和如图 3-35 所示的伊瑞克提翁神庙（Erecheion）就是其代表建筑。多立克柱式（Doric Order）的特点是比较粗大雄壮，没有柱础，柱身有 20 条凹槽，柱头没有装饰，多立克柱又被称为男性柱。如图 3-36 所示的雅典卫城（Athen Acropolis）的帕提农神庙（Parthenon）即采用的是多立克柱式。科林斯柱式（Corinthian Order）的比例比爱奥尼柱式更为纤细，柱头是用毛茛叶（Acanthus）作为装饰，形似盛满花草的花篮。相对于爱奥尼柱式，科林斯柱式的装饰性更强，但是在古希腊的应用并不广泛，如图 3-37 所示的雅典的宙斯神庙（Temple of Zeus）采用的是科林斯柱式。

图 3-35　爱奥尼柱式（伊瑞克提翁神庙）

图 3-36　多立克柱式（帕提农神庙）

图 3-37　科林斯柱式（宙斯神庙）

② 古代罗马柱式　如图 3-38 所示的多立克柱式、爱奥尼柱式、科林斯柱式、塔司干柱式、混合式柱式都属于此类柱式。罗马人继承了希腊柱式，根据新的审美要求和技术条件加以改造和发展。他们完善了科林斯柱式，广泛用来建造规模宏大、装饰华丽的建筑物，并且创造了一种在科林斯柱头上加上爱奥尼柱头的混合式柱式，更加华丽。他们改造了希腊多立克柱式，参照伊特鲁里亚人传统发展出塔司干柱式。这两种柱式差别不大，前者檐部保留了希腊多立克柱式的三陇板，而后者柱身没有凹槽。爱奥尼柱式变化较小，只把柱础改为一个圆盘和一块方板。罗马塔司干、多立克、爱奥尼、科林斯和混合式，被文艺复兴时期的建筑师称为罗马的五种柱式。其风格的差异远比希腊爱奥尼和多立克两种柱式的差异为小，因而失去了鲜明

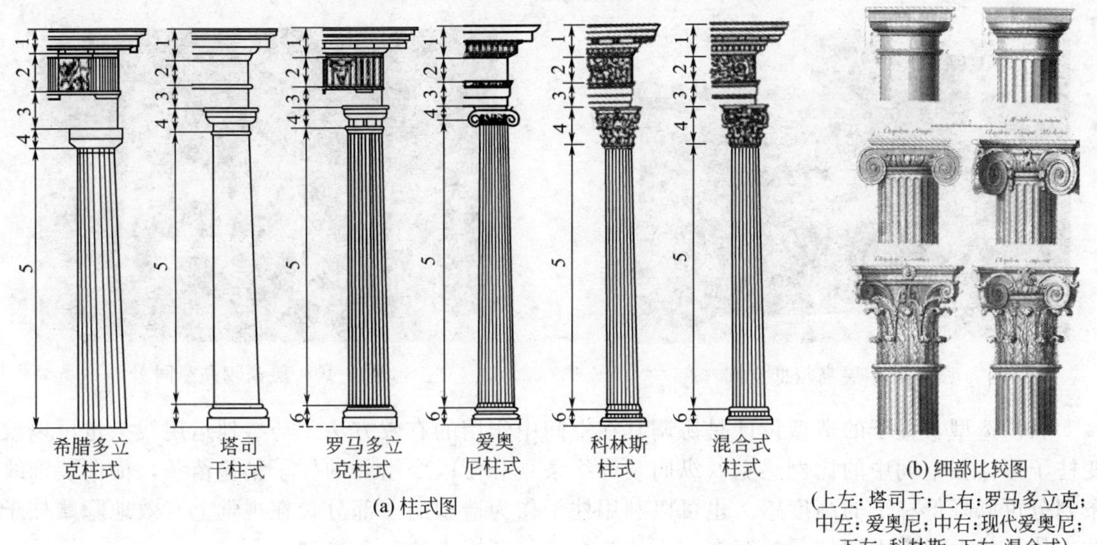

(a) 柱式图

(b) 细部比较图

(上左：塔司干；上右：罗马多立克；中左：爱奥尼；中右：现代爱奥尼；下左：科林斯；下右：混合式)

图 3-38　古代罗马柱式

性。罗马人创造了新的柱式组合，最重要的是券柱式。维特鲁威在他的《建筑十书》里给柱式本身和柱式组合做了相当详细的量的规定，用柱身底部的半径作为量度单位。他注意到这些规定要根据建筑物大小、位置等具体条件做必要调整。柱式作为基本的建筑造型手段，在罗马帝国流行，形成统一的罗马建筑风格。

(2) 按所处的位置　可分为壁柱、倚柱等。

(3) 按柱子的外在形式　可分为单柱、双柱、集柱、束柱等。

3. 现代建筑中柱子的种类

现代建筑空间中的柱子可以从结构材料和层面装饰材料等角度进行分类。

(1) 从结构材料方面　可分为木柱、混凝土柱、钢柱。

(2) 从不同的饰面材料方面　可分为石材饰面柱、木材饰面柱、金属饰面柱。

(三) 柱子的装饰设计方法

几千年的建筑发展史表明，柱子在完成其功能作用的同时，作为建筑艺术的基本特征形式，它的发展变迁在引导和伴随着整个建筑艺术的发展。柱子单体的外在形式以及柱子在建筑外装饰环境中处理是否得当，对建筑的外装饰有着十分重要的影响。

1. 柱子的形体与建筑外装饰的关系

柱子的设计在建筑外装饰设计中作用是举足轻重的，在满足功能的前提下，可以通过对柱子的形、色、质等方面进行设计。在设计中应该总体考虑柱子的形体比例、色调、材料质感、造型风格等方面的问题。

(1) 形体比例　是空间构成中的一种量度，这种量度取决于比较和比率，同时离不开具体的尺度，有了具体的尺度才具有比例的真正意义。在层高较低的空间里，应采用瘦长、秀气的形体造型，如图 3-39 所示。在层高较高的空间里，应采用包柱等手法将形体加粗以增加空间的体积感，如图 3-40 所示。

(2) 色调　不同色调的柱子对空间环境会产生不同的作用，还可以调节柱子在空间环境的体积感。一般情况下，采用冷色调饰面的柱子具有收缩体量的感觉，采用暖色调饰面的柱子具有扩大体量的感觉。

(3) 材料质感　是指材料表面的纹理感，不同材质的肌理可以适应不同空间的特定要求，柱子运用材质肌理的对比可以丰富空间的层次，产生各种不同的空间效果。

图 3-39　层高较低空间

图 3-40　层高较高空间

(4) 造型　柱子的造型设计是协调其在空间中作用的有效方法。巧妙地运用线条也可以改变柱子形体在空间中的比例感觉。纵向装饰线条划分可以令粗壮的柱子稍显苗条，横向装饰线条划分可以降低柱子的高度感。也可以利用柱子作为造型的一部分，在视觉上有效地隐藏柱子的本体，使人感觉不到柱子的存在，而认为是空间环境中的一个造型。

2. 柱头、柱身、柱础三者的关系

柱子的装饰主要集中在柱头、柱身和柱础三个部分。因此处理好这三者之间的关系在装饰设计中是十分重要的。

(1) 三者的比例关系　通常情况下柱身是柱子的主体，而柱础部分要大于柱头部分。但根据空间形态的不同，柱头、柱身、柱础的大小比例会相应地有所变化。在高大的建筑物中，柱子作为构件之一其形态粗壮是不可避免的，柱础高度甚至达到人的视线处。这种情况下，设计者常把柱子的柱础部分作为装饰的重点。通过柱头、柱础都饰以与柱身不同的材质、色调，或加上精致的图案、浮雕进行处理，既丰富了柱子本身，又能为整个空间的美化加彩添色。

(2) 三者的装饰风格　柱头、柱身、柱础的风格会影响柱子甚至整个空间的装饰效果。如图 3-41 所示的柱子都有北方型带纹和方圆形柱顶，柱身上部分是圆柱，下部分是方柱，柱础配以相同的石材，使得整个柱子呈现出敦厚、雄壮的感觉。柱身装饰感较强的柱子，其柱头和柱础的装饰应相对简洁一些，在满足整体性的前提下突出柱身的装饰效果。

图 3-41　孟买象岛石窟

第三节　建筑外装饰门窗设计

一、建筑门窗概述

门是人们进出建筑物的通道，窗是室内采光通风的主要洞口，因此门窗是建筑工程的重要组成部分，也是建筑装饰工程中的重点。门窗设计充分证明，作为建筑艺术造型的重要组成因素之一，其设置不仅较为显著地影响建筑物的形象特征，而且对建筑物的采光、通风、保温、节能和安全等方面具有重要意义。

根据《中华人民共和国节约能源法》、《建筑节能“九五”计划和2010年规划》和《建筑节能技术政策》等重要文件的具体规定，不论新建筑或是采用传统钢木门窗的既有建筑，都必须使之符合建筑热工设计标准，从而实施节约能源的原则。

工程实践证明，门窗在建筑立面造型、比例尺度、虚实变化等方面，对建筑外表的装饰效果有较大影响；对门窗的具体要求应根据不同地区、不同建筑特点、不同建筑等级等有详细和具体的规定，在不同情况下，对门窗的分隔、保温、隔声、防水、防火、防风沙等有着不同的要求。

近几年来，随着科学的进步，新材料、新工艺不断出现，门窗的生产和应用也紧随装饰行业高速发展。不仅有满足功能要求的一般装饰门窗，而且还有满足特殊功能要求的特种门窗。不管采用何种门窗，其制作与安装应执行国家标准《建筑装饰装修工程质量验收规范》（GB 50201—2001）等现行的有关规定。

门与窗最原始的定义只不过是墙上的孔洞，为人们提供进出的通道，同时兼有通风、采光、防火、防盗的作用。门窗外是公有的，门窗内却是私有的。所以流沙河有诗云：“门一关，就是家天下”。但是门窗的意义并非仅此而已，人们可以注意到，一排排的房子建筑结构可能相同，但每所房子却有独树一帜的风格。

建筑门窗是建筑物不可缺少的组成部分，门窗除具有采光、通风和交通等作用外，在寒冷地区还具有能隔热以防止热量散失的功能。门窗的造型和色彩的选择对建筑物的装饰效果影响很大，是建筑物立面设计的重要内容之一。

二、建筑门窗的分类及功能

（一）建筑门窗的分类

根据不同场合和功能的需要，在建筑工程中所设置的门窗是各种各样的，因此对门窗的分类方法也有多种。在一般情况下既可以对门窗进行总体分类，也可以对门窗进行具体分类。

1. 按开启方式分类（图 3-42）

（1）平开门窗（外平开、内平开） 平开门窗构造简单，应用最为普遍。外平开窗的排水问题容易解决，开启时不占室内空间，但开启扇有被风刮落或损坏的缺点。窗扇为奇数时，擦外侧玻璃不方便，楼房窗应解决擦玻璃问题。楼房外开窗，窗扇为奇数（1、3、5）且中间扇

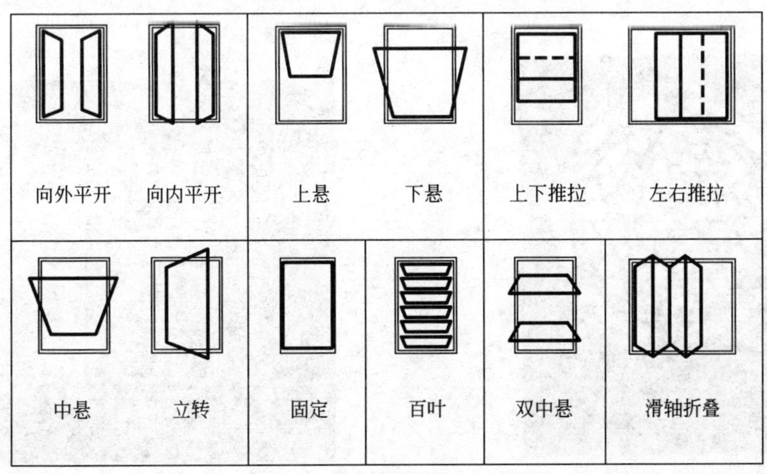

图 3-42 开启方式

固定时，擦窗不安全，因此设计时应考虑便于擦窗问题。

解决奇数外开窗的两种基本方式是：首先，把中间扇设计成特殊开启方式，如中间扇内开、中转活扇或推拉式；其次，利用特殊装置使侧扇开启时与窗框留有适当的距离。

双平开窗＋圆弧窗如图 3-43 所示。

图 3-43　双平开窗＋圆弧窗

图 3-44　玻璃钢悬窗

图 3-45　折叠门

(2) 推拉门窗（水平推拉、垂直推拉）　推拉门窗不占室内空间，窗扇受力状态好，适宜安装较大玻璃，但通风面积受限制。

(3) 转门窗　窗扇以转动方式启闭，包括上悬窗、下悬窗、中悬窗、立转窗等（图3-44）。立转窗又称引风窗，引风效果好，防雨性及密闭性差，多用于低侧窗。引风窗适用于散发大量热量、粉尘的工业厂房，有自然通风和遮阳作用，采用插销固定可开启 0°、45°、90°、135°引风窗，采用连杆螺栓固定时，可开任意角度。其出墙宽度应大于窗扇最大出墙宽度。

(4) 折叠门　开启时门扇可以折叠在一起（图 3-45）。

(5) 弹簧门　装有弹簧合叶的门，开启后会自动关闭。

(6) 其他门　包括卷帘门、升降门、上翻门等。

2. 按门窗材料分类

(1) 木门窗　木门窗是几千年来的习惯做法。其保温性、可塑性、装饰性无可挑剔。但随气候、季节变化，变形大，不防水，同时现在森林资源日益匮乏，限制使用木门窗，木窗如图 3-46 所示。

(2) 钢门窗　由于钢门窗密封性及保温性差，安装及维护不方便，易腐蚀，逐步被淘汰。

图 3-46　木窗

图 3-47　百叶窗

（3）铝合金门窗　铝合金门窗具有强度较高、重量轻、密封性较好、稳定性高、耐久性强、利于定型加工、易于回收等优点。但相对来讲，我国铝资源短缺，铝型材冶炼、轧制能耗高，其使用会逐步受到限制。

（4）塑钢门窗　塑钢门窗是采用改性硬质聚氯乙烯加入改性剂、防紫外吸收剂、阻燃剂等添加剂混合材料挤出成型。塑钢型材多为空腔结构，具有优异的节能、隔声、隔热和防腐效果，目前占据门窗市场龙头老大的位置。

（5）玻璃钢门窗　玻璃钢门窗是以玻璃纤维及其制品为增强材料，以不饱和聚酯树脂为基体的玻璃纤维增强复合材料，用它制成的门窗具有质轻、高强、防腐、保温、绝缘、隔声等诸多性能上的优势，是建筑门窗市场上的新兴品种。

3. 按门窗的功能分类

门窗可分为百叶窗（图 3-47）、保温门、防火门、隔声门等。其中百叶窗有固定式、活动式两种，百叶窗一般具有透风、遮阳、防水、遮挡视线的功能。当挡雨、遮光要求较高时，可采用活动式或异形固定叶片，如有采光要求，可采用透明或半透明叶片。

4. 按门窗的位置分类

门分为外门和内门。窗分为侧窗（设在内外墙上）和天窗。

（二）建筑门窗的功能

1. 门的功能

通常所说的门是安装在建筑物入口上的可开关的构件，门作为从一个空间进入另一个空间的界面，最大的功能就是组织交通。在现代建筑中，由于新材料、新技术的不断运用，使得门的概念得以扩展，门不再属于局限于界定的功能，它还具有标识、美化、防护、防盗、隔声、保温、隔热等功能。

2. 窗的功能

窗是建筑上可通风、采光的装置。窗最直接的功能就是采光和通风，由于新材料、新技术的不断运用，窗的功能也得以增多，窗不再停留于通风、采光的最基本的功能上，它还具有隔声、防火、防光、防盗，甚至于有防爆、抗冲击波等特殊功能。在特殊的场合，如在高速公路、铁路、飞机场边的建筑物，因其噪声污染严重，对窗的密封、隔声要求就较高。

（三）如何选择建筑门窗

1. 高层民用建筑

高层民用建筑包括办公楼、综合楼、旅游建筑，可选用铝合金门窗或 PVC 塑料门窗，内平开窗或推拉窗均可。

2. 居住建筑

居住建筑一般包括住宅、旅游宾馆、医院病房楼、公寓楼、集体宿舍、幼儿园等，均应选用传热系数小、节能效果好的门窗。可选用 PVC 塑料门窗型材中空玻璃，或隔热铝合金门窗型材中空玻璃，还可选用低辐射中空玻璃或普通双层窗。

3. 住宅小区

住宅小区中的建筑，包括多层住宅或公共建筑，选用 PVC 塑料门窗更合适，小区中的高层住宅，如果能够满足风压强度要求，宜选用 PVC 塑料门窗。

三、建筑门窗的构成元素及设计方法

（一）门窗的组成

门窗是建筑物围护结构重要组成部分，窗的作用一般是采光和通风，设计时更要考虑其抗风压、气密、水密、节能、环保和人性化，对建筑的立面装饰效果也起到很大作用。

构成门窗的材料有：窗框材料包括构成窗户主体的框材料、扇材料等；五金件包括把手、连接件、传动件等；辅助材料包括压条、密封条、玻璃垫块，对于PVC型材来说，还要包括衬钢等材料；玻璃，包括各种可以使用的平、弯玻璃，透明或者不透明的玻璃等；从建筑外围护角度来看，构成门窗系统的材料还包括窗框填缝材料如岩棉、泡沫等密封材料。

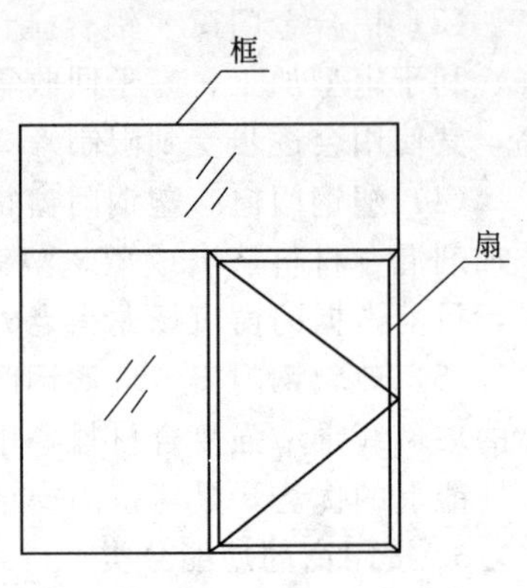

图 3-48　窗的构成元素

1. 窗

窗通常包括固定部分（窗框）和一个或一个以上可开启部分（窗扇），其功能是采光和通风。窗上有时还带有亮窗和换气窗（图 3-48）。

2. 门

门通常包括固定部分（门框）和一个或一个以上可开启部分（门扇），其功能是允许和禁止出入，需要时门上部还带有亮窗。

（二）门窗节能工作原理

一段时期以前，人们对窗户的认识停留在遮风、挡雨及采光功能上，但是随着建筑节能产品应用技术的推广，对门窗节能的要求也越来越高，优质门窗、节能门窗应运而生，所有门窗又全部向节能门窗靠拢。人们普遍认为，只要门窗采用隔热材料，那么生产出的门窗一定是节能门窗，其实这种认识是错误的。

安装在建筑上的门窗，主要的功能是在获得足够采光功能条件下，需要时控制门窗在有阳光照射时合理得到热量，而在没有阳光照射时减少热量流失。

1. 影响门窗获得能量的因素

（1）门窗的位置和方向　窗户朝向太阳方向，第一位因素是从太阳得热，虽然任何方向都可以得到天空中的阳光漫射热。在冬季，正午天空中太阳升得较低，使阳光可以通过南面的窗户进入室内。这些太阳热获得可以帮助减少冬季的室内加热费用。在夏季正午，当太阳升到非常高的时候，非常少的阳光直接照射到南面的窗户上，阳光以如此低的角度照射到窗上，基本被反射回去。遮雨篷或者适当的屋檐遮蔽在南面窗户上，可以使窗户得到最小的得热，即使将来也是如此。适当装置这样的遮阳篷在冬季不会影响阳光得热。夏季，朝西的没有遮蔽的窗户往往会得到过多的热量，在一个较小的范围，朝东向的窗户，令人满意的落叶树将减少夏季的阳光得热而允许冬季热获得。

（2）门窗产品的设计（如窗户孔道的数量）　窗户的设计和热获得系数也将是衡量窗户得热能力的参数。一个具有宽的窗框和使用竖框或者格栅隔开成许多小窗户的窗，具有很少的玻璃面积获得太阳能，与此形成对照的是，在洞口中使用薄的窗框材料以及一个大的玻璃，与窗框比较，具有较大的玻璃比例，将允许较多的阳光进入室内。

（3）使用的玻璃种类　玻璃层的数量也会影响阳光得热，例如在相同面积情况下，使用三层中空玻璃较使用单层玻璃可以减少 20％的阳光获得；两层中空玻璃大约减少 10％的阳光获得。

镀膜玻璃和彩色玻璃也不同，白玻传递较多的太阳能进入建筑，彩色玻璃和特殊隔热的玻璃较白玻可以减少 1/3 以上的阳光获得。例如，玻璃面积相同，使用双层中空玻璃较使用双层白玻中空玻璃的窗户可以减少 20％的阳光进入室内。不同种类的镀膜玻璃对阳光获得的影响也不同，分别适合于南方和北方地区，起不同的作用。

（4）内部和外部阴影的数量　室内的窗帘、帷幔或者外部风景（如树等）都可以影响阳光获得的数量。在冬季阳光明媚的时候，将窗帘打开，允许尽可能多的阳光进入室内。需要记住，在房间周围种植的树木和灌木种类对冬季阳光获得具有潜在的影响。在房间的南面，选择落叶树而且具有少的分枝，这样可以在夏季具有阳光遮蔽，而秋季落叶后允许阳光通过。

2. 影响门窗热损失的因素

有几种方法可以影响通过窗户结构热损失的速率，这些方法遵循基本自然定律：热能往往是从暖的一面流向冷的一面，构成能量损失的主要因素。能够通过合理配置，将这个过程减慢。在窗户上的能量传递方式主要是辐射传递、对流传递、传导传递，另外空气渗漏也是窗户能量损失的重要组成部分。

（1）辐射传递、对流传递和传导传递　窗户上中空玻璃室内侧单片玻璃吸收了热量，热量移动到冷的外面玻璃上并释放到外面。通过玻璃（以辐射形式）、通过分开两片玻璃的间隔层材料和边部的密封条、窗框（以传导形式）、通过两片玻璃中间气体的运动（以对流形式）以及通过开启扇、窗框结构（以空气渗漏形式）在窗户上发生。窗户中通过玻璃的辐射热损失占窗户总的热损失的2/3左右，因为普通的玻璃很容易发射热到冷的表面（具有高的发射率）。将玻璃表面的发射率降低可以减少玻璃的辐射传热，即使用Low-E玻璃可以减少辐射传热。窗户上的传导损失主要是通过中空玻璃边部和窗框发生的，通过改进边部材料，使用更绝缘的边部密封材料如采用Swiggle暖边密封系统和隔热窗框材料，以及改进门窗型材设计，可以有效地减少这些热损失。对流热损失主要是在通过中空玻璃内部间隔气体运动产生的。如果空气间隔层太小，通过空气的热传导是很大的。如果空气间隔层太大，那么在室内侧暖玻璃表面的暖空气就会上升而室外侧冷玻璃表面的冷空气就会下降，形成对流，将室内的热量流失。能够达到最小对流损失的最好的中空玻璃间隔层厚度应该在12～16mm之间。通常使用特殊气体如氩气、氪气减少对流损失，这些气体分别适用于不同的间隔层厚度。

（2）空气渗漏　不论冬季还是夏季，多数的能量费用是因为空气渗漏造成的，对开启窗来说，大多数空气渗漏是在扇和框之间或者两个推拉扇之间发生。较大面积的玻璃设计往往会泄漏较少的空气，在结构装配很差的固定窗上，主要在中空玻璃与扇之间密封处也会发生空气渗漏（所有窗的排水孔也会发生空气渗漏）。固定窗（也就是不能活动的窗）往往具有最低的空气渗漏速率。可以操作的窗有很多种类，在所有开启窗中，空气渗漏最小的是上悬窗、平开窗和类似的使用特殊压条的推拉窗。如果开启窗很差而且安装粗糙，空气渗漏存在能量流失最大的问题。如果窗框周边和洞口之间没有很好地堵缝或者使用泡沫绝缘密封，也会发生空气渗漏，在窗户彻底安装完成前，这些部位应该做密封和绝缘处理。

（三）合理配置门窗的措施

从上面的分析可以知道，大量的能量是双向通过窗户的，白天，南面窗通常以辐射形式获得太阳能；而在夜晚通过对流、辐射和传导会流失能量。北面窗通常是通过对流和传导流失能量；东面和西面窗在炎热的季节往往是不确定的，然而在夏季，西面窗是纯粹获得能量，引起过热。在不考虑门窗安装朝向的情况下，通过合理配置门窗组成，可以提高门窗的隔热节能特性，这些措施包括：根据不同的使用地点，选择合理的阳光遮蔽玻璃，控制通过门窗的辐射传热，加大中空玻璃间隔层内气体密度，降低对流传热，选择低传导的中空玻璃边部间隔材料和隔热窗框材料，控制通过门窗的传导传热等。具体分析如下。

1. 合理选用原片玻璃，控制通过门窗的辐射传热

透明窗户玻璃很容易使阳光通过，然而，因为透明玻璃具有较高的辐射率，在晚上同样会以辐射热流失的形式向室外发射红外线能量。在选择原片玻璃时，应该根据不同的地区选用不同的玻璃形式。如阳光照射强的地区，选用低透过的镀膜玻璃或吸热玻璃作为原片玻璃，控制阳光进入室内。而较寒冷地区，选择高透过的白玻或镀膜玻璃，尤其是Low-E玻璃作为原片玻璃，防止室内热量流失，从而提高中空玻璃的使用效果。

使用Low-E镀膜玻璃通常会损失一些阳光，略微减少阳光热获得，但是通过夜晚优异的隔热性能改进，这些损失可以大大得到补偿。另外，使用Low-E镀膜玻璃还可以减少紫外线的通过，可以减少室内物品褪色的可能。

2. 改进中空玻璃间隔层内气体性能

门窗及中空玻璃技术的一个改进是中空玻璃内部充入气体，充入气体的条件是具有化学稳定性和不反应，氩气和氪气是普遍的选择。氩气使用很普遍而且便宜，在两层玻璃之间充入氩气能够做到两件事情：①可以减少热传导损失，因为氩气比空气具有低的传导率；②减少对流损失，因为氩气比空气密度高，在玻璃层之间不流动。氪气的性能较氩气稍微好一些，而且在小的间隔层内使用（约 8mm）效果较好，但是氪气价格较贵。相对窄的间隔层需要的气体量少，而且多层窄的间隔层可以减少压力破碎的可能。一般来讲，在中空玻璃间隔层内充入足够比例（约 90%）的氩气，可以降低 U 值约 5%，这样，上述在哈尔滨地区例子中，选用充入氩气的中空玻璃，每年取暖期可以节省电费约 18600 元。

3. 选用低传导间隔层

在 Low-E 镀膜玻璃减少辐射损失、充气减少对流和传导损失时，窗户玻璃周边的间隔条成为弱的热连接。大多数间隔条使用的是传统的铝管，虽然重量轻，但是十分不幸的是这样的金属具有很好的热传导性能。从能量效率观点出发，低传导间隔条是主要的改进方法。市场上出现很多不同方法和材料，相应改进了性能。一般来说，将传统铝条更换成暖边 Swiggle 胶条做中空玻璃密封，可以提高近 5% 的隔热性能，而在充入氩气或者采用 Low-E 的中空玻璃上改变密封方式，可以提高 15%～20% 的隔热性能，相应节省 20000 元/年的费用。而且这些暖边密封间隔条也能够提高内部玻璃表面周边的温度并减少热应力，减少玻璃炸裂，在冬季可以减少 80% 结露的可能。

4. 选用隔热性能好的窗框材料

窗框材料是整个窗户中另外一个弱的链环，整个窗户中约 1/4 面积是窗框材料，高性能的装配较传统的窗框材料具有更好的隔热性能。窗框是不同材料的组合，如果选择门窗已经决定使用 Low-E 镀膜、充气和低传导间隔条中空玻璃，那么窗框材料就应该选择最低传导热损失的材料，这是窗框材料选择的基本条件。窗框材料对中空玻璃的性能影响较大，门窗的 U 值一般是由三部分的值经过加权平均计算出来的，这三部分分别为：窗框材料面积的 U 值、玻璃边部的 U 值及玻璃中央的 U 值。如果选用的窗框材料不同，那么整个门窗的 U 值的数值也不同，而且差别较大。

从数值上来看，窗框材料的隔热性能好，那么整个门窗的 U 值就好，如果使用 PVC 窗而选用不同的开启形式，整个门窗 U 值也不相同。

从上述数据可以看出，不是一提到玻璃 U 值的大小或者选用的窗框材料的隔热性能好坏，就能断定门窗整体保温性能的好坏，而是要根据门窗的形式及综合配置而定。同样需要注意，窗框材料对阳光获得具有重要影响，一般强度大的材料可以制成窄的框、扇面积，像断桥铝合金和玻璃钢材料，这样可以允许更多玻璃面积的阳光获得，这种型材被称为低断面型材。一般金属型材的设计要更多地考虑这个因素。

（四）门窗的建筑设计

门窗是建筑的单元，是立面效果的装饰符号，最终体现出建筑的特点。尽管不同建筑对门窗设计有不同要求，门窗大样分格千变万化，但还是可以找寻出一些规律。

1. 门窗立面分格要符合美学特点

分格设计时，要考虑如下因素。

(1) 分格比例的协调性。就单个玻璃板块来说，长宽比接近黄金分割比是美的，不宜设计成正方形和长宽比达 1∶2 以上的狭长矩形。

(2) 门窗立面分格既要有一定的规律，又要体现变化，在变化中求规律；分格线条疏密有度；等距离、等尺寸划分显示严谨、庄重、严肃；不等距自由划分则显示韵律、活泼和动感。

(3) 至少同一房间、同一墙面门窗的横向分格线条要尽量处于同一水平线上，竖向线条尽量对齐。

(4) 门窗立面设计时要考虑建筑的整体效果要求，比如建筑的虚实对比、光影效果、对称性等。

2. 门窗颜色的选配（包括玻璃和型材的颜色）

门窗颜色的选配是影响建筑最终效果的重要一环。在确定颜色时要与建筑设计师、业主等多方共同商定，最终要有建筑设计师的签字确认。

3. 门窗的个性化设计

可以根据顾客的不同爱好和审美观点，设计出独特的门窗造型。

4. 门窗的通透性

门窗立面在主视部位的视线高度范围内（约 1.5～1.8m）最好不要设置横框和竖框，以免遮挡视线。有些门窗需要采用高透光率的玻璃或者要求具有较大的开阔视野，便于观看室外风景。

5. 门窗的采光和通风

门窗的通风面积和活动扇数量要满足建筑通风要求；同时门窗的采光面积也应满足《建筑采光设计标准》（GB/T 50033—2001）的规定和建筑设计图的要求。《公共建筑节能设计标准》（GB 50189—2005）第 4.2.4 条规定：建筑外窗每个朝向的窗墙面积比均不应大于 0.70。当窗墙面积比小于 0.40 时，玻璃的可见光透射比不应小于 0.4。

（五）门窗安全性设计

1. 门窗铝型材壁厚要求。

2. 门窗玻璃安全设计。

(1) 玻璃的选择：玻璃厚度经计算确定并不宜小于 5mm。建筑下列部位的门窗必须采用安全玻璃（钢化玻璃或夹层玻璃）。

① 7 层及 7 层以上建筑外开窗。

② 面积大于 1.5m^2 的窗玻璃。

③ 玻璃底边离最终装修面小于 500mm 的落地窗。

④ 与水平夹角小于 75°的倾斜屋顶且距室内地面大于 3m 的倾斜窗。

⑤ 玻璃面积大于 0.5m^2 的有框玻璃门。

⑥ 无框玻璃门应采用厚度不小于 10mm 的钢化玻璃。

(2) 玻璃与槽口搭接量和其他配合尺寸应符合《铝合金窗》（GB/T 8479）中表 5 和表 6 的规定。

(3) 玻璃与铝合金框槽应采用橡胶垫片柔件接触。

(4) 玻璃应进行机械磨边处理，磨轮的目数应在 180 目以上。

3. 五金配件的选择和设计。五金配件是决定门窗性能关键性部件。铝门窗的设计首先是门窗性能的建筑设计，以满足建筑物的功能要求为目标，合理确定铝门窗的性能及有关设计要求。建筑设计门窗时，是从整栋房子的美观大方和所处地区抗风压性、水密性、气密性、保温性、隔热性、隔声性等几个性能来考虑的（现在北京、广东等地区已有地区性规范，已要求相应的建筑门窗符合相应的要求）。试想一下，按照门窗的物理性能（抗风压性、水密性、气密性、隔声性、保温性、隔热性等）和机械性能（启闭力、反复启闭性）每一个都与门窗的五金配件有着直接的关系。

4. 推拉门窗窗扇与上下框导轨搭接量应不小于 10mm，并且必须安装防脱落块和防撞块等安全措施，防止窗扇掉落和开启时碰撞伤人。

5. 建筑外墙面玻璃窗活动扇下框距室内地面高度应不低于 900mm。特殊情况下如果低于 900mm 时应采取其他防护安全措施（如增加防护栏杆等）。

6. 铝合金门窗连接固定采用的螺钉、螺栓必须采用优质不锈钢制品，以防止电化腐蚀产生螺钉松动。不锈钢螺钉尽量采用机制螺纹，尽量避免使用自攻螺钉，螺钉连接最好设计成受剪状态。

7. 门窗应与墙体可靠连接，固定门窗与墙体的连接方法主要有钢附框连接、燕尾铁脚焊接连接、燕尾铁脚与预埋件连接、固定钢片射钉连接、固定钢片金属膨胀螺栓连接等几种。燕尾铁脚厚度应大于等于 3mm。固定钢片厚度大于等于 1.5mm，宽度大于等于 15mm。所有燕尾铁脚和固定钢片表面应进行热浸镀锌处理。门窗连接固定点间距一般在 300～500mm 之间，不能大于 500mm。

(1) 钢附框适用于门窗与各种墙体的连接，安装精度高，连接可靠，但成本较高。

(2) 门窗与钢结构的连接可采用燕尾铁脚焊接连接方法。燕尾铁脚与钢结构的连接用钢条或钢角码焊接调节。

(3) 门窗与轻质墙体的连接宜采用燕尾铁脚与预埋件焊接连接方法。燕尾铁脚与预埋件之间用钢条或钢角码焊接调节。

(4) 门窗与钢筋混凝土墙体的连接可用固定钢片（或燕尾铁脚）射钉或金属膨胀螺栓连接等。当采用固定钢片连接固定门窗时，门窗四周边框与墙体之间的缝隙应采用水泥砂浆塞缝。水泥砂浆塞缝能使门窗外框与墙体牢固可靠连接，对门窗的框料起着重要的加固作用。当缝隙采用聚氨酯泡沫填缝剂或其他柔性材料填塞时，固定钢片应采用燕尾铁脚代替，以保证门窗与墙体的连接固定可靠度。

(5) 门窗与砖墙的连接可用固定钢片（或燕尾铁脚）金属膨胀螺栓连接。在砖墙上严禁采用射钉固定门窗。同钢筋混凝土墙体一样，当采用固定钢片时缝隙应采用水泥砂浆塞缝，当缝隙采用聚氨酯泡沫填缝剂或其他柔性材料填塞时，应采用燕尾铁脚固定。

（六）建议门窗设计要点

1. 对于使用较好导热性能的窗框材料如铝合金窗框材料，大面积的玻璃较小面积的玻璃好，因为大面积的玻璃减少窗中窗框材料的比例，通过合理配置中空玻璃的结构，可以使整窗的性能最大优化。

2. 高性能窗的热性能弱点是窗框材料和玻璃边部材料，因为玻璃中心是高效率的，窗框和玻璃边部传导率相对较高，应该选择绝缘间隔条（没有金属/很少金属）及热隔断、低断面的窗框材料。

3. 位于西晒方向墙面的窗，应尽量避免大面积地使用玻璃，而日落方向墙面的窗，则可以加大玻璃的使用面积。

4. 开启窗要求应考虑通风设置及防止空气渗漏，以及紧急出口设置，平开窗可以较推拉窗获得高的通风能力，但是开启形式设计需要考虑风压作用。

5. 加大玻璃板面设计，减少窗框和扇的材料面积，提高整窗的视野及通透性。

第四节　建筑外装饰屋顶设计

一、建筑屋顶的概述

建筑顶部是建筑与天空的衔接，处于人们视线之上，似乎可望而不可即，但建筑顶部的形象对建筑具有特殊的造型及功能上的意义。自古以来，屋顶主要作为挡风遮雨的建造构成要素之一。而在近现代，随着建筑技术尤其是建筑结构技术和建筑材料技术的发展，建筑顶部在传统功能需求的基础上，呈现出丰富的变化。正如罗森（Z. Rosen）在《城市的顶端》一书中所说："建筑的顶部，让一代又一代建筑师的想象力和设计天才得以发挥，得以展现。"

建筑顶部一直是建筑设计中的重点部位，对整个建筑设计产生直接影响，为此，各国建筑师在顶部设计中做了大量探索和实践。建筑结构技术的发展，建筑材料的多样化，大众审美观念的更新，使得建筑顶部造型愈加丰富。建筑顶部形式的不断变化更新，应归功于结构技术与建筑材料的发展和人们审美观念的更新；高科技的薄壳、双曲面、充气张拉顶、悬索结构等新颖的结构形式以及大量大跨度和超高层建筑的涌现，极大丰富了顶部造型。

传统建筑顶部和建筑的形体一样，通常由简单的基本几何体构成，柯布西耶在《走向新建筑》中把这些简单几何体归纳为立方体、圆（棱）锥体、球体以及圆柱体。现代建筑通过这些基本几何体的变异（变形、分裂、切削、放缩）和体块组合（并置、重复、对比、穿插、拼贴）以及综合运用，创造出丰富的形体。

（一）屋顶的概念和作用

屋顶也称屋盖，是建筑物最上层起覆盖作用的围护构件，主要作用是抵抗自然界风、雨、雪、日晒等自然因素对人们工作、生活的影响。另外，屋顶要承受自重、风雪荷载及施工和检修时屋面的各种荷载，同时屋顶的形式对建筑物造型也有很大影响。

屋顶是人类为了满足保护自身、隔绝外界侵害的需要而产生的。不同环境下产生不同需求的屋顶形式，有的为了遮挡强烈的紫外线；有的为了遮风挡雨；有的为了收集雨水。屋顶是建筑众多构成要素中与外界接触最频繁、最暴露于外、最能承受温差变化影响的构成要素。根据不同地区的环境特性，产生了不同的屋顶形式、屋顶厚度和屋顶材料。

出于屋顶设计和保养方面的考虑，屋顶的施工无疑是很重要的。屋顶形式的选择取决于委托人的想法、周围建筑环境、自然环境条件以及材料上的可行性。屋顶的施工趋向于不断地完善和高效率。对同一特性的屋顶可能有不同的技术和设想的解决方案。屋顶必须要坚固、合理、适应环境。

屋顶是房屋最上层的覆盖部分。它有三个作用：一是防御自然界的风、雨、雪、太阳辐射热和冬季低温等的影响；二是承受作用于屋顶上的风荷载、雪荷载和屋顶自重等荷载；三是美观。

（二）屋顶的组成

屋顶由屋面、承重结构、保温（隔热）层和顶棚等部分组成。

屋面是屋顶的面层，它暴露在大气中，直接受自然界的影响。所以，屋面材料不仅应有一定的抗渗能力，还应该能经受自然界各种有害因素的长期作用。屋面材料还应该具有一定的强度，以便承受风雪荷载和屋面检修荷载。

屋顶承重结构承受屋面传来的荷载和屋顶自重。承重结构可以是平面结构，也可以是空间结构。当房屋内部空间较小时，多采用平面结构，如屋架、梁板结构等。大型公共建筑（如体育馆、会堂等）内部使用空间大，不允许设柱支承屋顶，故常采用空间结构，如薄壳、网架、悬索结构等。

保温层是严寒和寒冷地区为了防止冬季室内热量透过屋顶散失而设置的构造层。隔热层是炎热地区为了夏季隔绝太阳辐射热进入室内而设置的构造层。保温层和隔热层应采用热导率小的材料，其位置设在顶棚与承重结构之间和承重结构与屋面之间。

顶棚是屋顶的底面。当承重结构采用梁板结构时，可以在梁、板的底面抹灰，形成抹灰顶棚。当承重结构为屋架或要求顶棚平齐（不允许梁外露）时，应从屋顶承重结构向下吊挂顶棚，称为吊顶。顶棚也可以用搁栅搁置在墙上形成，与屋顶承重结构不连在一起。屋顶的组成如图 3-49 所示。

二、屋顶的分类及功能

由于屋面材料和承重结构形式不同，屋顶有多种类型，归纳起来大致可以分为坡屋顶、平屋顶和曲面屋顶三大类，屋顶的类型如图 3-50 所示。

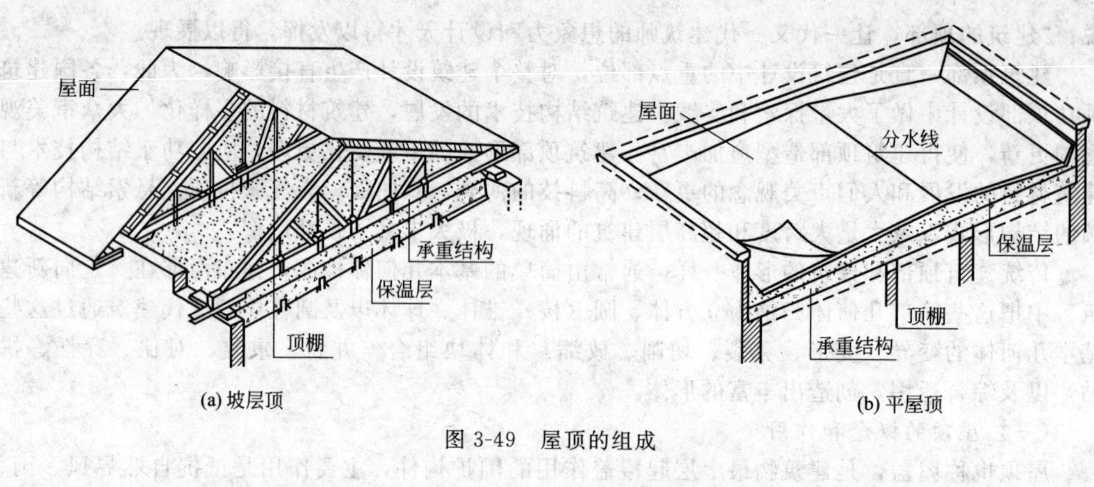

图 3-49 屋顶的组成

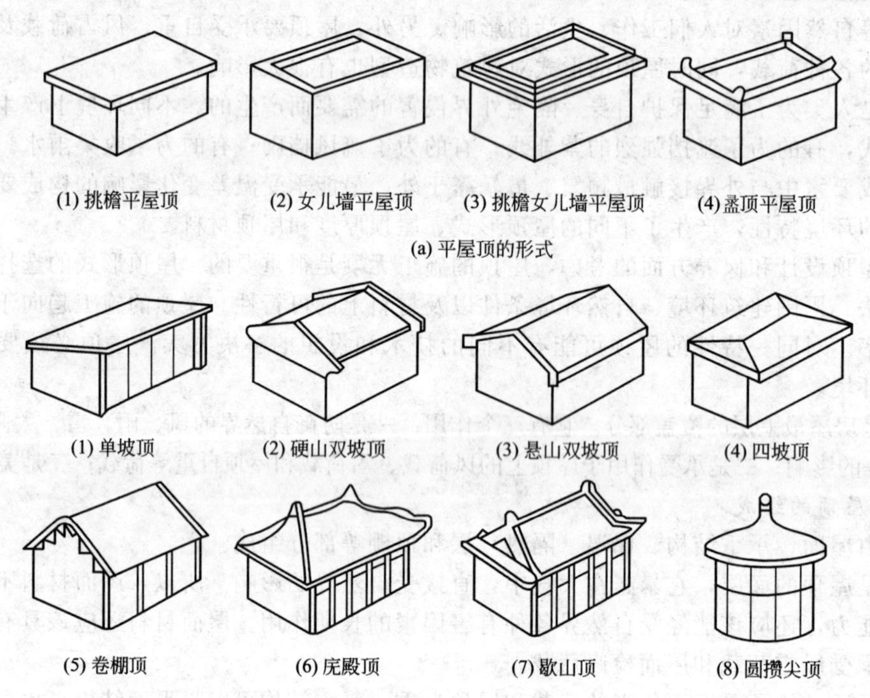

(b) 坡屋顶的形式

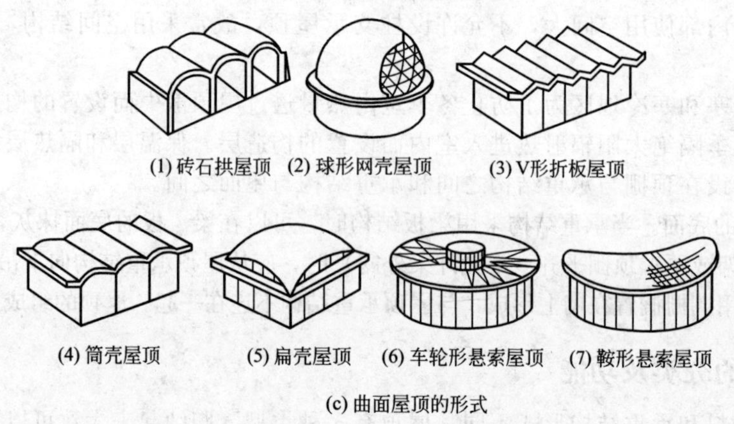

(c) 曲面屋顶的形式

图 3-50 平屋顶、坡屋顶、曲面屋顶的形式

（一）坡屋顶

坡屋顶一般是排水坡度大于10%的屋顶。坡屋顶的形式和坡度主要取决于建筑平面、结构形式、屋面材料、气候环境、风俗习惯和建筑造型等因素。

1. 形式

坡屋顶在建筑中应用较广，主要有单坡式、双坡式、四坡式和折腰式等。以双坡式和四坡式采用较多。双坡屋顶尽端屋面出挑在山墙外的称悬山；山墙与屋面砌平的称硬山。中国传统的四坡屋顶四角起翘的称庑殿；正脊延长，两侧形成两个山花面的称歇山。

双坡或多坡屋顶的倾斜面相互交接，顶部的水平交线称正脊；斜面相交成为凸角的斜交线称斜脊；斜面相交成为凹角的斜交线称斜天沟。

2. 坡度

屋面坡度用斜面在垂直面上的投影高度（矢高 H）和水平面上的投影长度（半个跨度 $L/2$）之比来表示；也可用高跨比（矢高 H 和跨度 L 之比）来表示；或以斜面和水平面的夹角来表示。屋面坡度选取是否合理，影响屋顶的防水效果。坡度大小主要根据所选用的屋面防水层材料的性能和构造决定。如果选用防水性能好、单块面积大、接缝少的材料如卷材、自防水构件、金属薄板等，坡度可以小些；如果选用瓦块铺设屋面，块小、接缝多，坡度应大些。在寒冷地区为防止屋面大量积雪，坡度宜较陡；带有阁楼的屋顶，常采用陡坡屋面或采用两个不同坡度结合的折腰式屋面。

屋顶的防水和排水性能是否良好，取决于屋顶材料和构造处理。防水是指屋面材料应该具有一定的抗渗透能力，或采用不透水材料做到不漏水；排水则是使屋面雨水能迅速排除而不积存，以减少渗漏的可能性。如果排水处理不好，雨水受到阻碍而积存在屋面上，形成一定的压力，就必然增加渗漏的可能性。为了排水，屋顶应有坡度，而坡度的大小又取决于屋面材料的防水性能。采用防水性能好、单块面积大、接缝少的屋面材料，如油毡、镀锌铁皮等，屋面坡度可以小一些；采用黏土瓦、小青瓦等单块面积小、接缝多的屋面材料时，坡度就必须大一些。如图 3-51 所示的不同屋面材料适宜的坡度范围，图中粗线部分为常用坡度。屋顶的作用屋面坡度通常用斜面的垂直投影高度与水平投影长度的比来表示，如 1∶2、1∶10 等，较大的坡度有时也用角度表示，如 30°、45°等。较小的坡度则常用百分率表示，如 2%、5%等。过去还曾采用屋架的高跨比表示屋面坡度，现在已经很少用到。

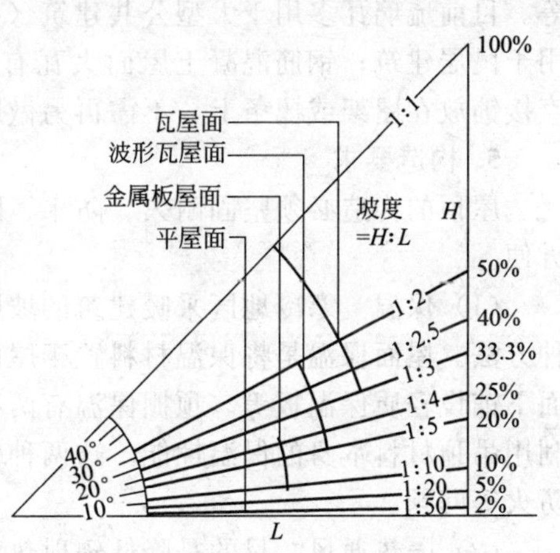

图 3-51　屋面材料适宜的坡度范围

3. 承重结构

坡屋顶的支承结构常用的类型如下。

（1）山墙承重　房间开间不大的建筑，利用砌成山尖形的承重墙搁置檩条，称为“山墙承重”或“硬山架檩”。各檩等距布置，檩条有木檩、型钢檩和预制钢筋混凝土檩等。檩条的断面尺寸应根据材料、跨度、间距和荷载计算决定，木檩跨度一般不超过 4m。檩条上可直接铺放厚 15～25mm 的木板，称为“望板”；也可在檩条上先放椽子，再铺望板。

（2）屋架承重　房间开间较大、不能用山墙承重的建筑，须设置屋架以支承檩条。屋架由杆件组成，为平面结构，可用木材、钢筋混凝土、预应力混凝土或钢材制作，也可用两种以上材料组合制作。屋架有三角形、拱形、多边形等，以三角形为多。屋架的间距一般与房屋开间尺寸相同，通常为 3～4.5m。

(3) 椽架承重　用密排的人字形椽条制成的支架，支在纵向的承重墙上，上面铺木望板或直接钉挂瓦条。椽架的一般间距为 40～120cm，椽架的人字形椽条之间须有横向拉杆。

(4) 屋面板承重　把钢筋混凝土或其他材料制作的大型屋面板直接放在承重山墙或屋架上。

4. 屋面材料

屋面铺材种类很多，选用时应根据支承结构形式、屋顶坡度、建筑外观、耐久性、耐火性、防水性、自重、施工要求、造价等进行综合考虑，常用的有以下几种类型。

(1) 平瓦屋面　这种屋面用黏土烧制或水泥砂浆制作的模压成凹凸纹型的平瓦。瓦的外形尺寸一般为 400mm×230mm×15mm，瓦背有挂钩，可以挂在挂瓦条上。铺放时上下左右均须搭接。这种屋面建造方便，在民用建筑中应用广泛，缺点是瓦的尺寸小，接缝多，容易渗水漏水。

(2) 波形瓦屋面　这种屋面常用的有石棉水泥波形瓦、钢丝网水泥波形瓦、彩色玻璃钢波形瓦、镀锌瓦垄铁、铝合金波形瓦以及经过表面着色和防腐处理的木质纤维波形瓦等。波形瓦重量轻，外观和防水性能好，各类波形瓦覆盖方法相近。如石棉水泥波形瓦通常用镀锌铁螺钉或铁钩直接钉在或钩在檩条上，檩条间距一般为 900～1200mm。瓦与瓦之间须上下左右搭盖，左右搭盖方向应顺着主导风向。为防止上下左右四块瓦的拼接处高低不平，常用切角铺法。

(3) 其他屋面　此外，还有琉璃瓦、小青瓦、筒板瓦和预制的钢筋混凝土屋面大瓦的屋面等。目前琉璃瓦多用于大型公共建筑（如纪念堂等）作为屋面或墙檐装饰；小青瓦和筒板瓦多用于民居建筑；钢筋混凝土屋面大瓦有 Π 形板、F 形板和钢丝网水泥槽瓦等，其尺寸大，可直接铺放在屋架或檩条上，不需再另做屋面。

5. 构造要求

屋顶的构造必须坚固耐久、防水、防火、保温、隔热、耐腐蚀、自重轻、构造简单、施工方便。

(1) 保温　寒冷地区采暖建筑的坡屋顶，应考虑保温问题。通常有屋面保温和顶棚保温两种方法。屋面保温是将保温材料置于屋面防水层以下，如传统构造中用麦秸泥直接铺瓦或在屋面下铺设轻质保温板等。顶棚保温有两种做法：一种是在吊顶上铺设轻质保温材料；另一种是利用吊顶材料本身的保温性能。这两种做法在设计中都应注意保温构造的通风、隔潮和防腐、防火等问题。

(2) 隔热通风　目的是降低辐射热对室内影响和保护屋顶材料。在有顶棚的坡屋顶内，屋面和顶棚之间的夹层空间的通风口可设在檐口、屋脊或山墙处，也可在屋顶上开设通气的老虎窗。

(3) 挑檐　檐口是屋顶和墙的交接部位，对墙身起保护作用，也是建筑立面中的装饰部分。根据出挑长度，檐口有多种做法：出挑少的可用砖砌挑檐；出挑稍多的可用椽子挑檐，檐头或外露，或钉封檐板；出挑多的可将屋架下弦的托木或压入墙内的挑檐木挑出，设檐檩，加大出檐深度。

(4) 排水　坡屋顶上的雨水可沿屋面经屋檐自由泄下；也可在屋檐处设置略带纵坡的水平檐沟，使雨水汇集于有一定间距的垂直雨水管排下。

(二) 平屋顶

平屋顶是排水坡度一般小于 10% 的屋顶。平屋顶坡度小，它的屋面可作为各种活动的场地，如晒台、屋顶花园、日光浴场、体育场等，平屋顶屋面坡度的形成如图 3-52 所示。

平屋顶最早出现于干旱少雨的地区，如中国的西北、华北地区的民居建筑。现在小型民用建筑的石灰炉渣屋面和青灰屋面是早期平屋顶结构的延续和发展。平屋顶构造简单，适用于各

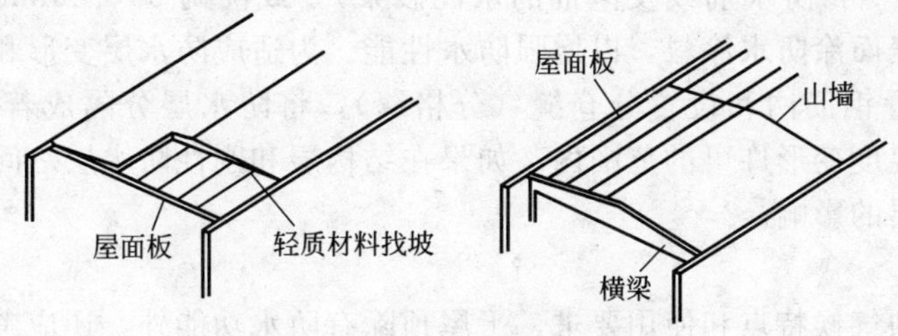

图 3-52 平屋顶屋面坡度的形成

种平面形式的建筑，尤其是平面形式不规则的建筑。随着钢筋混凝土结构、可靠的防水材料和高效率的排水系统的发展，20 世纪中叶以来，平屋顶已在全世界不同气候地区和各种类型的建筑上广泛使用。平屋顶由承重结构、屋面和功能层组成。各层既可分层设置，也可合成一体。

1. 承重结构

平屋顶的承重结构由钢或钢筋混凝土的梁、桁架和搁置在梁、桁架上的钢筋混凝土屋面板构成。这种屋顶结构可整体现浇或预制装配。

2. 屋面

屋面就防水材料和构造来说，主要有卷材防水屋面和刚性防水屋面两种。

(1) 卷材防水屋面　又称柔性防水屋面。原指用油毡、橡胶毡等柔性片状卷材粘贴成整体防水层的屋面。油毡、橡胶毡等材料容易取得，价格低廉，但易老化。这种屋面，一般使用年限约 10～20 年。20 世纪 50 年代初期，出现了用高分子聚合物卷材（聚乙烯薄膜等）的新型柔性防水屋面。高分子聚合物卷材延伸率高，耐老化，施工简单，但价格高。

① 油毡防水屋面的做法是：先在找平层上刷一道冷底子油，再刷热沥青或沥青胶（或冷涂），铺油毡，重叠粘贴数层（图 3-53）。一般屋面铺二层油毡，刷三层沥青，称“二毡三油”。要求较高的屋面或易渗漏部位，或寒冷地区，可做“三毡四油”。一般屋面，在最后一道热沥青上铺贴一层粗砂或砾石作为保护层。上人的屋面应铺缸砖、混凝土块等。

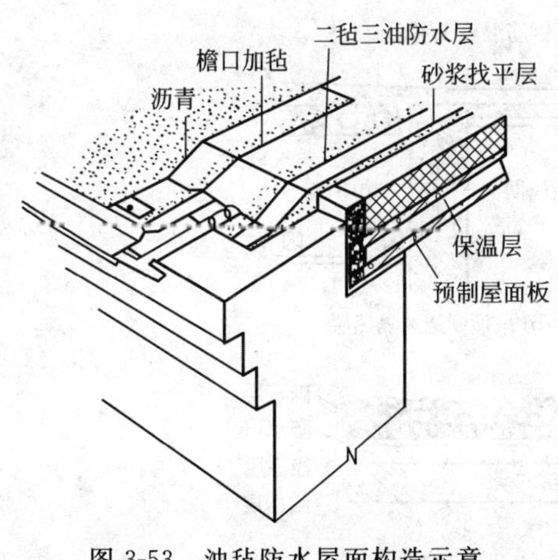

图 3-53　油毡防水屋面构造示意

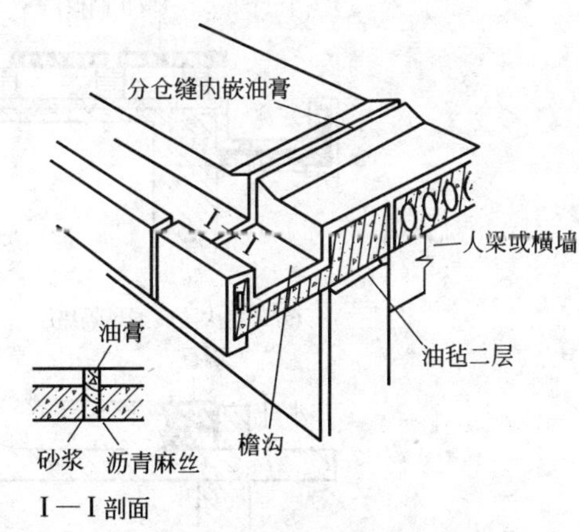

图 3-54　刚性防水屋面构造示意

② 聚合物防水屋面的做法有两种：一种是在找平层上用化学黏结剂粘贴聚合物薄膜卷材，称为薄膜防水；另一种是将含有挥发性溶剂的液态聚合物防水剂直接喷涂在屋面，形成和找平层结合牢固的连片无缝的涂膜防水层，这种做法称为涂膜防水。

(2) 刚性防水屋面　用防水砂浆或细石混凝土作为防水层的屋面。这种屋面施工简单，造价低，在中国气候温和湿润地区，普遍采用。其做法是在屋面基层上分层均匀地压抹 20～

25mm 厚的防水砂浆（掺防水剂或发泡剂的水泥砂浆），或浇捣 30～40mm 厚的细石混凝土。还可在防水层的外表面涂防水涂料，以增强防水性能。为适应防水层变形和防止开裂，细石混凝土防水层内应配置钢筋网和设置分仓缝（分格缝），将防水层分隔成若干小块（图 3-54）。分仓大小应限制在温度变形许可的范围内。如果在结构层和刚性防水层之间设置隔离层，可减少结构变形对防水层的影响。

3. 功能层

根据不同地区的气候特点和使用要求，平屋顶除有防水功能外，还应考虑设保温、隔热等功能层。

（1）保温层　在冬季寒冷地区，为防止屋顶大量散热和在屋顶内表面产生凝结水，应做成保温屋顶。一般是在承重层和防水层之间设置保温层，即铺放热导率小的轻质保温材料。常用的保温材料有炉渣、泡沫混凝土、膨胀蛭石、膨胀珍珠岩、玻璃棉、矿棉（毡）、泡沫塑料或植物纤维制品等。保温层厚度依当地气候和室温要求而定。也可将保温材料和屋面板结合在一起预制成复合屋面板和加筋加气混凝土屋面板等。对于冬季室外气温较低或室内湿度较大的建筑，为防止因蒸汽渗透而在保温层内产生凝结水，应在保温层下面设置整体隔气层。其做法是在找平层上刷一两道热沥青或加铺油毡。铺设油毡防水层时，如保温层、找平层、基层等尚未干燥，则应在保温层内设透气道；在檐口和顶部设进出气口，作为排潮措施，可防止油毡起鼓。为延缓油毡防水层老化或免受机械损伤，可将防水层置于保温层之下，即所谓的倒铺式屋顶。这种做法必须选用吸湿性小、抗冻融能力强的保温材料，如聚苯乙烯等轻质塑料，或耐风雨侵蚀的多孔混凝土等。

（2）隔热层　在气候炎热地区的平屋顶应设置隔热层。常用的做法是在防水层上架空设置一层大阶砖或水泥薄板，或在平屋顶下设置顶棚，形成通风隔热层，利用间层内流动的空气带走大量热量。另一种做法是设置实体隔热层，即在屋面上堆置蓄热系数较大的材料吸收太阳辐射热，如铺大阶砖或混凝土板、堆土、铺砾石、蓄水（见蓄水屋顶）等均属此类。这种做法可延缓室内高温出现时间，但排热效果不如前者（图 3-55）。

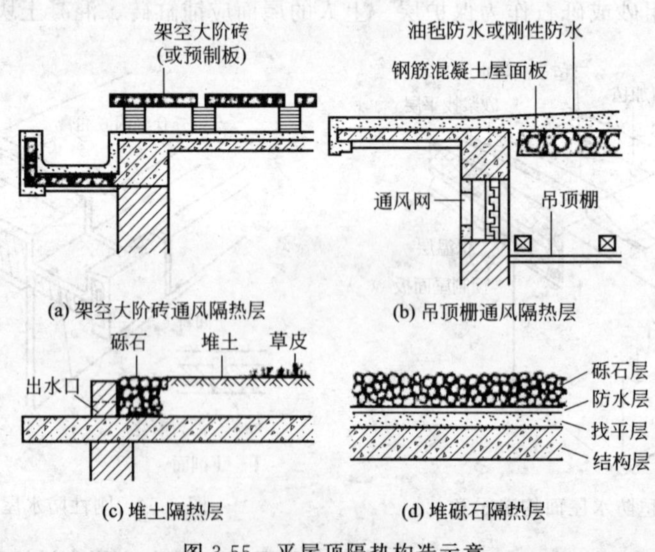

图 3-55　平屋顶隔热构造示意

（3）屋面排水　屋面要有一定坡度以排除雨水。产生屋面坡度的方法有以下两种。

① 构造找坡。在水平的屋面板上铺一层如炉渣等轻质材料作为找坡层，也可利用保温层找坡。

② 结构找坡。将屋面板搁置在有坡度的承重横墙或梁上，造成排水坡度。

屋顶排水方式有两种：一是自由落水（无组织排水），屋面雨水经挑檐自由泄下，一般用于低层和次要建筑或雨量较少的地区；二是有组织排水。又分为两种方式：有组织的外排水，是通过屋面坡度先将屋面上的雨雪水导向檐沟或檐口内天沟，再通过设置在檐沟或女儿墙上的出水口经雨水管排到室外地面或明沟中；有组织的内排水，一般用内天沟，将水导入室内雨水管，再经埋在地面下的管道排去。这种排水方式施工复杂，用于大面积多跨屋面、高层建筑、寒冷地区或有特殊要求的建筑上。雨水口和雨水管的位置和间距，应根据当地的降雨量、建筑平面形式和外部造型等通盘考虑确定。

（三）曲面屋顶

曲面屋顶是指由各种薄壁壳体、悬索或网架等作为屋顶承重结构的屋顶，其屋面坡度变化较大，类型也很多，如图 3-56 所示。

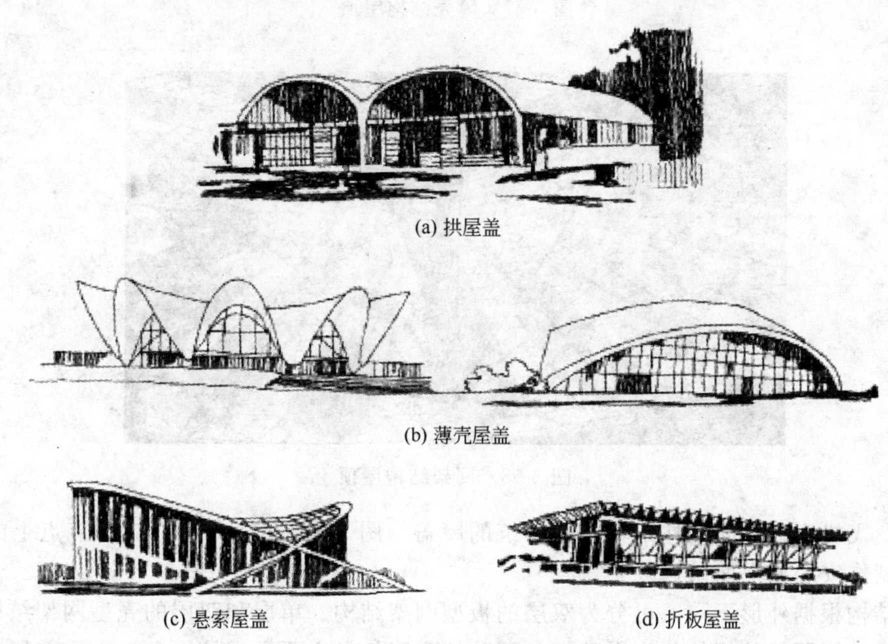

(a) 拱屋盖

(b) 薄壳屋盖

(c) 悬索屋盖　(d) 折板屋盖

图 3-56　曲面屋顶

1. 薄壳结构屋顶

人们发现，蛋壳、蚌壳本身虽然很薄，但是这样的外形结构却使它们变得坚固起来。建筑师们从中得到启发，设计出了省工省料、优美轻便的薄壳结构。

从外观看，这些薄壳结构有的像半球形，有的像圆球形，有的像不规则但非常美观的弧形，如图 3-57 所示。尽管它们形态各异，却都有共同的力学特征。薄壳结构在受到外力的作用时，能够把力沿着整个壳体表面向四周均匀传递，使壳体上单位面积受的力并不大。更为重要的是，在壳体上不存在作用力集中于一个地方的情况。建筑物垮塌不是建筑物每一处都承受不住力，而往往是有一处不能承受重压而导致整个建筑物垮掉，所以，薄壳结构这个特点很重要。

因为薄壳结构能够承受很大的压力，所以建筑师们用它们做成很大、很薄的屋顶。这不但减轻屋顶重量，节约大量材料，而且内部可以空间很大而又没有柱子，所以大型建筑如大厅、体育场馆很多首选薄壳结构。

2. 网架结构屋顶

网架结构是由多根杆件按照一定的网格形式通过节点连接而成的空间结构。具有空间受力、重量轻、刚度大、抗震性能好等优点，可用于体育馆、影剧院、展览厅、候车厅、体育场

图 3-57 薄壳结构屋顶

图 3-58 网架结构屋顶

看台雨篷、飞机库、双向大柱距车间等建筑的屋盖（图 3-58)。缺点是汇交于节点上的杆件数量较多，制作安装比平面结构复杂。

网架结构根据外形不同，可分为双层的板型网架结构、单层和双层的壳型网架结构。板型网架和双层壳型网架的杆件分为上弦杆、下弦杆和腹杆，主要承受拉力和压力；单层壳型网架的杆件，除承受拉力和压力外，还承受弯矩及切力。目前中国的网架结构绝大部分采用板型网架结构。

板型网架结构按组成形式主要分三类：第一类由平面桁架系组成，有两向正交正放网架、两向正交斜放网架、两向斜交斜放网架及三向网架四种形式；第二类由四角锥体单元组成，有正放四角锥网架、正放抽空四角锥网架、斜放四角锥网架、棋盘形四角锥网架及星形四角锥网架五种形式；第三类由三角锥体单元组成，有三角锥网架、抽空三角锥网架及蜂窝形三角锥网架三种形式。壳型网架结构按壳面形式分主要有柱面壳型网架、球面壳型网架及双曲抛物面壳型网架。网架结构按所用材料分有钢网架、钢筋混凝土网架以及钢与钢筋混凝土组成的组合网架，其中以钢网架用得较多。

3. 折板结构屋顶

折板结构是由多块条形平板组合而成的空间结构，是一种既能承重，又可围护，用料较省，刚度较大的薄壁结构，可用于车间、仓库、车站、商店、学校、住宅、亭廊、体育场看台等工业与民用建筑的屋盖。此外，折板还可用于外墙、基础及挡土墙，如图 3-59(a) 所示。

20 世纪 20 年代，欧洲已有折板屋盖。中国在 50 年代有所应用，自 60 年代后期起，发展较快，折板结构建筑中绝大部分采用折叠式生产的 V 形折板屋盖。跨度一般为 9～18m，预应力混凝土 V 形折板的跨度可达 27m；折板的倾角大于或等于 25°，板厚 35～60mm。条形平板的板宽一般小于跨度的 1/5，板厚大于板宽的 1/40，板与板的夹角为 60°～160°；两端一般设有横隔，横隔的长度称为波宽，板面连接处称为折缝。

折板按截面形式分有折线多边形、槽形、Π 形及 V 形折板等。按跨数分有单跨、多跨及悬臂折板。按覆盖平面分有矩形、扇形、环形及圆形的平面折板。按所用材料分有钢筋混凝土折板、预应力混凝土折板及钢纤维混凝土折板。如果折板沿跨度方向也是折线形或弧线形，则形成折板拱，是大跨度屋盖结构的形式之一。

钢筋混凝土折板可采用现浇成型和预制拼装两种施工方法，而预制钢筋混凝土折板，又分为整体式或折叠式。现场或工厂预制钢筋混凝土 V 形折板，可采用单层或多层重叠制作方法生产。预应力混凝土 V 形折板，一般采用长线法重叠生产工艺，重叠层数为 4～12 层。为确保预应力主筋的位置和控制主应力，在混凝土达到规定的放松预应力筋的强度后，分别对称地切断预应力筋。预制 V 形折板的起吊脱模、安装就位要有专用吊具，做到各吊点受力均匀；折板堆放运输时将张开的平板沿折缝合拢，放置在专门的支架上，使其倾角为 75°～85°。安装时先使折板预张开一定角度，如图 3-59(b) 所示，在就位过程中再自行张开下落至设计位置。灌筑上、下折缝混凝土后，便形成多波连续的 V 形折板屋盖结构。

(a) (b)

图 3-59 折板结构屋顶

4. 悬索结构

悬索结构是由柔性受拉索及其边缘构件所形成的承重结构。索的材料可以采用钢丝束、钢丝绳、钢绞线、链条、圆钢以及其他受拉性能良好的线材。

悬索结构能充分利用高强材料的抗拉性能，可以做到跨度大、自重小、材料省、易施工。中国是世界上最早应用悬索结构的国家之一，在古代就曾用竹、藤等材料做吊桥跨越深谷。明朝成化年间（1465～1487 年）已用铁链建成霁虹桥。近代的悬索结构，除用于大跨度桥梁工程外，还在体育馆、飞机库、展览馆、仓库等大跨度屋盖结构中应用。

悬索按受力状态分成平面结构和空间结构。

（1）平面悬索结构　主要在一个平面内受力的平面结构，多用于悬索桥和架空管道。按结构形式分为以下几种。

① 单层悬索结构。可用于柔式悬索桥，也可用于屋盖，结构刚度较小，在可变荷载作用下变形较大，宜在索上铺设重屋面。

② 加劲式单层悬索结构。通过在索下面若干吊杆吊有加劲桁架（或加劲梁），以增强结构的刚度。

③ 双层悬索结构。其上索与下索曲率相反，通过其间的受拉斜腹杆中施加预应力而具有较好的刚度。

（2）空间悬索结构　一种处于空间受力状态的结构，多用于大跨度屋盖结构中。按结构形式分为以下几种。

① 圆形单层悬索结构［图 3-60(a)］。用于圆形平面的屋盖，其索按辐射状布置，整个屋面形成下凹的旋转曲面。各根索的外端固定于周边的钢筋混凝土圈梁上，内端固定于圆心附近的拉环上。当圆心处允许设柱时，可形成伞形悬索结构［图 3-60(b)］。

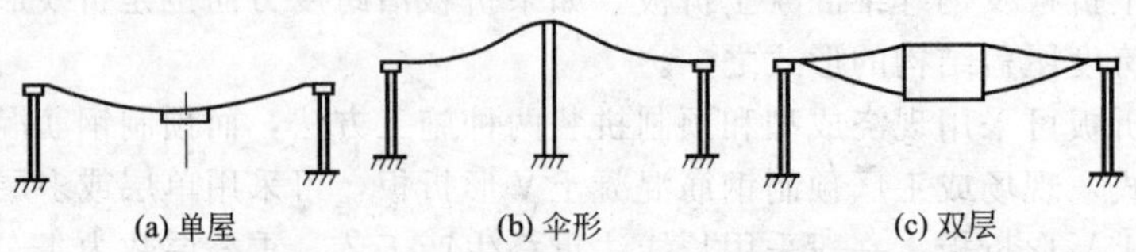

图 3-60　圆形悬索结构（剖面）

② 圆形双层悬索结构［图 3-60(c)］。其外形与上述结构类似，只是有上下两层索，从而可以有不同布置形式的预应力拉杆以增强刚度。中国北京工人体育馆直径 94m 的比赛大厅屋盖即采用了这种结构形式（图 3-61）。其圆心附近的拉环除承受环向拉力外，在竖直方向还承受压力。

图 3-61　中国北京工人体育馆

③ 双向正交索网结构。由互相正交的两组索组成。下凹的一组为承重索，上凸的一组为稳定索，两组索形成负高斯曲率的曲面。对其中一组索施加预应力时，另一组索也同时获得预应力的效果。通过施加预应力，可使两组索在屋面荷载作用下始终贴紧且获得良好的刚度。这种索网可用于椭圆平面、矩形平面、菱形平面（图 3-62）或其他平面的屋盖。意大利米兰体育馆屋盖采用了圆形平面的马鞍形索网结构，直径 140m，是目前世界上最大的索网结构之一。中国浙江省人民体育馆屋盖采用 80m×60m 椭圆平面的马鞍形索网，其索端固定于一个空间曲梁上。为了减小曲梁内的弯矩，在索网下还设置了一层水平拉索。

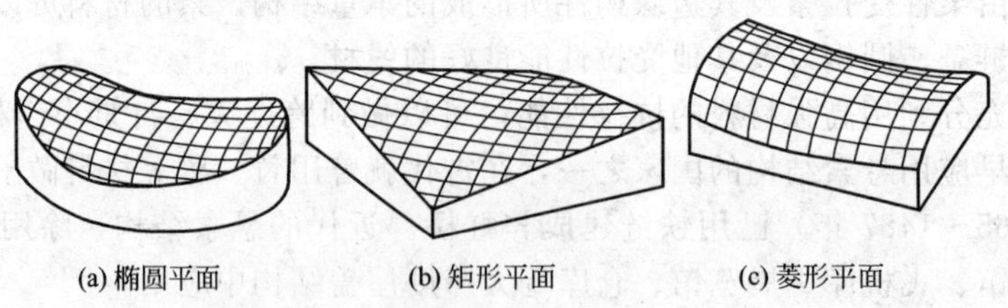

图 3-62　双向正交索网结构

除上述悬索结构外，工程中还常用斜拉索结构，如斜张桥和斜拉索屋盖。这种斜拉索主要是用来减小屋面或桥面结构构件的跨度，以满足整个结构的大跨度要求和达到节省材料的目的。

随着卷材薄钢板的发展，近年来，有的国家采用悬挂板带结构。如图 3-63 所示的德国法兰克福航空港飞机库的屋盖，平面尺寸达 270m×100m，分为两跨，每跨由 10 条长 13m、宽 7.5m 的板带组成，板带之间用 3m 宽的采光带隔开。

在各种形式的悬索结构中，索的边缘构件及地锚的合理性和可靠性具有极其重要的意义，在一定程度上决定着结构的技术经济指标和安全。悬索结构施工中要注意索的防腐处理和端头锚固的可靠性。

图 3-63　德国法兰克福航空港飞机库

图 3-64　大阪万国博览会中的美国馆

5. 膜结构屋顶

膜结构又称张拉膜结构（tensioned membrane structure），是以建筑织物，即膜材料为张拉主体，与支撑构件或拉索共同组成的结构体系，它以其新颖独特的建筑造型，良好的受力特点，成为大跨度空间结构的主要形式之一。膜结构以性能优良的织物为材料，或是向膜内充气，由空气压力支撑膜面，或是利用柔性钢索或刚性支撑结构将面绷紧，从而形成具有一定刚度、能够覆盖大跨度空间的结构体系。自从 20 世纪 70 年代以来，膜结构在国外已逐渐应用于体育建筑、商场、展览中心、交通服务设施等大跨度建筑中。膜结构已成为结构设计选型中的一个主要方案。

如图 3-65 所示的大阪万国博览会中的美国馆就是采用了气承式空气膜结构，该拟椭圆形、轴线尺寸为 140m×83.5m 的展览馆是世界上第一个大跨度的膜结构，而且是首次采用了聚氯乙烯（PVC）涂层的玻璃纤维织物。作为一种真正的现代工程结构，大阪万国博览会的展览馆标志着膜结构时代的开始。自此以后，膜结构在世界范围内得到了迅猛的发展。从跨度来说，美国庞提亚克的“银色穹顶”气承式空气膜结构的平面尺寸为 234.9m×183m，开始采用聚四氟乙烯（PTFE）涂层的玻璃纤维织物，类似的大型体育馆在北美就建了九座。从面积来说，沙特阿拉伯吉大机场候机大厅的悬挂膜结构占地面积 42 万平方米。作为膜结构一种新形式，索穹顶于 1988 年首先用在汉城奥运会的体操馆与击剑馆，其后又在一些体育建筑中得到推广，例如 1996 年亚特兰大奥运会的“佐治亚穹顶”，拟椭圆形的尺寸达 240m×193m。为了庆祝新千年的到来，英国在伦敦建成了直径达 320m 的“千年穹顶”。整个展览大厅总面积为 8 万平方米，覆盖其上的是 72 块涂敷聚四氟乙烯的玻璃纤维织物板，“千年穹顶”以其独特的膜结构，显示了当今建筑技术与材料科学的发展水平。

膜材料是指以聚酯纤维基布或 PVDF、PVF、PTFE 等不同的表面涂层，配以优质的 PVC 组成的具有稳定的形状并可承受一定荷载的建筑纺织品。它的寿命因不同的表面涂层而异，一般可达到 12～50 年。膜结构是一种全新的建筑结构形式，它集建筑学、结构力学、精细化工与材料科学、计算机技术等为一体，具有很高的技术含量。其曲面可以随着建筑师的设计需要任意变化，结合整体环境，建造出标志性的形象工程。膜结构其特点主要表现如下。

（1）艺术性。充分发挥建筑师的想象力，又体现结构构件清晰受力之美。

（2）经济性。由于膜材料具有一定的透光率，白天可减少照明强度和时间，能很好地节约能源。同时夜间彩灯透射形成的绚烂景观也能达到很好的广告宣传效益。

（3）大跨度。膜结构可以从根本上克服传统结构在大跨度（无支撑）建筑上实现所遇到的困难，可创造巨大的无遮挡可视空间，有效增加空间使用面积。

（4）自洁性。膜建筑中采用具有防护涂层的膜材料，可使建筑具有良好的自洁效果，同时保证建筑的使用寿命。

（5）工期短。膜建筑工程中所有加工和制作均在工厂内完成，可减少现场施工时间，避免出现施工交叉，相对传统建筑工程工期较短。膜建筑可广泛应用于大型公共设施，如体育场馆的屋顶系统、机场大厅、展览中心、购物中心、站台等，又可以用于休闲设施、工业设施及标志性或景观性建筑小品等。

三、屋顶的造型设计

（一）屋顶设计要素

建筑造型中，屋顶的主要作用是变化建筑造型的轮廓，丰富建筑的形态和色彩。屋顶造型可从色彩、形状、质感三方面来加以表现。

1. 色彩

在屋顶色彩处理上，在设计时除了考虑屋顶自身的色彩之外，还应考虑屋顶与墙体等构件的关系。屋顶色彩可以与建筑其他部分相异，以产生鲜明的对比效果，当屋顶面较小时，可用高明度颜色，如图 3-65 所示的建筑屋顶，屋顶面采用坡顶，使用了鲜艳的红色作为屋顶的颜色，与墙体形成了对比，突出了建筑的屋顶部分。但是在一般的情况下屋顶颜色宜使用低明度颜色，这样建筑会给人以稳重、大方之感。

图 3-65 屋顶色彩

图 3-66 屋顶材质

2. 材质

在选用材料时，屋顶可与墙体有所区别，使它们形成对比，墙体为细致感的材料时，屋顶应选粗质感的材料，或墙体为粗质感则屋顶可以选用细质感的金属材料。如图 3-66 所示的度假屋，墙体采用了粗质感的石墙，屋顶选用了质感细腻的材料，形成了材质的对比。在选择屋顶材料时也可以选用相近的材料使屋顶的材料和墙体保持一致。

3. 形式

为了使得建筑物协调统一，一般屋顶形式的选择与建筑的整体造型相一致。如果建筑平面中曲线多，则可选择圆形等曲面屋顶；平面墙面则可选择平、坡屋面；低层建筑往往选高屋顶，高层建筑则宜选宽檐式或者尖形屋顶。如图 3-67 所示的巴塞罗那高迪的米拉之家，这幢建筑，有呈现不规则波浪曲线的白色外墙，有四壁及铁柱全然展现的内层中庭，有不养花草、只“种”雕像的屋顶。这幢建筑，似乎只有憧憬着萍水相逢、幻想着一见钟情的年轻单身男女才能住得物超所值。

图 3-67 米拉之家

（二）屋顶造型设计发展趋势

以结构主义为代表的建筑流派，试图取消建筑构成要素的划分，通过破碎、重组等手法，以创造一种新的形式和新的空间体验，在形式上不表现实际功能，不体现结构逻辑性，完全是一种反传统的全新的顶部造型。

技术上的发展趋势表现为高技派的屋顶形式。高技派设计思路采用高技术，包括高技术的结构、材料、设备、工艺，将之暴露出来转化为建筑表现，其追求更大的跨度和更轻、更灵活的围合界面，充分应用各种张力结构形式（主要有悬索结构、帐篷结构和充气结构），通过玻璃纤维制品和半透明柔性化学材料等广泛组合予以实现。在高技派的手中，建筑顶部不再为静止的固定物，暴露结构的处理手法使之呈现出全新的特征。这些，在“巨蛋”、“鸟巢”等标志性建筑设计方案中常常出现。

建筑顶部耸立于天空，视野开阔，因而也常作为观景、餐饮、娱乐、会议、休息场所。贝聿铭大师在其经典之作中国香港中银大厦中，顶部70层设计为一个大宴会厅——“七重厅”，高斜的玻璃屋顶，尺度巨伟，引进阳光，引进风光，将人们对空间的感觉引进至高的层次，令人衷心地佩服建筑师的气魄，这是贝韦铭一贯的设计手法——结合阳光与空间。北京国际饭店顶部旋转餐厅设计与之颇有相似之处，人们在品尝美酒佳肴之余，更可纵览天地，大气恢弘，境界自生。

高层建筑的顶部还常为设备机房、阁楼楼梯间、水箱间等公用设施空间，一些超高层建筑顶部甚至被建成直升机停机坪。立体化的布局，减少了建筑占地面积，便于设置更多的绿化、景观小品。近些年来在我国渐趋流行顶楼跃层式住宅，其丰富的部分空间变化以及屋顶露台、空中花园布局直接催生了一个新概念——“空中别墅”。

在建筑上，生态建筑是可持续发展的方向，生态屋顶的出现，让建筑与自然融为一体，美轮美奂。

生态建筑也被称为绿色建筑、可持续建筑。生态是指人与自然的关系，生态建筑应使人、建筑、自然三者之间的关系和谐，利用太阳能等可再生能源，注重自然采光、通风，改善绿化手段等。生态建筑的顶部，一般侧重对能源主要是太阳能的利用，主动式日光调节遮阳系统、太阳能吸收器等开始大规模地推广应用。如图3-68所示的德国柏林帝国大厦圆顶，贯穿其中心的是称为光雕塑的类似圆锥体的结构，其凹面既可如灯塔般分散光线，其表面带有角度的镜面还可将水平方向的自然光反射到主会场内。与此配合，可动式遮阳板可以随着太阳的变动而移动，避免了直射阳光的热度及晃眼的光线对室内的影响。在冬季及夏季的早晨和傍晚，当太阳的位置较低时，遮阳板就被隐蔽起来，柔和的阳光射进室内，在地面上画出斑驳的花纹。帝国大厦的自然采光、通风联合发电及热回收组合系统在满足自身能源需求之余，还可作为地区的发电装置，在政府机关集中的新街区向邻近建筑供电。

图3-68　德国柏林帝国大厦

生态屋顶还有向“原始状态”回归的趋势，基于立体绿化的考虑，有些建筑顶部为人工植被所覆盖，几乎与地面融为一体，这在欧洲及日本的公共建筑设施上尤为多见，如荷兰Delfut大学图书馆，其屋顶满布绿茵，俨然就是个小公园。

当“方盒子”、“大屋顶”以及其他的一些所谓现代玻璃穹顶逐渐蔓延乃至泛滥，建筑文化多样性开始受到威胁的时候，“文脉”的延续已经成为建筑界、文化界人士和普通群众关注的焦点。

在中国城市化进程中，传统建筑文化正面临着前所未有的挑战。许多优秀的建筑师开始用自己的作品捍卫本土建筑文化的尊严，如贝聿铭、吴良镛、程泰宁等。其中最经典的作品莫过于北京香山饭店，客房各翼的顶层部分采用了硬山和单坡屋顶，这是中国民居中常见的形式。当人们从地面上看去时，客房部分的屋顶形成一种韵律，体现出中国传统的建筑风格。

在传统功能需求的基础上，建筑顶部逐渐地被赋予更多、更新、更实用的功能，其顶部空间得以更好地利用。

第四章

建筑外装饰设计投影基础知识

第一节 投影与工程图

在三维空间里，任何形体都有长度、宽度和高度，如何才能在一张只有长度和宽度的图纸上，准确而全面地表达出形体的形状和大小，这就需要用投影的办法。

假设要画出一个物体的图形，可在形体前面放一个光源 S，在光线的照射下，形体将在平面 P 上投落一个灰黑的多边形的影，如图 4-1 所示，光源发出的光线，假设能够透过形体而将各个顶点和各条侧棱都在平面 P 上投落它们的影，这些点和线的影将组成一个能够反映出形体各部分形状的图形，这个图形通常称为形体的投影，作出形体投影的方法，称为投影法。

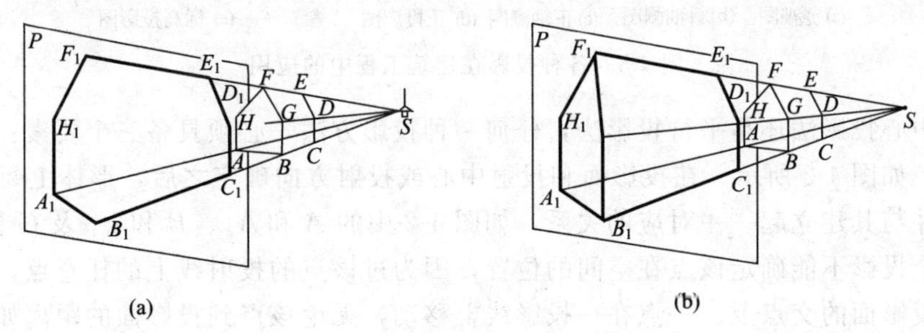

图 4-1 影与投影

一、投影的分类

投影可分为中心投影和平行投影两类。

1. 中心投影

投射中心 S 在有限的距离内，发出放射状的投射线，用这些投射线作出的投影，称为该形体的中心投影，作出中心投影的方法称为中心投影法，如图 4-2(a) 中的铅丝 $ABCDE$ 在 H 面上的投影 $A_1B_1C_1D_1E_1$，称为该形体的中心投影。

2. 平行投影

照射物体的投影线相互平行而形成的投影称为平行投影法，如图 4-2(b)、(c) 中的投影 $A_1B_1C_1D_1E_1$，称为平行投影，作出平行投影的方法称为平行投影法。平行投影中，按投影线

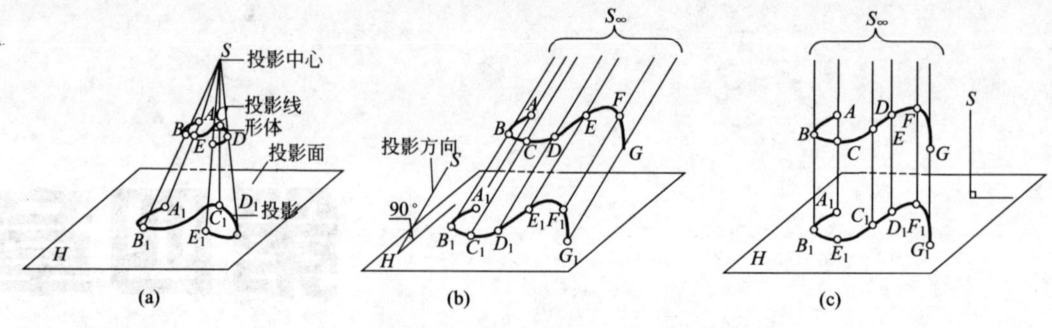

图 4-2　中心投影与平行投影

与投影面的关系，平行投影又分为两种。

（1）斜投影　投射方向倾斜于投影面时所作出的平行投影，称为斜投影，如图 4-2(b) 所示，作出斜投影的方法称为斜投影法。

（2）正投影　投射方向垂直于投影面时所作出的平行投影，称为正投影，如图 4-2(c) 所示，作出正投影的方法称为正投影法。

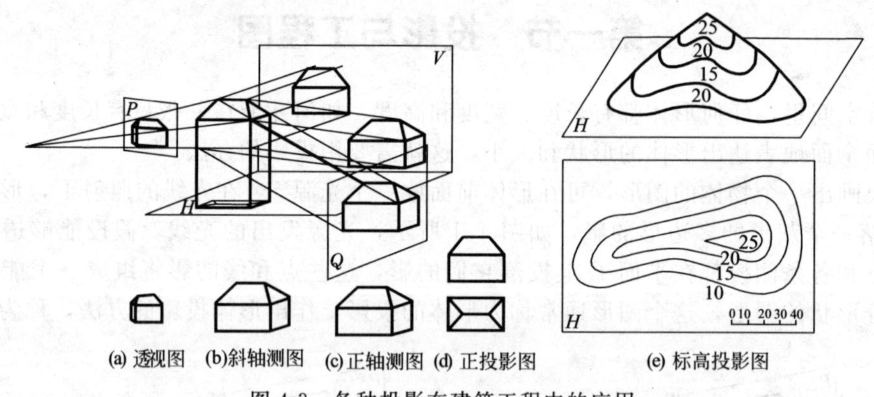

图 4-3　各种投影在建筑工程中的应用

无论是中心投影法还是平行投影法，任何一种投影方法，必须具备三个要素：形体、投射线和投影面，如图 4-2 所示。在投影面和投射中心或投射方向确定之后，形体上每一点必有其一个投影，并与其建立起一一对应的关系，如图 4-2 中的 A 和 A_1、B 和 B_1 及 C 和 C_1 等。空间一点的一个投影不能确定该点在空间的位置，因为过该点的投射线上的任意点，其投影都在该投射线与投影面的交点上。一点在一投影线上移动，无论该点到投影面的距离如何，该点在该投影面上的投影位置不变。

二、投影法在建筑工程中的应用

中心投影和平行投影（包括斜投影和正投影）在建筑工程中应用很广。同一幢四坡顶平房，用不同的投影法，可以画出建筑工程中最常用的四种投影图，如图 4-3 所示。

1. 透视图

用中心投影法可在投影面 P（画面）上画出房屋的透视图［图 4-3(a)］，透视图的图形跟一个人的眼睛在投射中心的位置时所看到该房屋的形象一样，但房屋各部分的真实形状和大小，都不能直接反映和度量。

2. 斜轴测图

用斜投影法可在平行于房屋一个侧面的投影面 V 上作出斜轴测图［图 4-3(b)］，斜轴测图能反映出房屋的长、宽、高，有一定立体感；能反映出房屋一个侧面的真实形状和大小，但其他侧面形状往往变形，例如矩形投射成平行四边形，圆形投射成椭圆形。

3. 正轴测图

用正投影法可在一个不平行于房屋任一向度的投影面 Q 上作出正轴测图［图 4-3(c)］，它不反映任何一个侧面的实形。

4. 正投影图

用正投影法在两个或两个以上相互垂直的并分别平行于房屋主要侧面的投影面（如 V 面和 H 面）上，作出形体的正投影并把所得正投影按一定规则画在同一个平面上［图 4-3(d)］，这种由两个或两个以上正投影组合而成，用以确定空间唯一的形体的一组投影，称为多面正投影图，简称正投影图。

用正投影法还可以将一段地面的等高线投射在水平的投射面上并标注出各等高线的标高，从而表达出该地段的地形。这种带有标高，用来表示地面形状的正投影图，称为标高投影图［图 4-3(e)］，图上附有作图的比例尺。

三、平行投影的特性

在建筑制图中，最常用的投影法是平行投影法，平行投影法有如下的特征。

1. 度量性

当线段或平面图形平行于投影面时，其平行投影反映实长或实形，即线段的长短和平面图形的形状和大小，都可直接从平行投影确定和度量［图 4-4(a)、(e)］。反映线段或平面图形的实长或实形的投影，称为实际投影。

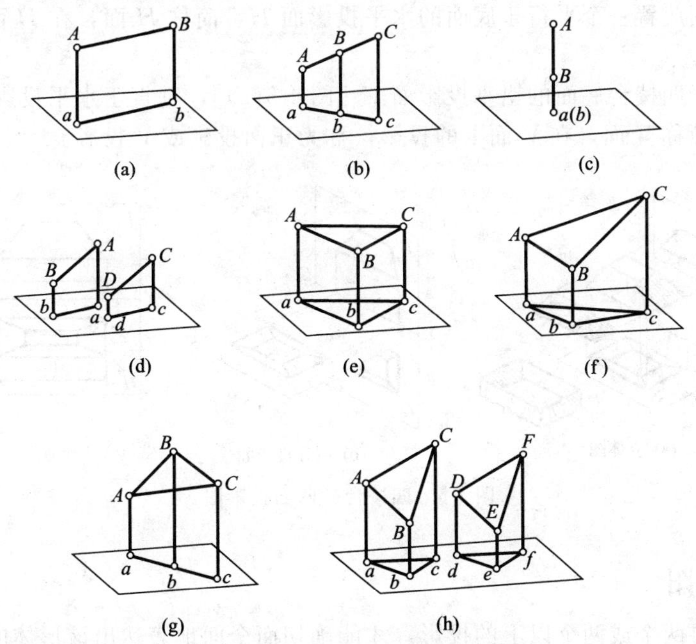

图 4-4　平行投影的特性

2. 相仿性

当直线或平面图形不平行于投影面时，其正投影小于其实长或实形［图 4-4(b)、(f)］，但其斜投影则可能大于、等于或小于其实长（实形），但它的形状必然是原平面图形的相仿形，即三角形仍投射成三角形，六角形仍投射成六角形，圆形投射成椭圆形等。

3. 积聚性

当直线或平面平行于投射线时（在正投影时，则垂直于投影面），其平行投影积聚为一个点或一条直线［图 4-4(c)、(g)］，称为该直线或平面的积聚投影。

4. 平行性

相互平行的两直线在同一投影面上的平行投影保持平行［图 4-4(d)］。如果一直线或一平面图形，经过平行移动之后，它们在同一投影面上投影，虽然位置变动了，但其形状和大小没有变化［图 4-4(d)、(h)］。

5. 定比性

直线上两线段长度之比等于直线的平行投影上该投影的长度之比，如图 4-4 中 $AC:CB=ac:cb$，同时，两平行线段的长度之比，等于它们在同一投影面上的平行投影的长度之比，如图 4-4(d) 中 $AB:CD=ab:cd$。由此还可以求得 $ab:AB=cd:CD$，即两平行线段在同一投影面上的投影，它们的投影长度与线段本身长度之比相等。

由于正投影不仅具有上述投影特征，而且规定投射方向垂直于投影面，便于作图，因此，大多数的工程图纸，都用正投影法画出。本书中提及投影二字，除特别说明者外，均为正投影。

第二节　三面视图及其对应关系

一、单面视图

在模型的下面放置一个平行于底面的水平投影面 H，简称 H 面，在 H 面上的投影称为水平投影或 H 投影。

设一个平行于四棱台底面的铅垂投影面 V［图 4-5(a)］，垂直于水平投影面，投影面 V 称为正立投影面，简称 V 面，在 V 面上的投影，称为正面投影或 V 投影。

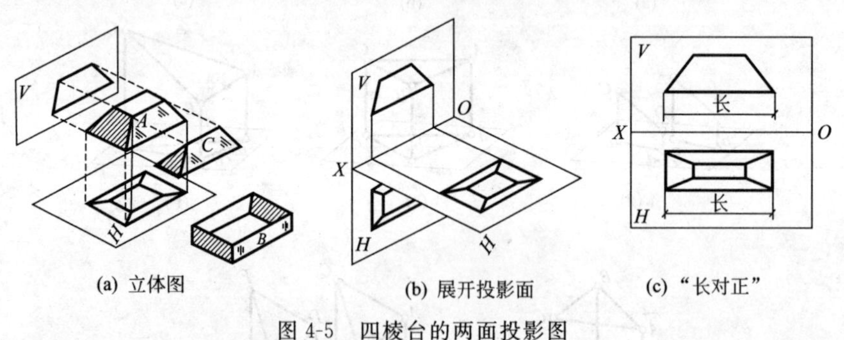

(a) 立体图　(b) 展开投影面　(c)“长对正”

图 4-5　四棱台的两面投影图

二、两面视图

一般形体需要两个或两个以上的投影，才能确切而全面地表达出该形体的形状和大小。

用图 4-5 中的 V 投影和 H 投影共同来表示一个形体。把相互垂直的两个投影面连接起来，可建立一个两投影面体系，两投影面的交线称为投影轴。V 面与 H 面之间的投影轴用 OX 标注，作出棱台的 V 投影和 H 投影之后，将形体移开，再将两投影面展开［图 4-5(b)］，展开时规定 V 面不动，使 H 面连同水平投影以 OX 为轴向下旋转，直至与 V 面同在一个平面上。显然，V 投影反映形体的长度和高度；H 投影反映形体的长度和宽度，展开之后，V 投影与 H 投影左右对齐，这种投影关系常说成“长对正”［图 4-5(c)］。用形体的两个投影组成的投影图称为两面投影图。

三、三面视图

有些形体，用两个投影还不能唯一确定它的形状，在这种情况下，还要增加一个同时垂直于 V 面和 H 面的侧立投影面 W，简称 W 面（图 4-6）。形体在 W 面上的投影，称为侧面投影或 W 投影。形体 A 的 V 面、H 面、W 面投影所确定的形体是唯一的，不可能是 B 和 C 或其他。

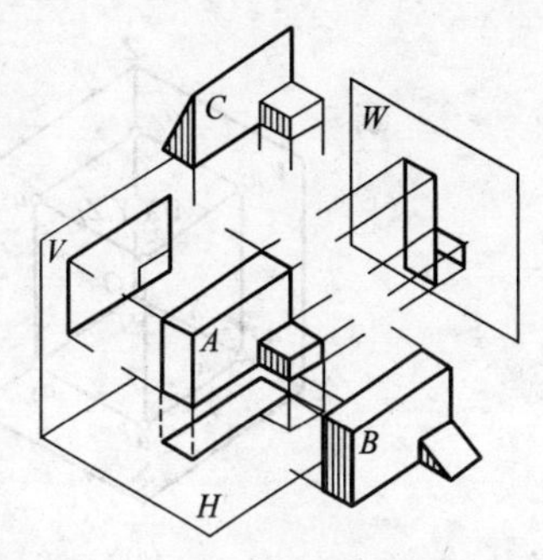

图 4-6　三面投影的必要性

V 面、H 面和 W 面共同组成一个三投影面体系，如图 4-7(a) 所示，这三个投影面分别两两相交于三条投影轴。V 面和 H 面的交线称为 OX 轴；H 面和 W 面的交线称为 OY 轴；V 面和 W 面的交线称为 OZ 轴。三轴线的交点 O，称为原点。展开三个投影面时，仍规定 V 面固定不动，使 H 面绕 OX 轴向下旋转，W 面绕 OZ 轴向右旋转，直到都与 V 面同时在一个平面上，如图 4-7(b) 所示。这时 OY 轴分为两根：一根随 H 面转到与 OZ 轴在同一铅直线上，标注为 OY_H；另一根随 W 面与 OX 轴在同一水平线上，标注为 OY_W，以示区别，如图 4-7(c) 所示。正面投影（V 投影）、水平投影（H 投影）和侧面投影（W 投影）组成的投影图，称为三面投影图，如图 4-7(d) 所示。投影面的边框对作图没有作用，所以不画出。

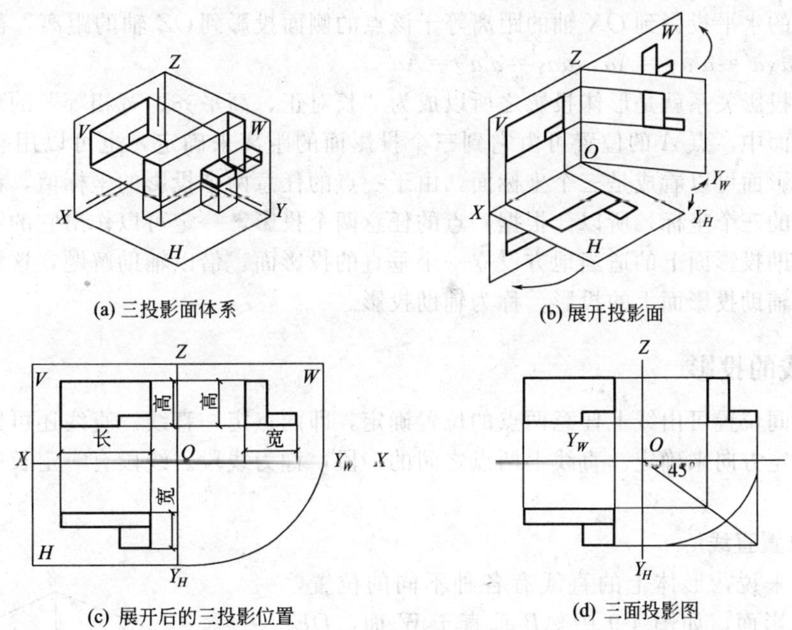

(a) 三投影面体系　(b) 展开投影面

(c) 展开后的三投影位置　(d) 三面投影图

图 4-7　三投影面体系和三面投影图

第三节　点、直线、平面的投影

一、点的投影规律

点是形体的最基本元素，点的投影规律是线、面、体投影的基础。点的空间位置不能由它的一个投影确定，至少需要两个投影。一点在两投影面体系上的投影，在投影图上的连线，一定垂直于该两投影面的交线，即垂直于投影轴。空间一点到某一投影面的距离，等于该点在任意一个与该投影面垂直的投影面上的投影到其投影轴的距离。

作出一点 A 的三面投影 a、a'、a''，如图 4-8 所示。各投影之间有如下的三项正投影规律。

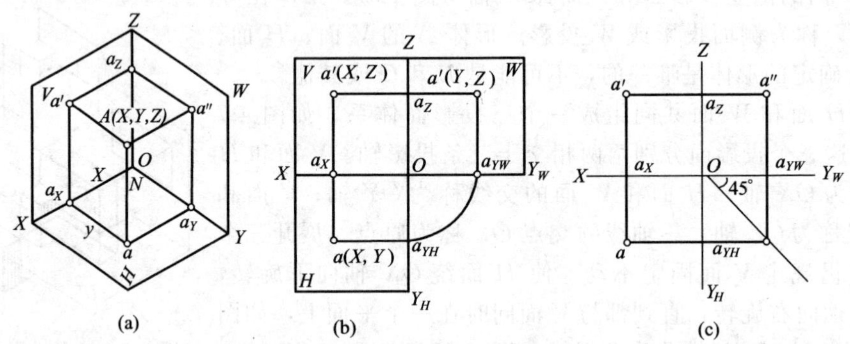

图 4-8　点的三面投影

(1) 一点的正面投影和水平投影必在同一竖直投影连线上。根据第一条正投影规律，a' 和 a'' 的连线一定垂直于 V 面和 W 面的交线（投影轴）OZ。

(2) 一点的正面投影和侧面投影必在同一水平投影连线上。H 面和 W 面都垂直于 V 面，根据第二条正投影规律，$aa_X = a''a_Z = Aa'$。

(3) 一点的水平投影到 OX 轴的距离等于该点的侧面投影到 OZ 轴的距离，都反映该点到 V 面的距离，$a_Xa' = a''a_Y = Aa$，$aa_Y = a'a_Z = Aa''$。

这三项正投影关系就是形体投影之所以成为"长对正、高平齐、宽相等"的理论根据。

在三投影面中，点 A 的位置可由它到三个投影面的距离来确定，也可以用它的三个坐标确定。三个投影面可以看成是三个坐标面，由于一点的任意两个投影的坐标值，都包含了确定该点空间位置的三个坐标，所以，根据一点的任意两个投影，一定可以作出它的第三个投影。

在点的辅助投影面上的适当地方设立一个垂直的投影面，借以辅助解题，这种投影面称为辅助投影面。辅助投影面上的投影，称为辅助投影。

二、直线的投影

直线的空间位置可由线上任意两点的位置确定，即两点定一直线。直线还可以由线上任意一点和线的指定方向来确定。直线上两点之间的一段，称为线段。线段有一定长度，用它的两个端点作标记。

1. 一般位置直线

对投影面来说，形体上的直线有各种不同的位置，有的垂直于投影面，如图 4-9 中 AB 垂直于 W 面，DE 垂直于 V 面；有的平行于投影面，如 AC 平行于 W 面；有的不平行于任一投影面，例如 CD。对三个投影面都倾斜的直线，称为一般位置直线，简称一般线。

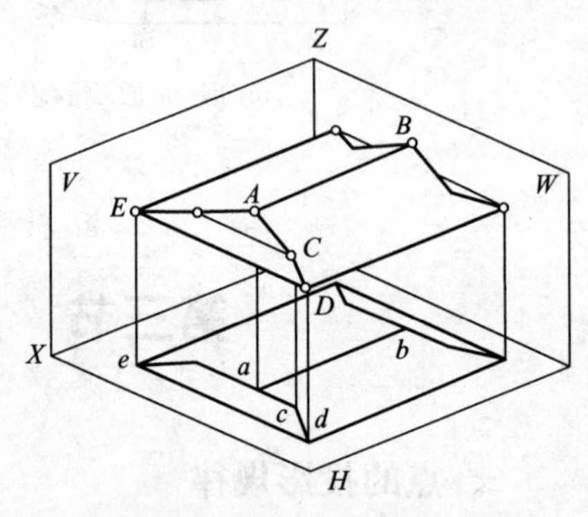

图 4-9　各种位置的直线

直线在某一投影面上的投影，是通过该直线的投射平面与该投影面的交线。两平面的交线必然是一直线，所以直线的投影一般仍然是直线，如图 4-10(a) 所示。作一般线 CD 的三面投影，可分别作出它的两端点 C 和 D 的三面投影 c、c'、c''和 d、d'、d''，然后将各对在同

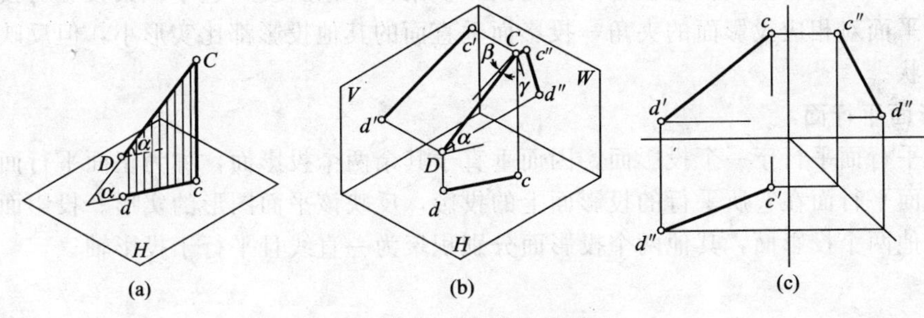

图 4-10　直线的投影

一投影面上的投影（以后简称同面投影）连接起来，即得直线的三面投影［图 4-10(b)、(c)］。一般的投影，有如下特点。

(1) 一般线对各基本投影面都倾斜，由于一般线的倾角都小于 90°，其余弦必小于 1，所以一般线的三个投影的长度都小于线段的实长。

(2) 一般线上各点到同一投影面的距离都不等。

(3) 一般线对 H、V、W 面的倾角为 α、β、γ。它们的投影都不反映实形。

建筑形体上的直线，比较多的不是一般线，而是处于特殊位置的直线，即平行于投影面的直线和垂直于投影面的直线。前者称为投影面平行线，后者称为投影面垂直线。

2. 投影面平行线

投影面平行线平行于某一投影面，但倾斜于其余两个投影面。如果 $AB /\!/ V$ 面，但对 H 面和 W 面都倾斜，AB 称为正面平行线，简称正平线。投影面平行线段在它所平行的投影面上的投影是倾斜的，反映实长。投影面平行线除正平线外，还有平行于 H 面的水平面平行线（简称水平线），平行于 W 面的侧面平行线（简称侧平线）。

3. 投影面垂直线

投影面垂直线垂直于某一个投影面，因而平行于另外两个投影面。如图 4-9 中形体的侧棱 $DE \perp V$ 面，因而 $DE /\!/ H$ 面和 W 面。$DE \perp V$ 面，称为正面垂直线，简称正垂线。投影面垂直线在它所垂直的投影面上的投影积聚为一点，其他两个投影平行于相应的投影轴并反映该线段的实长。投影面垂直线除正垂线外，还有垂直于 H 面的水平面垂直线（简称铅垂线），垂直于 W 面的侧面垂直线（简称侧垂线）。

空间两直线可能有三种不同的相对位置，即相交、平行和交叉。由于两相交直线或两平行直线不在同一平面上，所以称为异面线。

三、面的投影

平面是广阔无边的，它在空间的位置可用不在同一直线的三个点、一直线和线外一点、两相交直线、两平行直线及平面图形等几何元素来确定和表示，所谓确定位置，就是说通过上列每一组元素，只能作唯一的一个平面。在空间的平面，对基本投影面也有三种不同的位置，即一般位置、垂直位置和平行位置。

1. 一般位置面

一般位置面对三个投影面都倾斜，简称一般面。一般面的三个投影都没有积聚性，而且都反映原平面图形的相仿形状，但比平面图形本身的实形小，一平面的三个投影如果都是平面图形，它必然是一般面。

2. 投影面垂直面

投影面垂直面只垂直于一个投影面，对其余两个投影面倾斜，这种平面称为正面垂直面，简称正垂面。投影面垂直面在它投影面上的投影积聚为一倾斜线，这个积聚投影与投影轴的夹角，反映该平面对相应投影面的夹角，投影面垂直面的其他投影都比实形小，但反映原平面图形的相仿形状。

3. 投影面平行面

投影面平行面平行于一个投影面，因而垂直于其余两个投影面，称为正面平行面，简称正平面。投影面平行面在它所平行的投影面上的投影，反映该平面图形的实形。投影面平行面同时垂直于其他两个投影面，其他两个投影面分别积聚为一直线且平行于投影轴。

第四节 建筑基本形体的视图及尺寸

一般建筑物及其构配件都可以看成由一些简单几何体叠砌或切割而组成。如图 4-11 所示纪念碑，它的形体可以看成由棱锥、斜棱柱和若干正棱柱等组成。在制图上，把这些简单几何体，称为基本形体，把建筑物及其构配件的形体称为建筑形体。

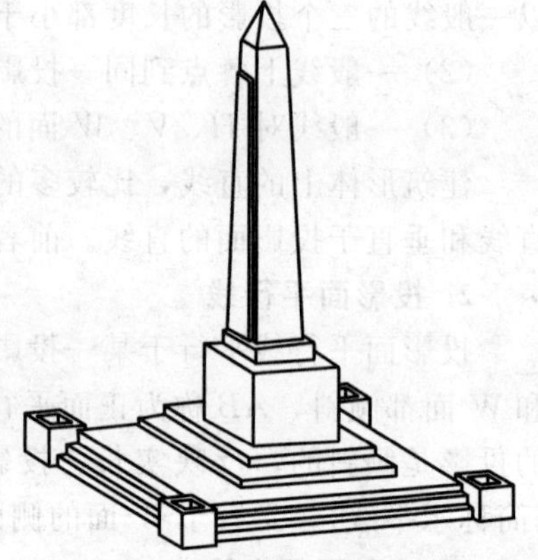
图 4-11 建筑形体的组成

常见的基本形体有平面体（如棱柱和棱锥）和曲面体（如圆柱、圆锥和球体等）两类。

一、平面体的投影图

1. 平面体的形状特征

平面体由若干侧面和底面围成。作图之前，应先研究该形体的特征。设一个底面为等腰三角形的直三棱柱（图 4-12），从立体几何知道，这个三棱柱有如下特征：上、下底面是两个平行而且相等的等腰三角形，三个侧面都是矩形；一个侧面较窄，两个较宽而且相等；所有侧棱相互平行，而且相等又垂直于底面，其长度等于棱柱的高。

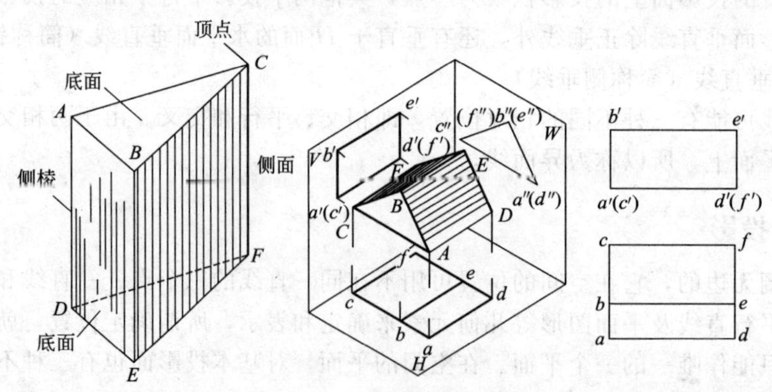

图 4-12 三棱柱的投影

三棱形体在建筑中常见于两坡顶屋面，因此将三棱柱平放，使 H 面平行于大侧面，W 面平行于两底面，V 面平行于侧棱。

2. 作投影图

平面体侧面和底面都是平面图形，只要按照平行投影的特性作出各侧面的投影，就可以作出平面体的投影。为表达清楚，规定空间点一般用大写英文字母（A、B、C、D…）标注，点的

H 投影用小写字母（a、b、c、d…）标注，V 投影在小写字母上加一撇（a'、b'、c'、d'…）标注，W 投影加两撇（a''、b''、c''、d''…）标注，看不见的投影在字母外加一括号［(a)、(b')、(c'')…］标注，以示区别。

（1）H 投影　矩形线框 $adfc$ 是水平侧面的实形投影，其中两个相等的小线框 $adeb$ 和 $befc$ 是两个斜侧面的 H 投影，线段 abc 和 def 分别是左右两底面的 H 积聚投影。

（2）V 投影　矩形 $a'(c')$ $d'(f')$ $e'b'$ 是前、后斜侧面的重合的 V 投影，水平侧面的 V 投影积聚为一条水平线，左右底面的 V 投影积聚为矩形的左右竖直边。

（3）W 投影　反映左右底面的实形——等腰三角形，其底边及两腰分别是水平侧面和前后斜侧面的积聚投影。

二、曲面体的投影图

1. 曲面体的形状特征

正圆柱面可以看成由无数根与柱的轴线平行等距而且长度相等的素线所围成，上下底面是两个相等而平行的圆平面。在建筑物上，圆柱一般用于支柱，即轴线处于铅垂状态，因此 H 面平行于上下底面。

2. 作投影图

H 投影是一个与底面相等的圆，其圆周又是圆柱表面的积聚投影。V 投影是一个矩形，上、下边是圆柱底面的积聚投影；左、右边是圆柱上与 V 向投射线相切的最左和最右素线的 V 投影，成为圆柱面的 V 投影轮廓线。W 投影也是一个矩形，形状与 V 投影一样，但其左、右边是圆柱面上与 W 向投射线相切的最后和最前素线的 W 投影，是圆柱面的 W 投影轮廓线。

第五节　基本几何体的截切

有些构件的形体就是由平面截去基本形体的一部分而形成的。平面截切几何体，假想用来切割形体的平面称为截平面，截平面与形体表面的交线称为截交线，截交线所围成的图形称为截断面。

基本几何体被截平面切割后，得到的截断面都是平面图形，并且是封闭的。由于截交线是截平面与立体表面的交线，它是截平面与立体表面的共有线；由于线是由点组成的，所以求截交线问题，实质就是求立体表面截平面的共有问题。

一、平面体的截切

平面截切平面体所得的截交线，是一条封闭的平面折线。如图 4-13 所示，平面 P 截切四棱柱，截交线为四边形，四边形的顶点就是侧棱与截平面的交点。

如图 4-13 所示，已知四棱柱的三面投影图，以及切割立体的截平面 P 垂直于 V 面，求截

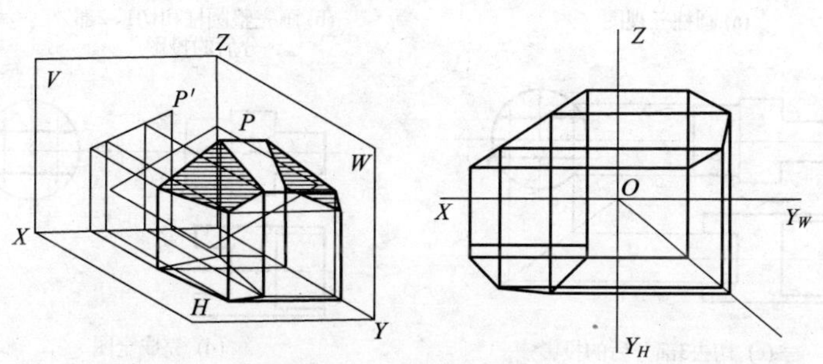

图 4-13　平面斜截四棱柱

断面的投影图。

由图可知，截平面 P 垂直于 V 面，它的 V 面投影有积聚性，因此与各侧棱的交点，即为截交线多边形的顶点。由于四棱柱各棱垂直 H 面，它们在 H 面的投影积聚为点，所以截交线的 H 面投影与底面投影重合。最后根据截交线的两面投影即可求出它的 W 面投影。

二、曲面体的截切

曲面体截交线上的每一点，就是截平面与曲面体表面的一个共有点，求出足够的共有点，然后依次连接起来，即得截交线。求共有点的基本方法有素线法、辅助圆法和辅助平面法。

1. 圆柱的截交线

根据截平面与圆柱轴线不同的相对位置，圆柱上的截交线有圆、椭圆、矩形三种形状。

绘制圆柱榫槽接头的投影（图 4-14），被几个平面切割：左端用上下两个平行于圆柱轴线的对称平面 P_1、P_2 与圆柱轴线垂直的平面 Q_1、Q_2，切出一个榫头；圆柱的右端用前后两个平行于圆柱轴线的对称平面 R_1、R_2 及垂直于圆柱轴线的平面 T 切割成一个长槽。

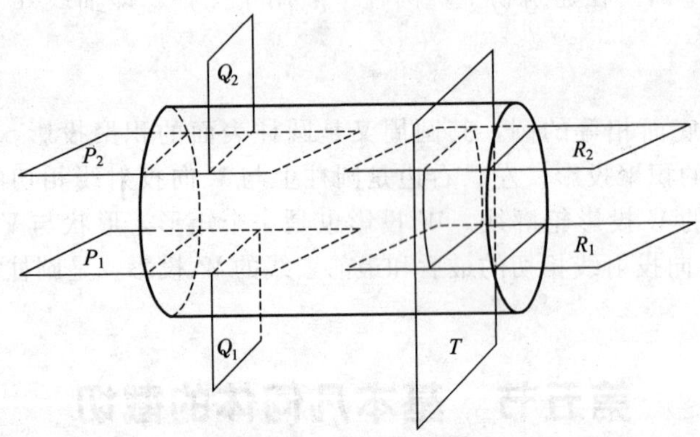

图 4-14　圆柱榫槽接头示意

左边一对水平面 P_1、P_2 和右边一对正平面 R_1、R_2 与圆柱表面的截交线均为平行轴线的直线，它们都是侧垂线，左端水平面 P_1、P_2 和侧平面 Q_1、Q_2 的交线是正垂线；右端正平面 R_1、R_2 和侧平面 T 的交线是铅垂线。

作该圆柱的三面投影，先画左端切掉两块，再画右端的切槽，具体做法如图 4-15 所示。

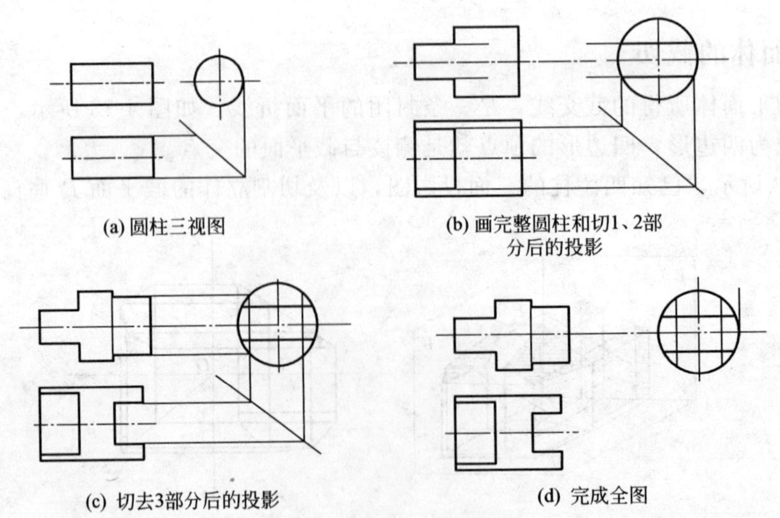

图 4-15　圆柱榫槽接头画法

2. 圆锥的截交线

当平面与圆锥截交时，根据截平面与圆锥轴线的不同位置，可产生5种形状的截交线。

平面截切圆锥所得的截交线（圆、椭圆、抛物线和双曲线）统称为圆锥曲线。作圆锥曲线的投影，实质上也是一个锥面上找点的问题，用素线法和辅助圆，求出截交线上若干点的投影后，依次连接起来即可。

3. 圆球的截交线

建筑物的球壳屋面，是由平面截切球体形成的。平面截切球体时，不管截平面的位置如何，截交线的空间形状总是圆。当截平面平行于投影时，球的截交线在该投影面上的投影，反映圆的实形；当截平面倾斜于投影时，球的截交线的投影为椭圆。

第六节　建筑组合体的投影

一、组合体的投影

由若干个基本形体叠砌而成的形体［图4-16(a)］，或由一个大基本形体切去一个或若干个小基本形体而成的形体［图4-16(b)］，或既有叠砌又有切割的形体［图4-16(c)］，通称为组合形体，简称组合体。因此，在画组合体的投影或读组合体的投影之前，必须熟练掌握搁置基本形体投影的画法和读法，然后分析该组合形体是由哪些基本形体叠砌或切割而成的，再根据各基本形体的相对位置，逐个画出它们的投影，从而画出组合形体的投影。

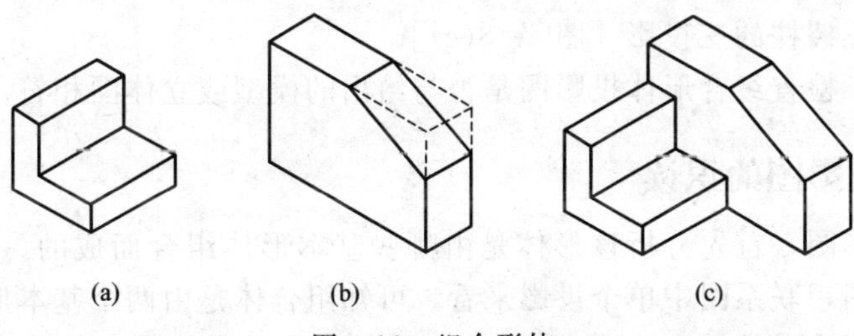

图4-16　组合形体

组合体按其形成方式可分为叠加、切割和二者混合等几种类型。叠加型是指由多个平面立体依次逐一叠加而成；切割型是由一个基本几何体或曲面体切除了某些部分而形成的；混合型是指由叠加和切割两种类型混合构成的。设给出的组合形体如图4-17(a) 所示，经过分析，可知它是由一个大长方体［图4-17(b)］、一个半圆柱［图4-17(c)］和一个小三棱柱［图4-17(d)］叠砌组合而成的。

组合体投影的画法可以按下列步骤。

1. 形体分析

分析组合体的形成方式，确定其组合构成。

2. 确定安放位置

根据基础在房屋中的位置，形体平放，使底板地面平行于水平投影面，形体的主要竖直平面平行于正立投影面。

3. 确定视图数量

视图数量确定的原则是用尽量少的视图把形体表达完整、清楚。

4. 作图（图4-18）

(1) 在图纸适当的地方，画出组合体的 V、H 投影的中心线和投影的底边，布置好三个

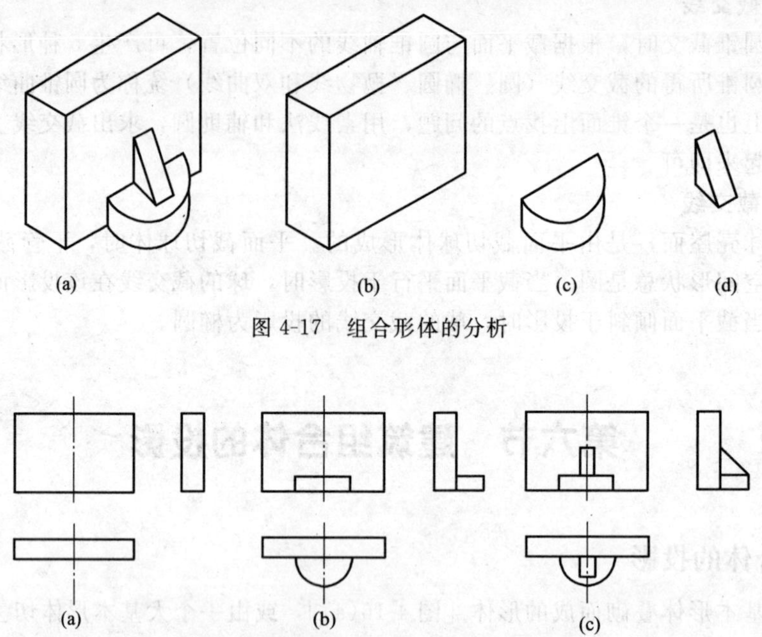

图 4-17 组合形体的分析

图 4-18 组合形体投影图的作图步骤

投影的位置［图 4-18(a)］。

(2) 画出竖立的大长方体的三投影［图 4-18(a)］。

(3) 加上半圆柱的三投影［图 4-18(b)］。

(4) 再加上小三棱柱的三投影［图 4-18(c)］。

(5) 进行复核，检查组合形体投影图是否与给出的模型或立体图相符。

二、组合体投影图的识读

阅读组合体投影图，首先分析该形体是由哪些基本形体组合而成的。如图 4-19 所示的一个组合形体的投影图，联系图中单个投影来看，可知组合体是由两个基本形体组成的。在上面的一个是正圆柱，因为它的 V、W 投影是相等的矩形，H 投影是一个圆；在下面的是一个正六棱柱，它的 H 投影是一个正六边形，是六棱柱的上、下底面的实形投影，V、W 投影的大、小矩形线框是六棱柱各侧面的 V、W 投影。综合起来，这个组合形体为如图 4-19 所示的立体图。这种将一个组合形体分析为若干个基本形体所组成，以便于画图和读图的方法，称为形体分析法。

从图 4-19 所示的组合形体的投影，可知投影图中的线段有三种不同的意义。

(1) 它可能是形体表面上相邻两面的交线。

如图 4-19 中 V 投影上标注 1 的四条竖直线，就是六棱柱上侧面交线的 V 投影。

(2) 它可能是形体上某一个侧面的积聚投影。

如图 4-19 中标注 2 的线段和圆，就是圆柱和六棱柱的顶面、底面和侧面的积聚投影。

(3) 它可能是曲面的投影轮廓线。

如图 4-19 中 V 面投影上标注 3 左右两线段，就是圆柱面的 V 面投影轮廓线。

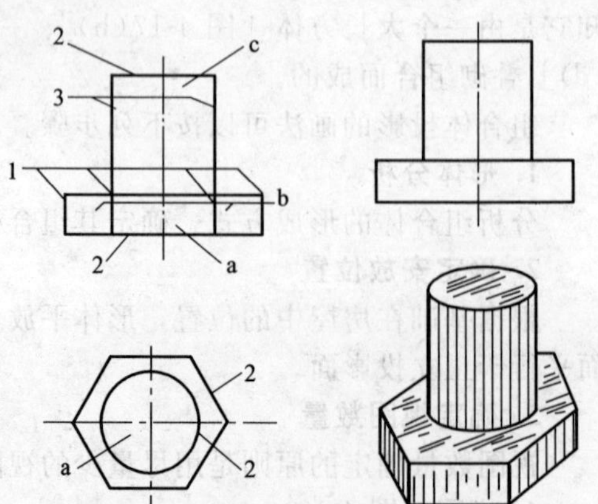

图 4-19 阅读组合形体投影图

投影图中的线框，有四种不同的意义。

(1) 它可能是某一侧面的实形投影。

如图 4-19 中标注 a 的线框，就是六棱柱平行于 V 面侧面的实形投影和圆柱上、下底面的 H 面实形投影。

(2) 它可能是某一侧面的相仿投影。

如图 4-19 中标注 b 的线框，就是六棱柱垂直于 H 面但对 V 面倾斜的侧面的投影。

(3) 它可能是某一曲面的投影。

如图 4-19 中标注 c 的线框，就是圆柱面的 V 投影。

(4) 它也可能是形体上一个空洞的投影。

分析三面投影图中相互对应的线段和线框的意义，可以进一步认识组成该组合形体的基本形体的形状和整个形体的形状，这种方法称为线面分析法。识读形体比较复杂的视图时，可在形体分析的基础上，对不易看懂的局部，结合线、面的投影分析，想象出形体的形状。

三、同坡屋面的投影

在房屋建筑中，坡屋面是常见的一种屋面形式。同一建筑往往可以设计成多种形式的屋面，如两坡面、四坡面、歇山屋面等，屋面的各个坡面对水平面倾角相等且檐口高度相同的称为同坡屋面。

同坡屋面各坡面的交线，可以看成是特殊形式的平面相交而成，作同坡屋面的投影图，可利用同坡屋面的投影特点，直接求出水平投影，再根据水平投影和坡面的水平面倾角求其正面投影及侧面投影。同坡屋面的投影有下列特性。

(1) 相邻两屋面相交，其交线的水平投影必在两屋檐夹角水平投影的分角线上（一般夹角为 90°时，画 45°即可，当屋面夹角为凸角时，交线称为斜脊，夹角为凹角时，交线称为天沟或斜沟)。

(2) 相对两屋面的交线称为平脊，其水平投影必在与该两屋檐距离相等的直线上且相互平行。

(3) 在水平投影上，只要有两条脊线（包括平脊、斜脊或天沟）相交于一点，必有第三条脊线相交。跨度相等时，有几个屋面相交，必有几条脊线相交于一点，这个交点是几个相邻坡面的共有点。

(4) 当房屋的水平投影不是矩形时，如“L”形、“U”形、“∧”形，屋面要按一个建筑整体来处理，应避免出现水平天沟。

(5) 在正面投影和侧面投影中，垂直于投影面的屋面，能反映屋面坡度的大小。空间相互平行的屋面，其投影也相互平行。建筑跨度越大，屋顶越高，跨度小的屋面插在跨度大的屋面上。

四、建筑形体表面的交线

基本形体被一个或多个平面截割，必然在形体的表面上产生交线。假想用来截割形体的平面称为截平面，截交线围成的平面图形称为断面。有些建筑形体是由两个或两个以上相交的基本形体组成的，两个相交的形体称为相贯体，它们的表面交线称为相贯线。

(一) 截交线

1. 平面体的截交线

平面截割平面体所得的截交线是一条封闭的平面折线，为截平面和形体所共有。求平面体上截交线的方法，可以先求出侧棱及底边与截平面的交点，然后依次连接起来，即得截交线；或者求出各侧面及底面与截平面的交线而围成的截交线，如图 4-20 所示。截交线的形状将随

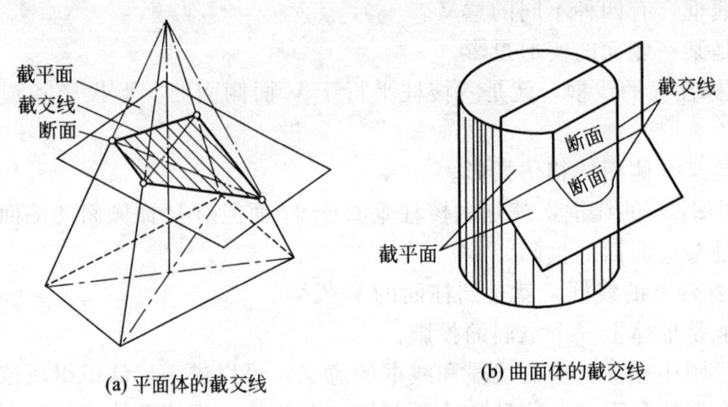

图 4-20　截交线

着截平面的位置、数量以及与形体各表面的相交情况而变化。

2. 曲面体的截交线

曲面体截交线上的每一点，都是截平面与曲面体表面的共有点，求出足够的共有点，然后依次连接起来，即得截交线。求共有点的基本方法有素线法、纬线法和辅助平面法。求共有点时，通常先求出特殊点，即各极限位置（最高、最低、最前、最后、最左、最右等）点和形体各轮廓线与截平面的交点等。

（1）圆柱上的截交线　根据截平面与圆柱轴线不同的相对位置，圆柱上的截交线有圆形、椭圆形、矩形三种形状。当截平面斜截圆柱时，椭圆形截交线的短轴 CD 平行于圆柱底圆平面，它的长度等于圆柱直径。椭圆长轴 AB 与短轴 CD 的交点（椭圆中心）落在圆柱的轴线上。

（2）圆锥上的截交线　平面截割圆锥所得的截交线圆、椭圆、抛物线和双曲线，统称为圆锥曲线。当截平面倾斜于投影面时，椭圆、抛物线、双曲线的投影一般仍为椭圆、抛物线和双曲线，但有相仿变形。圆的投影为椭圆，椭圆的投影也可能成为圆。作圆锥曲线的投影，实质上是锥面上定点的问题。用素线法或纬线法，求出截交线上若干点的投影后，依次连接起来即可。

（3）球体上的截交线　平面截割球体时，不管截平面的位置如何，截交线的形状总是圆。当截平面平行于投影面时，圆锥交线在该投影面上的投影，反映圆的实形；当截平面倾斜于投影面时，它的投影面为椭圆。

（二）相贯线

两相贯形体的表面交线称为相贯线，相贯线是两形体表面的公共线，相贯线上的点即为两形体表面的共有点。

1. 平面体与平面体相贯

如图 4-21 所示，烟囱与坡屋面相交，其形体可看成是四棱柱与五棱柱相贯，两个平面体的相贯线是一条闭合的折线，折线的每一段都是甲形体的一个侧面与乙形体的一个侧面的交线，如图中的 AB、BC、DE、EF 和 FA。折线的转折点是一个形体的侧棱与另一个形体侧面的交点，因此，求两平面体的相贯线，实质就是求两个平面的交线或求直线与平面的交点。

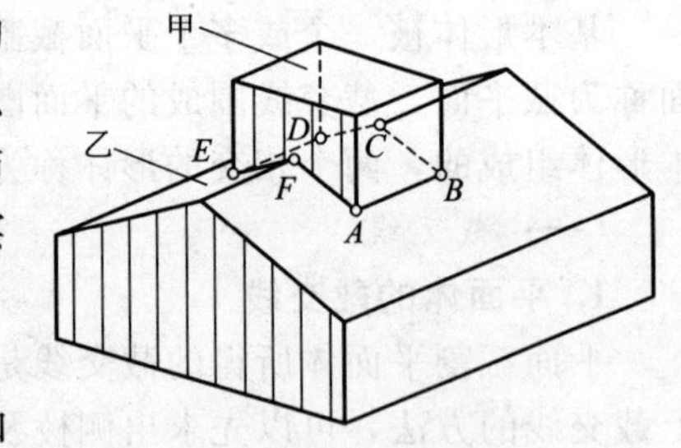

图 4-21　平面体相贯

2. 平面体与曲面体相贯

平面体与曲面体相贯，相贯线是由若干段平面曲线和直线所组成的。各段平面曲线或直线，就是平面体上各侧面截割曲面体所得的截交线；每一段平面曲线或直线的转折点，就是平面体的侧棱与曲面体表面的交点。作图时，先求出这些转折点，再利用求曲面体上截交线的方法，求出每段曲线或直线。

3. 曲面体与曲面体相贯

两曲面体的相贯线，一般是闭合的空间曲线，组成相贯线的所有点，均为两曲面体表面的共有点。求相贯线时，要先求出共有点，然后用圆滑曲线依次连接所求各点，即得相贯线。求共有点时，应先求出相贯线上的特殊点，即最高、最低、最左、最右、最前、最后及轮廓线上的点等，再求其他点。

求相贯线的方法，通常有两种。一是利用曲面的积聚投影，直接求出相贯线。相交两曲面之一，如果有一个投影具有积聚性，就可以利用该曲面的积聚投影作出两曲面的一系列共有点，然后连接成相贯线。二是利用辅助平面求相贯线，即根据三面共点原理，作适当的辅助面，分别与另外两立体相交，得到两截交线，两截交线的点即为相贯线上的点，同时再作出若干辅助面，求出更多的点，然后依次连接起来，即为所求的相贯线。

五、轴测投影

轴测投影有正轴测投影和斜轴测投影两种。

(一) 正轴测投影

正投影图的优点是能够完整准确地表达出形体的形状和大小，而且作图简便，在施工图中被广泛应用，但这种图缺乏立体感，如图 4-22 所示的垫座，每个投影只能反映出形体的长、宽、高三个向度中的两个，不易看出形体的形状。

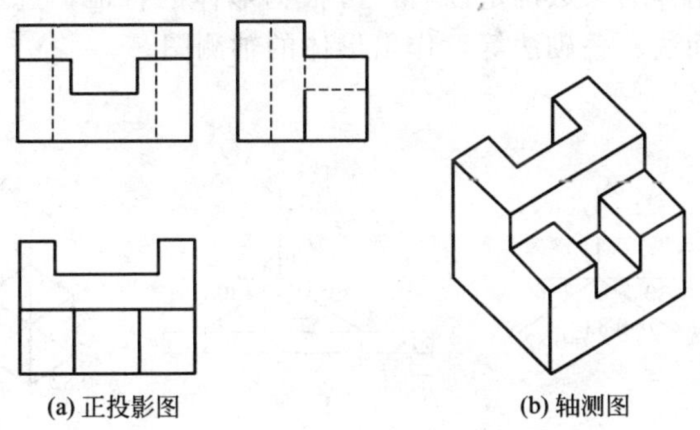
(a) 正投影图　　(b) 轴测图

图 4-22　垫座

在此，引出轴测投影的概念，根据平行投影的原理，把形体连同确定其空间位置的坐标轴 OX、OY、OZ 一起，沿不平行于任一坐标平面的方向 S，投射到新投影面 P 或 Q 上，所得的投影称为轴测投影（轴测图），如图 4-23 所示。当投影方向 S 垂直于投影面（P）时，所得的投影称为正轴测投影图；当投射方向 S 倾斜于投影面（Q）时，所得的投影称为斜轴测投影图。

在轴测投影中，投影面 P 和 Q 称为轴测投影面；三根坐标轴 OX、OY、OZ 的轴测投影 OX'、OY'、OZ' 称为轴测轴；轴测轴之间的夹角，即 $\angle X'O'Z'$、$\angle X'O'Y'$、$\angle Y'O'Z'$ 称为轴间角。轴测投影既然是根据平行投影原理作出的，它具有如下特性。

(1) 空间相互平行的直线，它们的轴测投影仍然相互平行。

(2) 空间相互平行两线段的长度之比，等于它们平行投影的长度之比。

只要给出各轴测轴的方向以及各轴向伸缩系数（p，q，r），便可根据形体的正投影图，作出它的轴测投影。在画轴测投影时，只能沿着平行于轴测轴的方向和按相应轴向伸缩系数，画出形体长、宽、高三个方向的线段，所以这种投影称为轴测投影。

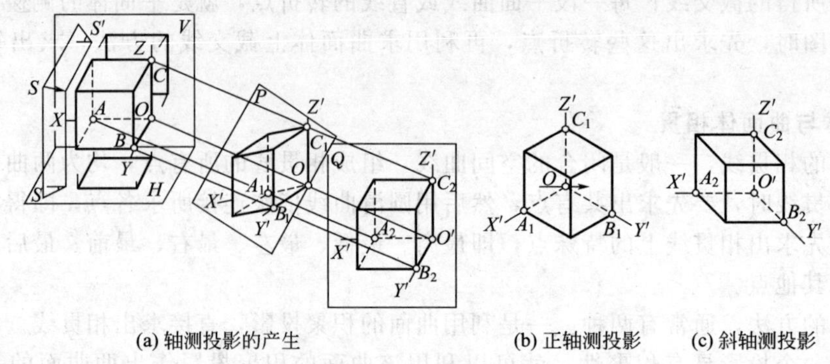

(a) 轴测投影的产生　　(b) 正轴测投影　　(c) 斜轴测投影

图 4-23　轴测投影

在画立体的轴测投影时，往往着重于表达该立体的几何形状及各组成部分之间的相对位置，而不去研究该立体与投影面之间的关系，因而通常把立体的一个底面假设放置在坐标平面上，立体底面的轴测投影往往就是它的部分或整个投影，无须特别再画。

正轴测图按轴向伸缩系数是否相等，可分为正等轴测投影、正二轴测投影和正三轴测投影。

1. 正等轴测投影

如图 4-24 所示，正等轴测投影的三个轴向伸缩系数相等，这是最常用的一种轴测投影，它的两个轴倾角都是 30°，可以直接利用丁字尺和 30°三角板作图。此外，三个轴向伸缩系数都等于 0.82，习惯上简化为 1，可以直接按实际尺寸作图，此时画出来的图形比实际的轴测投影要大些。轴倾角和轴向伸缩系数确定以后，可根据形体的特征，选用各种不同的作图方法，如坐标法、装箱法、端面法、叠砌法等，作出形体的轴测图。

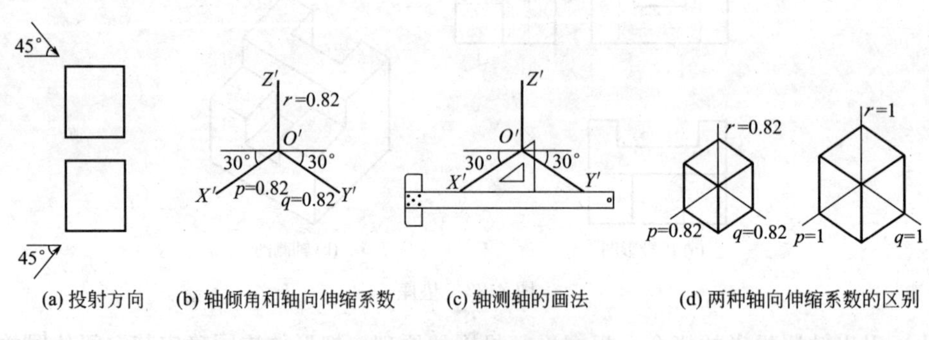

(a) 投射方向　(b) 轴倾角和轴向伸缩系数　(c) 轴测轴的画法　(d) 两种轴向伸缩系数的区别

图 4-24　正等轴测投影

2. 正二轴测投影

当选定 $p=r=2q$ 时，所作的正轴测投影，称为正二轴测投影。正二轴测投影比较常用，它的立体感比较强，但作图比较麻烦。

3. 正三轴测投影

正三轴测投影的三个轴向伸缩系数各不相等。

选择轴测图时，一般应先考虑采用作图比较简便的正等轴测投影，如果效果不好，才考虑采用正二轴测投影，如图 4-25 所示。

（二）斜轴测投影

当投射方向 S 倾斜于轴测投影面所得的投影，称为斜轴测投影。以 V 面或 V 面平行面作为轴测投影面，所得的斜轴测投影，称为正面斜轴测投影。若以 H 面或 H 面平行面作为轴测投影面，则得水平面轴测投影。画斜轴测图与画正轴测图一样，也要先确定轴倾角、轴向伸缩

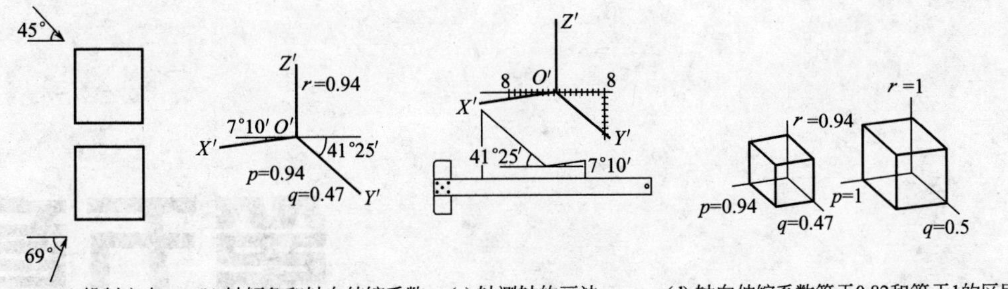

(a) 投射方向　(b) 轴倾角和轴向伸缩系数　(c) 轴测轴的画法　(d) 轴向伸缩系数等于0.82和等于1的区别

图 4-25　正二轴测投影

系数以及选择轴测类型和投射方向。

正面斜轴测投影既然是斜投影的一种，它必然具有斜投影的如下特性。

(1) 不管投射方向如何倾斜，平行于轴测投影面的平面图形，它的斜轴测投影反映实形。

(2) 垂直于投影面的直线，它的轴测投影的方向和长度，将随着投射方向 S 的不同而变化。

(3) 相互平行的直线，其正面斜轴测图仍相互平行。

第五章

建筑外装饰设计制图的技巧

在建筑外装饰设计过程中，要用一些表达设计概念演进及产品规格的方法来表现设计意图，这些方法包括绘图、语言、文字描述和模型。而景观绘图是景观设计师专业表达的工具，各项图面的表现及说明是沟通设计思想的图示方法，所有图示记录可以阐明并支持整个设计过程的演进及设计成果的意象，更可以帮助他人或业主了解作品完成后的外观，达到沟通及表达设计者及作品的意念。在建筑外装饰设计过程中，用平面图、剖面图、立面图、透视图及图面说明等手法进行图面表达。

完成图面需依赖仪器辅助，甚至徒手画的概念图也不可缺少铅笔、橡皮擦或针管笔等基本绘图工具，因此对一些器具也应有些认识，加上图面表现才能将设计图表达完善。

建筑外装饰绘图为阐述设计过程及将来景观建造完成后的构想图，应将设计意象尺寸化、立体化、结构化、材料化，辅以真实科学的记述说明，因此绘图上应做到下列各项。

(1) 设计图例标示清楚且易于了解。

(2) 线条肯定、分明、实在、易于辨认。

(3) 比例缩尺应精确，与原物尺寸符合。

建筑外装饰绘图除了精确地进行实际图面的绘制与表现之外，还必须使别人产生愉快的视觉感受。由视觉共通性可适用于不同年龄、民族的人，而称为视觉法则（visual law），这些法则的理论基础是依据德国人威廉·凯勒的形态心理学原理，将人类共同的视觉感受如视觉元素、空间元素及关系元素等予以组织化、系统化，设计时能在造型、构图上多考虑此原理，使图面表达更精致。

第一节　制图的工具和材料

绘制工程图是通过制图工具来进行的。制图所需工具和仪器有图纸、丁字尺、笔、圆规等。要使工程图质量好、绘制速度快，就必须熟悉制图工具的性能，正确、熟练地掌握使用方法，能对制图工具进行挑选和妥善地保管。

一、绘图桌椅

绘图桌架有木制、钢制两种，一般使用以钢制居多。桌架上有绘图板，绘图板为干燥平坦的矩形木板，有缘木嵌于两端，以防反张，通常尺寸大小以 600mm×900mm 和 750mm×1050mm 两种较为实用。绘图板的板面，为使绘图时具有弹性、好用，常铺上衬垫。衬垫有普通塑胶垫及磁性塑胶垫两种。磁性塑胶垫是利用磁力来吸引金属压条而固定图纸，迅速方便。制图椅以实用为主，最好能调节高度，依人体尺度而定高低。

二、绘图纸

1. 图画纸（details paper）

用于绘制图稿，以黄色图纸为最佳，用已晒过的晒图纸反面或其他质硬洁白的图画纸均可。

2. 透明纸（tracing paper）

用于复印图样的纸张，透明纸上的图样一般以墨水绘制，现也有用铅笔绘制，比较方便，但铅笔线形应有相当浓度。

3. 晒图纸（sensitized paper）

有各种晒图纸可用以晒出图样，一般用的只有三种，即蓝底白线纸、白底红线纸、白底墨线纸，纸面均涂有感光化学药品，不可受湿或走光，晒时取出，平铺透明纸图样下，用玻璃压平，晒于日光下，约 2～3h，天阴感光时间需较长，感光后蓝底白线者，用清水洗即可显出图样，其他两种用阿摩尼亚气（氨气）熏，即可显出图样。

三、图板

图板通常用胶合板制成。为防止翘曲，四周镶以硬木边条。图板板面应质地松软、光滑平整、有弹性，图板两端要平整，角边应垂直。图板的大小有 0 号（900mm×1200mm）、1 号（600mm×900mm）、2 号（450mm×600mm）等各种不同规格，可根据所画图幅的大小而选定。

图板不能受潮或曝晒，以防变形。为保持板面平滑，贴图纸宜用透明胶纸，不宜使用图钉。不画图时，应将图板竖立保管（长边在下面），随时注意避免碰撞或刻损板面和硬木边条。

四、笔

1. 铅笔

绘图使用的铅笔的铅芯硬度用 B 和 H 标明，B 表示软而浓，H 表示硬而淡，HB 表示软硬适中。H 或 B 前面的数字越大表示越硬或者越软。绘制工程图时，常使用 H 或 2H 打底稿，徒手作图可用 B 或 2B 的铅笔来加深。削铅笔时要注意保留有标号的一端，以便使用时容易区分其软硬程度。铅笔尖应削成锥形，削好的铅笔还要用 0 号砂纸将铅笔芯磨成圆锥形，以保证所画图线粗细均匀（图 5-1）。铅笔芯露出长度宜为 6～8mm（图 5-2）。使用铅笔绘图用力要均匀，用力过大会刮破图纸或在纸上留下凹痕，甚至折断铅笔芯。画长线时要边画边转动铅笔，使线条粗细程度一致。画线时，从正面看笔身应倾斜约 60°，从侧面看笔身应垂直。画线时持笔的姿势要自然，要使笔尖与尺边距离保持一致，线条才能画得平直准确。

使用铅笔绘图时，握笔要稳，运笔要自如，用力要均匀，铅笔握笔的姿势如图 5-3 所示。

同时要使铅笔尖与尺身工作边之间保持一定的空隙（图 5-4）以保证线条位置的准确。画长线时可适当转动铅笔，使图线粗细均匀。

2. 绘图墨线笔

绘图墨线笔包括鸭嘴笔、直线笔或针管笔，由针管、通针、吸墨管和笔套组成（图 5-5）。其作用是画墨线或描图。用绘图墨线笔制图可产生精确、相同宽度的线条，线条深密，晒图效果好。绘图墨线笔因其笔尖细小似针故名，具有不同粗细，其范围在 0.1～1.2mm 之间，每间隔 0.1mm 有一规格。书写或绘画线条时尽量保持与纸面垂直，方可画出粗细一致的线条（图 5-6）。所用的墨汁为专用墨水。

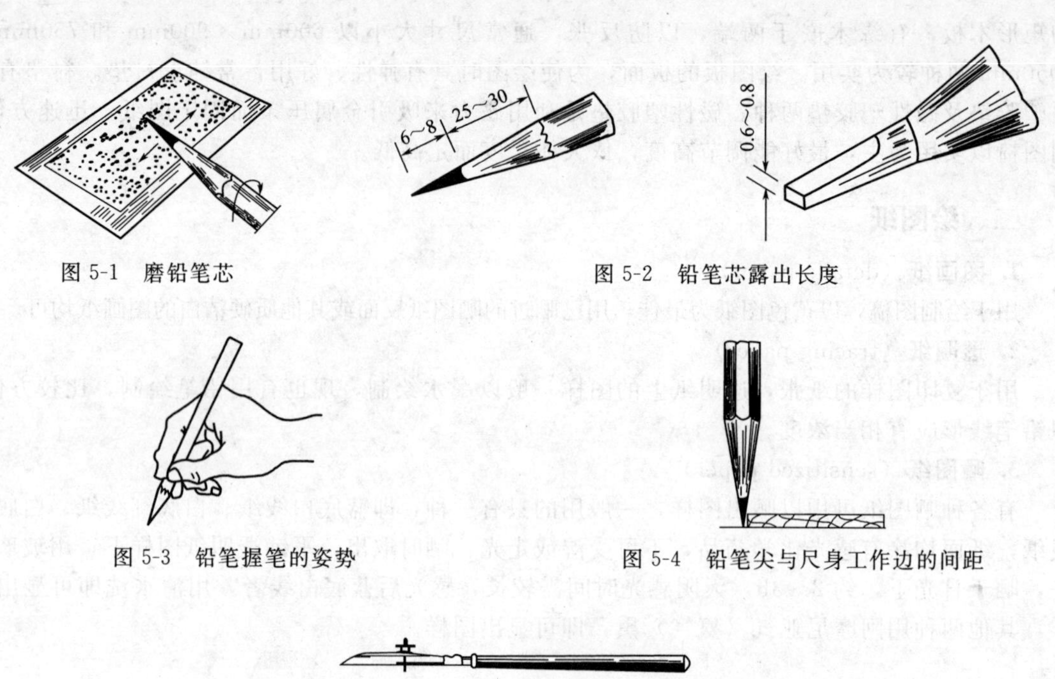

图 5-1　磨铅笔芯

图 5-2　铅笔芯露出长度

图 5-3　铅笔握笔的姿势

图 5-4　铅笔尖与尺身工作边的间距

(a) 直线笔

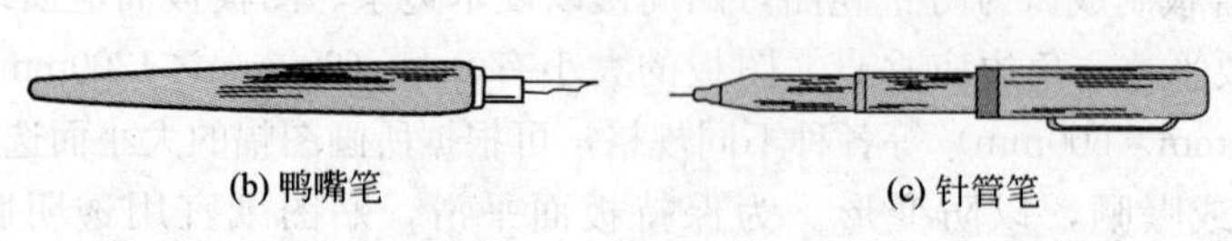

(b) 鸭嘴笔

(c) 针管笔

图 5-5　绘图墨线笔

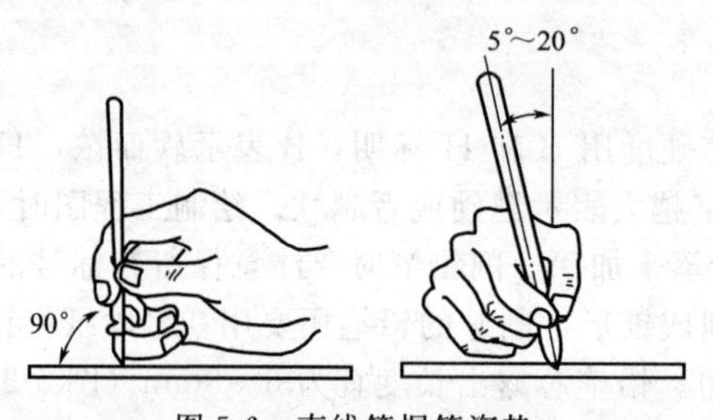

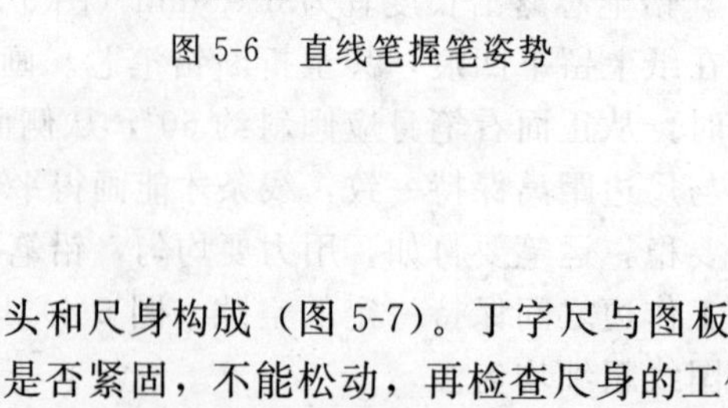

图 5-6　直线笔握笔姿势

五、尺

1. 丁字尺

丁字尺由相互垂直的尺头和尺身构成（图 5-7）。丁字尺与图板配合主要是用来画水平线，使用时应先检查尺头和尺身是否紧固，不能松动，再检查尺身的工作边和尺头内侧是否平直光滑。检查时，沿尺身工作边在纸上过 A、B 两点画一直线，然后将丁字尺移动，仍沿尺身工作边过 A、B 两点再画直线，如果两次画的直线完全重合，则说明尺身工作边平直。否则，工作边不平直（图 5-8）。

用丁字尺画水平线时，铅笔应沿着尺身工作边从左画到右，如水平线较多，则应由上而下逐条画出。丁字尺每次移动位置都要注意尺头是否紧靠图板，画线时应防止尺身移动。不许用丁字尺的下边画线，也不许把尺头靠在图板的上边、下边或右边。

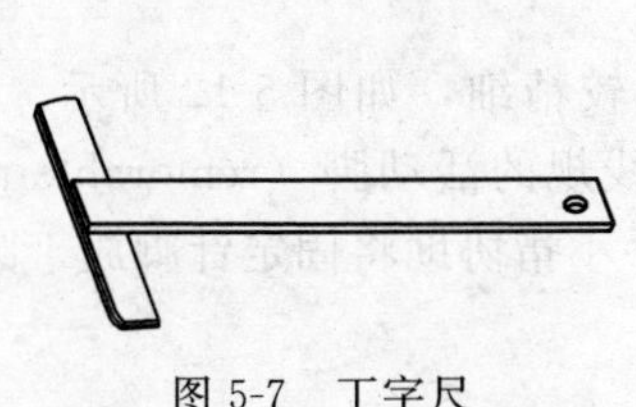

图 5-7　丁字尺

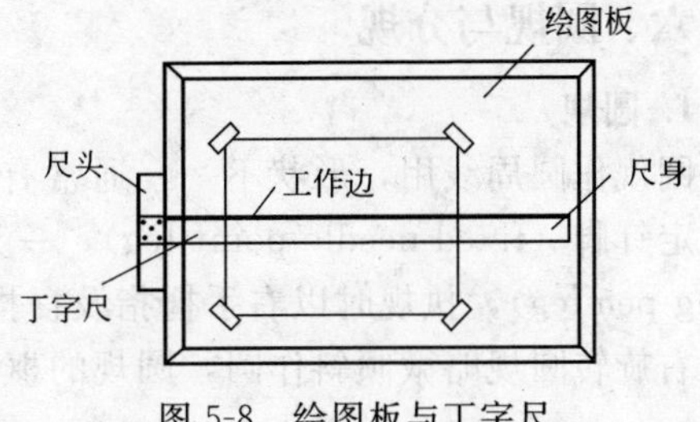

图 5-8　绘图板与丁字尺

2. 平行尺

平行尺由一条被固定的线及一只托架直尺固定在桌面上而构成，尺可上下移动。长度为 90cm 及 120cm。

3. 直角三角板

两块为一副：一块为两角 45°；另一块为 30°、60°角。可利用它的直角画垂直线和正交线，也可利用它的角度画各种的角度；它最大的用处，是用以推画平行线，如图 5-9 所示。

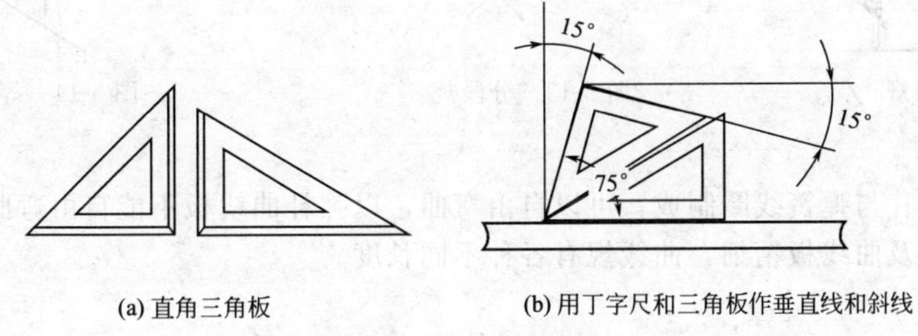

(a) 直角三角板　　(b) 用丁字尺和三角板作垂直线和斜线

图 5-9　直角三角板

4. 比例尺

制图都是应用缩尺原理，用比例尺绘制的，常用的有平行及三角形两种。三棱尺亦即三角形比例缩尺，通常每边刻度为 1/100、1/200、1/300、1/400、1/500、1/600 六种，如图 5-10 所示。

比例尺的表示法，如 1∶25 表示比例尺 S，即 $S=1/25$。比例尺所示比例多刻于尺的一端，英制比例尺常有 1、1/2、1/4、3/4、1/8、3/8、3/16、3/32 等字样。公制中又有 1∶25、1∶50、1∶100、1∶200、1∶500、1∶1000 等，如 1∶25 表示比例尺 4 公分（cm）等于 1 公尺（m），1∶100 表示比例尺 1 公分（cm）等于 1 公尺（m）。

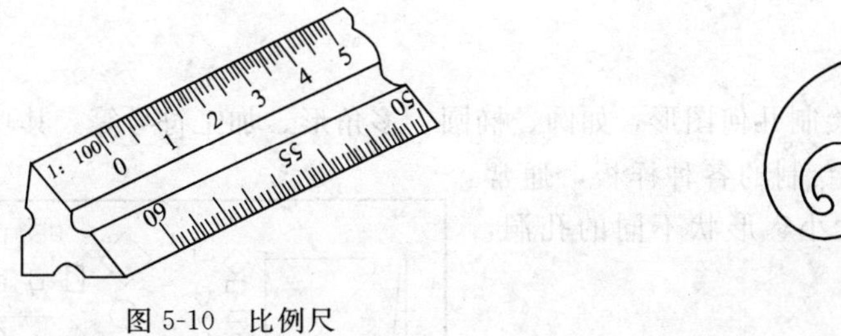

图 5-10　比例尺

图 5-11　曲线板

5. 曲线板

曲线板又名云形定规，用薄板或透明塑胶品制成，为连接曲线或不规则圆弧形之用。凡非直线，也非圆周线，或圆周线半径过大的线条，均可借曲线板绘图，利用各曲线板的不同形状，将不规则的曲线画得顺畅，如图 5-11 所示。

六、圆规与分规

1. 圆规

圆规作圆周线用，形状不一，通常有大小两种，小的较精细，如图 5-12 所示。圆规中一为固定针脚（fixed needle point leg），一为可装铅笔或直线规的活动脚（remorable pencil and ruling pen leg），执规时以右手拇指及食指执规顶，以左手小指协助将固定针脚放于圆心点上，再向右旋转圆规略微倾斜作圆，圆规的枢轴不可加油。

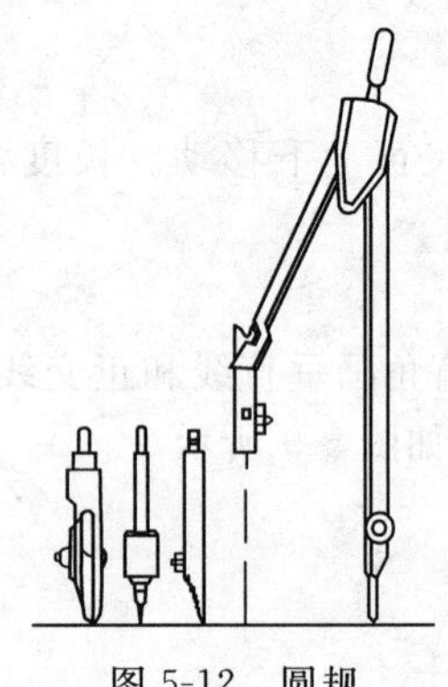

图 5-12　圆规

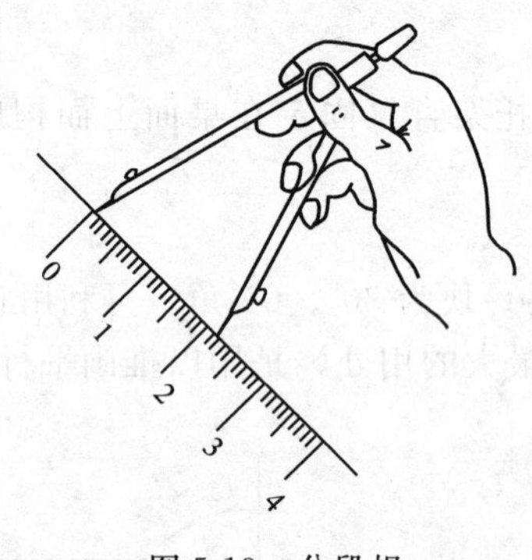

图 5-13　分段规

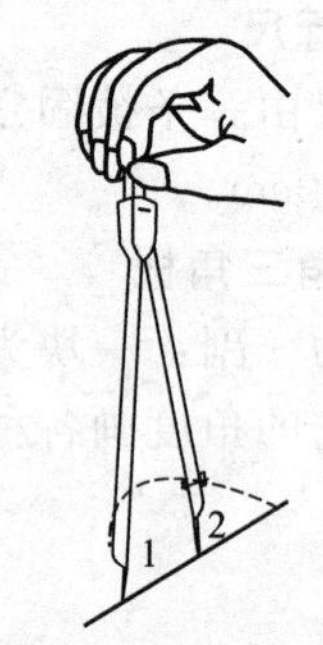

图 5-14　等分线段

2. 曲线规

曲线规以钢片与弹簧线圈制成，可以自由弯曲，以弥补曲线板不能自由弯曲的弊端，但在绘小型曲线时不及曲线板精细，曲线规有各种不同长度。

3. 直线规

直线规俗名鸭嘴笔，画直线用，笔头系以两钢片合成，由螺钉同时开闭，先放开钢片装墨水，量不可过多，再旋紧即可，使用前先用其他纸试画一下，执规时须将螺钉头部放在食指下，落笔需正直而略向右倾，两钢片同时落纸，近身一钢片，不可与直尺、三角板等接触，应距 1/3 左右，以防墨水沿板流下，污染图纸，钢片外面不可染墨，作线当自左而右，务求均匀，笔尖因使用而变不正，可用砥石（whetstone slate），俗称油石磨校正。用后应当旋宽两钢片，拭净笔头墨汁。

4. 分段规

分段规用以截取等分线或将一线分成均匀若干等分时，以拇指与食指置于规外，中指及无名指置于规内，如此对规脚的开关可以运用自如，其脚尖均匀，若损其锋，易失准确，如图 5-13 所示，等分线段如图 5-14 所示。

七、建筑模板

建筑模板又名样板，用于绘制几何图形，如圆、椭圆、多角形、加工符号等。其功能是使绘图时间缩短，图形漂亮。而专制的各种样板，通常用透明塑胶制成，上面备有大小、形状不同的孔洞，如图 5-15 所示。

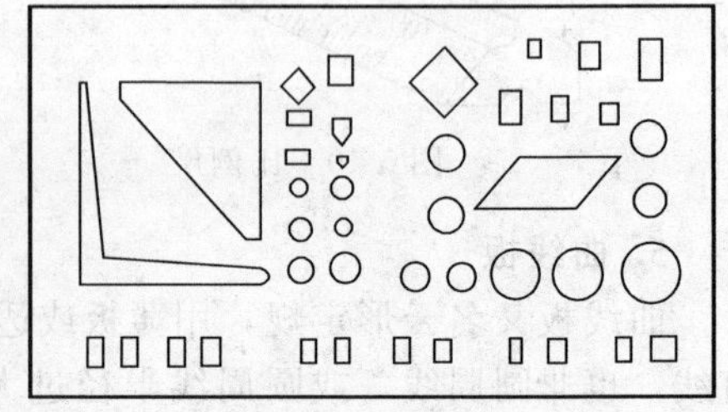

图 5-15　建筑模板

八、量角器

量角器又名分度规。一般常见的为赛璐珞或木制的半圆形，面上按 180°刻分，欲绘任何一角度，将规的底边切合在第一线上，规的中心点放在角度的顶点，然后沿规缘求所欲绘角度的分线即可。

九、橡皮及擦线板

擦铅笔用软橡皮擦，墨水用硬橡皮擦，另外可配合擦线板的使用，如图 5-16 所示。擦线板供修改错误图线使用，为了防止擦掉一条画错的图线时影响其邻近图线的完整性，就应该使用擦线板。擦线板常用金属片或者薄塑料片制成，上面刻有各种形状的槽孔。擦线时应使画错了的线段在板上适当的小孔中露出来，擦去孔内的图线后再重新画。

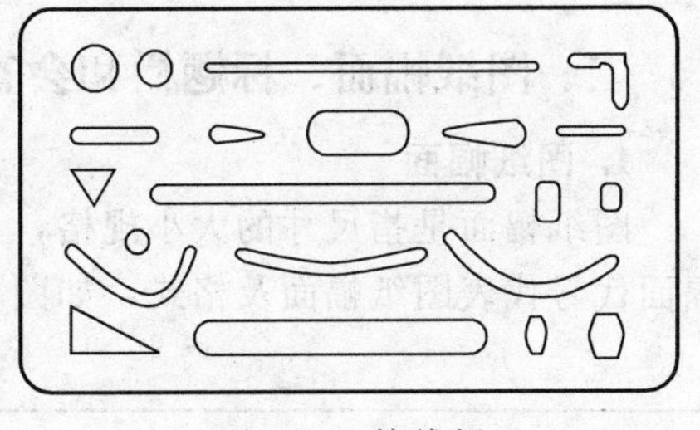

图 5-16 擦线板

第二节 制图的基本规定

一、制图的标准

建筑图是工程界的技术语言，为了便于生产、经营、管理和技术交流，必须在图样的画法、图线、字体、尺寸注法、采用的符号等各方面有一个统一的标准。建筑图是用来表达设计内容的，是施工的依据。为了使图样的画法统一，图面清晰，有利于技术交流，提高设计和施工的效率，就必须在图样的格式、内容和表达方法等方面保持统一的标准。建设部于 2001 年 11 月 1 日发布了《房屋建筑制图统一标准》GB/T 50001—2001，于 2002 年 3 月 1 日正式实施。从开始学习建筑制图起，就要严格执行国家制图标准的相关规定。

1. 制图标准的意义

为了使房屋建筑图样基本统一，清晰简明，保证图面质量，提高绘图效率和符合设计、施工、存档等要求，适应工程建设的需要，原国家建委制定了《建筑制图标准》（简称“国标”），代号 GBJ 1—73。我国现行的建筑制图标准是在 1986 年 10 月，在《建筑制图标准》GBJ 1—73 的基础上，进行必要的修改、补充而编制的。《房屋建筑制图统一标准》（GBJ 1—86）为其中之一，于 1987 年 7 月 1 日起实行。原标准中的各专业部分，已分专业另行编制专业制图标准。《房屋建筑制图统一标准》应与各专业制图标准配套使用。

2.《房屋建筑制图统一标准》的主要内容

《房屋建筑制图统一标准》主要有以下十个方面内容。

（1）总则：规定了本标准的适用范围。

（2）图纸幅面规格与图纸编排顺序：规定了图纸幅面的格式、尺寸的要求，标题栏、会签栏的位置及图纸编排的顺序。

（3）图线：规定了图线的线型、线宽及用途。

（4）字体：规定了图纸上的文字、数字、字母、符号的书写要求和规则。

（5）比例：规定了比例的系列和用法。

（6）符号：对图面符号做了统一的规定。

（7）定位轴线：规定了定位轴线的绘制方法、编号、编写方法。

（8）常用建筑材料图例：规定了常用建筑材料的统一画法。

（9）图样画法：规定了图样的投影法、图样布置、断面图与剖视图、轴测图等的画法。

（10）尺寸标注：规定了标注尺寸的方法。

二、图纸幅面、标题栏和会签栏

1. 图纸幅面

图纸幅面是指尺寸的大小规格，凡是设计图纸的大小必须符合如表 5-1 所示的规定。表中幅面代号代表图纸幅面及格式，如图 5-17 所示。

表 5-1　图纸幅面及尺寸　　单位：mm

尺　寸	幅 面 代 号				
	A0	A1	A25	A3	A4
$b \times l$	841×1189	594×841	420×594	297×420	210×297
c	10			5	
a	25				

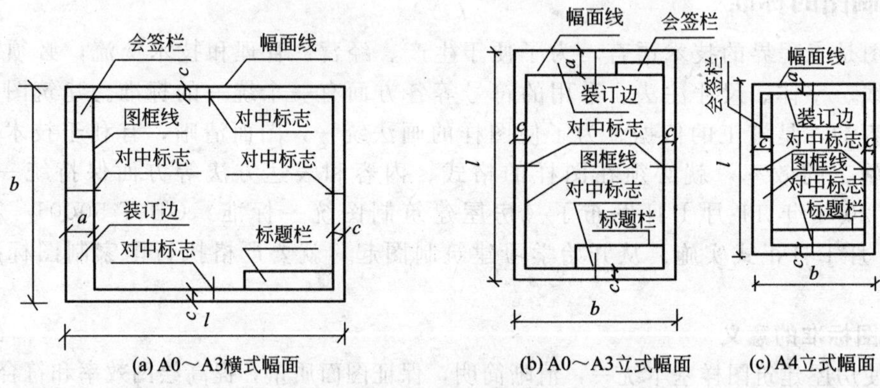

图 5-17　图纸幅面及格式

图纸幅面尺寸相当于$\sqrt{2}$系列，即 $l=\sqrt{2}b$。A0 图幅的面积为 $1m^2$，A1 幅面是 A0 幅面的对开，其他图纸幅面依此类推。图纸以短边作为垂直边为横式，以短边作为水平边为立式。一般 A0～A3 图纸宜采用横式使用，必要时也可立式使用，图纸的长边可以加长，但是应符合如表 5-2 所示的规定。

表 5-2　图纸长边加长后尺寸　　单位：mm

幅面代号	边长尺寸	长边加长后尺寸						
A0	1189	1486	1635	1783	1932	2080	2230	2378
A1	841	1051	1261	1471	1682	1892	2102	
A2	594	743	891	1041	1189	1338	1486	1635
		1783	1932					
A3	420	630	841	1051	1261	1471	1682	1892

注：有特殊需要的图纸，可采用 $b \times l$ 为 841mm×891mm 或 1189mm×1261mm 的幅面。

2. 图纸的标题栏

图纸的标题栏是用来填写设计单位的图名、图号、工程名称以及设计人、制图人、审批人的签名和日期等内容，放置在图框的右下角，如图 5-18 所示，标题栏中文字的方向一定是看图的方向。标题栏没有严格的国家标准规定，在工程实际中，还要根据需要选择其尺寸、格式。以下以 A2 图幅为例，常见的标题栏布局形式如图 5-19 所示。

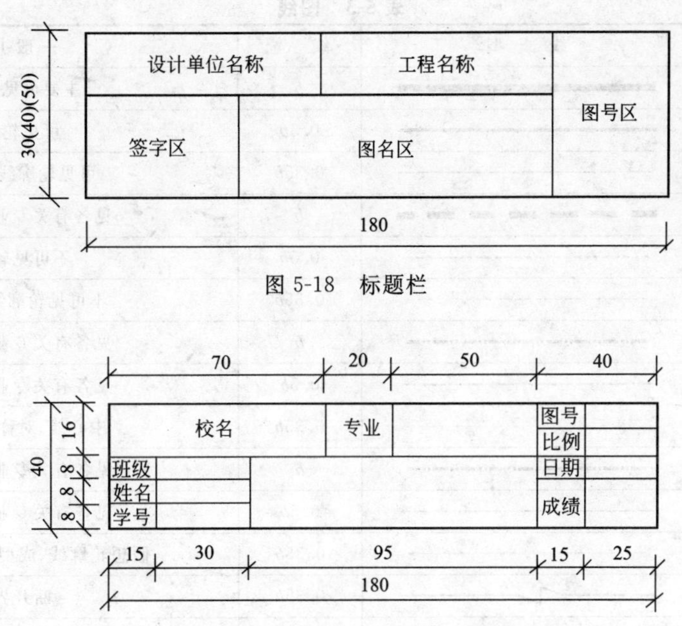

图 5-18　标题栏

图 5-19　制图作业标题栏推荐格式

3. 图纸的会签栏

设计图纸一般需要审定、水、电、消防等相关专业负责人会签，这时可在图纸装订一侧设置会签栏，不需要会签的图纸可不设会签栏。其形式如图 5-20 所示。

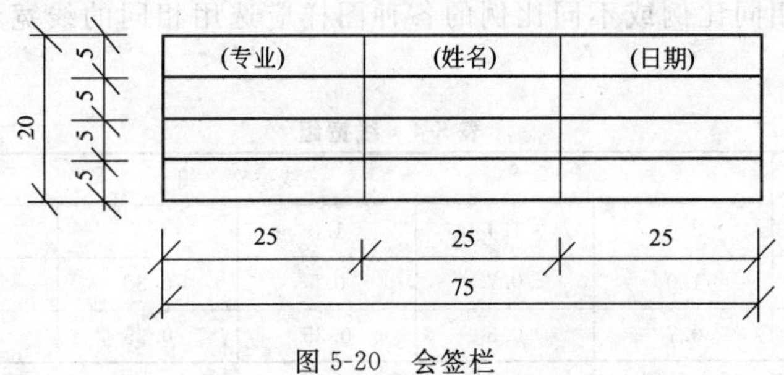

图 5-20　会签栏

二、线型、线宽的设置

线型、线宽的设置在工程制图中是很重要的一个环节，它不仅确定了图形轮廓、形式、内容，同时可表示一定的含义。为了突出重点，分清层次，以区别不同内容，需要采用不同的线型和线宽。

1. 线型

常用线型如表 5-3 所示。在绘制图线时应注意以下几点。

(1) 虚线与虚线或虚线与其他线相交时，应相交在线段处，不要相交在空白处。虚线的线段长度和间隔应该相等。虚线是实线的延长线时，不得与实线连接。

(2) 两点画线或点画线与其他线段相交时，应相交在线段处，不要相交在空隙处和点上。点画线的线段长度和间隔应该相等。

(3) 相互平行的图线，其间隔不得小于其中粗线的宽度且不宜小于 0.7mm。

(4) 图线不得与文字、数字或符号重叠、混淆；不可避免时，应首先保证文字等的清晰。

(5) 当点画线在较小的图形中，绘制有困难时，可以用实线代替。

表 5-3 图线

名称		线型	线宽	一般用途
实线	粗		b	主要可见轮廓线
	中		$0.5b$	可见轮廓线
	细		$0.35b$	可见轮廓线、图例线
虚线	粗		b	见各有关专业制图标准
	中		$0.5b$	不可见轮廓线
	细		$0.35b$	不可见轮廓线、图例线
单点长画线	粗		b	见各有关专业制图标准
	中		$0.5b$	见各有关专业制图标准
	细		$0.35b$	中心线、对称中心线等
双点长画线	粗		b	见各有关专业制图标准
	中		$0.5b$	见各有关专业制图标准
	细		$0.35b$	假想轮廓线、成型前原始轮廓线
折断线			$0.35b$	断开界线
波浪线			$0.35b$	断开界线

2. 线宽的设置

图线的宽度有粗线、中粗线和细线之分。粗、中粗和细线的线宽大致为 4∶2∶1。

每个图纸内容应根据复杂程度与比例大小，先确定基本线宽，然后按比例确定其他线宽，同一张或一套图纸相同比例或不同比例的各种图样应选用相同的线宽。常用线宽如表 5-4 所示。

表 5-4 线宽组 单位：mm

线宽比	线宽组					
b	2.0	1.4	1.0	0.7	0.5	0.35
$0.5b$	1.0	0.7	0.5	0.35	0.25	0.18
$0.35b$	0.7	0.5	0.35	0.25	0.18	

注：1. 需要微缩的图纸，不宜采用 0.18mm 及更细的线宽。

2. 同一张图纸内，各不同线宽中的细线，可统一采用较细的线宽组的细线。

图框线、标题栏线的宽度如表 5-5 所示。

表 5-5 图框线、标题栏线的宽度 单位：mm

幅面代号	图框线	标题栏外框线	标题栏分格线、会签栏线
A0、A1	1.4	0.7	0.35
A2、A3、A4	1.0	0.7	0.35

四、字体

建筑外装饰工程图样除了用不同线型来表示建筑及其构件的形状、大小外，有些内容是无法用图线表达的，如建筑装饰的颜色、各部位的施工要求、尺寸的标注等。因此，在图样中必须用文字加以注释。建筑外装饰工程图中所需要书写的文字、拉丁字母、数字及代号等，均应笔画清晰、字迹端正、排列整齐，标点符号应清楚正确。在《房屋建筑制图统一标准》中，规定了汉字、数字、字母的规格标准。汉字、数字、字母等字体的大小以字号来表示，字号就是字体的字高。

1. 汉字

在《房屋建筑制图统一标准》中规定：图样上书写的汉字应该写成长仿宋体字，并且采用国家正式公布的简化字。长仿宋体字具有笔画粗细一致以及起落转折顿挫有力、笔锋外露、棱角分明、挺拔刚劲、清晰好认的特点，是工程图样上最适宜的字体。

对于汉字、数字、字母的大小，国家标准规定了七种号数，分别是 20、14、10、7、5、3.5、2.5（汉字字号不宜采用 2.5 号字），如书写更大的字，其高度应该按照$\sqrt{2}$的比值增加。长仿宋体字的字宽为字高的 2/3，如表 5-6 所示。其书写要领是横平竖直、起落有锋、布局均匀、填满方格，如图 5-21 所示。

表 5-6　长仿宋体字的高度与宽度　　　　单位：mm

字高	20	14	10	7	5	3.5	2.5
字宽	14	10	7	5	3.5	2.5	1.8

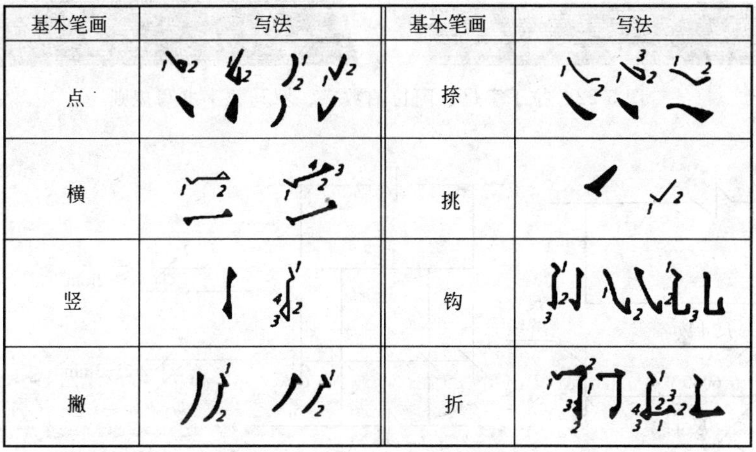

基本笔画	写法	基本笔画	写法
点		捺	
横		挑	
竖		钩	
撇		折	

图 5-21　长仿宋体字基本笔画法

2. 数字和字母

数字和字母有斜体和正体两种，斜体通常采用向右倾斜 75°，如图 5-22 所示。当数字、字母和汉字写在一起时，数字、字母比汉字宜小一个字号。

五、尺寸标注

建筑外装饰工程图中的图形只能表达建筑物的形状，要完整地表达建筑物还必须在图上准确、详尽、完善、清晰地标注出各部分的实际尺寸。有了尺寸的样图才能作为施工的依据。

1. 尺寸的组成

尺寸由尺寸线、尺寸界线、尺寸起止符号、尺寸数字 4 个部分组成，如图 5-23 所示。

(1) 尺寸线　是用来注写尺寸的，用细实线绘制，应与所要标注的长度平行且垂直于尺寸界线，不宜超出尺寸界线。互相平行的尺寸线的间距应该大于 7mm 并应该保持一致。任何图线或其延长线均不得作为尺寸线。

(2) 尺寸界线　是用来控制所标注尺寸的范围，用细实线绘制，应与所标注的长度垂直。其一端应离开图样轮廓线不小于 2mm，另一端超过尺寸线 2～3mm。必要时，图样的轮廓线、轴线和中心线可以作为尺寸界线，如图 5-24 所示。

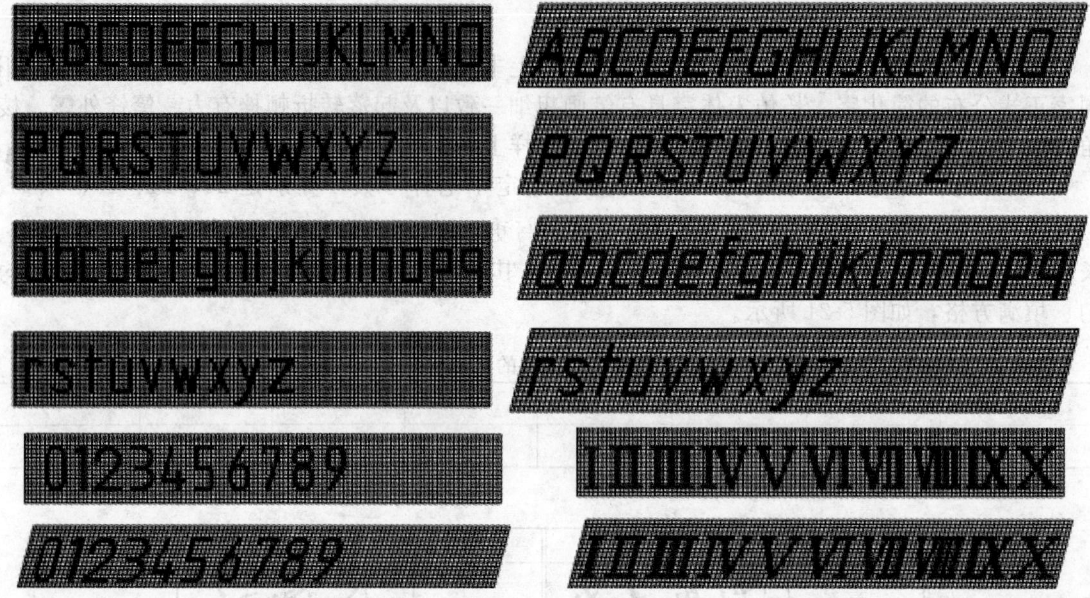

图 5-22　拉丁字母、阿拉伯数字、罗马数字书写规则

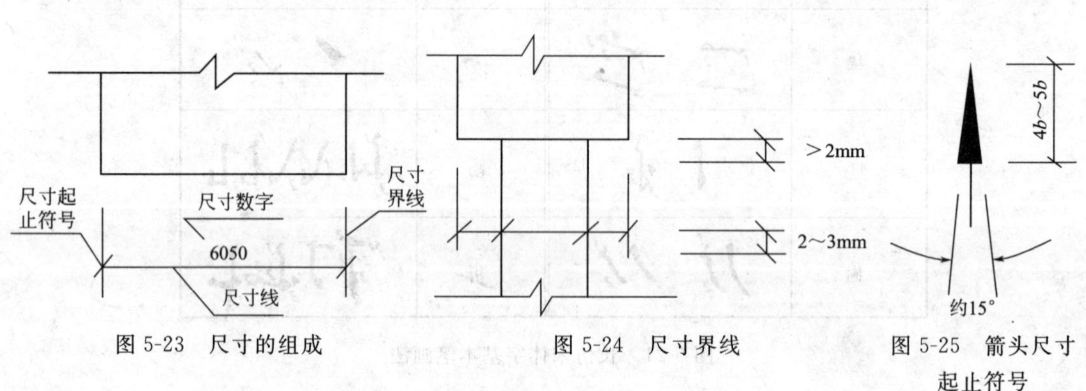

图 5-23　尺寸的组成　　图 5-24　尺寸界线　　图 5-25　箭头尺寸起止符号

(3) 尺寸起止符号　是表示尺寸的起点和止点。建筑外装饰工程中的起止符号一般用粗短斜线绘制，长度为 2～3mm，其倾斜方向与尺寸界线成顺时针 45°。半径、直径、角度和弧长的尺寸起止符号，宜用箭头表示，如图 5-25 所示。

(4) 尺寸数字　图样上的尺寸数字为物体的实际大小，与采用的比例无关，建筑工程图上的尺寸单位，除标高及总平面图以 m 为单位外，均必须以 mm 为单位。

尺寸数字的读数方向，应按图 5-26(a) 的规定注写。如果尺寸数字在 30°斜线区内，宜按图 5-26(b) 的形式注写。

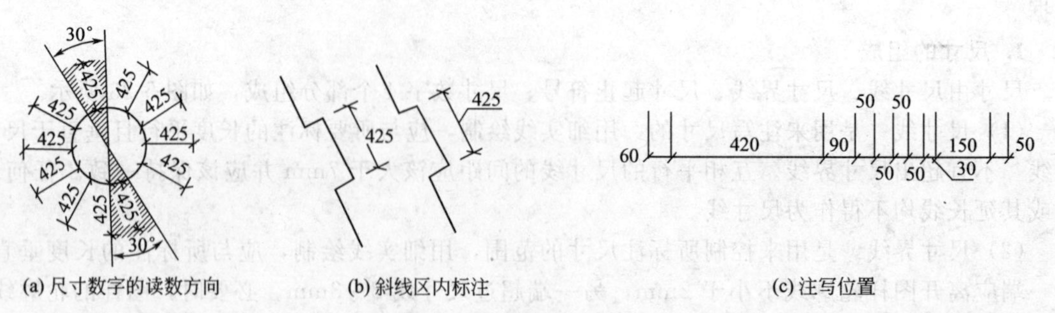

图 5-26　尺寸数字的注写

尺寸数字应依据其读数方向注写在靠近尺寸线的上方中部，如果没有足够的注写位置，最外边的尺寸数字可注写在尺寸界线的外侧，中间相邻的尺寸数字可错开标注，也可引出注写[图 5-26(c)]。标注尺寸时不需要注写单位。

2. 尺寸的排列与布置

尺寸宜标注在图样轮廓线之外，不宜与图线、文字、符号等相交。相互平行的尺寸线，应该从被注的图样轮廓线由近向远整齐排列，小尺寸应该离轮廓较近，大尺寸应该离轮廓线较远。图样轮廓线以外的尺寸线，离图样轮廓线的距离不应该小于 10mm。

3. 尺寸标注的原则

(1) 水平垂直和对齐，对位指示准确的原则。

(2) 标注的层次及标注的内容与图面关系。

图样的标注根据其内容应尽量先标明总尺寸，然后注明分段尺寸及细部尺寸。不论是平面图、立面图还是节点详图，其尺寸标注应尽量详尽、明了。定位尺寸应与建筑轴线相连，如图内无轴线，也应确定明确的定位点。所有尺寸标注应做到规则有序，不要影响图样绘制的内容，或与其他文字、材料符号等内容重叠，影响画面美观。

(3) 标注的深度，随着设计深度及比例的调整。

随着各阶段设计内容的不同，标注的深度也有所不同，如初步设计阶段与细部节点深化阶段所需注明的尺寸深度与比例就相差不多，随着设计内容的不断深化，图样的比例也随之大增，尺寸标注也更为精细。

(4) 标注的其他形式：角度、网格。

(5) 布局空间内标注的特点。布局空间内标注均为 1∶1 字高，不可移动模型空间的内容，否则布局空间的内容将与模型空间内容错位。

(6) 当尺寸线是水平方向时，尺寸数字应该尽量注写在尺寸线的上方中部，字头向上，如没有足够的注写位置，最外边的尺寸数字可以注写在尺寸线的外边，中间相邻的尺寸可以错开注写，也可以用引出线引出注写，如图 5-27 所示；当尺寸线是垂直方向时，尺寸数字应该尽量注写在尺寸线的左方中部，字头向左；当尺寸线为其他方向时，要注意其注写方向如图5-30所示。应该尽量避免在图中所示的 30°范围内标注尺寸，以免造成数字不清晰现象等。

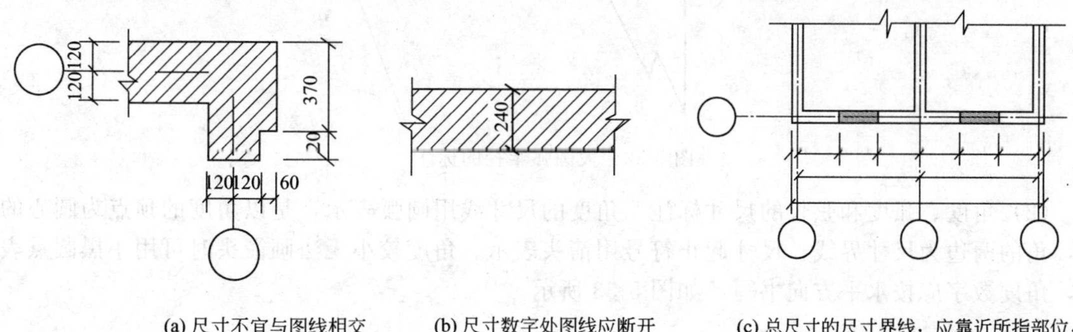

(a) 尺寸不宜与图线相交　(b) 尺寸数字处图线应断开　(c) 总尺寸的尺寸界线，应靠近所指部位，中间的分尺寸的尺寸界线可稍短，但其长度应相等

图 5-27　尺寸的原则

(7) 尺寸数字应该尽量注写在图样的轮廓线之外，图线不得穿过尺寸数字；当不可避免时，应该将尺寸数字处的图线断开，如图 5-27 所示。

4. 特殊尺寸标注

(1) 圆、圆弧和球的尺寸标注　圆或者大于半径的圆弧，一般标注直径。尺寸先通过圆心，两端指向圆弧。用箭头作为尺寸的起止符号，在直径数字前加注直径符号“ϕ”，如图 5-28

所示；对于直径较小的圆的尺寸，可将尺寸标注在圆外，用引出线引出，引出线通过圆心，如图 5-29 所示；球的尺寸标注和圆的尺寸标注是一样的，只是在注写球的直径时应在直径符号前加注符号“*S*”，标注球的半径尺寸时，应在尺寸前加注符号“*SR*”。

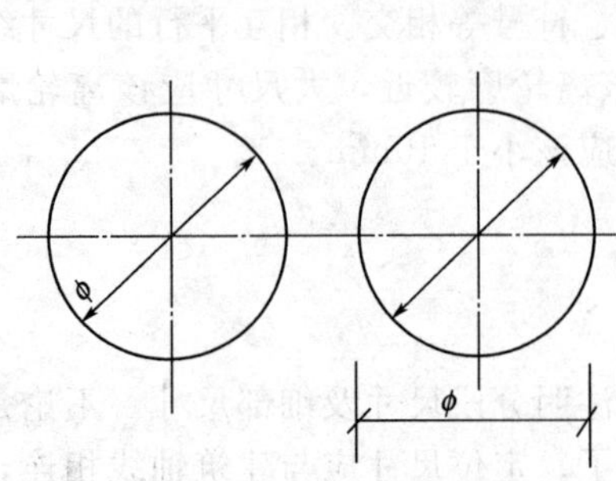

图 5-28　圆直径的标注

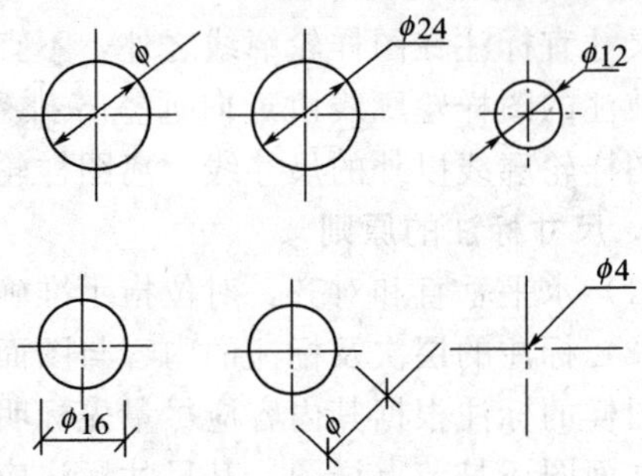

图 5-29　小圆直径的标注

半圆或者小于半圆的圆弧一般标注半径，如图 5-30 所示。尺寸线的一端从圆心开始，另一端用箭头指向圆弧，在半径数字前面加注半径符号“*R*”；较小圆弧的半径数字，可以用引出线标注，如图 5-31 所示；较大圆弧的尺寸线就必须对准圆心画成折线状，如图 5-32 所示。

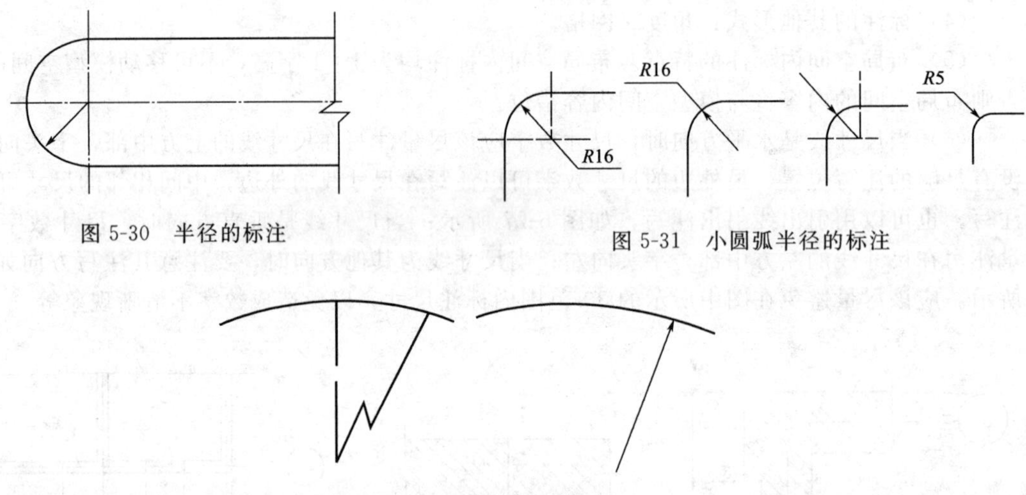

图 5-30　半径的标注

图 5-31　小圆弧半径的标注

图 5-32　大圆弧半径的标注

(2) 角度、弧度和弦长的尺寸标注　角度的尺寸线用圆弧表示，是以角度的顶点为圆心的弧，角的两边为尺寸界线，尺寸起止符号用箭头表示。角度较小无法画箭头时可用小黑圆点表示，角度数字应按水平方向书写，如图 5-33 所示。

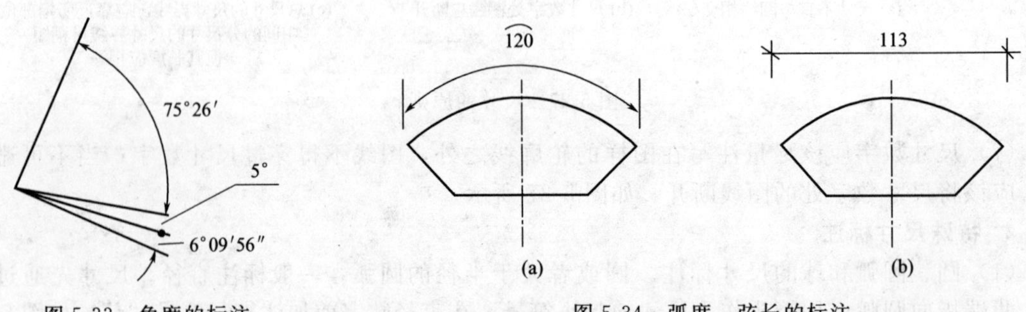

图 5-33　角度的标注

图 5-34　弧度、弦长的标注

标注弧度时，尺寸线应以与圆弧同心的圆弧线表示，尺寸界线应垂直于该圆弧的弦，尺寸起止符号用箭头表示，弧长数字上应加注圆弧符号“⌒”，如图 5-34(a) 所示。

标注弦长时，尺寸线应以平行于该线的直线表示，尺寸界线应垂直于该弦，尺寸起止符号用短粗斜线表示，如图 5-34(b) 所示。

(3) 坡度的尺寸标注　坡度用直角三角形的对边与底边之比来表示，可以采用百分比或者比例的形式。在标注坡度时，在坡度数字下边标注坡度符号“⇀”，该符号为单面箭头，箭头指向下坡方向。坡度也可以用直角三角形形式标注，如图 5-35 所示。

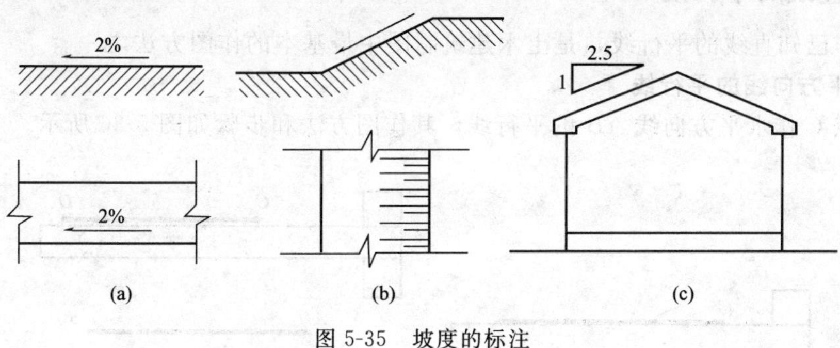

图 5-35　坡度的标注

(4) 等长尺寸、单线图、相同要素的尺寸简化标注　对于较多相等间距的连续尺寸，可以标注成乘积形式；对于钢筋、管线和桁架结构等单线图，可以将尺寸直接标注在杆件的一侧，不必画出尺寸线、尺寸界线和尺寸起止符号。对于均匀分布的相同要素，可仅仅只标注其中一个要素的尺寸，注明个数就行了。

六、比例

比例是图纸尺寸与实际尺寸的线性之比，一般是采用阿拉伯数字来表示，例如，1∶2 等，如表 5-7 所示的图表中优先选用常用比例。比例应该书写在图名的右侧，其字号应该采用比图名小一号的字体。如果在一张图纸中只使用一种比例时，也可以将该比例单独书写在图纸的标题栏内。建筑专业制图通常选用的比例如表 5-8 所示。

表 5-7　绘图选用的比例

项　目	比　例
常用比例	1∶1、1∶2、1∶5、1∶10、1∶20、1∶50、1∶100、1∶200、1∶500、1∶1000、1∶2000、1∶5000、1∶10000、1∶20000、1∶50000、1∶100000、1∶200000
可用比例	1∶3、1∶15、1∶25、1∶30、1∶40、1∶60、1∶150、1∶250、1∶300、1∶400、1∶600、1∶1500、1∶2500、1∶3000、1∶4000、1∶6000、1∶15000、1∶30000

表 5-8　建筑制图通常选用的比例

图　名	比　例
建筑物或构筑物的平面图、立面图、剖视图	1∶50、1∶100、1∶200
建筑物或构筑物的局部放大图	1∶10、1∶20、1∶50
配件及构图详图	1∶1、1∶2、1∶5、1∶10、1∶20、1∶50

第三节 几何作图

为了能够准确、迅速地绘制出建筑外装饰工程图中的平面图形，就必须熟练地掌握各种几何图形的作图原理和方法。

一、作直线的平行线

过定点作已知直线的平行线，是土木建筑制图中最基本的作图方法之一。

1. 作水平方向线的平行线

过已知点 C 作水平方向线 AB 的平行线，其作图方法和步骤如图 5-36 所示。

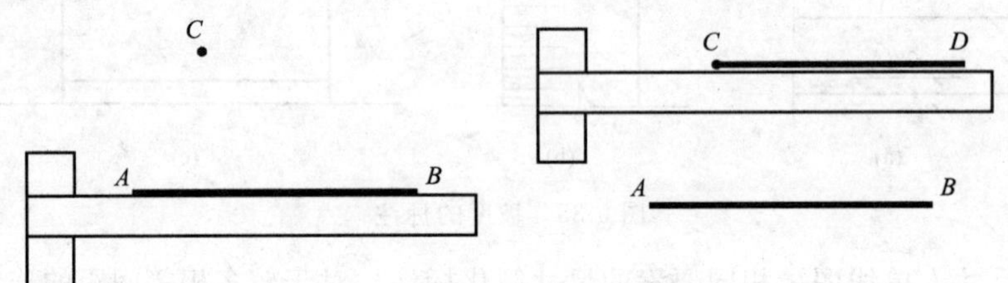

图 5-36 作水平方向线的平行线

作图步骤如下。

(1) 用丁字尺的工作边与已知直线 AB 平行。

(2) 平推丁字尺，使其工作边紧靠点 C，作直线 CD 即为所求的平行线。

2. 作斜方向线的平行线

过已知点 C 作斜方向线 AB 的平行线，是建筑制图中经常遇到的情况，其作图方法和步骤如图 5-37 所示。

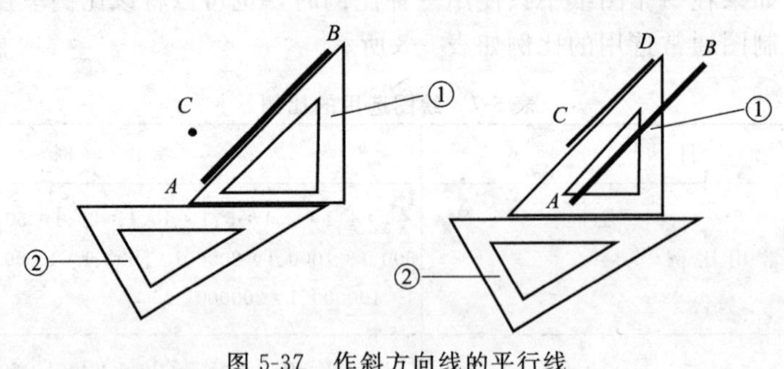

图 5-37 作斜方向线的平行线

①，②—三角板

作图步骤如下。

(1) 用三角板①的一条边平行于 AB，将三角板②紧贴三角板①的另一边。

(2) 按住三角板②，平推三角板①，使平行于 AB 的边，过点 C 作直线 CD 即为所求的平行线。

二、作已知直线的垂直线

过已知点作已知直线的垂直线，也是土木建筑制图中最基本的作图方法之一。

1. 作水平方向线的垂直线

过已知点作水平方向线的垂直线时，可用丁字尺和三角板来完成，其作图方法和步骤如图

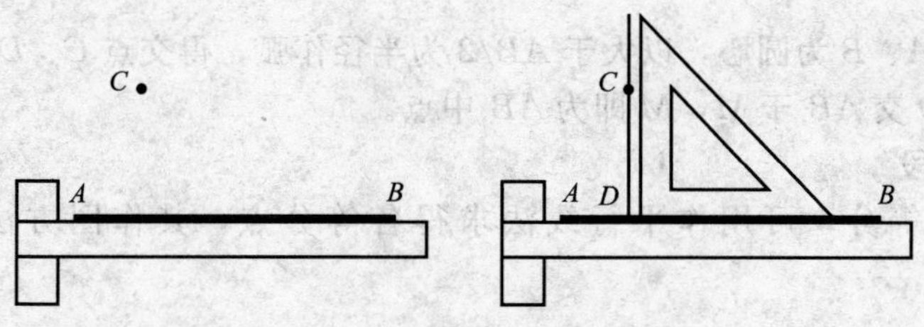

图 5-38　作水平方向线的垂直线

5-38 所示。

作图步骤如下。

(1) 用丁字尺的工作边与已知直线 AB 平行。

(2) 将三角板一直角紧贴丁字尺工作边，沿三角板另一直角边过点 C 作直线 CD 即为所求的垂直线。

2. 作斜方向线的垂直线

过已知点作斜方向线的垂直线时，可借助两块三角板来完成，其作图方法和步骤如图5-39所示。

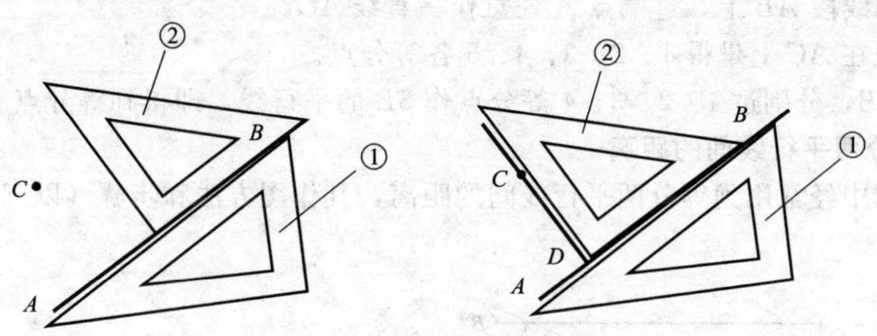

图 5-39　作斜方向线的垂直线

①，②—三角板

作图步骤如下。

(1) 用三角板①的一条边平行于 AB，将三角板②的一直角边紧贴三角板①。

(2) 平推三角板②，沿三角板②另一直角边过点 C 作直线 CD 即为所求的垂直线。

三、等分线段

等分线段的方法在楼梯图、花格图等图形中经常用到，它也是基本的作图方法之一。

1. 二等分线段

线段的二等分可用平面几何中作垂直平分线的方法来画，其作图方法和步骤如图 5-40 所示。

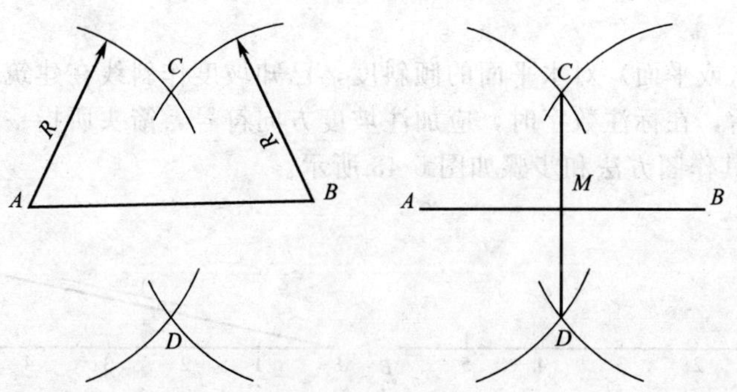

图 5-40　二等分线段

作图步骤如下。

(1) 分别以点 A、B 为圆心，以大于 $AB/2$ 为半径作弧，得交点 C、D。

(2) 连接 C、D 交 AB 于 M，M 即为 AB 中点。

2. 任意等分线段

把已知线段五等分，可用作平行线法求得各等分点，其作图方法和步骤如图 5-41 所示。

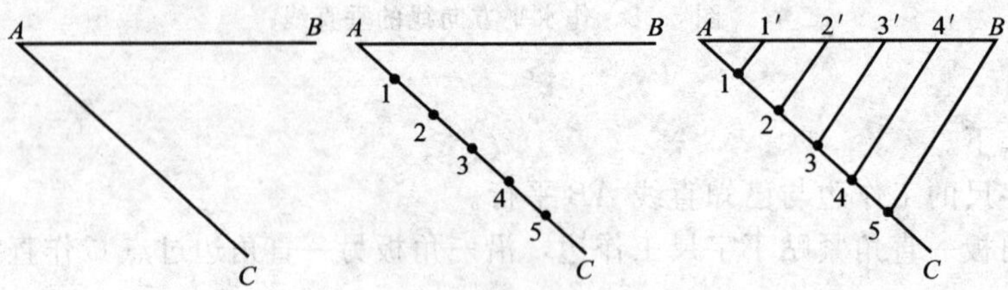

图 5-41　五等分线段

作图步骤如下。

(1) 在已知线段 AB 上，过端点 A 任意作一直线 AC。

(2) 用分规在 AC 上量得 1、2、3、4、5 各等分点。

(3) 连接 $5B$，分别过 1、2、3、4 等分点作 $5B$ 的平行线，即得到等分点 $1'$、$2'$、$3'$、$4'$。

3. 任意等分两平行线间的距离

在建筑制图中经常用到等分两平行线间的距离，其作图方法和步骤（以五等分为例）如图 5-42 所示。

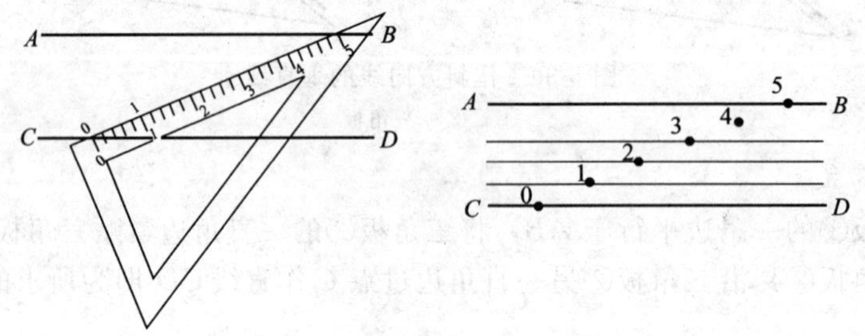

图 5-42　五等分两平行线间的距离

作图步骤如下。

(1) 将三角板上的 0 点对准 CD 上任意一点，使刻度 5 落在 AB 上，得到点 1、2、3、4。

(2) 过点 1、2、3、4 作 AB、CD 的平行线，即得到五等分两平行线间的距离。

四、坡度

坡度是指直线（或平面）对水平面的倾斜度，已知坡度作斜线在建筑工程图中也是经常要用到的。画好坡度后，在标注数字时，应加注坡度方向符号，箭头所指一般为下坡方向。以作 1∶5 的坡度为例，其作图方法和步骤如图 5-43 所示。

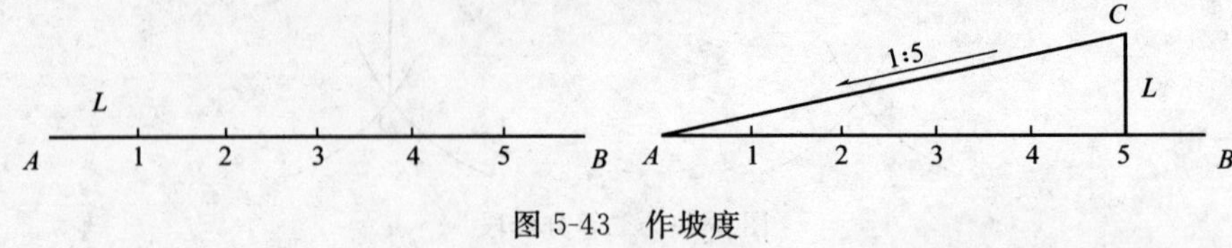

图 5-43　作坡度

作图步骤如下。

(1) 过点 A 在 AB 上任取长度为 L 的五等分，得点 1、2、3、4、5。

(2) 过点 5 作 AB 的垂直线 $5C=L$，连接 AC 即为所求的坡度 1∶5。

五、正多边形的画法

圆的内接正三、四、六、八、十二边形，都可以用丁字尺配合三角板画出，圆的内接正五边形，可用五等分圆周的方法画出。圆的内接任意正多边形，可通过近似等分圆周法画出，也可用查表的方法求得边长以后再画出。

1. 用圆规和三角板作圆的内接正三角形

用圆规和三角板作圆的内接正三角形的方法和步骤如图 5-44 所示。

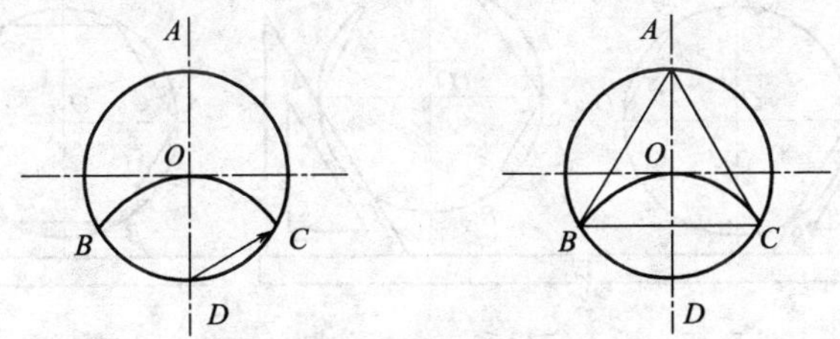

图 5-44　用圆规和三角板作圆的内接正三角形

作图步骤如下。

(1) 以 D 为圆心，R 为半径，作弧得到 BC。

(2) 依次连接 AB、BC、CA，即得到圆的内接正三角形。

2. 用丁字尺和三角板作圆的内接正三角形

用丁字尺和三角板作圆的内接正三角形的方法和步骤如图 5-45 所示。

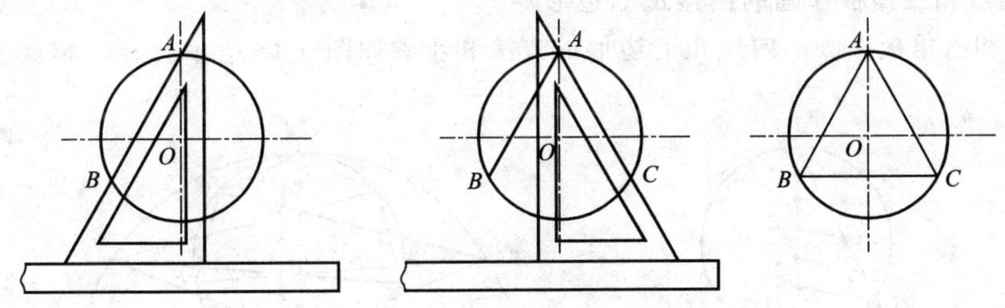

图 5-45　用丁字尺和三角板作圆的内接正三角形

作图步骤如下。

(1) 将 30°三角板的短直角边紧靠在丁字尺的工作边，沿斜边过 A 作 AB。

(2) 翻转三角板，沿斜边过 A 作 AC。

(3) 连接 BC，即得到圆的内接正三角形。

六、作圆的内接正六边形

1. 用圆规和三角板作圆的内接正六边形

用圆规和三角板作圆的内接正六边形的方法和步骤如图 5-46 所示。

作图步骤如下。

(1) 分别以 A、D 作圆心，R 为半径作弧得到 B、F、C、E 点。

(2) 依次连接 AB、BC、CD、DE、EF、FA，即得到圆的内接正六边形。

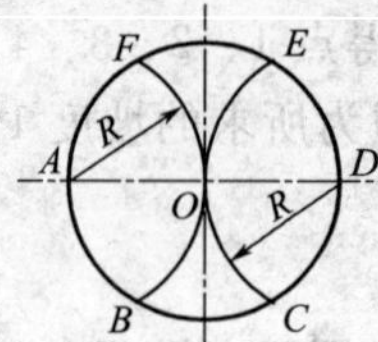

图 5-46 用圆规和三角板作圆的内接正六边形

2. 用丁字尺和三角板作圆的内接正六边形

用丁字尺和三角板作圆的内接正六边形的方法和步骤如图 5-47 所示。

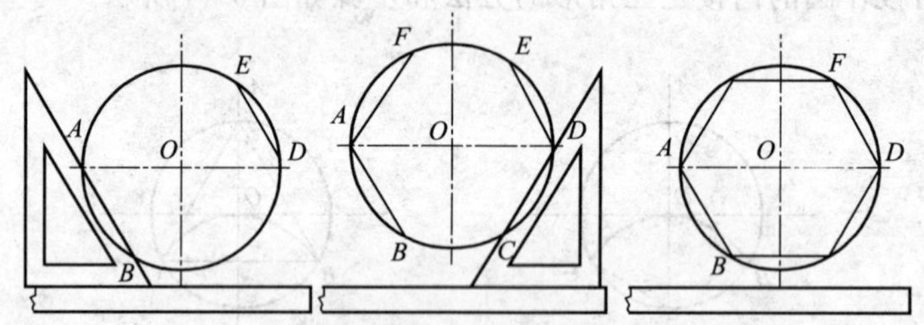

图 5-47 用丁字尺和三角板作圆的内接正六边形

作图步骤如下。

(1) 将 30°三角板的短直角边紧靠在丁字尺的工作边，沿斜边分别过 *A*、*D* 作 *AB*、*DE*。

(2) 翻转三角板，分别过 *A*、*D* 作 *AF*、*DC*。

(3) 连接 *BC*、*EF*，即得到圆的内接正六边形。

七、作圆的内接正多边形（以圆的内接正七边形为例）

1. 用圆规和三角板作圆的内接正七边形

用圆规和三角板作圆的内接正七边形的方法和步骤如图 5-48 所示。

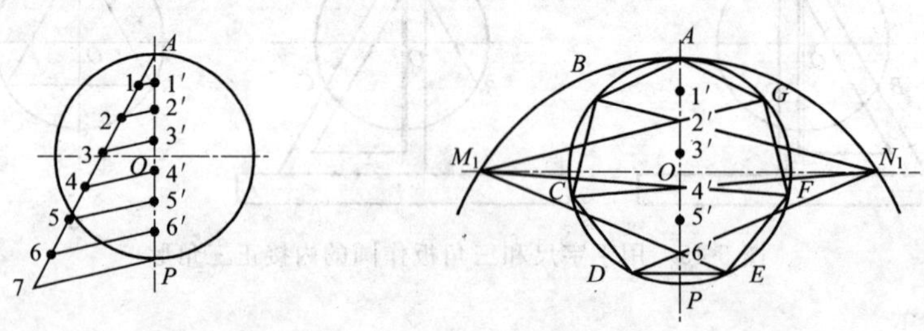

图 5-48 用圆规和三角板作圆的内接正七边形

作图步骤如下。

(1) 将直径 *AP* 七等分，得到 1′、2′、3′、4′、5′、6′各点。

(2) 以 *P* 为圆心，*PA* 为半径作弧，在直径 *MN* 延长线上截得 M_1、N_1，分别自 M_1、N_1 连偶数点 2′、4′、6′，并延长与圆周相交得 *G*、*F*、*E*、*B*、*C*、*D*，依次连接 *AB*、*BC*、*CD*、*DE*、*EF*、*FG*、*GA*，即得到圆的内接正七边形。

2. 利用查边长系数表的方法作正多边形

当正多边形的边数较多或边数为奇数时，作图比较困难，此时可利用边长系数表查出边长系数，在计算边长后再直接作图。表 5-9 中的数值是以外接圆半径为 1 计算的，使用时将表中查得的系数乘以外接圆半径，就可得到所求正多边形的边长。

表 5-9　边长系数

边数	系数(*k*)	边数	系数(*k*)	边数	系数(*k*)	边数	系数(*k*)
3	1.732	11	0.563	19	0.329	27	0.232
4	1.414	12	0.518	20	0.313	28	0.224
5	1.176	13	0.479	21	0.298	29	0.216
6	1.000	14	0.445	22	0.285	30	0.209
7	0.868	15	0.416	23	0.272	31	0.202
8	0.765	16	0.390	24	0.261	32	0.196
9	0.684	17	0.368	25	0.251	33	0.190
10	0.618	18	0.347	26	0.241	34	0.185

注意：利用计算得到的边长画图时必须十分精确，否则始点与终点将不重合（此时应适当调整分规的两针尖后再进行试分，直到正好等分为止）。

八、圆弧的连接

建筑物或构件的轮廓，有的是简单的几何图形（如正多边形、圆、椭圆等），有的则是由各种线段（如直线、圆弧等）连接而成的。圆弧连接就是用圆弧把直线与直线、直线与圆弧、圆弧与圆弧光滑地连接起来，它们的连接点就是连接线的切点。下面介绍几种圆弧连接的方法。

1. 两直线间的圆弧连接

用圆弧连接两直线的方法和步骤如图 5-49 所示。

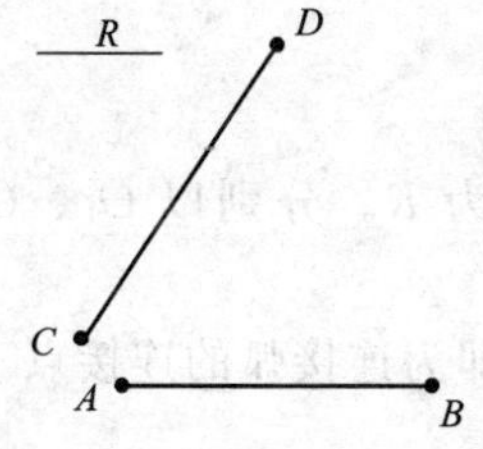

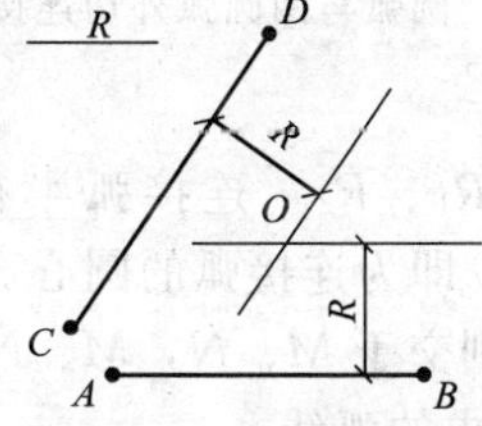

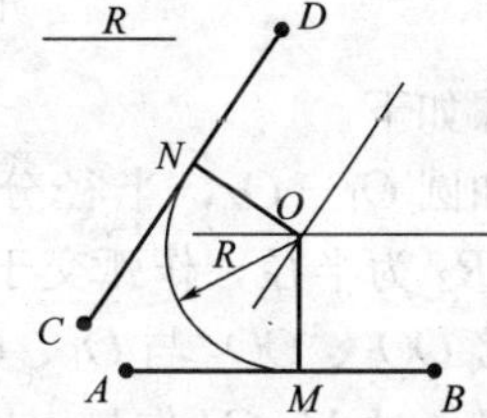

图 5-49　两直线间的圆弧连接

作图步骤如下。

(1) 已知直线 AB、CD，连接弧半径为 R。

(2) 以 R 为间距，分别作两已知直线的平行线，交于 O。

(3) 过 O 作已知直线的垂线，垂足 M、N 即为切点，以 O 为圆心，R 为半径，过 M、N 作弧，即为所求的弧线。

2. 直线与圆弧间的圆弧连接

用圆弧连接直线和圆弧的方法和步骤如图 5-50 所示。

作图步骤如下。

(1) 已知直线 AB，半径为 R_1 的圆 O_1，连接弧半径为 R。

(2) 以 R 的间距作 AB 的平行线与以 O_1 为圆心、$R+R_1$ 为半径作的弧交于 O，O 即为所求连接弧的圆心。

(3) 连接 O 与 O_1 交圆 O_1 于 M，过 O 作 ON 垂直 AB，N 为垂足，以 O 为圆心，R 为半径，过 M、N 作弧，即为所求的弧线。

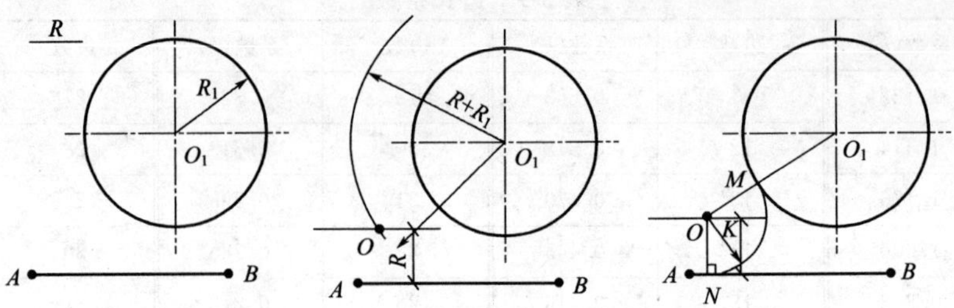

图 5-50　直线与圆弧间的圆弧连接

九、两圆弧间的圆弧连接

用圆弧连接两圆弧有三种情况，即圆弧与两圆弧外切连接、圆弧与两圆弧内切连接和圆弧与两圆弧内、外切连接。

1. 圆弧与两圆弧外切连接

圆弧与两圆弧外切连接的方法和步骤如图 5-51 所示。

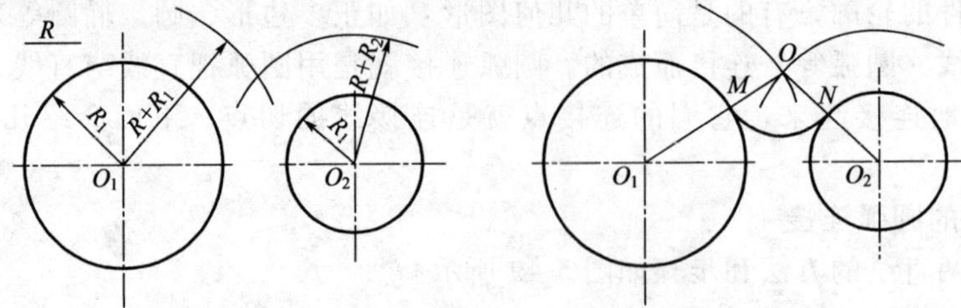

图 5-51　圆弧与两圆弧外切连接

作图步骤如下。

(1) 已知圆 O_1、O_2，半径分别为 R_1、R_2，连接弧半径为 R。分别以 O_1、O_2 为圆心，$R+R_1$、$R+R_2$ 为半径，作弧交于 O，O 即为连接弧的圆心。

(2) 连接 OO_1、OO_2 与 O_1、O_2 分别交于 M、N，M、N 即为连接弧的连接点。以 O 为圆心，R 为半径，过 M、N 作弧，即为所求的弧线。

2. 圆弧与两圆弧内切连接

圆弧与两圆弧内切连接的方法和步骤如图 5-52 所示。

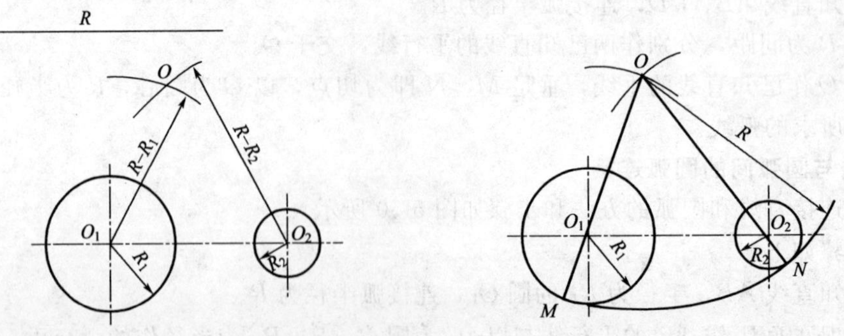

图 5-52　圆弧与两圆弧内切连接

作图步骤如下。

(1) 已知圆 O_1、O_2，半径分别为 R_1、R_2，连接弧半径为 R。分别以 O_1、O_2 为圆心，

$R-R_1$、$R-R_2$ 为半径，作弧交于 O，O 即为连接弧的圆心。

(2) 以 O 为圆心，R 为半径，过 M、N 作弧，即为所求的弧线。

3. 圆弧与两圆弧内、外切连接

圆弧与两圆弧内、外切连接的方法和步骤如图 5-53 所示。

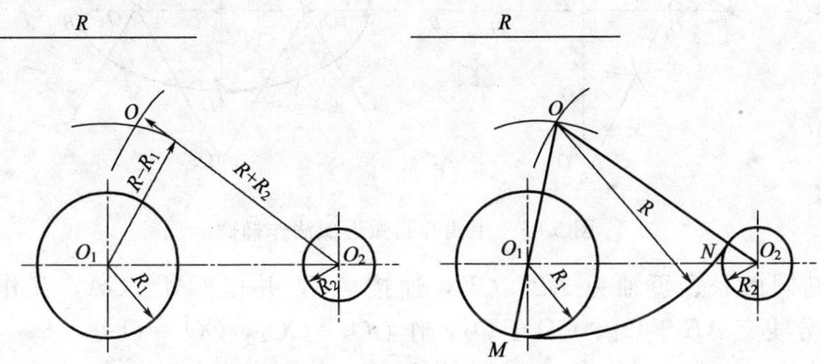

图 5-53　圆弧与两圆弧内、外切连接

作图步骤如下。

(1) 已知圆 O_1、O_2，半径分别为 R_1、R_2，连接弧半径为 R。分别以 O_1、O_2 为圆心，$R-R_1$、$R+R_2$ 为半径，作弧交于 O，O 即为连接弧的圆心。

(2) 连接 OO_1、OO_2 并延长 OO_1、OO_2 与圆 O_1、O_2 分别交于 M、N，M、N 即为连接弧的连接点。以 O 为圆心，R 为半径，过 M、N 作弧，即为所求的弧线。

十、椭圆的画法

椭圆的画法较多，这里仅介绍用同心圆法和四心圆弧近似法作椭圆的两种方法。

1. 同心圆法

用同心圆法作椭圆的方法和步骤如图 5-54 所示。

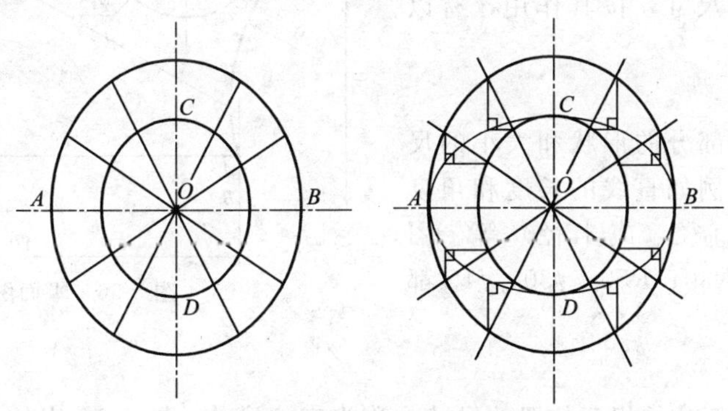

图 5-54　用同心圆法作椭圆

作图步骤如下。

(1) 已知椭圆的长、短轴为直径作两个同心圆，作适当数量的直径与两圆相交。

(2) 过直径与大圆交点作的垂直线与过小圆交点作的水平线相交，这些点即为椭圆上的点。用曲线板连接各点即为所求椭圆。

2. 四心圆弧近似法

用四心圆弧近似法作椭圆的方法和步骤如图 5-55 所示。

作图步骤如下。

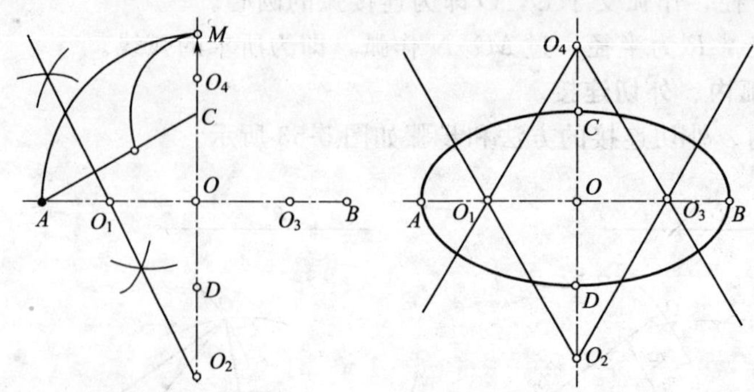

图 5-55　用四心圆弧近似法作椭圆

（1）已知椭圆的长、短轴为 AB、CD，连接 AC，并作 $OM=OA$，又作 $CM_1=CM$ 及 AM_1 的垂直平分线交 AB 于 O_1、CD 于 O_2，作 $OO_3=OO_1$，$OO_4=OO_2$。

（2）连接 O_1O_2、O_1O_4、O_3O_2、O_3O_4 并延长，分别以 O_1、O_3、O_2、O_4 为圆心，O_1A、O_3B、O_2C、O_4D 为半径作弧，使各弧相接于 E、F、G、H，即为所求椭圆。

第四节　平面图形的画法

可将平面图形分析成由若干几何图形（圆、矩形、正多边形等）和一些图线（包括直线和圆弧）所组成。绘制平面图形，应先进行尺寸分析和图线分析，从而确定画图的先后次序。

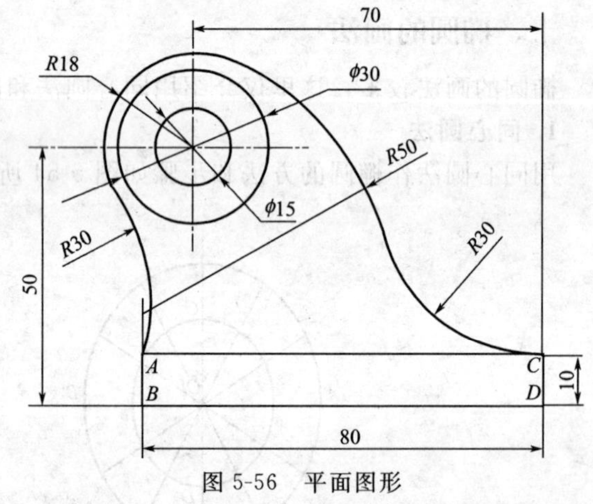

图 5-56　平面图形

一、平面图形的尺寸分析

平面图形中所注尺寸，按其作用，有以下两类。

1. 定形尺寸

确定图形各组成部分的形状和大小的尺寸，称为定形尺寸。例如直线的长度和角度的大小、圆或圆弧直径（或半径）等。图 5-56中的尺寸 $R18$、$R30$、$R50$、$\phi30$、$\phi15$ 都是定形尺寸。

2. 定位尺寸

确定图形各组成部分的相互位置的尺寸，称为定位尺寸。图 5-56 中的尺寸 80、50、70 都是定位尺寸。

3. 尺寸基准

标注定位尺寸时必须以图形中的某些点（如圆心）或某些线段（如图形的边线、对称线、中心线等）作为起点。这种作为定位尺寸起始位置的点、线称为尺寸基准。在平面图形中一般要有水平方向和垂直方向两个尺寸基准。在图 5-56 中 BD、CD 都是尺寸基准线。

二、平面图形的图线分析

图 5-56 中，图形外轮廓是由若干图线所围成的。根据图线所标注的尺寸和图线间的连接

关系，可将图线分为以下三种。

1. 已知图线

凡定形尺寸和定位尺寸全部注出的图线称为已知线。图中圆弧 $R18$、$\phi30$、$\phi15$、BD、CD 都是已知线。画图时，由所注尺寸可独立画出。

2. 中间图线

注有定形尺寸和不完全的定位尺寸的图线称为中间线。图中圆弧 $R50$ 是中间线，它需要根据一个连接关系才能画出。

3. 连接图线

仅注定形尺寸而未注定位尺寸的图线，或者需要根据两个连接关系才能画出的图线称为连接线。图中两个圆弧 $R30$ 都是连接线，作图时只能最后画出。

三、平面图形的尺寸标注

平面图形中标注的尺寸必须能唯一地确定图形的形状和大小。平面图形尺寸标注的基本要求是：正确、齐全、清晰。在标注尺寸时，应分析图形各部分的构成，确定尺寸基准，先注定形尺寸，再注定位尺寸。通过几何作图可以确定的线段，不要注尺寸。尺寸标注应符合国家标准的有关规定，尺寸在图上的布局要清晰。尺寸标注完成后应进行检查，看是否有遗漏或重复。可以按画图过程进行检查，画图时没有用到的尺寸是重复尺寸应去掉，如果按所注尺寸无法完成作图，说明尺寸不足，应补上所需尺寸。

四、平面图形的画图步骤

1. 准备工作

(1) 对所绘画图形的内容和要求有一个全面的了解。

(2) 准备好必要的制作工具和用品。图板、丁字尺、三角板等要擦干净并放在使用方便的

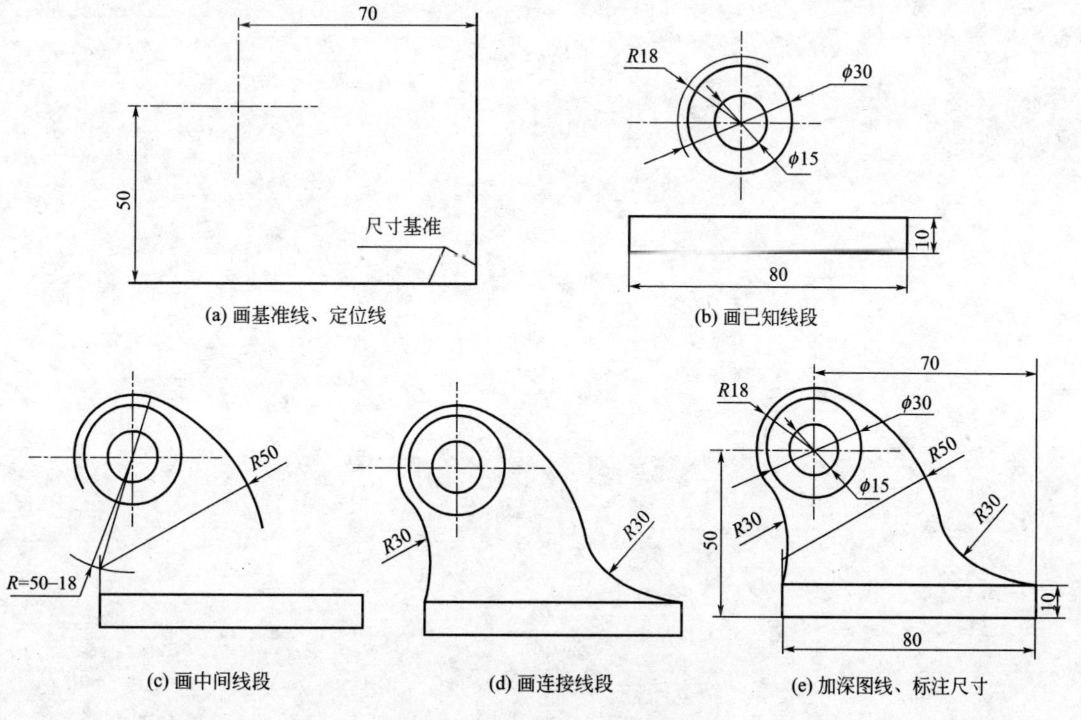

图 5-57 平面图形的绘图步骤

地方。

（3）将图纸用胶带纸固定在图板的适当位置上。在绘图过程中保持图纸的清洁。

2. 绘图步骤

（1）按照制图标准的要求准备好图纸、画框、标题栏等。

（2）选定比例，安排好图形在图纸中的位置，定好图形的基准线。

（3）绘制图形的主要轮廓线，由已知线段—中间线段—连接线段，由整体到局部直到画出所有的轮廓线。

（4）标注尺寸及其他的符号。

（5）仔细检查，擦去多余的底稿线。

（6）检查清楚全图，确定没有错误后再加深图线，填写有关的内容和说明，最后完成全图。

平面图形的绘图步骤如图 5-57 所示。

第六章

建筑外装饰工程施工图及绘制

第一节　建筑外装饰工程施工图概述

一、建筑外装饰工程施工图的产生

一个建筑工程项目，从制定计划到最终建成，必须经过一系列过程。建筑工程施工图的产生过程，是建筑工程从计划到建成过程中的一个重要环节。

建筑工程施工图是由设计单位根据设计任务书的要求、有关设计资料、计算数据及建筑艺术等多方面因素设计绘制而成。根据建筑工程的复杂程度，其设计过程分两阶段设计和三阶段设计两种。一般情况都按两阶段进行设计，对于较大或技术上较复杂、设计要求高的工程，才按三阶段进行设计。

两阶段设计包括初步设计和施工图设计两个阶段。

初步设计的主要任务是根据建设单位提出的设计任务和要求，进行调查研究、搜集资料，提出设计方案，其内容包括必要的工程图纸、设计概算和设计说明等。初步设计的工程图纸和有关文件只是作为提供方案研究和审批之用，不能作为施工的依据。

施工图设计的主要任务是满足工程施工各项具体技术要求，提供一切准确可靠的施工依据，其内容包括工程施工所有专业的基本图、详图及其说明书、计算书等。此外，还应有整个工程的施工预算书。整套施工图纸是设计人员的最终成果，是施工单位进行施工的依据。所以施工图设计的图纸必须详细完整、前后统一、尺寸齐全、正确无误，符合国家建筑制图标准。

当工程项目比较复杂，许多工程技术问题和各工种之间的协调问题在初步设计阶段无法确定时，就需要在初步设计和施工图设计之间插入一个技术设计阶段，形成三阶段设计。技术设计的主要任务是在初步设计的基础上，进一步确定各专业之间的具体技术问题，使各专业之间取得统一，达到相互配合协调。在技术设计阶段各专业均需绘制出相应的技术图纸，写出有关设计说明和初步计算等，为第三阶段施工图设计提供比较详细的资料。

二、施工图的分类、组成和编排顺序

1. 施工图的分类

建筑工程施工图按照专业分工的不同，可分为建筑施工图、结构施工图和设备施工图。

（1）建筑施工图　包括建筑总平面图、各层平面图、各个立面图、必要的剖视图和建筑施工详图及其说明书等。

（2）结构施工图　包括基础平面图、基础详图、结构平面图、楼梯结构图和结构构件详图及其说明书等。

（3）设备施工图　包括给水排水、采暖通风、电气照明等设备的平面布置图、系统图和施工详图及其说明书等。

由此可见，各工种的施工图一般又包括基本图和详图两部分。基本图表示全局性的内容；详图则表示某些构配件和局部节点构造等详细情况。

2. 施工图的组成

建筑按用途的不同可分类如下。

（1）民用建筑（居住建筑、公共建筑）　如住宅、宿舍、办公楼、旅馆、图书馆等。

（2）工业建筑　如纺织厂、钢铁厂、化工厂等。

（3）农业建筑　如拖拉机站、谷仓等。

建筑物虽然名目繁多，但一般都是由基础、墙（或柱）、楼（地）面、屋顶、楼梯、门窗等组成的。如图 6-1 所示，这是一幢钢筋混凝土构件和砖墙组成的混合结构楼房。由屋顶及外墙组成整个房屋外壳，称为围护结构；楼面在房屋内部用来分隔楼层空间，其既是下层房屋的顶板，又是上层房屋的地面；为便于上下层联系，还设有楼梯；内墙把房屋隔成不同用途的房间；为了便于室与室之间和楼内与楼外之间的联系，设置了门；设窗是为了采光和通风；天沟（檐沟）、雨水管、散水起着排水的作用；此外尚有雨篷、阳台等，各有其作用和功能。

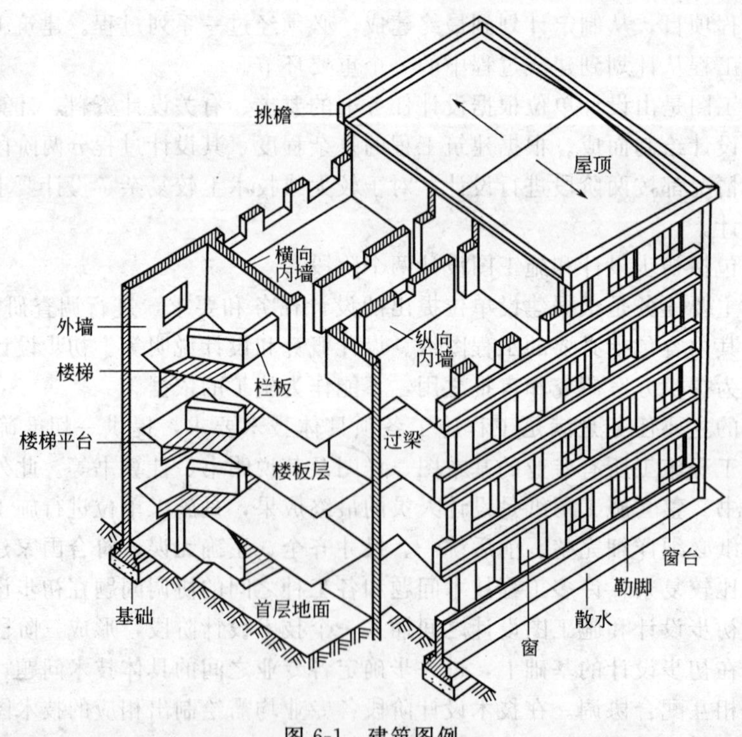

图 6-1　建筑图例

3. 施工图的编排序列

一套简单的房屋施工图就有一二十张图纸，一套大型复杂建筑物的图纸至少也得有几十张、上百张甚至会有几百张之多。因此，为了便于看图，易于查找，就应把这些图纸按顺序编排。

建筑工程施工图一般的编排顺序是：首页图（包括图纸目录、施工总说明、汇总表等）、建筑施工图、结构施工图、给水排水施工图、采暖通风施工图、电气照明施工图等。如果是以某专业工种为主体的工程，则应该突出该专业的施工图而另外编排。

各专业的施工图，应按图纸内容的主次关系系统地排列。例如基本图在前，详图在后；总体图在前，局部图在后；主要部分在前，次要部分在后；布置图在前，构件图在后；先施工的图在前，后施工的图在后等。

4. 识图应注意的问题

识读施工图时，必须掌握正确的识读方法和步骤。

在识读整套图纸时，应按照“总体了解、顺序识读、前后对照、重点细读”的读图方法。

(1) 总体了解　一般是先看目录、总平面图和施工总说明，以大致了解工程的概况，如工程设计单位、建设单位、新建房屋的位置、周围环境、施工技术要求等。对照目录检查图纸是否齐全，采用了哪些标准图，要准备齐全这些标准图。然后看建筑平面图、立面图和剖视图，大体上想象一下建筑物的立体形象及内部布置。

(2) 顺序识读　在总体了解建筑物的情况以后，根据施工的先后顺序，从基础、墙体（或柱）、结构平面布置、建筑构造及装修的顺序，仔细阅读有关图纸。

(3) 前后对照　读图时，要注意平面图和剖视图对照着读，建筑施工图和结构施工图对照着读，土建施工图与设备施工图对照着读，做到对整个工程施工情况及技术要求心中有数。

(4) 重点细读　根据工种的不同，将有关专业施工图再有重点地仔细读一遍，将遇到的问题记录下来，及时向设计部门反映。

识读一张图纸时，应按由外向里、由大到小、由粗至细、图样与说明交替、有关图纸对照看的方法，重点看轴线及各种尺寸关系。

要想熟练地识读施工图，除了要掌握投影原理、熟悉国家制图标准外，还必须掌握各专业施工图的用途、图示内容和方法。此外，还要经常深入到施工现场，对照图纸，观察实物，这也是提高识图能力的一个重要方法。

三、建筑制图常用图例

为确保图纸质量，提高制图和识图的效率，在绘制施工图时，必须严格遵守国家标准中的有关规定。

进一步说明几项规定和表示方法如下。

1. 图线

绘图时，首先按所绘图样选用的比例选定粗实线的宽度“b”，然后再规定其他线型的宽度。

2. 定位轴线

在施工时要用定位轴线定位放样，因此，凡承重墙、柱、大梁或屋架等主要承重构件都应画出轴线以确定其位置。对于非承重的隔断墙及其他次要承重构件等，一般不画轴线，而注明它们与附近轴线的相关尺寸以确定其位置。

定位轴线用细点画线表示，末端画细实线圆，圆的直径为 8mm，圆心应在定位轴线的延长线上或延长线的折线上并在圆内注明编号。水平方向编号采用阿拉伯数字从左至右顺序编写；竖向编号应用大写拉丁字母从下至上顺序编写。拉丁字母中的 I、O、Z 不得作为轴线编号，以免与数字 0、1、2 混淆。如字母数量不够使用，可增用字母或单字母加数字注脚，如 AA、BB…YY 或 A_1、B_1…Y_1。

定位轴线也可采用分区编号，编号的注写形式应为分区号——该区轴线号。

两轴线之间，有的需要用附加轴线表示，附加轴线用分数编号（图 6-2）。如图 6-2(a) 中

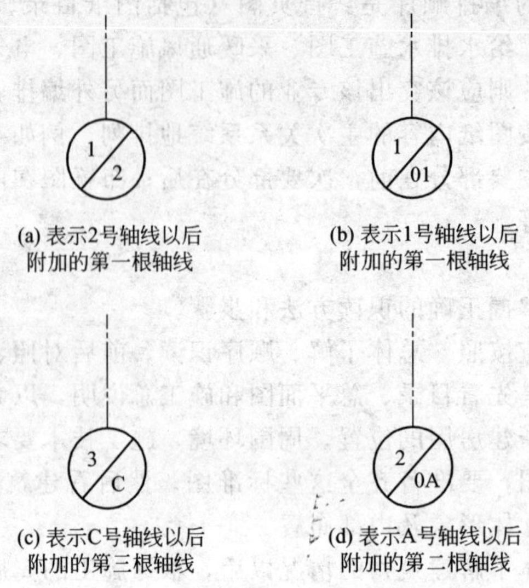

(a) 表示2号轴线以后附加的第一根轴线　(b) 表示1号轴线以后附加的第一根轴线

(c) 表示C号轴线以后附加的第三根轴线　(d) 表示A号轴线以后附加的第二根轴线

图 6-2　定位轴线

的$\frac{1}{2}$，表示 2 号轴线后附加的第一根轴线。当在 1 号轴线或 A 号轴线之间附加轴线时，分母就应用 01 或 0A 表示［图 6-2(b)］。

一个详图适用于几根定位轴线时，应同时注明有关轴线的编号，如图 6-3 所示。

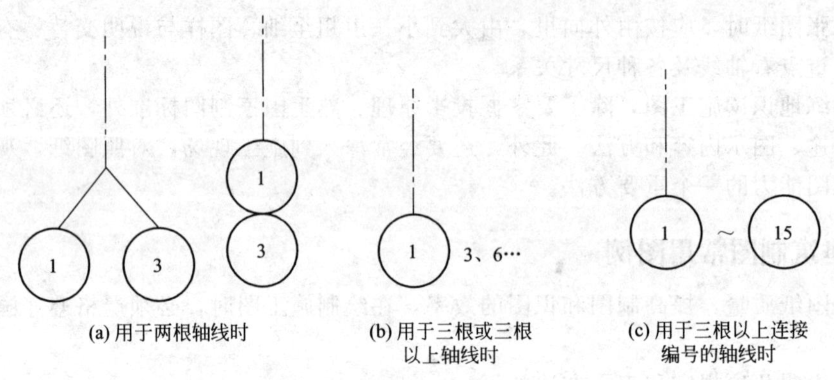

(a) 用于两根轴线时　(b) 用于三根或三根以上轴线时　(c) 用于三根以上连接编号的轴线时

图 6-3　详图的轴线编号

3. 标高

标高有绝对标高和相对标高两种。

(1) 绝对标高　把青岛附近黄海的平均海平面定为绝对标高的零点，其他各地标高都以它作为基准。如在总平面图中的室外整平标高▼2.75 即为绝对标高。

(2) 相对标高　在建筑物的施工图上要注明许多标高，如果全用绝对标高，不但数字烦琐，而且不容易直接得出各部分的高差。因此除总平面图外，一般都采用相对标高，即把底层室内主要的地坪标高定为相对标高的零点，标注为▽±0.000，而在建筑工程图的总说明中说明相对标高和绝对标高的关系，再根据当地附近的水准点（绝对标高）测定拟建工程的底层地面标高。

标高用来表示建筑物各部位的高度。标高符号为▽——、△——，用细实线画出，短横线是需注高度的界线，长横线之上或之下注出标高数字，例如▽2.900、△-0.300。小三角形高约 3mm，是等腰直角三角形，标高符号的尖端，应指至被注的高度。在同一图纸上的标高符号，应上下对正，大小相等。

总平面图上的标高符号，宜用涂黑的三角形表示，标高数字可注明在黑三角形的右上方，如▼$^{2.75}$，也可注写在黑三角形的上方或右面。

标高数字以 m 为单位，注写到小数点以后第三位（在总平面图中可注写到小数点后第二位）。零点标高应注写成±0.000，正数标高不注“+”，负数标高应注“-”，例如 3.000、-0.600。

4. 索引符号与详图符号

施工图中某一部位或某一构件如另有详图，则可画在同一张图纸内，也可画在其他有关的图纸上。为了便于查找，可通过索引符号和详图符号来反映该部位或构件与详图及有关专业图纸之间的关系。

(1) 索引符号　如图 6-4 所示，是用细实线画出来的，圆的直径为 10mm。当索引出的详图与被索引的图在同一张图纸内时，在上半圆中用阿拉伯数字注出该详图的编号，在下半圆中间画一段水平细实线；当索引出的详图与被索引的图不在同一张图纸内时，在下半圆中用阿拉伯数字注出该详图所在图纸的编号。当索引出的详图采用标准图时，在圆的水平直径延长线上加注标准图册编号。

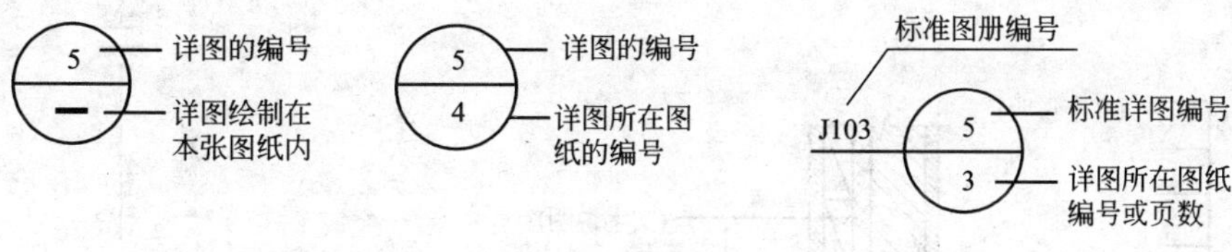

图 6-4　索引符号

索引的详图是局部剖视（或断面）详图时，索引符号在引出线的一侧加画一剖切位置线，引出线在剖切位置线的哪一侧，就表示向该侧投射（图 6-5）。

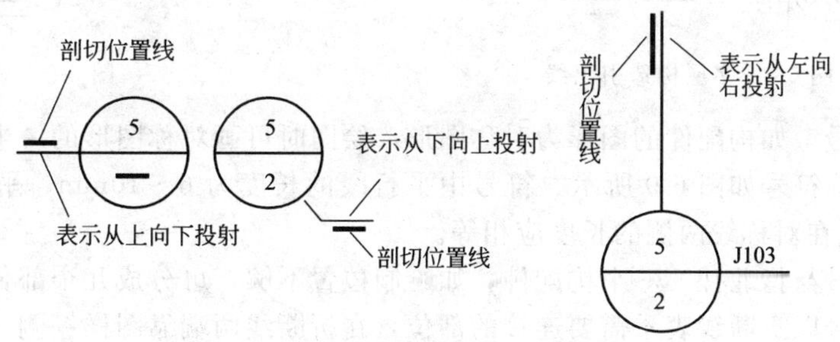

图 6-5　索引剖视详图的索引符号

(2) 详图符号　如图 6-6 所示，是用粗实线画出来的，圆的直径为 14mm。当圆内只用阿拉伯数字注明详图的编号时，说明该详图与被索引图样在同一张图纸内；若详图与被索引图样不在同一张图纸内，可用细实线在详图符号内画一水平直径，在上半圆内注明详图编号，在下半圆中注明被索引图样的图纸号。

要注意的是图中需要另画详图的部位应编上索引号，把另画的详图编上详图号，两者之间

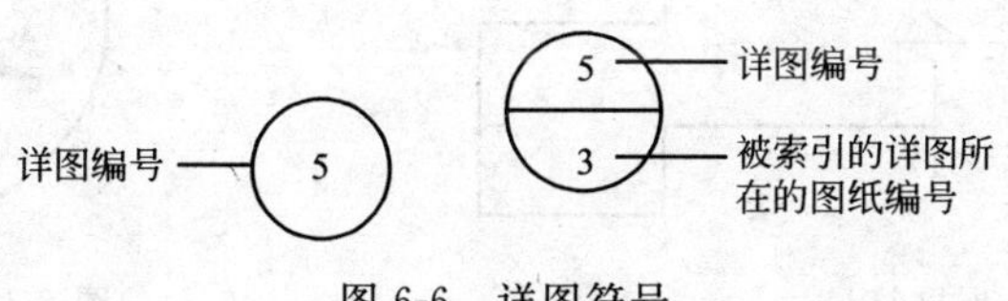

图 6-6　详图符号

须对应一致，以便查找。

5. 其他符号

（1）引出线　建筑物的某些部位需要用文字或详图加以说明时，可用引出线（细实线）从该部位引出。引出线用水平方向的直线，或与水平方向成30°、45°、60°、90°的直线，或经上述角度再折为水平的折线。文字说明可注写在横线的上方［图6-7(a)］，也可注写在横线的端部［图6-7(b)］，索引详图的引出线，应对准索引符号的圆心［图6-7(c)］。

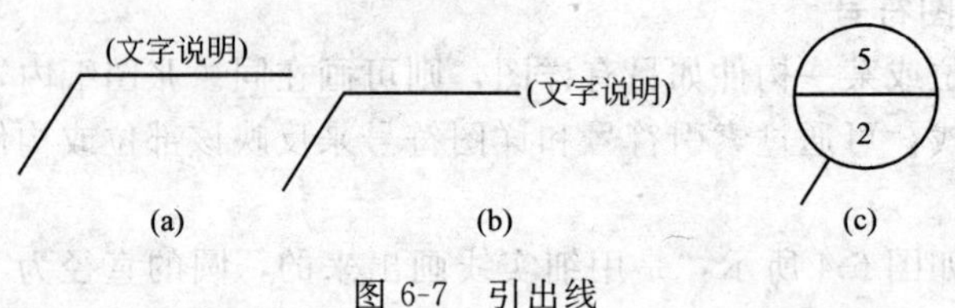

图6-7　引出线

用于多层构造的共同引出线，应通过被引出的多层构造，文字说明可注写在横线的上方，也可注写在横线的端部。说明的顺序自上至下，与被说明的各层要相互一致。若层次为横向排列，则由上至下的说明顺序要与由左至右的各层相互一致（图6-8）。

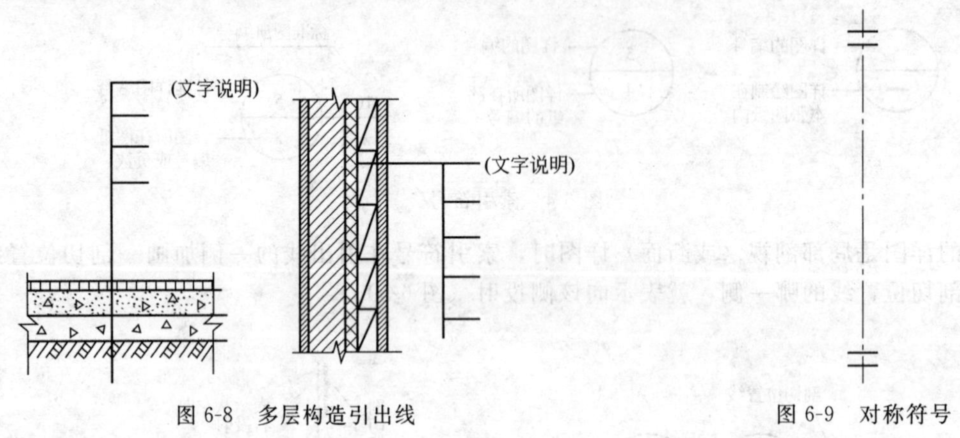

图6-8　多层构造引出线

图6-9　对称符号

（2）对称符号　如构配件的图形为对称图形，绘图时可画对称图形的一半，用细点画线画出对称符号，对称符号如图6-9所示。符号中平行线的长度为6～10mm，平行线的间距宜为2～3mm，平行线在对称线两侧的长度应相等。

（3）连接符号与指北针　一个构配件，如绘制位置不够，可分成几个部分绘制，用连接符号表示。连接符号以折断线表示需要连接的部位，在折断线两端靠图样一侧，用大写拉丁字母表示连接编号，两个被连接的图样，必须用相同的字母编号，如图6-10所示。

指北针符号的形状如图6-11所示，圆用细实线绘制，其直径为24mm，指北针尾部的宽度宜为3mm。

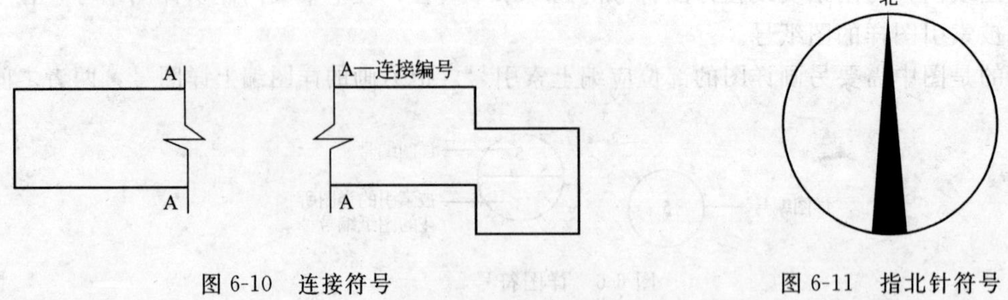

图6-10　连接符号

图6-11　指北针符号

四、建筑施工图的内容及用途

为表达出建筑设计的要求，建筑施工图有建筑物的总体布局、外部造型、内部布置、内外装修、细部构造、设备和施工要求等多种图样。

施工放样、砌墙、门窗安装、室内外装修及预算的编制和施工组织计划等，都需要建筑施工图提供依据。

建筑施工图中有施工总说明、总平面图、建筑平面图、建筑剖视图、建筑立面图、建筑详图和门窗表等。

第二节　施工总说明和建筑总平面图

拟建房屋的施工要求和总体布局，由施工总说明和建筑总平面图表示出来。一般中小型房屋建筑施工图首页（即施工图的第一页）就包含了这些内容。

一、施工总说明

对整个工程的统一要求（如材料、质量要求）、具体做法及该工程的有关情况都可在施工总说明中做具体的文字说明。

二、建筑总平面图

建筑总平面图是表明新建房屋基地所在范围内总体布置的图样。它要表达新建房屋的位置

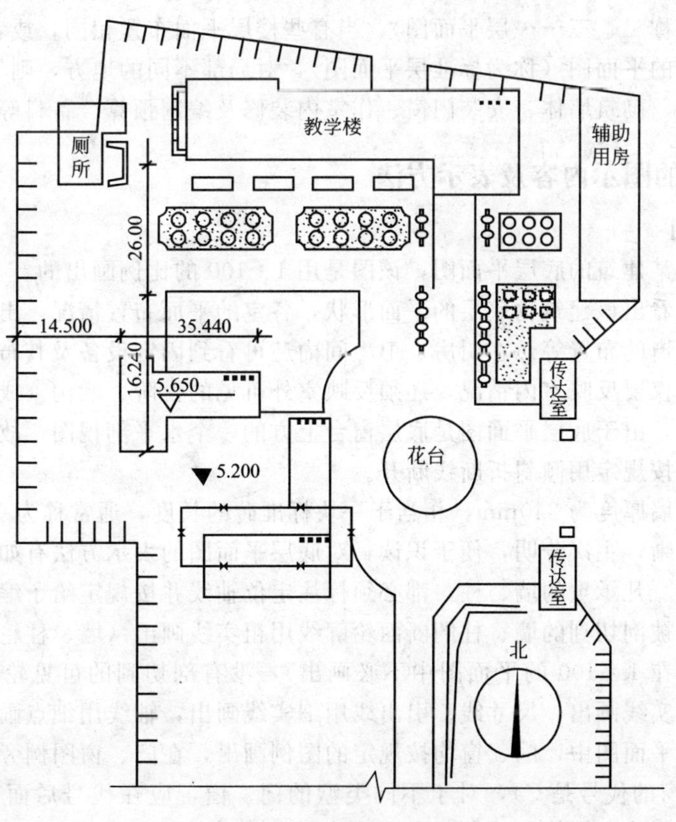

图 6-12　总平面图 1：500

和朝向，与原有建筑物的关系，周围道路、绿化布置及地形地貌等内容。建筑总平面图是新建房屋定位、土方施工及绘制其他专业（如水、暖、电等）管线平面图和施工总平面布置图的依据。

现以图 6-12 中的总平面图为例，说明识读建筑总平面图的要点。

（1）用粗实线画出的图形是新建房屋的底层平面轮廓，用细实线画出的是原有建筑，其中四周打“×”的是应拆除的建筑物，用中虚线画出的是计划建造的房屋。各个平面图形内的小黑点数，表示房屋的层数。

（2）根据原有房屋、围墙（或道路）来确定新建房屋的平面位置并标注出定位尺寸（以 m 为单位）。

当新建成群建筑构筑物、较大的公共建筑物或厂房时，通常用坐标来确定建筑群及道路转折点的位置。当地形起伏较大时，还应画出地形等高线。

（3）要注意识读新建房屋底层室内地坪和室外整平地坪的绝对标高。

（4）根据图中的指北针，确定新建房屋的朝向。

第三节　建筑平面图

一、平面图的形成和用途

假想用一水平面剖切平面，沿着房屋各层门、窗洞口处将房屋切开，移去剖切平面以上部分，向下所作的水平剖视图称为建筑平面图，简称平面图。

剖切平面沿房屋底层门、窗洞口剖切，所得到的平面图称为底层平面图。通常楼层房屋应画出各层平面图（称二、三……层平面图），当有些楼层平面布置相同，或者只有局部不同时，也可只画一个共同的平面图（称为标准层平面图），对局部不同的地方，则另画局部平面图。

平面图是放线、砌筑墙体、安装门窗、作室内装修及编制预算、备料等的基本依据。

二、平面图的图示内容及表示方法

1. 底层平面图

一层平面图是某建筑的底层平面图，该图是用 1∶100 的比例画出的。

从图中，可以看出该建筑物底层的平面形状，各室的平面布置情况，出入口、走廊、楼梯的位置，各种门、窗的布置等。在厨房、卫生间内还可看到固定设备及其布置情况。

底层平面图不仅要反映室内情况，还须反映室外可见的台阶、明沟（或散水）、花坛等。

图中的楼梯间，由于底层平面图是底层窗台上方的一个水平剖视图，故只画出第一个梯段的下半部分楼梯并按规定用倾斜折断线断开。

图中的底层砖墙厚度为 240mm，相当于一块标准砖的长度，通常称为一砖墙。

为了使图面清晰，主次分明，便于识读，对底层平面图的表示方法有如下规定。

（1）定位轴线　凡承重的墙、柱，都必须标注定位轴线并按规定给予编号。

（2）图线　凡被剖切到的墙、柱的断面轮廓线用粗实线画出（墙、柱轮廓线都不包括粉刷层的厚度，粉刷层在 1∶100 的平面图中不必画出），没有剖切到的可见轮廓线，如墙身、窗台、梯段等用中粗实线画出，尺寸线、引出线用细实线画出，轴线用细点画线画出。

（3）图例　在平面图中，门、窗均按规定的图例画出，在门、窗图例旁应注明它们的代号(门的代号是 M，窗的代号是 C)，对于不同类型的门、窗，应在代号后面写上编号，以示区别。各种门、窗的形式和具体尺寸，可在汇总编制的门、窗表中查对。在 1∶100 的平面图中，剖切到的砖墙的材料图例不必画出（为了醒目，有时在透明描图纸的背后涂红表示），剖切的钢筋混凝土构件的断面，其材料图例用涂黑表示。

（4）剖切线与索引符号　建筑剖视图的剖切位置和投射方向，应在底层平面图中用剖切线表示并应编号；凡套用标准图集或另有详图表示的构配件、节点，均需画出详图索引符号，以便对照阅读。

（5）尺寸标注　上下、左右都对称的建筑平面图形，其外墙的尺寸一般注在平面图形的下方和左侧，如果平面图形不对称，则四周都要标注尺寸。外墙的尺寸一般分三道标注：最外面一道外包尺寸，表示建筑物的总长度和总宽度；中间一道尺寸，表示定位轴线间的距离，是房屋的“开间”或“进深”尺寸；最里面一道尺寸，表示门窗洞口、洞间墙、墙厚的尺寸。内墙尺寸要标注内墙厚度、内墙上的门窗洞口尺寸及门窗洞口与墙或柱的定位尺寸。此外还应标注某些局部尺寸，如固定设备的定位尺寸，台阶、花坛、散水等尺寸。在底层平面图中，还应注写室内外地面的标高。

（6）其他　有时在底层平面图外面，还要画出指北针符号，以表明房屋的朝向。

2. 楼层平面图

楼层平面图的图示内容与底层平面图相同。因为室外的台阶、花坛、明沟、散水和雨水管的形状和位置已经在底层平面图中表达清楚了，所以中间各层平面图除要表达本层室内情况外，只需画出本层的室外阳台和下一层室外的雨篷、遮阳板等。此外，因为剖切情况不同，楼层平面图中楼梯间部分表达梯段的情况与底层平面图也不同。

3. 屋顶平面图

屋顶平面图比较简单，可用较小的比例绘制。屋顶平面图表明了屋顶的形状，屋面排水方向及坡度，天沟或檐沟的位置，还有女儿墙、屋檐线、雨水管、上人孔及水箱的位置等。

4. 局部平面图

当某些楼层的平面布置图基本相同，仅局部不同时，则这些不同部分可用局部平面图表示。当某些局部布置由于比例较小而固定设备较多或者内部组合比较复杂时，也可另画较大比例的局部平面图。局部平面图的图示方法与底层平面图相同。为了清楚表明局部平面图所处的位置，必须标注与平面图一致的轴线及其编号。常见的局部平面图有厕所、盥洗间、楼梯间等。

5. 平面图的主要内容

在绘制建筑平面图之前，首先要明白建筑平面图的内容，建筑平面图的内容主要包括以下部分。

（1）图名、比例。

（2）纵横定位轴线及其编号。

（3）各种房间的布置和分隔，墙、柱断面形状和大小。

（4）门、窗布置及其型号。

（5）楼梯梯段的走向。

（6）台阶、花坛、阳台、雨篷等的位置，盥洗间、厕所、厨房等固定设施的布置及雨水管、明沟等的布置。

（7）平面图的轴线尺寸、各建筑物构配件的大小尺寸和定位尺寸及楼地面的标高、某些坡度及其下坡方向。

（8）剖视图的剖切位置线和投射方向及其编号，表示房屋朝向的指北针（这些仅在底层平面图中表示）。

（9）详图索引符号。

（10）施工说明等。

三、平面图的阅读和绘制

1. 平面图的阅读步骤

建筑平面图的阅读和建筑平面图的绘制同样重要，建筑平面图应按照下列步骤阅读。

（1）明确平面图的图名以及绘图比例。

（2）纵横定位轴线及其编号。

（3）各种房间的布置和分隔，墙、柱断面形状和大小。

（4）门、窗布置及其型号。

（5）台阶、花坛、阳台、雨篷等的位置，盥洗间、厕所、厨房等固定设施的布置及雨水管、明沟等的布置以及装饰情况、装饰材料。

（6）详图索引符号，配合详图阅读。

2. 平面图的绘制步骤

在AutoCAD中，绘制建筑平面图的常见步骤如下。

（1）设置绘图环境。

（2）绘制纵横定位轴线。

（3）绘制平面布局轮廓线。

（4）绘制各种房间的布置和分隔轮廓线。

（5）绘制建筑物内部的细部，例如门窗、盥洗间、厕所、厨房等。

（6）添加尺寸标注。

（7）添加图框、标题栏，填写标题。

（8）打印输出。

第四节　建筑立面图

一、立面图概述

建筑立面图是建筑物外墙在平行于该外墙面的投影面上的正投影图，如图6-13所示。建筑立面图是用来表示建筑物的外貌并说明外墙装饰要求的图样。

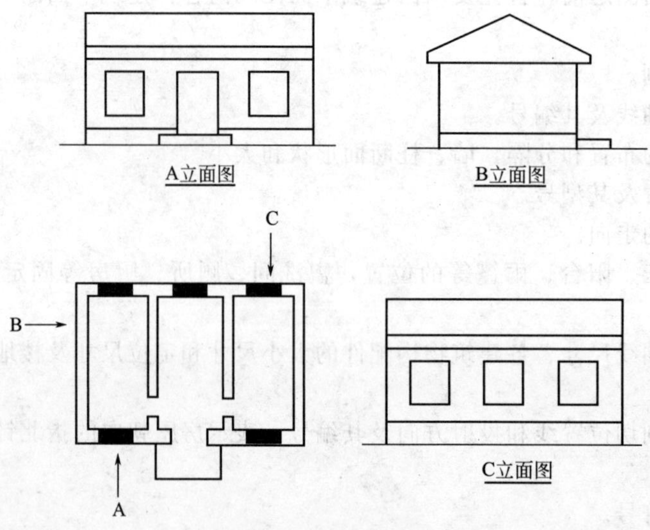

图6-13　建筑立面图

对有定位轴线的建筑物，宜根据两端定位轴线标注立面图名称（如①～⑩立面图、Ⓐ～Ⓔ立面图），无定位轴线的立面图，可按平面图各面的方向确定名称（如南立面图、东立面图）。也有按建筑物立面的主次，把建筑物主要入口面或反映建筑物外貌主要特征的立面称为正立面图，从而确定背立面图的左、右侧立面图。

二、立面图的图示内容和绘制要求

现以图 6-14 中的立面图来说明立面图的图示内容和绘制要求。

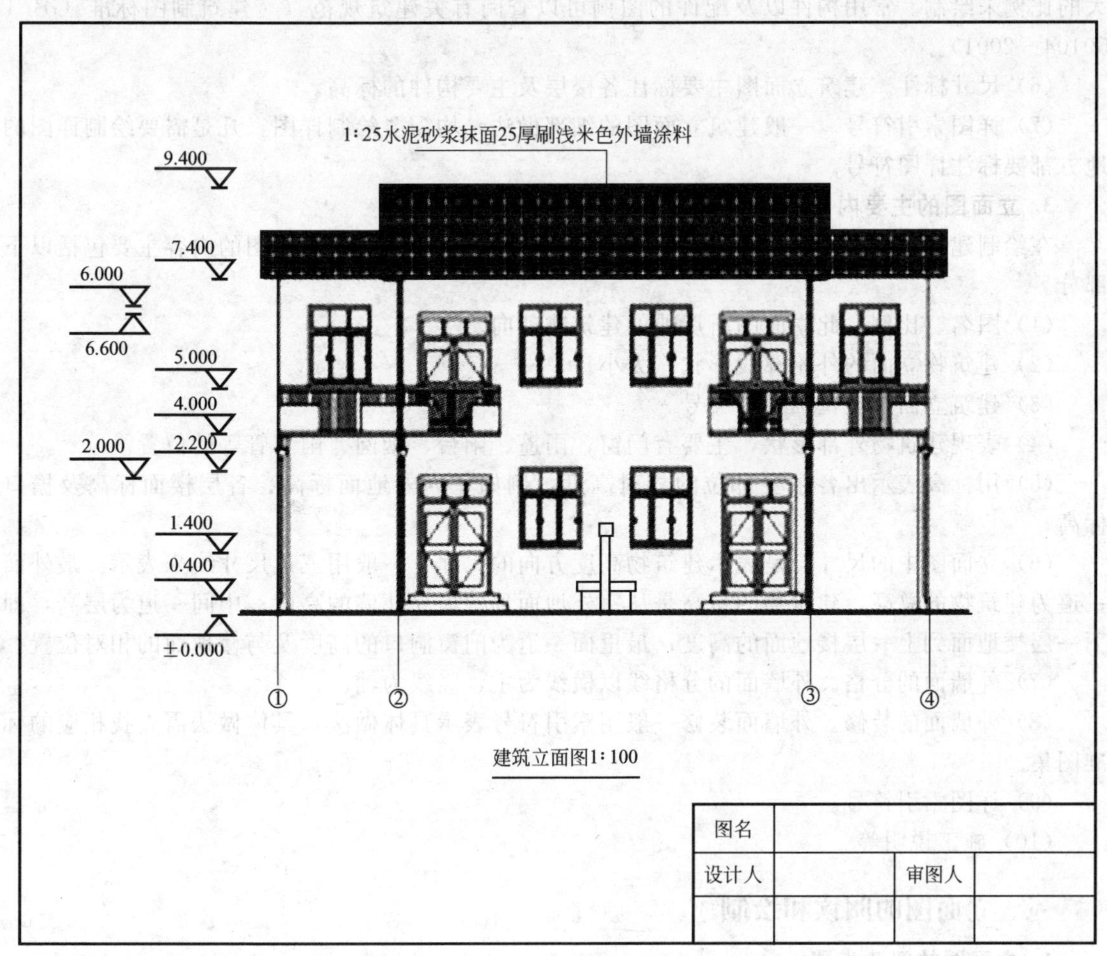

图 6-14　某小型住宅楼建筑立面图

1. 图示内容

立面图是某小型住宅楼的南立面图，采用 1∶100 的比例绘制，两端的定位轴线为①轴与④轴。

该建筑物为二层建筑，立面图上表达了外墙面上设置的门、窗形式及位置。从底层走廊到室外地面设有砖砌踏步，从图中可以看出阳台、窗台形式。

2. 建筑立面图的绘制要求

建筑立面图的绘制要求和建筑平面图相似，这里将它归纳为以下七点。

(1) 首先选定图幅，根据要求选择建筑图纸的大小。

(2) 用户可以根据建筑物大小，采用不同的比例。绘制立面图常用的比例有 1∶50、1∶100、1∶200，一般采用 1∶100 的比例。当建筑过小或过大时，可以选择 1∶50 或 1∶200。

(3) 定位轴线。立面图一般只绘制两端的轴线及其编号，与建筑平面图相对照，方便阅读。

(4) 线型。首先是轮廓线，在建筑立面图中，轮廓线通常采用粗实线，以增强立面图的效果；室外地坪线一般采用加粗实线；外墙面上的起伏细部，例如阳台、台阶等也可以采用粗实线；其他部分，例如文字说明、标高等一般采用细实线绘制即可。

(5) 图例。立面图一般也要采用图例来绘制图形。一般来说，立面图所有的构件（例如门窗等）都应该采用国家有关标准规定的图例来绘制，而相应的具体构造会在建筑详图中采用较大的比例来绘制。常用构件以及配件的图例可以查阅有关建筑规范（《建筑制图标准》GB/T 50104—2001）。

(6) 尺寸标注。建筑立面图主要标注各楼层及主要构件的标高。

(7) 详图索引符号。一般建筑立面图的细部做法，均需要绘制详图，凡是需要绘制详图的地方都要标注详图符号。

3. 立面图的主要内容

在绘制建筑立面图之前，首先要明白建筑立面图的内容，建筑立面图的内容主要包括以下部分。

(1) 图名、比例，此立面图所反映的建筑物朝向。

(2) 建筑物立面的外轮廓线形状、大小。

(3) 建筑立面图定位轴线的编号。

(4) 表现建筑物外部形状，主要有门窗、雨篷、阳台、烟囱、雨水管等的位置。

(5) 用标高表示出各主要部位的相对高度，例如室内外地面标高、各层楼面标高及檐口标高。

(6) 立面图中的尺寸。是表示建筑物高度方向的尺寸，一般用三道尺寸线来表示。最外面一道为建筑物的总高，建筑物的总高是从室外地面到檐口女儿墙的高度；中间一道为层高，即下一层楼地面到上一层楼地面的高度；最里面一道为门窗洞口的高度及与楼地面的相对位置。

(7) 外墙面的分格。外墙面的分格线以横线为主，竖线为辅。

(8) 外墙面的装修。外墙面装修一般用索引符号表示具体做法，具体做法需查找相应的标准图集。

(9) 详图索引符号。

(10) 施工说明等。

三、立面图的阅读和绘制

1. 立面图的阅读步骤

建筑立面图的阅读和建筑立面图的绘制同样重要，建筑立面图应按照下列步骤阅读。

(1) 明确立面图反映的是建筑物哪个侧面以及绘图比例。

(2) 定位轴线及其编号。

(3) 外墙面门和窗的种类、形式、数量。

(4) 立面的细部构造。

(5) 外墙面的装饰情况、装饰材料。

(6) 详图索引符号，配合详图阅读。

2. 立面图的绘制步骤

在 AutoCAD 中，绘制建筑立面图的常见步骤如下。

(1) 设置绘图环境。

(2) 绘制定位轴线、外墙的轮廓线、地坪线、各层的楼面线。

(3) 绘制外墙面构件轮廓线。

(4) 绘制各种建筑构配件的可见轮廓线。

(5) 绘制建筑物细部，例如门窗、阳台、雨水管等。

(6) 添加尺寸标注。

(7) 添加图框、标题栏，填写标题。

(8) 打印输出。

第五节　建筑视图、剖面图与断面图

一、视图

1. 六面视图

六面视图是根据国家标准规定，在原有三面视图的三个投影面的基础上，再增设三个投影面，组成一个正六面体，如图 6-15(a) 所示。由此得到新增加的三个视图：由右向左投影所得的右侧立面图（D 方向）；由下向上投影所得的底面图（E 方向）；由后向前投影所得的背立面图（F 方向）。

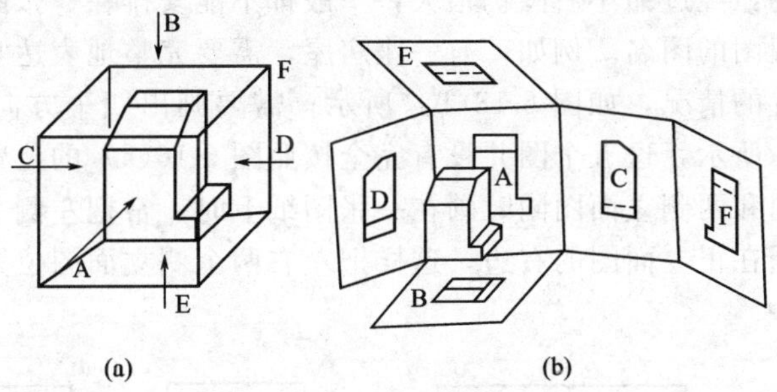

图 6-15　六面视图的形成

在三面视图展开原理的基础上，将右侧视图向左旋转，左侧视图向右旋转，底面图向上旋转，背立面图跟随左侧立面图一起旋转，展开后的六面视图，如图 6-16 所示。

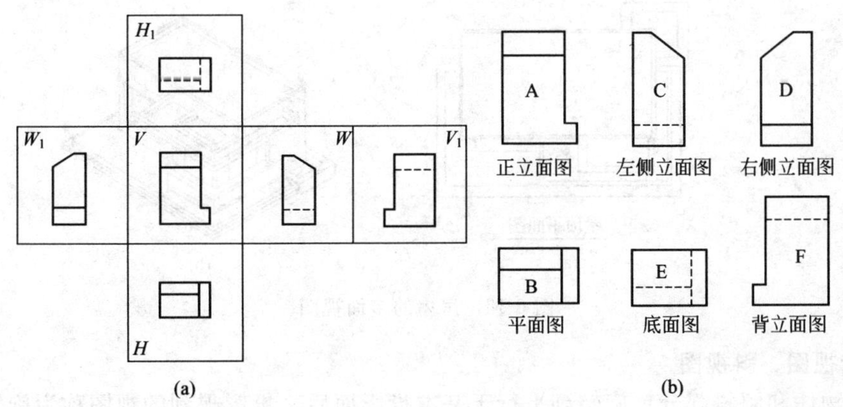

图 6-16　六面视图的配置

一般情况下，六个视图绘制在一张图纸内，按图 6-16(a) 所示的位置排列时，则不必标注各视图的名称。若不是这样配置时，可按图 6-16(b) 的形式，以三面视图 A、B、C 为基础配置 D、E、F 三个视图，标注所有视图名称。

为区别下面将要引入的其他视图，把上述六面视图称为基本视图，相应地称六个相互垂直的投影面为基本投影面。如图 6-17 所示为房屋的六个基本视图。

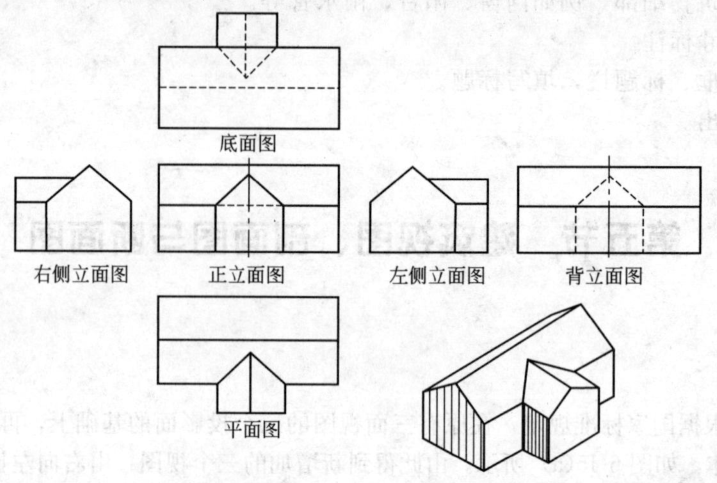

图 6-17 房屋的六个基本视图

对于庞大的建筑物，经过缩小后图仍很大，一般都不能安排在一张图纸上，因此，在工程图样中均需标注出各视图的图名。例如，有一座房屋，需要完整地表达它的外貌，也就是看出它的墙面、门、窗布置的情况，如图 6-18(b) 所示；需要画出四个方向的立面图和一个屋顶平面图，如图 6-18(a) 所示，这五个图并没有完全按照图 6-16(a) 的位置安排，因在房屋建筑工程图中，当正立面图和两侧立面图同时画在一张图纸上时，常把左侧立面图画在正立面图的左边，把右侧立面图画在正立面图的右边，这样把左右两个侧立面图位置对换，目的是看图时便于就近对照。

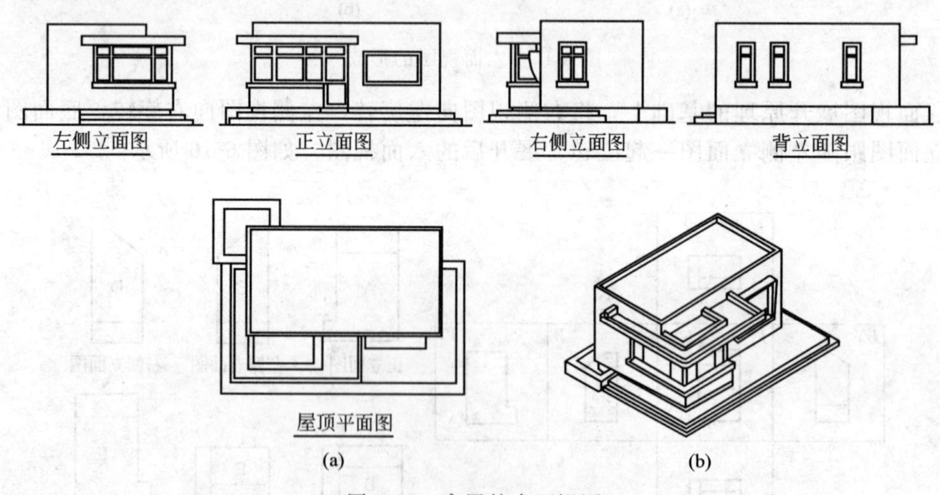

图 6-18 房屋的多面视图

2. 旋转视图、斜视图

假想把物体和倾斜部分，旋转到平行于基本投影面后，投影得到的视图称为旋转视图；向不平行于基本投影面的平面投影时，所得的视图称为斜视图。

图 6-19 中房屋的右端向东延伸，朝向西南。现假想房屋的右端部分按旋转法旋转成正平位置，向 V 面投影，使得南立面图的右端反映房屋右端朝向西南的立面的真实形态。旋转视图可省略标注旋转方向和字母。

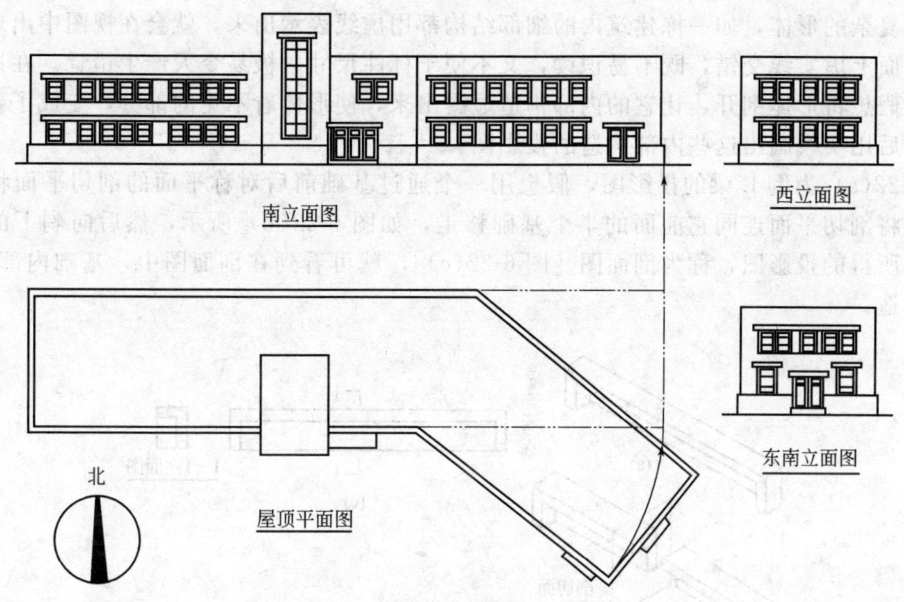

图 6-19　旋转视图与斜视图

图 6-19 中除画出房屋的四个视图外，还在平面图下边画了“指北针”，表示该房屋的大致朝向，工程图习惯上用朝向来称呼各立面图（如南立面图、西立面图等），代替上述的正立面图、侧立面图、背立面图。

图 6-19 中的东南立面图，是一斜视图，因是按东南方向投影所得的视图，它倾斜于基本投影面，用“东南立面图”表明其投影方向。

3. 镜像视图

在建筑工程中，某些工程改造，当用直接正投影法绘制不易表达时，则可采用镜像投影法来绘制，但必须在图名后注写“镜像”两字，如图 6-20 所示。

镜像视图是在镜面上形成的物体视图，即把镜面放在物体的下面，让镜面代替水平投影面，物体在镜面中反射得到的图像，则称为“平面图（镜像）”，但它和用直接正投影法绘制的平面图是有区别的。图 6-21 就是用镜像投影法绘制的镜像视图——梁板平面图。

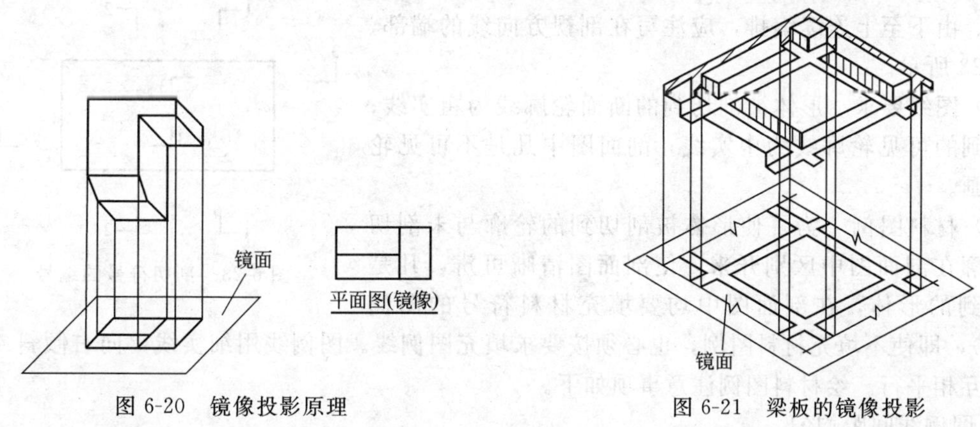

图 6-20　镜像投影原理　　　图 6-21　梁板的镜像投影

二、剖面图

1. 剖面图的形成

在绘制形体的视图时，形体上被遮挡的不可见轮廓线在图面上需要用虚线画出，这样对于构造比较复杂的形体，如一栋建筑内的细部结构都用虚线表示出来，就会在视图中出现很多虚线，使图面上虚实线交错，既不易识读，又不便于标注尺寸，极易令人产生错觉。在这种情况下，可以假想将形体剖开，让它的内部构造显露出来，使形体看不见的部分，变成了看得见的部分，然后用实线画出这些内部构造的投影图。

图 6-22(a) 为倒 L 梁的投影图，假想用一个通过基础前后对称平面的剖切平面将基础剖开，然后将剖切平面连同它前面的半个基础移走，如图 6-22(b) 所示，然后向剩下的半个基础投影，所得的投影图，称为剖面图［图 6-22(c)］，就可看到在剖面图中，基础内部的形状、大小和构造。

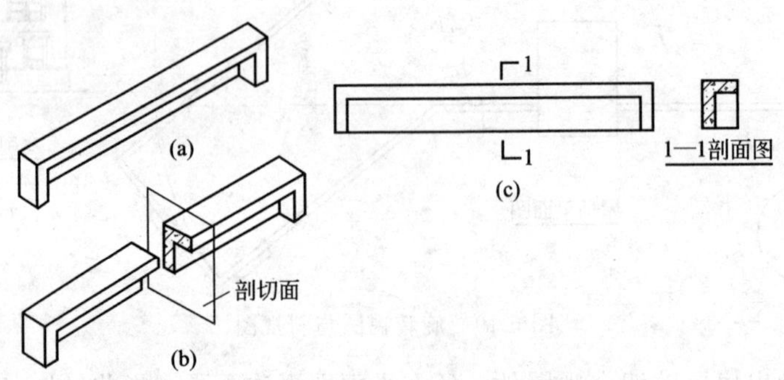

图 6-22　剖面图的产生

2. 剖面剖切符号和材料图例

(1) 确定剖切平面的位置　假设剖切平面垂直于某个基本投影面，则剖切平面在该基本投影面上的视图中积聚成一条直线，该直线就表明了剖切平面的位置，称为剖切位置线，简称剖切线。剖切线用断开的两段粗实线表示，长度以 6～10mm 为宜。通常选择在形体内部构造复杂部位，对于对称的形体，沿形体的对称线或中心线进行剖切。

(2) 剖视方向　剖视方向线与剖切位置线垂直，在剖切线两端的同侧各画一段与它垂直的短粗实线，称为剖视方向线，剖视方向线长度宜为 4～6mm，表示观看方向为朝向这一侧。在剖面图中如果剖视方向不同，绘出剖面图则完全相反。

(3) 剖切符号的编号　国家标准规定剖切符号的编号宜采用阿拉伯数字。若一个建筑形体需要画几个剖面图时，它们的剖切符号的编号应按顺序由左至右、由下至上连续编排，应注写在剖视方向线的端部，如图 6-23 所示。

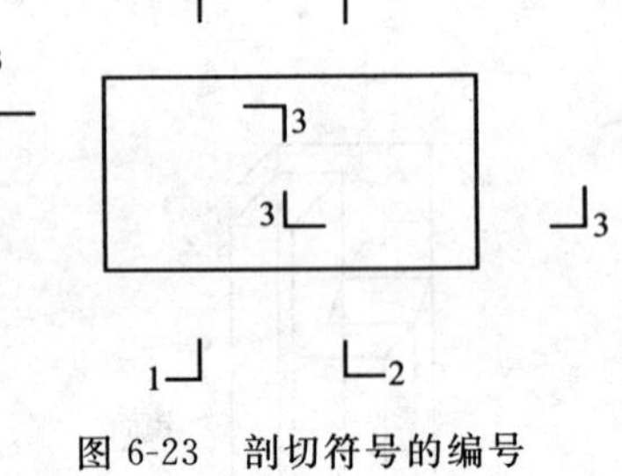

图 6-23　剖切符号的编号

(4) 图线要求　形体被剖切到的断面轮廓线为粗实线；未剖切到的可见轮廓线为中实线；剖面图中凡是不可见轮廓线不画。

(5) 材料图例　为了使形体被剖切到的轮廓与未剖切到的轮廓在剖面图中区别开来，使剖面图清晰可辨，凡是被剖切到的形体，在剖面图中均要填充材料符号的图例（表 6-1），即使不填充材料图例，也必须按要求填充图例线。图例线用细实线，向右倾斜 45°，等距且互相平行。绘材料图例注意事项如下。

① 图例线间距均匀。

② 同一材料，品质不同，用文字注记以示区别。

③ 相同的图例相接，图例线错开或倾斜方向相反。

④ 狭窄的断面，涂黑表示。

⑤ 面积过大的断面，其材料图例可沿轮廓局部绘出。

表 6-1 常用建筑材料图例

序号	名 称	图 例	说 明
1	自然土壤		包括各种自然土壤
2	夯实土壤		
3	砂、灰土		靠近轮廓线的点较密
4	砂砾石、碎砖三合土		
5	天然石材		包括岩层、砌体、铺地、贴面等材料
6	毛石	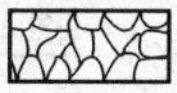	
7	普通砖		1. 包括砌体、砌块； 2. 断面较窄，不易画出图例线时，可涂红
8	耐火砖		包括耐酸砖等
9	空心砖		包括各种多孔砖
10	饰面砖		包括铺地砖、马赛克、陶瓷饰面砖、人造大理石等
11	混凝土		1. 本例仅适用于能承重的混凝土及钢筋混凝土； 2. 包括各种标号、骨料、添加剂的混凝土； 3. 在剖面图上画出钢筋时，不画图例线； 4. 断面较窄，不易画出图例线时，可涂黑
12	钢筋混凝土	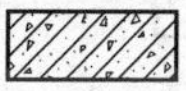	
13	焦渣、矿渣	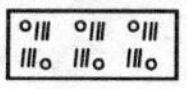	包括与水泥、石灰等混合而成的材料
14	多孔材料		包括水泥珍珠岩、沥青珍珠岩、泡沫混凝土、非承重加气混凝土、泡沫塑料、软木等
15	纤维材料	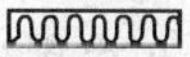	包括麻丝、玻璃棉、矿渣棉、木丝板、纤维板等
16	松散材料		包括木屑、石灰木屑、稻壳等
17	木材	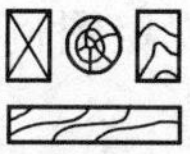	1. 上图为横断图，左上图为垫木、木砖、木龙骨； 2. 下图为纵断面
18	胶合板	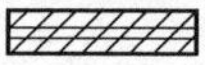	应注明 N 层胶合板
19	石膏板	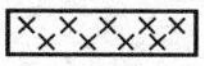	
20	金属	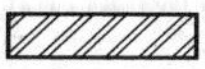	1. 包括各种金属； 2. 图形小时，可涂黑
21	网状材料		1. 包括金属、塑料等网状材料； 2. 注明材料
22	液体	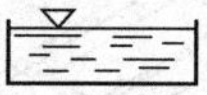	注明液体名称
23	玻璃	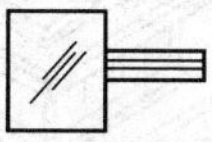	包括平板玻璃、磨砂玻璃、夹丝玻璃、钢化玻璃等
24	橡胶		
25	塑料	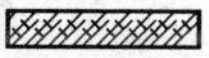	包括各种软、硬塑料及有机玻璃等
26	防水材料		构造层次多或比例较大时采用上面图例
27	粉刷		本图例的点较稀

3. 剖切面

可用一个剖切面剖切，也可用两个或两个以上平行的剖切面剖切，有时也用两个或两个以上相交的剖切面剖切。

(1) 单一剖切面　图 6-24 是以房屋的正立面图表示正面外形，用平面图（剖面图）和1—1剖面图表示房屋的内部情况。

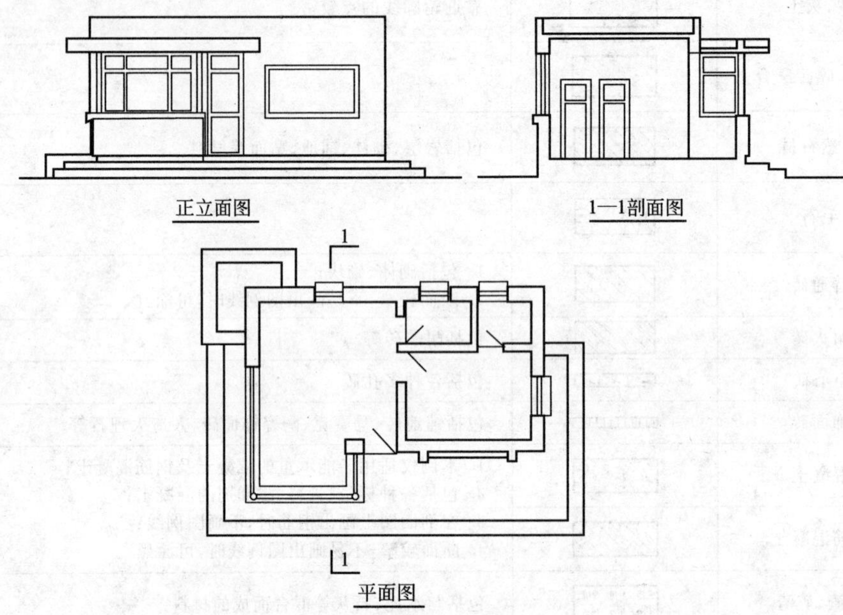

图 6-24　单一剖切面的全面视图

平面图是假想由一个水平剖切面沿窗台上部将房屋切开后，移去下面部分，再往下投影而得，如图 6-25 所示。因此，此平面图其实是个剖面图，但在房屋建筑图中仍习惯上称为平面图，在正面图中习惯不标注剖切符号。该平面图能清楚地表达房屋内各房间的分割情况、墙身厚度及其他构件（如门窗）的数量、位置、大小，门窗按规定图例画出。

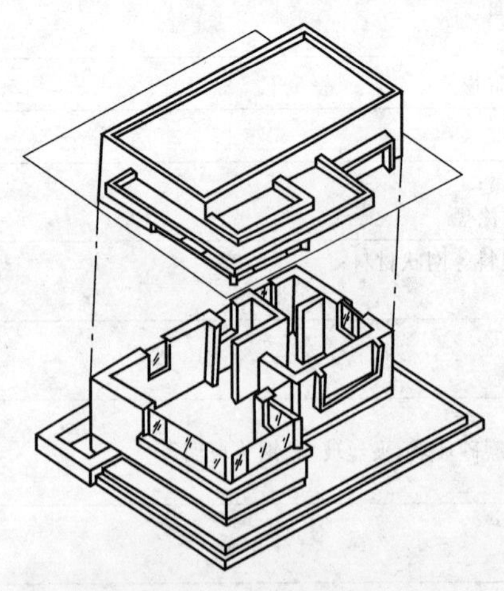

图 6-25　单一剖切面形成的平面图

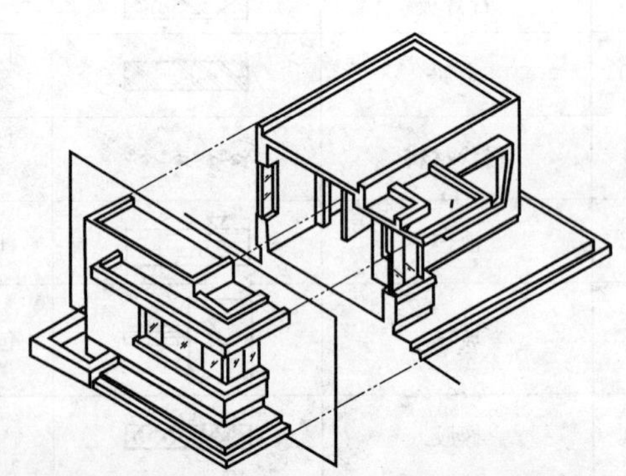

图 6-26　单一剖切面形成的侧立剖面图

侧立面图也是假想用一个平行于侧立投影面的剖切平面将房屋切开，移去房屋的左边部分，再从左往右投影而得，如图 6-26 所示。侧立剖面图清楚地表达了屋顶、雨篷、门窗、台阶的高度和形状。

上述的平面图和1—1剖面图，已能清楚地表示房屋的内部情况，所以在正立面图中，只需表示房屋的外形，不必把内部轮廓线再用虚线画出来，画了反而杂乱不清。在剖面图中剖切平面剖到的墙体断面，应画上代表建筑材料的图例；当图形较小时，如上述各图情况，对被切到的横断面可以不用材料图例表示，但要把剖到的墙体轮廓线画得粗些，以区别没有剖切到的轮廓线。

(2) 几个平行的剖切面　由于形体的状态特征，用一个剖切面有时不能把它需要表达的内部构造一次剖开，可沿着需要表达的部位，将剖切面转折一次或几次，然后画出剖面图，这样，需要表达的内容在一个剖面图中同时都反映出来了。一个形体用相互平行的两个或几个剖切面剖切后，得到的剖切图，称为阶梯剖的全剖面图。如图6-27所示的1—1剖面图，即为阶梯剖的全剖面图，它的剖切符号在平面图上标注出。在建筑施工图中，房屋的剖面图大多采用阶梯剖的全剖面图画法来绘制。

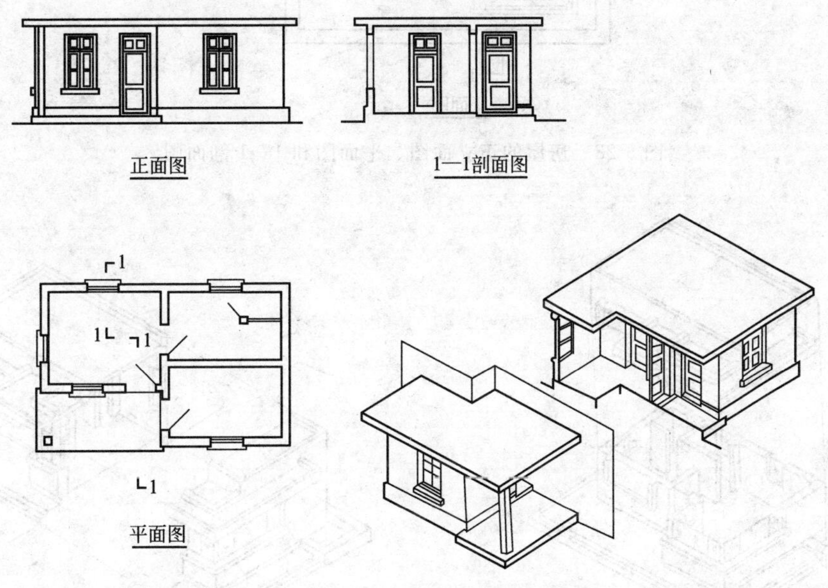

图6-27　房屋的阶梯剖

由于剖面图的剖切是假想的，所以在阶梯剖面图中不应画两个剖切面的分界线，图6-27中的1—1剖面图内无分界线。

4. 剖面图的种类

为了清楚地表达物体的内部和外形构造，根据物体形状不同，可采用不同种类的剖面图。剖面图的种类有全剖面图、半剖面图、局部剖面图、分层局部剖面图。

(1) 全剖面图

① 一个剖切平面剖切形成的全剖面图　沿剖切平面把形体全部剖开后，所得到的剖面图称为全剖面图，一般用于表达外形不对称的形体，如图6-28～图6-30所示。

② 两个平行的剖切平面剖切形成的全剖面图　如图6-31所示，1—1剖面图即为两个平行的剖切平面剖切形成的全剖面图。

③ 两个交叉的剖切平面剖切形成的全剖面图　如图6-32所示，1—1剖面图即为两个交叉的剖切平面剖切形成的全剖面图。

(2) 半剖面图　用一个剖切平面把形体剖开一半所得到的剖面图，称为半剖面图。当形体对称且内部、外部的形状均需要表达时，其投影视图以对称线为界，一半绘成外形视图，一半绘成剖面图，如图6 33、图6 34所示。

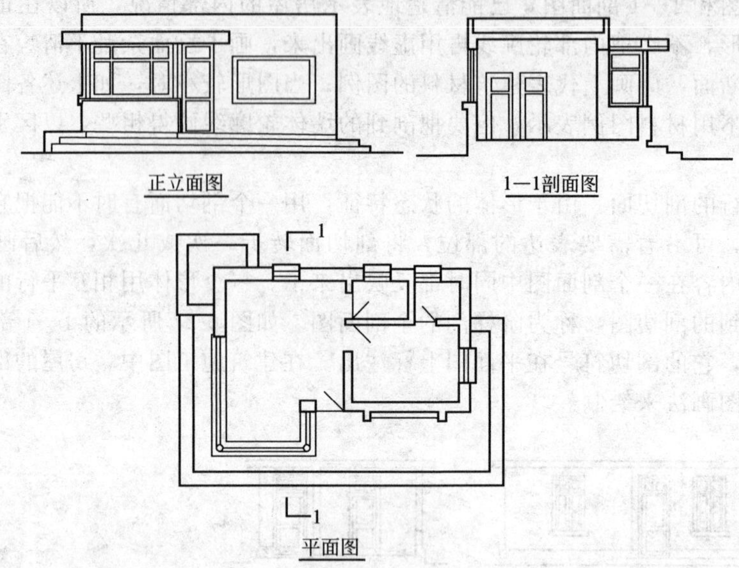

图 6-28　房屋的正立面图、平面图和 1—1 剖面图

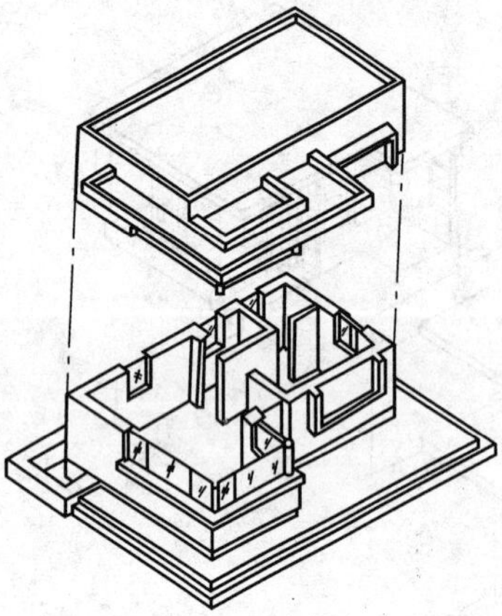

图 6-29　房屋平面图的形成示意

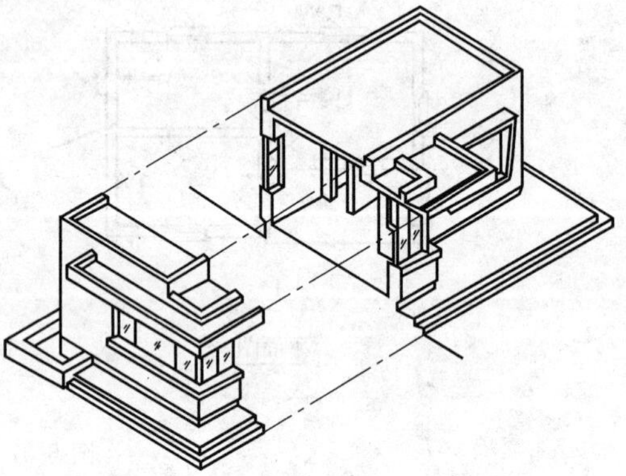

图 6-30　房屋剖面图的形成示意

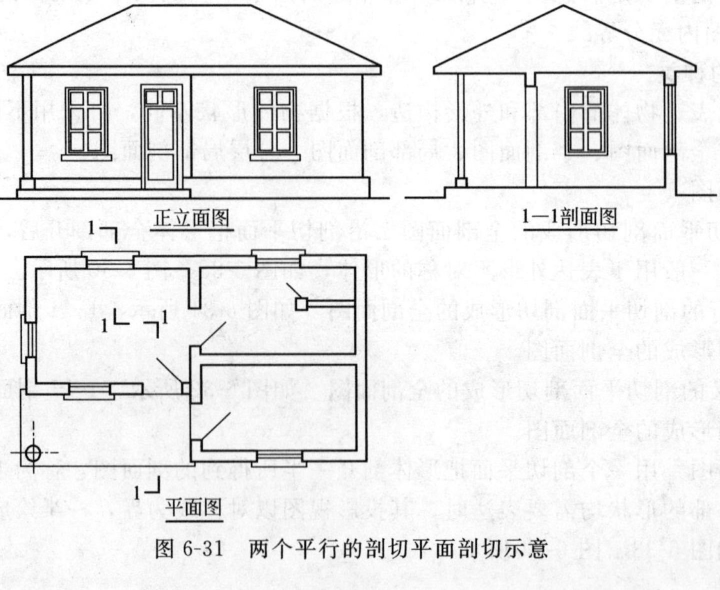

图 6-31　两个平行的剖切平面剖切示意

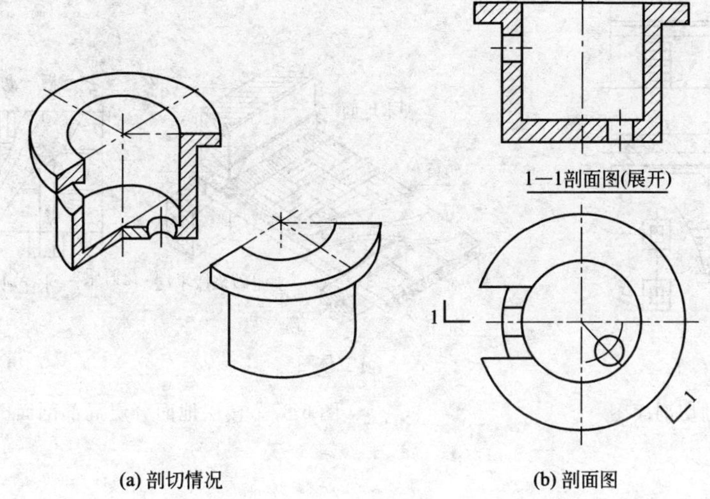

(a) 剖切情况　　(b) 剖面图

图 6-32　两个交叉的剖切平面剖切示意

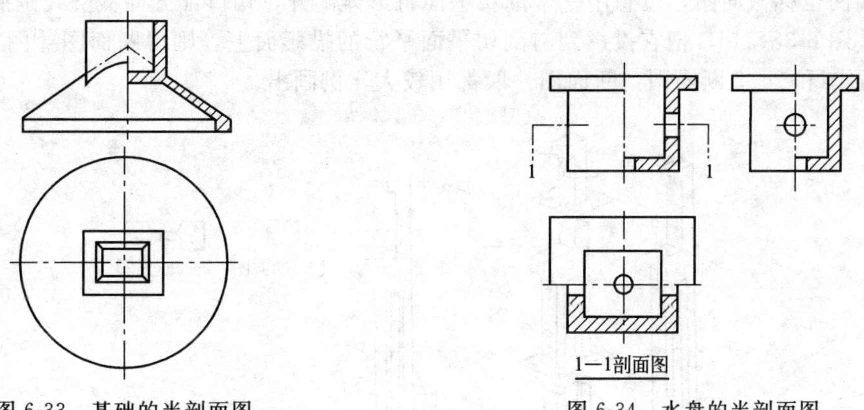

图 6-33　基础的半剖面图　　图 6-34　水盘的半剖面图

（3）局部剖面图　将形体局部剖切后所得到的剖面图，称为局部剖面图。剖面图与形体的视图以波浪线断开，波浪线不能超过形体的视图或剖面图的外形轮廓，如图 6-35 所示。

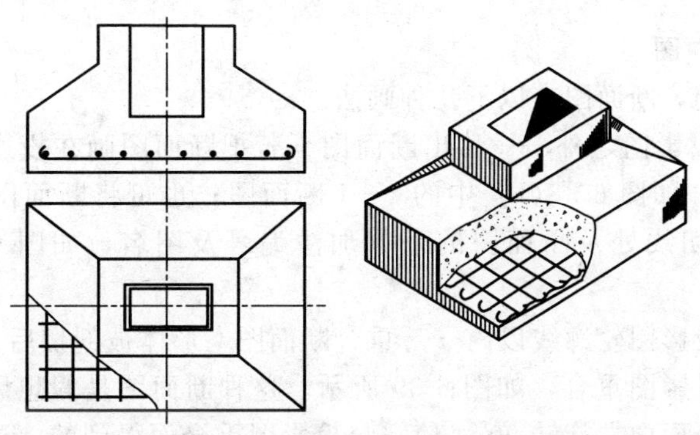

图 6-35　杯形基础局部剖面图

（4）分层局部剖面图　对于多层次构造，则需绘出分层局部剖面图，如图 6-36、图 6-37 所示。

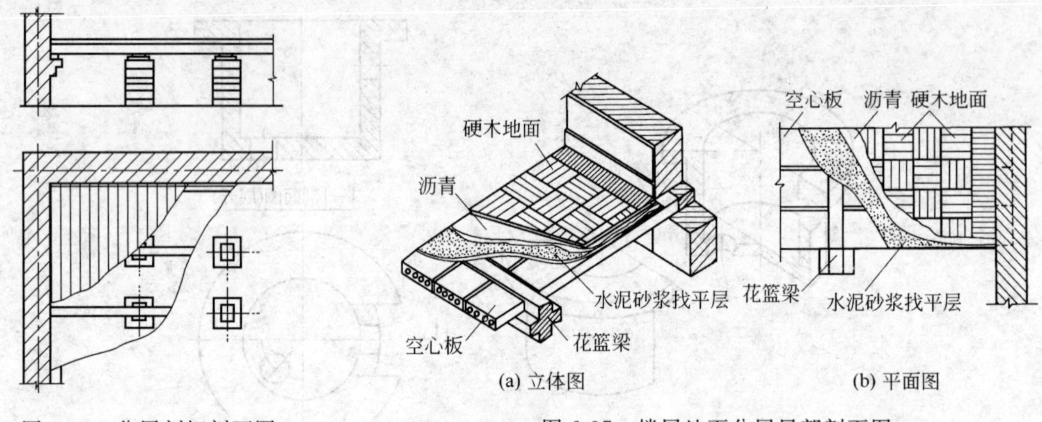

图 6-36　分层剖切剖面图

图 6-37　楼层地面分层局部剖面图

三、断面图

1. 断面图的形成

断面图也称截面图，设想用一个剖切平面将形体剖开，切口部分即截交线围成的平面，称为断面［图 6-38(a)］，把它投影到与剖切平面平行的投影面上，则得断面图［图 8-24(b)］的 1—1 断面图和 2—2 断面图，断面图一般都用较大比例画出。

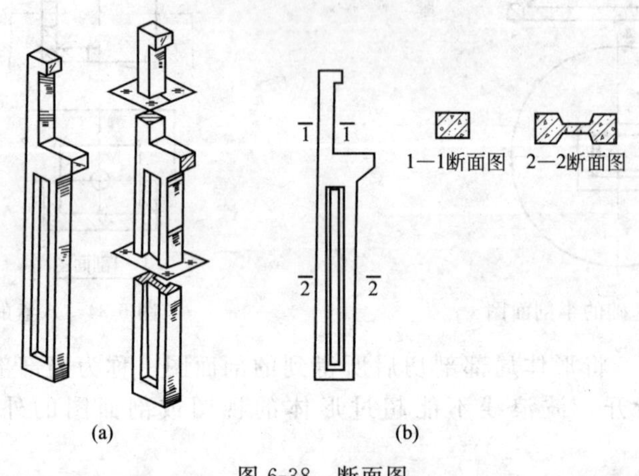

图 6-38　断面图

2. 常见的几种断面图

根据图位布置不同，断面图有以下几种画法。

(1) 断面图画在投影图之外——移出断面图　若把断面图画在投影图之外，其位置可画在剖切线的延长线上，如图 6-38(b) 中的 1—1 断面图；也可将断面图布置在图纸的某一任意位置，但必须在剖切线处及断面图的下方加注编号及图名，如图 6-38(b) 中的 2—2 断面图。

(2) 断面图画在投影图轮廓线以内——重合断面图　形体被剖切后，有时把剖切而得的断面图就画在剖切处与投影图重合，如图 6-39 所示。这种断面图是假想用一个剖切平面将形体剖开，将所剖切到的断面向右旋转 90°，使它与投影图重合而得到的。这样的断面图可以不加任何说明，只在断面图的轮廓线之内沿轮廓线的边缘加画剖切线。

(3) 断面图画在投影图的断开处——中断断面图　这种画法是假想把形体断裂开，而把断面图画在断裂后投影图的空隙中间，其画法如图 6-40 所示。

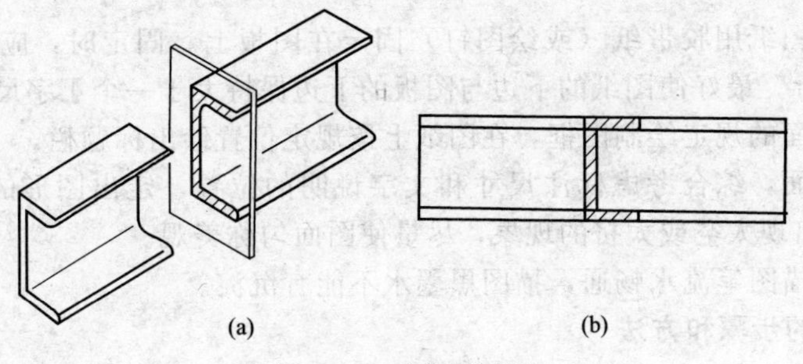

图 6-39　重合断面图

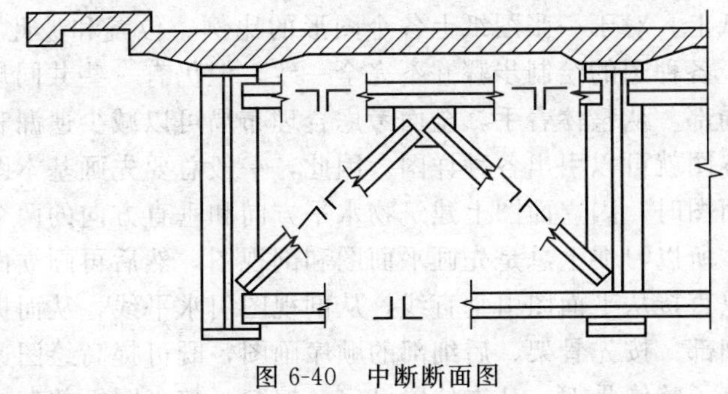
图 6-40　中断断面图

3. 剖面图与断面图的区别

① 剖面图是画出形体被剖开后整个余下部分的投影，而断面图只是画出形体被剖开后断面的投影。

② 剖面图是被剖开的形体投影，是体的投影，而断面图只是一个切口的投影，是面的投影。所以，剖面图中包含着断面图，而断面图只是剖面图的一部分。

③ 剖面图的剖切线要在粗短线上加垂直线段，表示投影方向，而断面图不加垂直线段，只用编号的注写位置来表示投影方向。

四、建筑外装饰施工图的绘制

施工图包括建筑、结构、水暖和电气设备等内容。施工图的任务就是要把这些内容正确、完整、简明地表示出来，为施工服务。通常，一份完整的施工图要经过初步设计和施工图设计两个阶段。初步设计阶段要做好设计前的准备，要按设计任务书收集资料、做好调查研究、学习有关方针政策；然后再通过平面、剖视和立面等图样把设计意图表达出来；经过分析比较选定设计方案后，再绘制初步设计图，进一步解决有关技术问题。施工图设计阶段是将已经批准的初步设计图从满足施工要求的角度予以具体化，为施工提供正确、完整的图样和技术资料。图纸完稿后，应由有关人员校核、审定、签字后才能正式出图。

1. 绘图准备

① 要提高绘图质量和效益，除了必须熟悉《房屋建筑制图统一标准》外，还必须做好绘图前的准备和熟练正确使用绘图工具。

② 将铅笔按照绘制不同线型的要求削好；将圆规的铅芯磨好，调整好铅芯与针尖的高低，使针尖略长于铅芯；用干净软布把丁字尺、三角板、图板擦干净；将各种绘图用具按顺序放在固定位置，洗净双手。

③ 分析要绘制图样的对象，收集、参阅有关资料，做到对所绘图样的内容心中有数。

④ 根据所画图纸的要求，选定图纸幅面和比例。在选取时，必须遵守国家标准的有关

规定。

⑤ 大小合适的图纸用胶带纸（或绘图钉）固定在图板上。固定时，应使丁字尺的工作边与图纸的水平边平行。最好使图纸的下边与图板的下边保持大于一个丁字尺宽度的距离。

⑥ 按照图纸幅面的规定绘制图框，在图纸上按规定位置绘出标题栏。

⑦ 合理布置图面，综合考虑标注尺寸和文字说明的位置，定出图形的中心线和外框线，避免在一张图纸上出现太空或太挤的现象，尽量使图面匀称美观。

⑧ 描图时用的描图笔流水畅通，描图黑墨水不能有沉淀。

2. 施工图绘制的步骤和方法

施工图内容确定后应做好全面安排，以免重复和遗漏。为便于施工和现场翻阅图纸方便，应把先施工、带全局性的基本图排在前面。一般图纸不宜太大，同类型、关系密切的内容集中在一张或连续几张图纸上。对于一张图纸上各个图形的比例、位置和彼此关系也要安排适当、主次分明、疏密均匀。各种图的绘制步骤并不完全一致，但仍有一些共同规律要遵循。

(1) 先整体、后局部　从整体着手，全面考虑合理布局可以减少遗漏和差错。基本图是全局性的图纸，有了基本图就可以引出各种详图。因此，一般总要先画基本图，再画详图。在画平面图、剖视图和立面图时，因立面图上建筑物水平方向和垂直方向的两个基本尺寸分别在平面图和剖视图上表示，所以习惯上总是先画平面图和剖视图，然后再画立面图。当三种图的位置安排恰当后，就可以直接从平面图引垂直线，从剖视图引水平线，从而提高绘图的速度。

(2) 先骨架、后细部　按先骨架、后细部的顺序画图，既可提高绘图速度，又可避免不必要的返工。一张图纸有了整体骨架，基本位置已定，控制了整张图纸的布局，就不会出现布局不当和大尺寸错误，即使返工也不会牵动全局。如画平面图时，轴线网是骨架线。画立面图时，外墙轮廓线、室外地坪线、层高线、屋顶线等都是骨架线。这些骨架线画好后，再画细部。如平面图中的门窗洞口、楼梯、台阶等，立面图中的门窗洞口、檐口、阳台、雨篷等。这样做就能少出差错，提高工效。

(3) 先底稿、后加深　任何一张图纸都必须经过打底稿的过程，用铅笔画好的底稿，经反复核查没有错误后，再加深（上墨或描图）正式出图。

(4) 先画图、后注字　图纸上除图形外还有数字和文字，绘图时一般先把图画完，然后再注写数字和文字。注写数字和文字时，应先注尺寸数字，后注说明文字，注写数字前要先打好尺寸线；注写文字时，要先按选定位置用铅笔画好控制线或打好长方格，注写数字和文字要符合国家制图标准，大小一致，位置恰当，准确、整齐、清晰。

(5) 习惯画法

① 同一类型线尽可能一次画完，同一方向的线条尽可能一次画完，以免三角板、丁字尺来回移动。上墨或描图时，同一粗细的线型一次画完，这样可使线型一致并能减少换笔次数。

② 相等的尺寸尽可能一次量出，如平面图中同样宽度尺寸的门窗洞口，立面图中同样高度尺寸的门窗洞口，可以用分规一次量出。同一方向的尺寸一次量出，不要画一处量一次。如画平面图时，一次量出纵向尺寸，一次量出横向尺寸；画剖视图时，一次量出从地坪到檐口的垂直方向尺寸。

③ 描图、上墨时，一般应采取先画图纸上部，后画图纸下部；先画左边，后画右边；先画水平线，后画垂直线或倾斜线；先画曲线，后画直线。

④ 绘图时，没有固定的模式，只要把以上几点有机地结合起来，就会取得理想的效果。

3. 绘图步骤举例

绘制建筑施工图时应遵循一定的规律和步骤，应根据房屋的造型、平面布置、构造内容及施工要求，对施工图的数量、内容做全面安排，以免重复和遗漏。在保证施工的前提下，应尽量减少图纸数量，选择适当比例，保证图样能清晰地表达设计内容，合理地布置图面，做到主次分明，排列均匀紧凑。绘制时，一般按平面图→剖视图→立面图→详图的顺序进行。

（1）平面图的画法步骤（图 6-41）

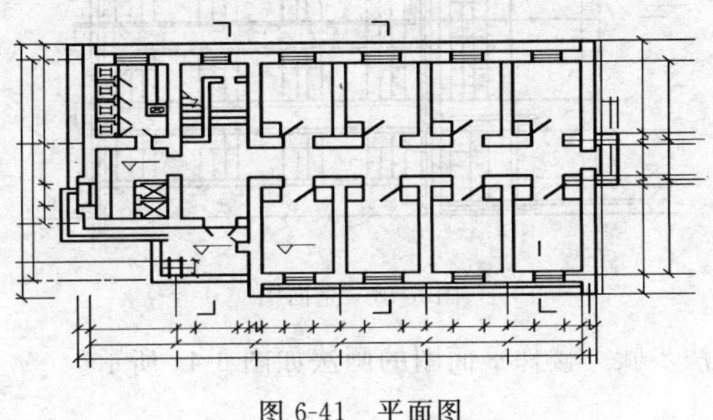

图 6-41 平面图

① 画轴线。

② 画墙、柱、门、窗。

③ 画细部，如入口台阶、散水、门的开启方向等。

④ 画剖切位置线、尺寸线，安排注字位置。

⑤ 标注局部详图索引符号。

（2）剖视图的画法步骤（图 6-42）

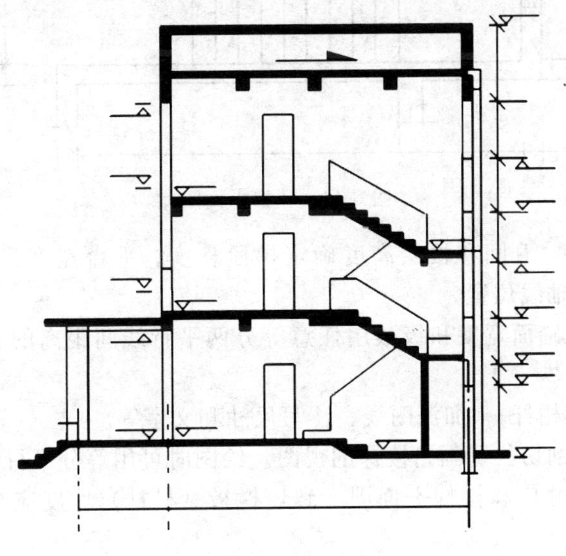

图 6-42 剖视图

① 画室外地坪线、墙身轴线、轮廓线、屋面线。

② 画被剖切的轮廓线，如地面、门窗洞口、楼面、屋面的轮廓线等。

③ 画细部，如楼地面、屋面的做法、散水的做法等。

④ 按国家制图标准画断面的材料符号。

⑤ 标注尺寸。

（3）立面图的画法步骤（图 6-43）

① 从平面图中引出立面的长度，从剖视图中量出立面的高度及各部位的相应位置。

② 画室外地坪线、外墙轮廓线、屋顶线。

③ 定门窗位置、细部位置，如门窗洞口、阳台、雨篷、雨水管等。

④ 画细部、注标高、画墙面材料和装饰细部等。

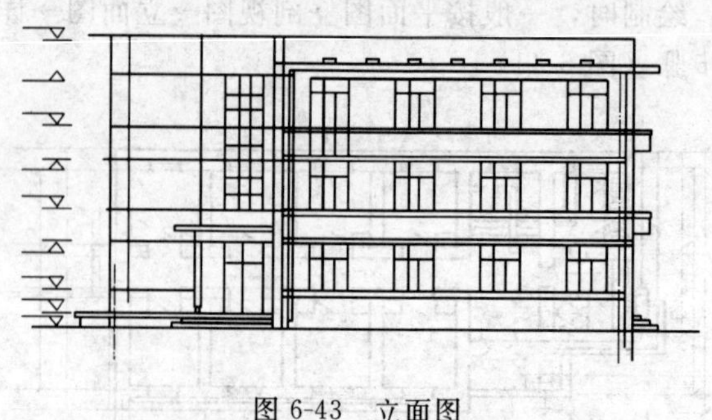

图 6-43　立面图

(4) 楼梯详图的画法步骤　楼梯平面图的画法如图 6-44 所示。

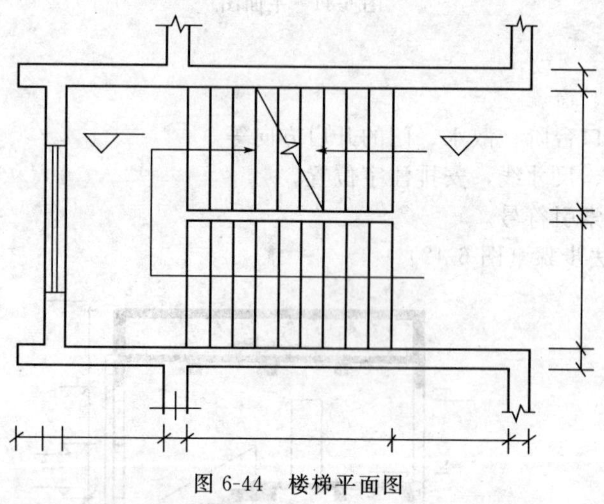

图 6-44　楼梯平面图

① 根据楼梯的进深、开间和楼层高度确定梯段长度、平台宽度、梯段宽度、梯井宽度、踏面宽度和级数，定好轴线位置。

② 根据梯段长度、踏面宽度和级数用任意等分两平行线间距离的方法画出踏步。踏步数应比级数少一个。

③ 画箭头、栏板（栏杆）、加深图线、注写尺寸和文字等。

根据平面图所示的剖切位置画出楼梯剖视图。绘图时可用等分平行线间距离的方法来确定踏步的位置，比例和尺寸应和楼梯平面图一致，栏板（栏杆）坡度应与梯段坡度一致，如图 6-45 所示。

① 画轴线，定楼地面、平台与楼梯段位置。

② 画墙身，定踏步位置。

③ 加深各种图线，标注尺寸和标高，完成全图。

(5) 绘制建筑物结构平面图的步骤　结构平面图是施工时布置或安放承重构件的依据，绘制时应根据图纸内容精心设计，合理安排。下面是建筑标准层结构平面图的画法步骤。

① 明确内容，合理安排图面。

② 画轴线、墙的轮廓线、梁板布置及详图等。

③ 检查核对，加深图线。

④ 注写尺寸数字、文字、画图标。

为了总结经验，调查研究、修理、改建或作为竣工图存档，有时需要把原来没有图纸或设计图纸已做了较大修改的已建房屋，通过实地测量，按所需比例画出施工图。这一过程称为房

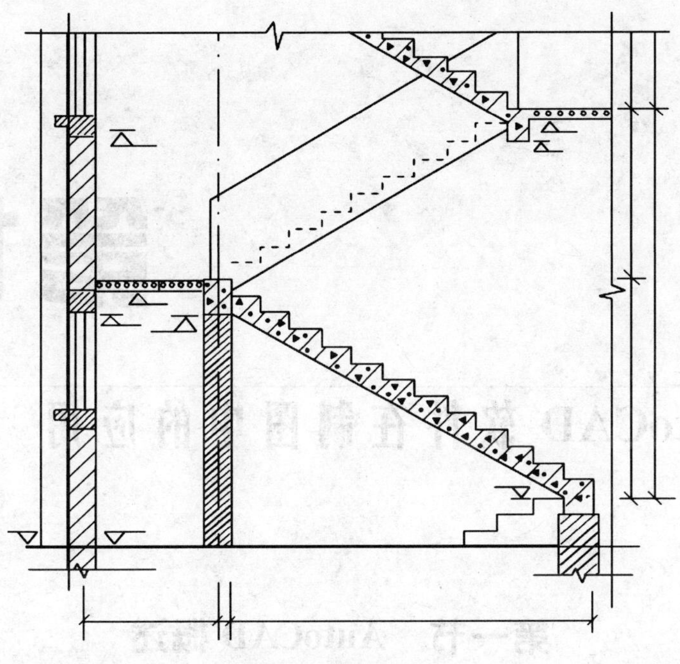

图 6-45　楼梯剖视图

屋测绘。

(6) 房屋测绘的一般步骤

① 熟悉测绘对象。测绘前首先要明确测绘任务、要求，了解测绘内容，做到从外到内、从下到上对所要测绘的房屋做深入、细致、全面的调查摸底。对房屋的形状、层次、平面布置、结构构造、材料等内容做到心中有数。

② 到现场测绘草图。测绘时，先按目测结果徒手绘出平面图、立面图和剖视图的主要轴线和轮廓线（比例应大致符合实际），要先整体、后局部逐步测绘。草图完成以后，应进行一次校核，以减少错漏，提高测绘的准确性。

③ 绘制实测图。绘制实测图的过程是一项细致艰苦的工作，绘制时首先要将实际测到的有关资料和草图进行分析整理，然后根据国家制图标准按施工图的要求绘制成所要求的图样。

第七章

AutoCAD 软件在制图中的应用

第一节 AutoCAD 概述

一、AutoCAD 的含义

CAD（Computer Aided Design）的含义是指计算机辅助设计，是计算机技术的一个重要的应用领域。AutoCAD 则是美国 Autodesk 开发的一个交互式绘图软件，是用于二维及三维设计、绘图的系统工具，用户可以使用它来创建、浏览、管理、打印、输出、共享及准确使用富含信息的设计图形。

AutoCAD 是目前世界上应用最广的 CAD 软件，市场占有率位居世界第一。AutoCAD 软件具有如下特点。

（1）具有完善的图形绘制功能。

（2）具有强大的图形编辑功能。

（3）可以采用多种方式进行二次开发或用户定制。

（4）可以进行多种图形格式的转换，具有较强的数据交换能力。

（5）支持多种硬件设备。

（6）支持多种操作平台。

（7）具有通用性、易用性，适用于各类用户。

此外，从 AutoCAD 2000 开始，该系统又增添了许多强大功能，如 AutoCAD 设计中心（ADC）、多文档设计环境（MDE）、Internet 驱动、新的对象捕捉功能、增强的标注功能以及局部打开和局部加载的功能，从而使 AutoCAD 系统更加完善。

虽然 AutoCAD 本身的功能集已经足以协助用户完成各种设计工作，但用户还可以通过 Autodesk 以及数千家软件开发商开发的 5000 多种应用软件把 AutoCAD 改造成为满足各专业领域的专用设计工具。这些领域包括建筑、机械、测绘、电子以及航空航天等。

二、AutoCAD 的界面

AutoCAD 的界面主要由标题栏、下拉菜单区、图标工具区、状态显示区、图形编辑区以及命令提示区等几部分组成。

（1）标题栏　同其他标准的 Windows 应用程序界面一样，标题栏包括控制图标以及窗口的最大化、最小化和关闭按钮，显示应用程序名和当前图形的名称（图 7-1）。

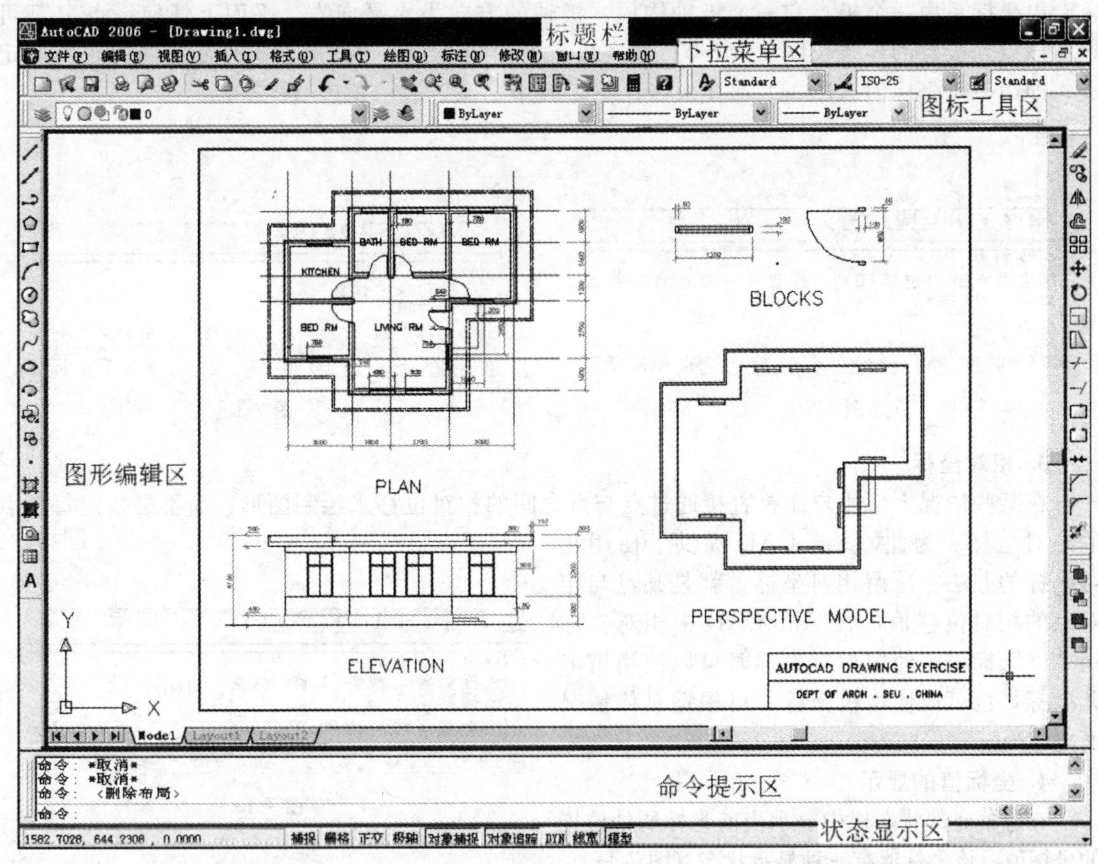

图 7-1

（2）下拉菜单区　菜单是调用命令的一种方式。下拉菜单区以级联的层次结构来组织各个菜单项，以下拉的形式逐级显示。

（3）图标工具区　图标工具区是调用命令的另一种方式，通过工具栏可以直观、快捷地访问一些常用的命令。

（4）状态显示区　状态显示区位于绘图屏幕的底部，用于显示坐标、提示信息等，同时还提供了一系列的控制按钮，包括“捕捉”、“栅格”、“正交”、“极轴”、“对象捕捉”、“对象追踪”、“线宽”和“模型/图纸”等。

（5）图形编辑区　图形编辑区是 AutoCAD 中显示、绘制图形的主要场所。在 AutoCAD 中创建新图形文件或打开已有的图形文件时，都会产生相应的绘图窗口来显示和编辑其内容。

（6）命令提示区　命令提示区提供了调用命令的第三种方式，即用键盘直接输入命令。命令提示区的底部为命令行，用户可在提示下输入各种命令。命令提示区还显示 AutoCAD 命令的提示及有关信息，可查阅和复制命令的历史记录。

三、AutoCAD 中的坐标系

1. 笛卡儿坐标系

笛卡儿坐标系又称直角坐标系，由一个原点［坐标为（0,0）］和两个通过原点、相互垂直的坐标轴构成。其中，水平方向的坐标轴为 X 轴，以向右为其正方向；垂直方向的坐标轴为 Y 轴，以向上为其正方向。平面上任何一点 P 都可以由 X 轴和 Y 轴的坐标所定义，即用一对坐标值（x,y）来定义一个点（图 7-2）。

2. 极坐标系

极坐标系由一个极点和一个极轴构成，极轴的方向为水平向右。平面上任何一点 P 都可以由该点到极点的连线长度 L（＞0）和连线与极轴的交角 a（极角，逆时针方向为正）所定义，即用一对坐标值（L＜a）来定义一个点，其中“＜”表示角度（图 7-3）。

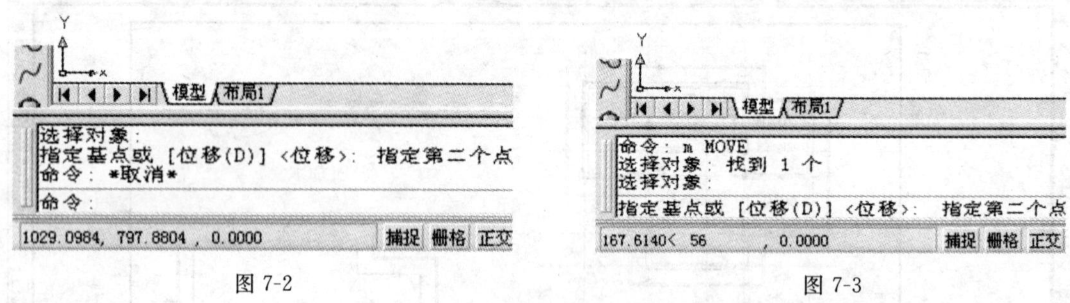

图 7-2　　　　图 7-3

3. 相对坐标

在某些情况下，用户需要直接通过点与点之间的相对位移来绘制图形，而不必指定每个点的绝对坐标。为此，AutoCAD 提供了使用相对坐标的办法。所谓相对坐标，就是某点与相对点的相对位移值，在 AutoCAD 中相对坐标用“@”标识。使用相对坐标时可以使用笛卡儿坐标，也可以使用极坐标，可根据具体情况而定。

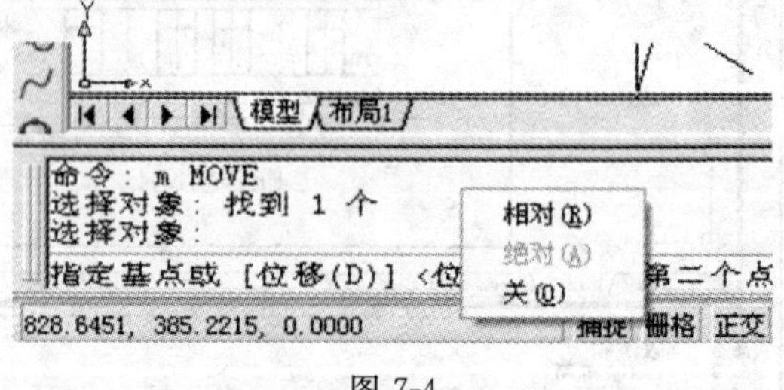

图 7-4

4. 坐标值的显示

在屏幕底部状态栏中显示当前光标所处位置的坐标值，该坐标值有三种显示状态（图 7-4）。

（1）绝对坐标状态　显示光标所在位置的坐标。

（2）相对坐标状态　在相对于前一点来指定第二点时可使用此状态。

（3）关闭状态　颜色变为灰色并“冻结”关闭时所显示的坐标值。

5. WCS 和 UCS

AutoCAD 系统为用户提供了一个绝对的坐标系，即世界坐标系（WCS）。通常，AutoCAD 构造新图形时将自动使用 WCS。虽然 WCS 不可更改，但可以从任意角度、任意方向来观察或旋转。

相对于世界坐标系 WCS，用户可根据需要创建无限多的坐标系，这些坐标系称为用户坐标系（User Coordinate System，UCS）。用户使用“ucs”命令来对 UCS 进行定义、保存、恢复和移动等一系列操作。

第二节　进行图形设置

一、草图设置

1. 栅格（Grid）

栅格是绘图的辅助工具，用户可以指定栅格在 X 轴方向和 Y 轴方向上的间距。在“草图设置”对话框中，“栅格 X 轴间距”编辑框和“栅格 Y 轴间距”编辑框分别用于指定栅格在 X

轴方向和 Y 轴方向上的间距。

2. 捕捉（Snap）

捕捉可以使用户直接使用鼠标快捷、准确地确定目标点。捕捉模式有几种不同形式（图 7-5）。

（1）栅格捕捉　栅格捕捉又可分为“矩形捕捉”和“等轴测”两种类型。

（2）极轴捕捉　用于捕捉相对于初始点且满足指定的极轴距离和极轴角的目标点。用户选择极轴捕捉模式后，将激活“极轴距离”项，来设置捕捉增量距离。

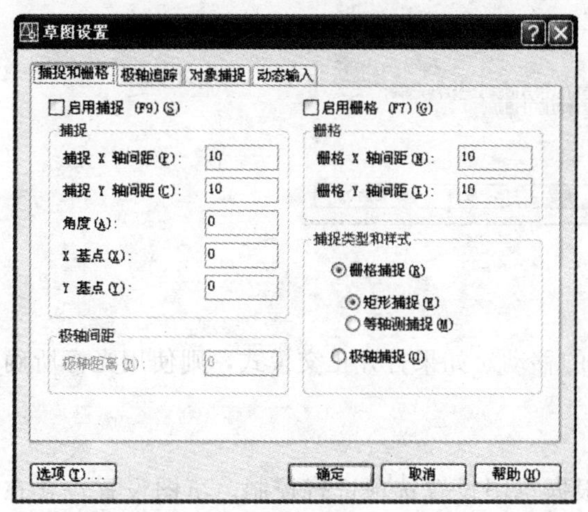

图 7-5

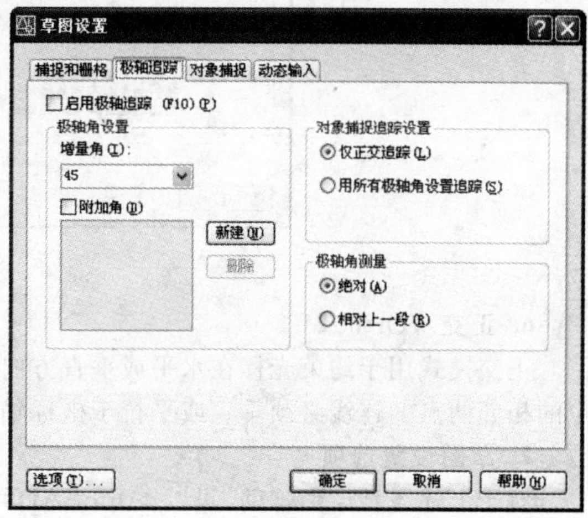

图 7-6

3. 极轴追踪（Polar Tracking）

（1）极轴追踪简介　使用极轴追踪的功能可以用指定的角度来绘制对象。用户在极轴追踪模式下确定目标点时，系统会在光标接近指定的角度方向上显示临时的对齐路径，自动地在对齐路径上捕捉距离光标最近的点（即极轴角固定、极轴距离可变），同时给出该点的信息提示，用户可据此准确地确定目标点（图 7-6）。

（2）极轴角的设置

① 增量角　在框中选择或输入某一增量角后，系统将沿与增量角成整倍数的方向上指定点的位置。

② 附加角　除了增量角以外，用户还可以指定附加角来指定追踪方向。

4. 对象捕捉（Object Snap）

由于在绘图中需要频繁地使用对象捕捉功能，因此 AutoCAD 中允许用户将某些对象捕捉方式缺省设置为打开状态，这样当光标接近捕捉点时，系统会产生自动捕捉标记、捕捉提示和磁吸供用户使用。在“草图设置”对话框的“对象捕捉”选项卡中可以看到各种对象捕捉模式（图 7-7）。

5. 对象捕捉追踪（Object Snap Tracking）

即用户先根据“对象捕捉”功能确定对象的某一特征点（只需将光标在该点上停留片刻，当自动捕捉标记中出现黄色的“+”标记即可），然后以该点为基准点进行追踪，来得到准确的目标点。

对象捕捉追踪功能有两种形式，在“草图设置”对话框的“极轴追踪”选项卡中，包含有“对象捕捉追踪设置”栏，其中提供两种选择。

（1）Track orthogonally only（仅正交追踪）　只显示通过基点的水平和垂直方向上的追踪路径。

（2）Track using all polar angle settings（用所有极轴角设置追踪）　将极轴追踪设置应用到对象捕捉追踪，即使用增量角、附加角等方向显示追踪路径。

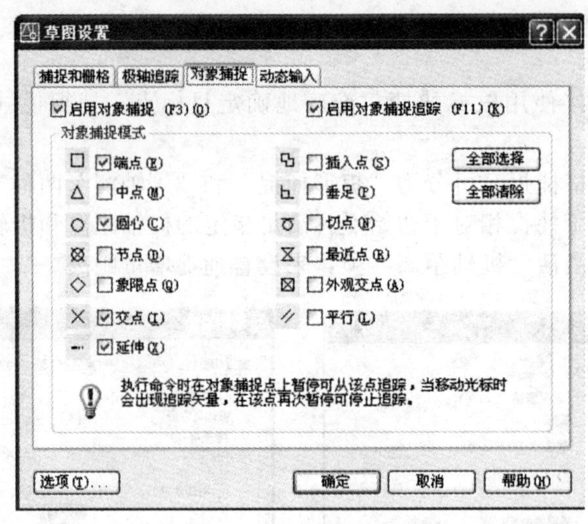

图 7-7

6. 正交（Ortho）

正交模式用于约束光标在水平或垂直方向上的移动。如果打开正交模式，则使用光标所确定的相邻两点的连线必须垂直或平行于坐标轴。

7. 草图设置选项

对于上述各种绘图辅助工具，AutoCAD 可根据草图设置选项进行控制。草图设置包含在“选项”对话框中，用户可选择菜单【工具】→【选项】显示该对话框。在“草图”选项卡中，可以控制多个 AutoCAD 绘图辅助工具（图 7-8）。

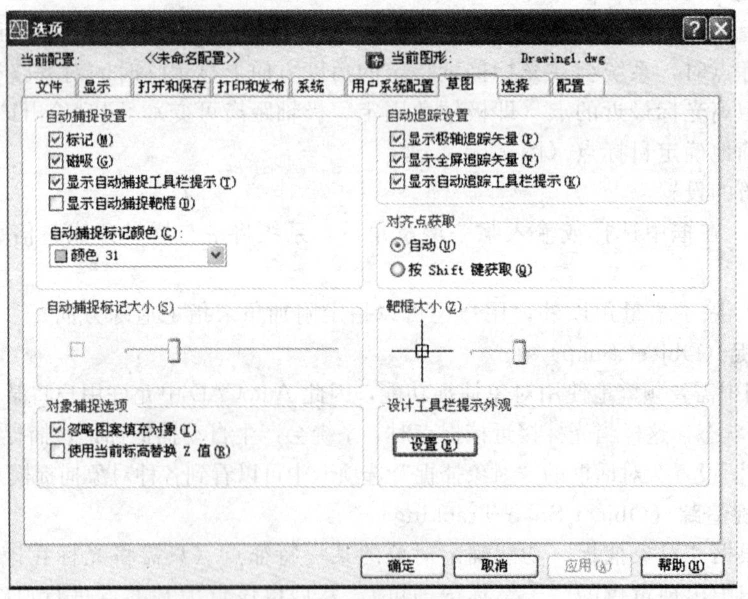

图 7-8

二、图形的显示控制

对于一个较为复杂的图形来说，在观察整幅图形时往往无法对其局部细节进行查看和操作，而当在屏幕上显示一个细部时又看不到其他部分，为解决这类问题，AutoCAD 提供了“zoom”（缩放）、“pan”（平移）、“view”（视图）、“aerial view”（鸟瞰视图）和“viewports”

（视口）命令等一系列图形显示控制命令，可以用来任意地放大、缩小或移动屏幕上的图形显示，或者同时从不同的角度、不同的部位来显示图形（图 7-9）。

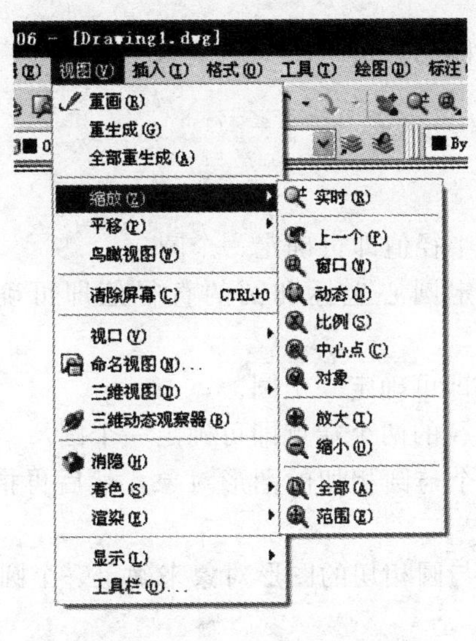

图 7-9

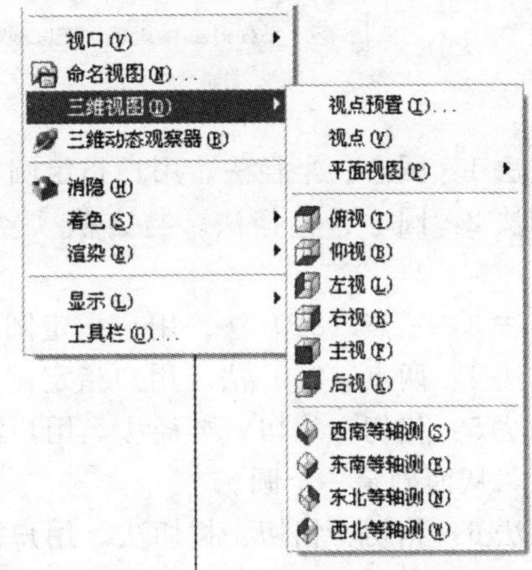

图 7-10

1. “zoom”命令类似于照相机的镜头，可以放大或缩小屏幕所显示的范围，但对象的实际尺寸并不发生变化。该命令的用法非常灵活，具有多个选项来提供不同的功能。

2. “pan”命令用于在不改变图形显示大小的情况下通过移动图形来观察当前视图中的不同部分。

3. 虽然鸟瞰视图是一个与绘图窗口相对独立的窗口，但彼此的操作结果将同时在两个窗口中显示出来。鸟瞰视图为用户提供了一个更为快捷的缩放和平移控制方式，无论屏幕上显示的范围如何，都可以使用户了解图形的整体情况，可随时查看任意部位的细节。

4. 视图是按一定比例、观察位置和角度来显示图形（图 7-10）。

5. 视口是显示图形的区域。通常用户在使用 AutoCAD 绘图时，都是在一个填满了整个绘图区域的单一视口进行工作。但如果需要对某一图形同时进行多角度、多侧面的观察，则单一的视口显然是无法满足要求的。因此，AutoCAD 系统可以将绘图区域分为多个视口，以便同时显示图形的各个部分或各个侧面。

为了让用户能够更加灵活地使用视口来显示图形，AutoCAD 还允许用户对视口进行拆分，也允许用户对两个相邻的视口进行合并。

对于用户创建的非标准类型的视口，用户可以在“Viewports（视口）”对话框的“New viewports（新建视口）”选项卡中的“New name（新名称）”编辑框中为其指定一个名称，确定后系统将其保存在图形数据库中。用户可在“Viewports（视口）”对话框的“Named viewports（命名视口）”选项卡中的“Named viewports（命名视口）”栏中查看所有已被保存的视口配置，可恢复某一视口配置（设为当前视口配置）。

第三节　基本绘图操作

一、绘制直线与圆

1. “line”命令用于绘制直线，使用“line”命令绘制直线时只需要依次确定直线的两个端点即可，确定端点的方法有两种：一是直接在提示行输入点的坐标；二是使用鼠标在绘图区内选择某一点。当用户利用连续画线功能绘制两条以上的直线后，则该命令可提供一个“Close（闭合）”选项。用户可输入“c”选择该选项，AutoCAD将自动连接用户确定的第一个和最后一个端点，形成一个封闭的环。

2. 在AutoCAD中，“circle”命令提供了多种绘制圆的方法（图7-11）。

```
命令: _circle 指定圆的圆心或 [三点(3P)/两点(2P)/相切、相切、半径(T)]:
```

图 7-11

方法1：圆心、半径法。用户指定圆心坐标和圆的半径值即可确定一个圆。

方法2：圆心、直径法。与方法1类似，用户指定圆心坐标和圆的直径值即可确定一个圆。

方法3：三点（3P）法。用户指定圆上任意三个点即可确定一个圆。

方法4：两点（2P）法。用户指定圆的任意一条直径的两个端点即可确定一个圆。

方法5：相切、相切、半径法。用户需要先选择两个与圆相切的图形对象，然后再指定圆的半径，从而确定一个圆。

方法6：相切、相切、相切法。用户需要选择三个与圆相切的图形对象来确定一个圆。

二、绘制正多边形和圆弧

1. 在AutoCAD中可使用“polygon”命令来绘制正多边形，其边数最小为3，即正三角形，最多可取1024。AutoCAD系统提供了两种方式来绘制正多边形：一种方式是实例中所示的通过其外接圆（Inscribed in circle）或内切圆（Circumscribed about circle）来确定；另一种方式如表7-1所示。

表 7-1 绘制正多边形的方式

方式	说明
命令:_polygon 输入边的数目〈4〉:	//指定边数
指定正多边形的中心点或[边(E)]:	//选择“e”选项来指定第一条边的端点
指定边的第一个端点:	//指定第一条边的起点
指定边的第二个端点:	//指定第一条边的终点

2. 在AutoCAD中可使用“arc”命令来绘制圆弧。根据圆弧的几何性质，AutoCAD提供了多种方法来绘制圆弧。圆弧的几何元素除了起点（Start）、端点（End）和圆心（Center）外，还可由这三点得到半径（Radius）、角度（Angle）和弦长（Length）（图7-12）。

圆弧的绘制方法如表7-2所示。

表 7-2 圆弧的绘制方法

方式	说明
3 Points	三点法，依次指定起点、圆弧上一点和端点来绘制圆弧
Start、Center、End	起点、圆心、端点法，依次指定起点、圆心和端点来绘制圆弧
Start、Center、Angle	起点、圆心、角度法，依次指定起点、圆心角和端点来绘制圆弧，其中圆心角逆时针方向为正（缺省）
Start、Center、Length	起点、圆心、长度法，依次指定起点、圆心和弦长来绘制圆弧
Center 、Start、End	圆心、起点、端点法，依次指定起点、圆心和端点来绘制圆弧
Center、Start、Angle	圆心、起点、角度法，依次指定起点、圆心角和端点来绘制圆弧，其中圆心角逆时针方向为正（缺省）
Center、Start、Length	圆心、起点、长度法，依次指定起点、圆心和弦长来绘制圆弧

续表

方　式	说　明
Start、End、Angle	起点、端点、角度法，依次指定起点、端点和圆心角来绘制圆弧，其中圆心角逆时针方向为正（缺省）
Start、End、Direction	起点、端点、方向法，依次指定起点、端点和切线方向来绘制圆弧。向起点和端点的上方移动光标将绘制上凸的圆弧，向下方移动光标将绘制下凸的圆弧
Start、End、Radius	起点、端点、半径法，依次指定起点、端点和圆弧半径来绘制圆弧
Continue	AutoCAD将把最后绘制的直线或圆弧的端点作为起点，要求用户指定圆弧的端点，由此创建一条与最后绘制的直线或圆弧相切的圆弧

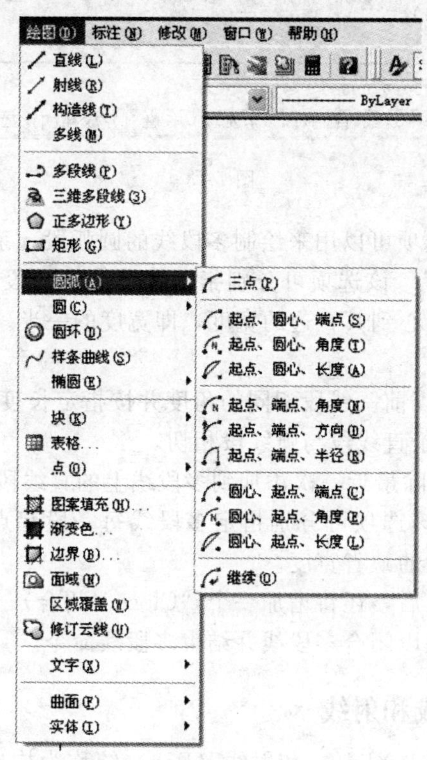

图 7-12

三、绘制矩形和椭圆

1. 在AutoCAD中矩形是一种封闭的多段线对象。和绘制多段线类似，用户在绘制矩形时可以指定其宽度（Width）；此外还可以在矩形的边与边之间绘制圆角（Fillet）和倒角（Chamfer）。

2. 椭圆（Ellipse）的几何元素包括圆心、长轴和短轴，但在AutoCAD中绘制椭圆时并不区分长轴和短轴的次序。AutoCAD提供了两种绘制椭圆的方法。

（1）中心点（Center）法　分别指定椭圆的中心点、第一条轴的一个端点和第二条轴的一个端点来绘制椭圆。

（2）轴（Axis）、端点（End）法　先指定两个点来确定椭圆的一条轴，再指定另一条轴的端点（或半径）来绘制椭圆。

在AutoCAD中还可以绘制椭圆弧。其绘制方法是在绘制椭圆的基础上再分别指定圆弧的起点角度和端点角度（或起点角度和包含角度）。注意，指定角度时长轴角度定义为0°，以逆时针方向为正（缺省）。

四、绘制圆环和多段线

1. 在 AutoCAD 中圆环是由宽弧线段组成的封闭多段线对象，圆环内的填充图案显示与否取决于“fill”命令的设置。

2. 多段线（Polyline）是 AutoCAD 中较为重要的一种图形对象。多段线由彼此首尾相连、可具有不同宽度的直线段或弧线组成，作为单一对象使用。使用“rectang”、“polygon”、“donut”等命令绘制的矩形、正多边形和圆环等均属于多段线对象。

调用该命令后，系统首先提示指定多段线的起点，然后显示当前的线宽，提示用户指定下一点或选择如下选项（图 7-13）。

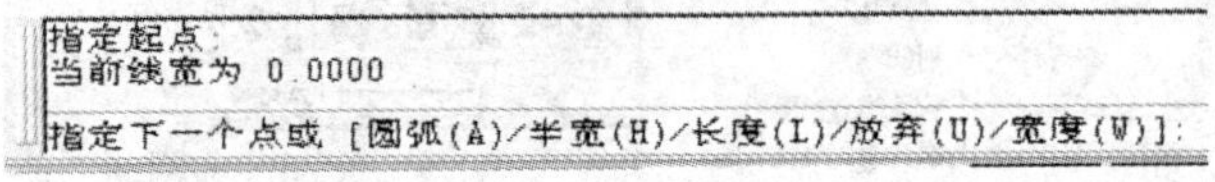

```
指定起点:
当前线宽为 0.0000
指定下一个点或 [圆弧(A)/半宽(H)/长度(L)/放弃(U)/宽度(W)]:
```

图 7-13

(1)“Arc（圆弧）” 该选项可以用来绘制多段线的圆弧段，系统进一步提示。

(2)“Halfwidth（半宽）” 该选项可分别指定多段线每一段起点的半宽值和端点的半宽值。所谓半宽是指多段线的中心到其一边的宽度，即宽度的一半。改变后的取值将成为后续线段的缺省宽度。

(3)“Length（长度）” 以前一线段相同的角度并按指定长度绘制直线段。如果前一线段为圆弧，AutoCAD 将绘制一条直线段与弧线段相切。

(4)“Undo（放弃）” 删除最近一次添加到多段线上的直线段。

(5)“Width（宽度）” 该选项可分别指定多段线每一段起点的宽度值和端点的宽度值。改变后的取值将成为后续线段的缺省宽度。

在指定多段线的第二点之后，还将增加一个“Close（闭合）”选项，用于在当前位置到多段线起点之间绘制一条直线段以闭合多段线并结束多段线命令。

五、绘制多线、参照线和射线

1. 在 AutoCAD 中参照线（Xline）和射线（Ray）统称为构造线，主要用于绘制辅助线。AutoCAD 中射线同数学中的概念类似，是从一个指定点开始并且向一个方向无限延伸的直线。因此，通过指定一个起点和一个通过点即可确定一条射线。

AutoCAD 中的参照线则类似于数学中的直线，即可以向两端无限延伸。

2. 多线（Multiline）是一种复合型的对象，它由 1～16 条平行线（称为元素）构成，因此也称多重平行线。多线可具有不同的样式（Multiline Style），在创建新图形时，AutoCAD 自动创建一个“Standard（标准）”多线样式作为缺省值。用户也可定义新的多线样式。

“Multiline Styles（多线样式）”对话框如下。

(1)“Justification（对正）”

“Top（上）”：以多线中具有最大的正偏移值的元素为准绘制多线。“Zero（零）”：以多线的中心（偏移值为 0）为准绘制多线。“Bottom（下）”：以多线中具有绝对值最大的负偏移值的元素为准绘制多线。

(2)“Scale（比例）” 指定多线的全局宽度比例因子。这个比例只改变多线的宽度，而不影响多线的线型比例。

(3)“Style（样式）” 指定多线的样式。

六、绘制点和样条曲线

1. 点的绘制

在 AutoCAD 中点对象（Point）大概是最简单的图形对象，用户只需指定其坐标即可。虽然绘制简单，但 AutoCAD 仍提供了多种绘制方式（图 7-14）。

（1）单点法（Single point） 调用一次命令只绘制一个点。

（2）多点法（Multiple point） 调用一次命令可绘制多个点。

（3）定数等分法（Divide） 将指定的对象等分为指定的段数并用点进行标记。

（4）定距等分法（Measure） 将指定的对象按指定的距离等分并用点进行标记。

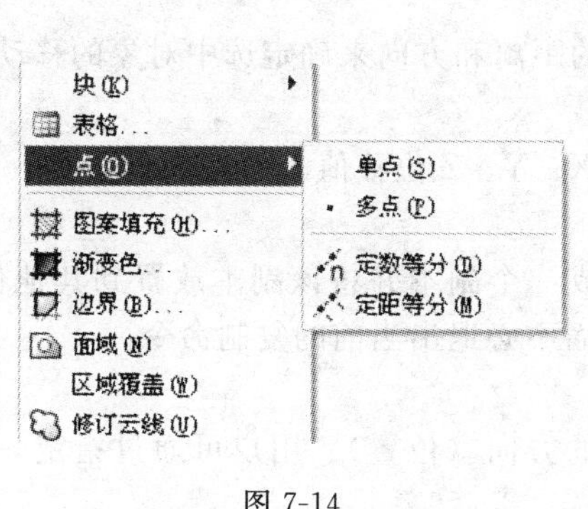

图 7-14

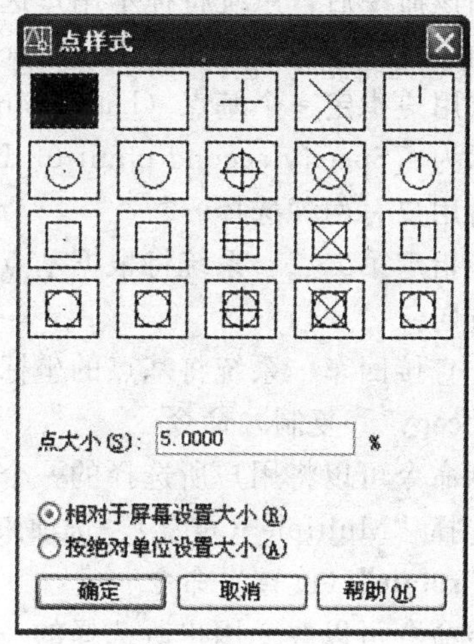

图 7-15

2. 点的设置

在 AutoCAD 中点的属性有两种：点的样式和点的大小。设置点属性的命令调用方式为：

菜单：【Format（格式）】→【Point Style…（点样式）】

命令行：ddptype。

调用该命令后，AutoCAD 弹出“Point Style（点样式）”对话框，如图 7-15 所示。该对话框中提供了 20 种点样式，用户可根据需要来选择其中一种。

3. 样条曲线的概念与绘制

AutoCAD 使用的样条曲线是一种称为非均匀有理 B 样条曲线（NURBS）的特殊曲线。通过指定的一系列控制点，AutoCAD 可以在指定的允差（Fit tolerance）范围内把控制点拟合成光滑的 NURBS 曲线。所谓允差（Fit tolerance）是指样条曲线与指定拟合点之间的接近程度。允差越小，样条曲线与拟合点越接近。允差为 0，样条曲线将通过拟合点。

第四节　AutoCAD 编辑功能

一、基本修改命令

对于大部分的 AutoCAD 命令，用户通常可使用两种编辑方法：一种是先启动命令，后选择要编辑的对象；另一种则是先选择对象，然后再调用命令进行编辑。

1. “erase”（删除）命令

删除命令可以在图形中删除用户所选择的一个或多个对象。对于一个已删除对象，虽然用户在屏幕上看不到它，但在图形文件还没有被关闭之前该对象仍保留在图形数据库中，用户可利用“undo”或“oops”命令进行恢复。当图形文件被关闭后，则该对象将被永久性地删除。

2. “move”（移动）命令

移动命令可以将用户所选择的一个或多个对象平移到其他位置，但不改变对象的方向和大小。

调用方式：编辑菜单、工具栏

命令行：move（或别名 m）

调用该命令后，系统将提示用户选择对象；用户可在此提示下构造要移动的对象的选择集并回车确定，系统进一步提示为：Specify base point or displacement：

要求用户指定一个基点（base point），用户可通过键盘输入或鼠标选择来确定基点，此时系统提示为：Specify second point of displacement or ＜use first point as displacement＞：

这时用户有两种选择。

（1）指定第二点　系统将根据基点到第二点之间的距离和方向来确定选中对象的移动距离和移动方向。

（2）直接回车　系统将基点的坐标值作为相对的 X、Y、Z 位移值。

3. “copy”（复制）命令

复制命令可以将用户所选择的一个或多个对象生成一个副本并将该副本放置到其他位置。用户可选择“Multiple（重复）”选项来进行多次复制而不必退出当前的复制命令。

4. “rotate”（旋转）命令

旋转命令可以改变用户所选择的一个或多个对象的方向（位置）。用户可通过指定一个基点和一个相对或绝对的旋转角来对选择对象进行旋转。

调用方式：工具栏、菜单

命令行：rotate

调用该命令后，系统将提示用户选择对象；用户可在此提示下构造要移动的对象的选择集并回车确定。

5. “scale”（比例）命令

比例命令可以改变用户所选择的一个或多个对象的大小，即在 X、Y 和 Z 方向等比例放大或缩小对象。

调用方式：工具栏、菜单

命令行：scale（或别名 sc）

用户首先需要指定一个基点，即进行缩放时的中心点；然后指定比例因子，这时有两种方式可供选择。

（1）直接指定比例因子　大于 1 的比例因子使对象放大，而介于 0～1 之间的比例因子将使对象缩小。

（2）选择“Reference（参照）”　选择该选项后，系统首先提示用户指定参照长度（缺省为 1），然后再指定一个新的长度并以新的长度与参照长度之比作为比例因子。

6. “undo”（放弃）命令

放弃命令可以取消用户上一次的操作，调用该命令后，系统将自动取消用户上一次的操作。用户可连续调用该命令，逐步返回到图形最初载入时的状态。

7. “redo”（重做）命令

重做命令用于恢复执行放弃命令所取消的操作，该命令必须紧跟着放弃命令执行。

8. “oops”（恢复）命令

恢复命令用于恢复已被删除的对象，调用该命令后，系统将恢复被最后一个“erase”命令删除的对象。

二、修剪、延伸、偏移、环形阵列和镜像命令的使用

1. “trim”（修剪）命令

用来修剪图形实体。该命令的用法很多，不仅可以修剪相交或不相交的二维对象，还可以修剪三维对象。使用“trim”命令时必须先启动命令，后选择要编辑的对象；启动该命令时已选择的对象将自动取消选择状态。

2. “extend”（延伸）命令

用来延伸图形实体。调用该命令后，系统首先显示“extend”命令的当前设置并提示用户选择延伸边界。同“trim”命令一样，使用“extend”命令时必须先启动命令，后选择要编辑的对象；启动该命令时已选择的对象将自动取消选择状态。

3. “offset”（偏移）命令

可利用两种方式对选中对象进行偏移操作，从而创建新的对象：一种是按指定的距离进行偏移；另一种则是通过指定点来进行偏移。该命令常用于创建同心圆、平行线和平行曲线等。

4. “array”（环形阵列）命令

可利用两种方式对选中对象进行阵列操作，从而创建新的对象：一种是矩形阵列（Rectangular Array）；另一种是环形阵列（Polar Array）。本节中讲述环形阵列操作。调用命令后，系统弹出“Array（阵列）”对话框（图 7-16）。

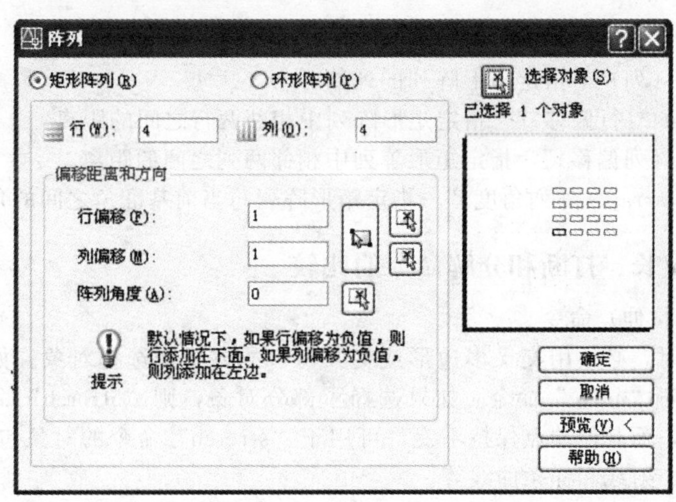

图 7-16

（1）“Center point（中心点）” 指定环形阵列的中心点。

（2）“Total number of items（项目总数）” 指定阵列操作后源对象及其副本对象的总数。

（3）“Angle to fill（填充角）” 指定分布了全部项目的圆弧的夹角。该夹角是以阵列中心点与源对象基点之间的连线所成的角度。

（4）“Angle between items（项目夹角）” 指定两个相邻项目之间的夹角。即阵列中心点与任意两个相邻项目基点的连线所成的角度。

（5）“Method（方法）” 指定上述三项中任意两项即可确定阵列操作，因此这三项两两组合可形成三种阵列方法，用户可根据实际情况任选一种。

（6）“Rotate items as copied（旋转作为副本的项目）” 如果选择该项，则阵列操作所生

成的副本进行旋转时，图形上的任一点均同时进行旋转。

(7)“Object base point（对象基点）” 在阵列操作中使用对象缺省状态下的基点或由用户指定对象的基点。

用户完成设置后，可单击 Preview < 按钮来预览阵列操作的效果。用户查看阵列操作效果后，可单击 Accept 按钮确定设置并完成阵列命令；或单击 Modify 按钮返回“Array（阵列）”对话框修改设置；或单击 Cancel 按钮取消阵列命令。

5.“mirror”（镜像）命令

可围绕用两点定义的镜像轴线来创建选择对象的镜像。

三、圆角、倒角和矩形阵列命令的使用

1.“fillet”（圆角）命令

用来创建圆角，可以通过一个指定半径的圆弧来光滑地连接两个对象。可以进行圆角处理的对象包括直线、多段线的直线段、样条曲线、构造线、射线、圆、圆弧和椭圆等。

2.“chamfer”（倒角）命令

用来创建倒角，即将两个非平行的对象，通过延伸或修剪使它们相交或利用斜线连接。用户可使用两种方法来创建倒角：一种是指定倒角两端的距离；另一种是指定一端的距离和倒角的角度。

3.“array”（矩形阵列）命令

还可创建矩形阵列（Rectangular Array）。调用该命令后，系统弹出“Array（阵列）”对话框。

(1)“Rows（行）” 指定矩形阵列的行数。

(2)“Columns（列）” 指定矩形阵列的列数。

(3)“Row offset（行偏移）” 指定矩形阵列中相邻两行之间的距离。

(4)“Columns（列偏移）” 指定矩形阵列中相邻两列之间的距离。

(5)“Angle of array（阵列角度）” 指定矩形阵列与当前基准角之间的角度。

四、拉伸和拉长、打断和分解命令的比较

1.“stretch”（拉伸）命令

使用拉伸命令时，必须用交叉多边形或交叉窗口的方式来选择对象。如果将对象全部选中，则该命令相当于“move”命令。如果选择了部分对象，则“stretch”命令只移动选择范围内的对象的端点，而其他端点保持不变，可用于“stretch”命令的对象包括圆弧、椭圆弧、直线、多段线线段、射线和样条曲线等。

2.“lengthen”（拉长）命令

拉长命令用于改变圆弧的角度，或改变非闭合对象的长度，可用于“lengthen”命令的对象包括直线、圆弧、非闭合多段线、椭圆弧和非闭合样条曲线等。

图 7-17 给出了四种改变对象长度或角度的方法。

```
命令: len LENGTHEN
选择对象或 [增量(DE)/百分数(P)/全部(T)/动态(DY)]:
```

图 7-17

3.“break”（打断）命令

打断命令可以把对象上指定两点之间的部分删除，当指定的两点相同时，则对象分解为两

个部分。这些对象包括直线、圆弧、圆、多段线、椭圆、样条曲线和圆环等。用户选择某个对象后，系统把选择点作为第一断点，提示一下用户选择第二断点。如果用户需要重新指定第一断点，则可选择“First point（第一点）”选项，系统将分别提示用户选择第一、第二断点。

4. “explode”（分解）命令

分解命令用于分解组合对象，组合对象即由多个 AutoCAD 基本对象组合而成的复杂对象，例如多段线、多线、标注、块、面域、多面网格、多边形网格、三维网格以及三维实体等。分解的结果取决于组合对象的类型。

第五节　图层、线型、线宽与颜色的设置

一、线型和线宽的概念和设置

1. 线型的概念

线型（Linetype）是点、横线和空格等按一定规律重复出现而形成的图案，复杂线型还可以包含各种符号。如果为图形对象指定某种线型，则对象将根据此线型的设置进行显示和打印（图 7-18）。

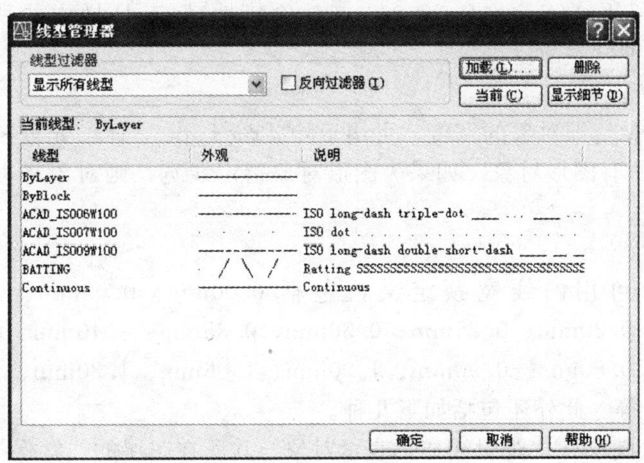

图 7-18

2. 线型的种类

当用户创建一个新的图形文件后，通常会包括如下三种线型。

(1)“ByLayer（随层）”　逻辑线型，表示对象与其所在图层的线型保持一致。

(2)“ByBlock（随块）”　逻辑线型，表示对象与其所在块的线型保持一致。

(3)“Continuous（连续）”　连续的实线。

3. 线型的设置

用户可通过“linetype”命令来进行线型设置，调用命令后，系统将弹出“Linetype Manager（线型管理器）”对话框。

该对话框中各项的具体说明如下。

(1)“Current Linetype（当前线型）”　显示当前线型的名称。

(2) 线型列表　显示满足过滤条件的线型及其基本信息，包括“Linetype（线型）”（即线型名称）、“Appearance（外观）”和“Description（说明）”等。

(3) Load... 按钮 如果用户需要使用其他类型的线型，可单击此按钮弹出“Load or Reload Linetypes（加载或重载线型）”对话框。

(4) Delete 按钮 删除的线型。

(5) Current 按钮 在线型列表中，将选定的线型设置为当前线型。

(6) Hide details/Show details 按钮 控制是否显示对话框中的“Details（详细信息）”栏。

(7)“Details（详细信息）” 用于设置选定的线型的特性，以及附加设置。

4. 关于线型应用的几点说明

(1) 当前线型 如果某种线型被设置为当前线型，则新创建的对象（文字和插入的块除外）将自动使用该线型。

(2) 线型的显示 可以将线型与所有 AutoCAD 对象相关联，但是它们不随同文字、点、视口、参照线、射线、三维多段线和块一起显示。如果一条线过短，不能容纳最小的点画线序列，则显示为连续的直线。

(3) 线型比例 如果图形中的线型显示过于紧密或过于疏松，用户可设置比例因子来改变线型的显示比例。改变所有图形的线型比例，可使用全局比例因子；而对于个别图形的修改，则应使用对象比例因子。

(4) 对话框 利用“Object Properties（对象特性）”工具栏中的线型控件（Linetype Control），可进行几种设置。

5. 线宽的概念

线宽（Lineweight）即对象的宽度，可用于除 TrueType 字体、光栅图像、点和实体填充（二维实体）之外的所有图形对象。如果为图形对象指定线宽，则对象将根据此线宽的设置进行显示和打印。

6. 线宽的种类

在 AutoCAD 中可用的线宽预定义值包括 0.00mm、0.05mm、0.09mm、0.13mm、0.15mm、0.18mm、0.20mm、0.25mm、0.30mm、0.35mm、0.40mm、0.50mm、0.53mm、0.60mm、0.70mm、0.80mm、0.90mm、1.00mm、1.06mm、1.20mm、1.40mm、1.58mm、2.00mm 和 2.11mm 等。此外还包括如下几种。

(1)“ByLayer（随层）” 逻辑线宽，表示对象与其所在图层的线宽保持一致。

(2)“ByBlock（随块）” 逻辑线宽，表示对象与其所在块的线宽保持一致。

(3)“Default（缺省）” 创建新图层时的缺省线宽设置，其缺省值为 0.25mm（0.01″）。

7. 线宽的设置

用户可通过“lweight”命令来进行线宽设置，调用命令后，系统将弹出“Lineweight Settings（线宽设置）”对话框。

8. 关于线宽应用的几点说明

(1) 如果需要精确表示对象的宽度，应使用指定宽度的多段线，而不要使用线宽。

(2) 如果对象的线宽值为 0，则在模型空间显示为 1 个像素宽，将以打印设备允许的最细宽度打印。如果对象的线宽值为 0.25mm（0.01″）或更小，则将在模型空间中以 1 个像素宽显示。

(3) 具有线宽的对象以超过 1 个像素的宽度显示时，可能会增加 AutoCAD 的重生成时间，因此关闭线宽显示或将显示比例设成最小可优化显示性能。

(4) 同线型一样，利用“Object Properties（对象特性）”工具栏中的线宽控件（Lineweight Control），可进行几种设置。

二、颜色的概念和设置

同线型和线宽一样，颜色也具有“ByLayer（随层）”和“ByBlock（随块）”两种逻辑颜色，此外AutoCAD还提供了255种颜色（包括9种标准颜色和6种灰度颜色）供用户使用。

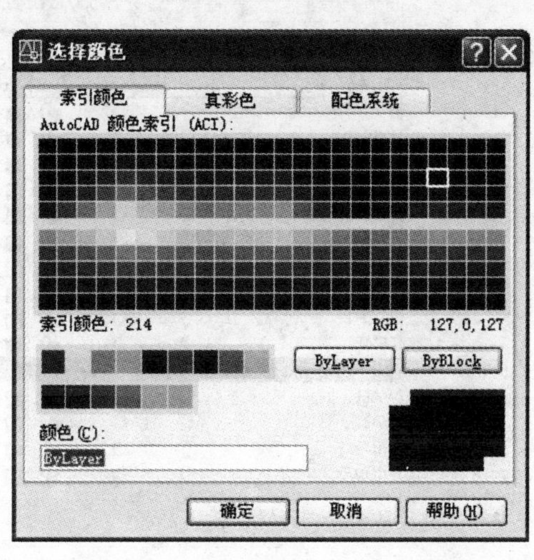

图 7-19

用户可通过“color”命令来设置当前颜色或对象颜色。

命令行：color（或别名col、colour、ddcolor）

调用该命令后，系统将弹出“Select Color（选择颜色）”对话框（图7-19）。

利用“Object Properties（对象特性）”工具栏中的颜色控件（Color Control），可进行如下几种设置。

(1) 如果未选择任何对象时，控件中显示为当前颜色。用户可选择控件列表中其他颜色来将其设置为当前颜色。

(2) 如果选择了一个对象，控件中显示该对象的所有设置。用户可选择控件列表中其他颜色来改变对象所使用的颜色。

(3) 如果选择了多个对象，并且所有选定对象都具有相同颜色，控件中显示公共的颜色；而如果任意两个选定对象不具有相同的颜色，则控件显示为空。用户可选择控件列表中其他项来同时改变当前选中的所有对象的颜色。

三、图层的概念和设置

（一）图层的概念

AutoCAD中的图层就相当于完全重合在一起的透明纸，用户可以任意地选择其中一个图层绘制图形，而不会受到其他层上图形的影响。在AutoCAD中每个图层都以一个名称作为标识并具有颜色、线型、线宽等各种特性和开、关、冻结等不同的状态。

1. 调用图层命令的方式为：

工具栏：“Object Properties（对象特性）”→

菜单：【Format（格式）】→【Layer…（图层）】

命令行：layer（或别名la、ddlmodes）

调用该命令后，系统将弹出“Layer Properties Manager（图层特性管理器）”对话框（图7-20）。

2. 在该对话框中，用户通过设置“Named layer filters（命名图层过滤器）”栏来控制图层列表中所显示的图层项目。

3. 图层用名称（Name）来标识并具有各种特性和状态。

(1) 图层的名称最长可使用256个字符，可包括字母、数字、特殊字符（$ - _）和空格。

(2) 图层可以具有颜色（Color）、线型（Linetype）和线宽（Lineweight）等特性。如果某个图形对象的这几种特性均设为“ByLayer（随层）”，则各特性与其所在图层的特性保持一致，并且可以随着图层特性的改变而改变。

(3) 图层可设置为“Off（关闭）”状态。如果某个图层被设置为“关闭”状态，则该图层上的图形对象不能被显示或打印，但可以重新生成。暂时关闭与当前工作无关的图层可以减少干扰，使用户更加方便快捷地工作。

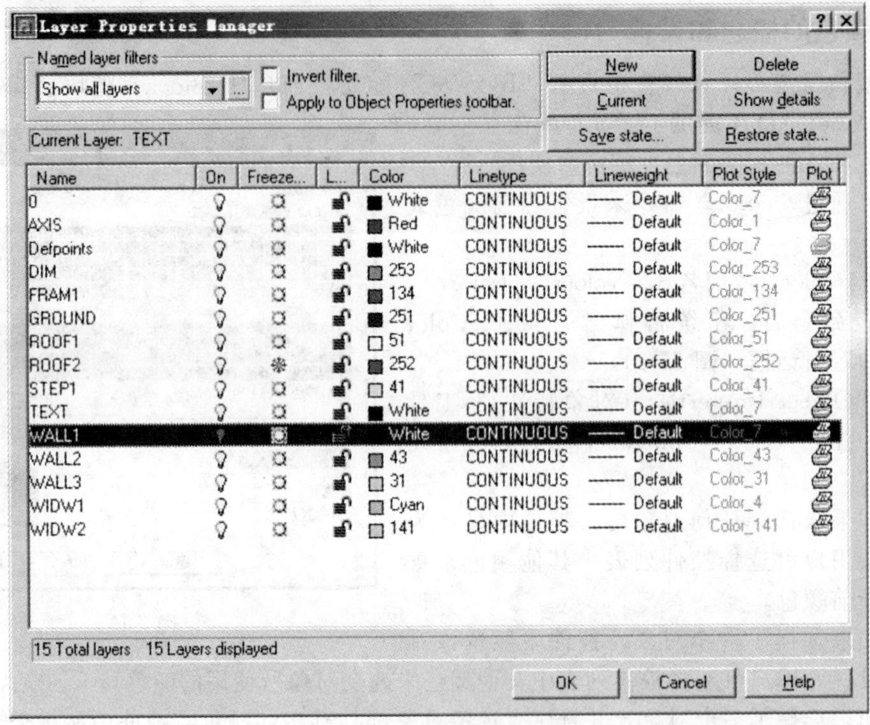

图 7-20

(4) 图层可设置为“Freeze（冻结）”状态。如果某个图层被设置为“冻结”状态，则该图层上的图形对象不能被显示、打印或重新生成。因此用户可以将长期不需要显示的图层冻结，提高对象选择的性能，减少复杂图形的重新生成时间。

(5) 图层可设置为“Lock（锁定）”状态。如果某个图层被设置为“锁定”状态，则该图层上的图形对象不能被编辑或选择，但可以查看。

(6) 图层可设置为“Plot（打印）”状态。如果某个图层的“打印”状态被禁止，则该图层上的图形对象可以显示，但不能打印。

4. 对话框右上角的六个按钮提供了对图层的各种操作。

(1) New 用于新建图层。

(2) Delete 用于删除在图层列表中指定的图层。

(3) Current 将在图层列表中指定的图层设置为当前图层。

(4) Hide details/Show details 用于切换“Details（细节）”栏的显示状态。

(5) Save state... 用于保存当前图形中全部图层的状态和特性。

(6) Restore state... 用于恢复已保存的图层状态。

（二）图层相关命令

1. 使对象所在图层为当前图层

选择“Object Properties（对象特性）”工具栏中的图标，在此提示下选择某一对象，则该对象所在图层成为当前图层。

2. 恢复上一个图层

该命令用于取消用户最后一次对图层设置的改变。

四、图案填充

在绘制图形时经常会遇到这种情况，比如绘制物体的剖面或断面时，需要使用某一种图案来充满某个指定区域，这个过程就称为图案填充（Hatch）。在 AutoCAD 中，无论一个图案填充是多么复杂，系统都将其认为是一个独立的图形对象，可作为一个整体进行各种操作。但是，如果使用“explode”命令将其分解，则图案填充将按其图案的构成分解成许多相互独立的直线对象（图 7-21）。

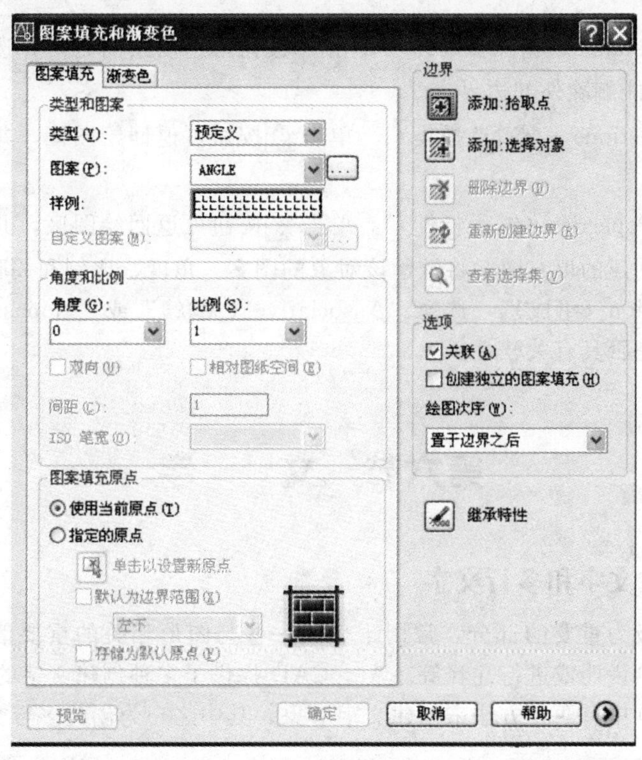

图 7-21

1. 调用图案填充命令的格式为：

工具栏：“Draw（绘图）”→

菜单：【Draw（绘图）】→【Hatch…（图案填充）】

命令行：bhatch（或别名 bh、h）

2. AutoCAD 中的填充图案具有三种类型，在“Boundary Hatch（边界图案填充）”对话框的“Type（类型）”下拉列表框中给出了这三种类型。

（1）“Predefined（预定义）” 预定义填充图案是由 AutoCAD 系统提供的，包括 69 种填充图案（8 种 ANSI 图案、14 种 ISO 图案和 47 种其他预定义图案）。

（2）“User defined（用户定义）” 该类型是基于图形的当前线型创建的直线填充图案。

（3）“Custom（自定义）” 使用自定义的填充图案。

3. 在“Boundary Hatch（边界图案填充）”对话框的“Advanced（高级）”选项卡中还提供了高级设置。

（1）“Island detection style（孤岛检测样式）” 当填充区域内部存在一个或多个内部边界时，选择不同的孤岛检测样式将产生不同的填充效果。

（2）“Boundary typc（边界类型）” 如果用户选中了“Retain boundaries（保留边界）”开

关，则在进行图案填充的同时将边界以多段线或面域的形式保存下来。

4. 在“Boundary Hatch（边界图案填充）”对话框的右侧还提供了其他一些选项，其具体含义分述如下。

(1)“Pick points（拾取点）” 单击按钮可返回绘图区，并通过指定填充区域内任意一点来确定填充区域。

(2)“Select objects（选择对象）” 单击按钮可返回绘图区，并选择需要进行填充操作的对象。

(3)“Remove islands（删除孤岛）” 单击按钮可返回绘图区，并选择需要删除的内部边界（孤岛），但不能删除外部边界。

(4)“View selections（查看选择集）” 单击按钮可返回绘图区，并显示当前已经定义的边界。

(5)“Inherit properties（继承特性）” 单击按钮可返回绘图区，并选择已有的某个图案填充对象，则新创建的填充图案将继承该对象的图案、角度、比例和关联等特性。

(6)“Composition（组成）” 选择“Associative（关联）”或“Nonassociative（不关联）”项以确定填充图案是否具有关联性。

第六节　文　字

一、创建单行文字和多行文字

文字是图形中极为重要的部分，常用于表达一些与图形相关的重要信息。文字常用于标题、标记图形、提供说明或进行注释等。AutoCAD 提供了多种创建文字的方法。

1. 在 AutoCAD 中有两种方法来创建文字对象，其中之一为创建多行文字命令，该命令的调用方式为：

命令行：mtext（或别名 mt、t）

调用该命令后，AutoCAD 将弹出“Multiline Text Editor（多行文字编辑器）”对话框。

(1)“Character（字符）”选项卡　在该选项卡中除了可以进行一些常规的设置，如字体、高度、颜色等，还包括其他一些特殊设置。

(2)“Insert symbol（插入符号）” 通过该选项可以在文字中插入度数（Degrees）、正/负(Plus/Minus)、直径（Diameter）和不间断空格（Non-breaking Space）等特殊符号。

(3)“Properties（属性）”选项卡。

(4)“Style（样式）” 用于改变文字样式。在应用新样式时，应用于单个字符或单词的字符格式（粗体、斜体、堆叠等）并不会被覆盖。

(5)“Justification（对正）” 用于选择不同的对正方式。对正方式基于指定的文字对象的边界。文字对正方式如表 7-3 所示。

(6)“Width（宽度）” 指定文字段落的宽度。如果选择了“No wrap（不换行）”选项，则多行文字对象将出现在单独的一行上。

(7)“Rotation（旋转）” 指定文字的旋转角度。

2. 对于一些简短文字的创建，使用“mtext”命令往往过于烦琐。为此 AutoCAD 提供了创建单行文字的命令，该命令的调用方式为：

表 7-3　文字对正方式

选　项	缩　写	含　义
Top left	TL	左上对齐
Middle left	ML	中上对齐
Bottom left	BL	右上对齐
Top center	TC	左中对齐
Middle center	MC	正中对齐
Bottom center	BC	右中对齐
Top right	TR	左下对齐
Middle right	MR	中下对齐
Bottom right	BR	右下对齐

命令行：text、dtext（或别名 dt）

调用该命令后，AutoCAD 将在命令行中显示当前文字设置，提示用户指定文字的起始点，此时用户可以进行如下几种选择。

(1) 直接指定文字的起始点，系统进一步提示用户指定文字的高度、旋转角度和文字内容。

(2) 如果用户选择“Style（样式）”项，系统将提示用户指定文字样式。

(3) 如果用户选择“Justify（对正）”项（缺省方式是左对齐），系统将给出如下选项：Enter an option [Align/Fit/Center/Middle/Right/TL/TC/TR/ML/MC/MR/BL/BC/BR]：

①“Align（对齐）” 通过指定基线的两个端点来绘制文字。

②“Fit（调整）” 通过指定基线的两个端点来绘制文字。

③“Center（中心）”、“Middle（中间）”和“Right（右）” 这三个选项均要求用户指定一点，分别以该点作为基线水平中点、文字中央点或基线右端点，然后根据用户指定的文字高度和角度进行绘制。

二、文字样式的概念和设置

文字样式（Text Style）是一组可随图形保存的文字设置的集合，这些设置可包括字体、文字高度以及特殊效果等。在 AutoCAD 中所有的文字，包括图块和标注中的文字，都是同一定的文字样式相关联的。通常，在 AutoCAD 中新建一个图形文件后，系统将自动建立一个缺省的文字样式“Standard（标准）”，并且该样式被文字命令、标注命令等缺省引用。

更多的情况下，一个图形中需要使用不同的字体，即使同样的字体也可能需要不同的显示效果，因此仅有一个“Standard（标准）”样式是不够的，用户可以使用文字样式命令来创建或修改文字样式。调用该命令的方式为：

工具栏：“Text（文字）”→ A

菜单：【Format（格式）】→【Text Style…（文字样式）】

命令行：style（或别名 st）

调用该命令后，系统弹出“Text Style（文字样式）”对话框（图 7-22）。

该对话框主要分为四个区域，下面分别对其进行说明。

1. “Style Name（样式名称）”栏

在该栏的下拉列表中包括了所有已建立的文字样式并显示当前的文字样式。用户可单击 New... 按钮新建一个文字样式；或单击 Rename... 按钮和 Delete 按钮对当前的文字

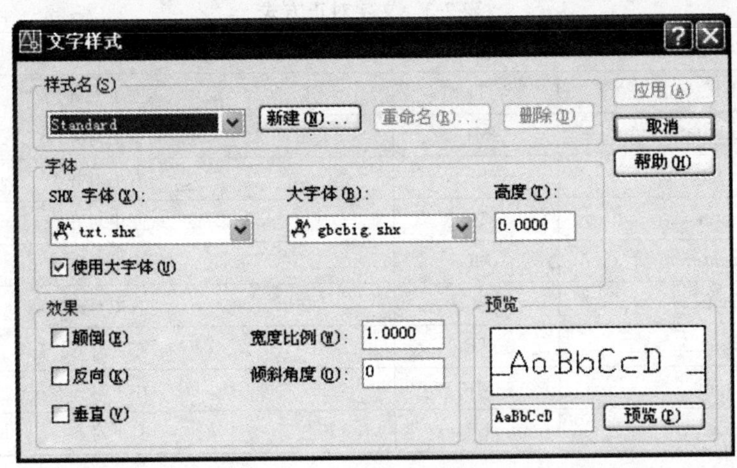

图 7-22

样式进行重命名和删除操作。

2. "Font（字体）"栏

在"Font Name（字体名称）"列表中显示所有 AutoCAD 可支持的字体，这些字体有两种类型：一种是带有图标、扩展名为".shx"的字体，该字体是利用形技术创建的，由 AutoCAD 系统所提供；另一种是带有 图标、扩展名为".ttf"的字体，该字体为 TrueType 字体，通常为 Windows 系统所提供。对于某些 TrueType 字体，则可能会具有不同的字体样式（Font Style），如加黑（Bold）、斜体（Italic）等，用户可通过"Font Style（字体样式）"列表进行查看和选择。而对于 SHX 字体，"Use Big Font"项将被激活。选中该项后，"Font Style"列表将变为"Big Font（大字体）"列表。大字体是一种特殊类型的形文件，可以定义数千个非 ASCII 字符的文本文件，如汉字等。"Height（文字高度）"编辑框用于指定文字高度。如果设置为 0，则引用该文字样式创建字体时需要指定文字高度。否则将直接使用框中设置的值来创建文本。

3. "Effects（效果）"栏

（1）"Upside Down（颠倒）" 用于设置是否倒置显示字符。

（2）"Backwards（反向）" 用于设置是否反向显示字符。

（3）"Vertical（垂直）" 用于设置是否垂直对齐显示字符。只有在选定字体支持双向对齐时该项才被激活。

（4）"Width Factor（宽度比例）" 用于设置字符宽度比例。输入值如果小于 1.0 将压缩文字宽度，输入值如果大于 1.0 则将使文字宽度扩大。

（5）"Oblique Angle（文字倾斜角度）" 用于设置文字的倾斜角度，取值范围在－85～85 之间。

4. "Preview（预览）"栏

用于预览字体和效果设置，用户的改变（文字高度的改变除外）将会引起预览图像的更新。用户可在预览图像下部的编辑框中输入不同的字母，然后单击 Preview 按钮来预览它们。

当用户完成对文字样式的设置后，可单击 Apply 按钮将所做的修改应用到图形中使用当前样式的所有文字。

三、各种文字编辑命令

对于图形中已有的文字对象，用户可使用各种编辑命令对其进行修改。

1. 文字编辑命令

该命令对多行文字、单行文字以及尺寸标注中的文字均可适用，其调用方式为：

命令行：ddedit（或别名 ed）

调用该命令后，如果选择多行文字对象或标注中的文字，则出现“Multiline Text Editor（多行文字编辑器）”对话框，来改变全部或部分文字的高度、字体、颜色和调整位置等。而对于单行的文字对象，则弹出“Edit Text（编辑文字）”对话框。该对话框只能修改文字，而不支持字体、调整位置以及文字高度的修改。

2. 拼写检查命令

该命令用于对图形中被选择的文字进行拼写检查，可根据不同的语言在几种主词典之中选择一个，其调用方式为：

菜单：【Tools（工具）】→【Spelling（拼写检查）】

命令行：spell（或别名 sp）

运行该命令后，系统提示选择对象，然后自动对用户所选择的一个或多个对象进行拼写检查。

如果检查中发现错误，则弹出“Check Spelling（检查拼写）”对话框。在该对话框的上部显示当前词典（Current Dictionary）和当前检查到的拼写错误的单词（Current Word），当然，该单词的拼写不一定是错误的，只要是当前词典中没有的单词都会被标识出来。

3. 查找命令

查找命令可以对文字对象进行查找、替换、选择或缩放等各种操作，该命令所适用的对象包含单行文字、多行文字、块属性值、标注注释文字、超级链接说明和超级链接等。

该命令的调用方式为：

工具栏：“Standard（标准）”→

菜单：【Edit（编辑）】→【Find…（查找）】

快捷菜单：结束所有激活命令，在绘图区域单击右键并选择“Find…（查找）”项

命令行：find

调用该命令后，系统弹出“Find and Replace（查找和替换）”对话框。

4. 对象特性命令

同其他对象一样，文字对象也可以通过“Properties（特性）”窗口进行编辑操作，在其中可以更改文字内容、插入点、样式、对正、尺寸和其他特性。

第七节　尺寸标注

一、创建尺寸标注

1. 基本概念

尺寸标注是图形的测量注释，可以测量和显示对象的长度、角度等测量值。AutoCAD 提供了多种标注样式和多种设置标注格式的方法，可以满足建筑、机械、电子等大多数应用领域的要求。

尽管 AutoCAD 提供了多种类型的尺寸标注，但通常都是由以下几种基本元素所构成的。如图 7-23 所示。

（1）标注文字　表明实际测量值。可以使用由 AutoCAD 自动计算出的测量值并可附加公差、前缀和后缀等。用户也可以自行指定文字或取消文字。

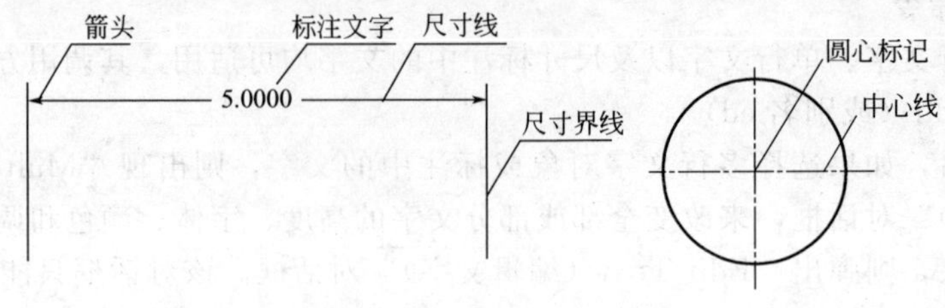

图 7-23

(2) 尺寸线　表明标注的范围。通常使用箭头来指出尺寸线的起点和端点。

(3) 箭头　表明测量的开始和结束位置。AutoCAD 提供了多种符号可供选择，用户也可以创建自定义符号。

(4) 尺寸界线　从被标注的对象延伸到尺寸线。尺寸界线一般与尺寸线垂直，但在特殊情况下也可以将尺寸界线倾斜。

(5) 圆心标记和中心线　标记圆或圆弧的圆心。

2. 尺寸标注种类

AutoCAD 提供了如下 11 种标注用以测量设计对象：线性标注、对齐标注、坐标标注、半径标注、直径标注、角度标注、基线标注、连续标注、引线标注、快速标注、圆心标注。

3. 创建尺寸标注（图 7-24）

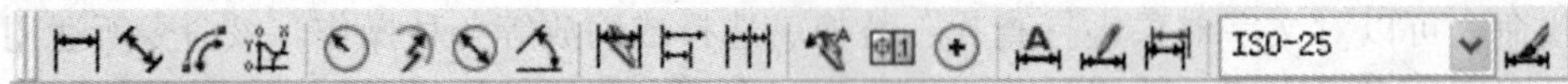

图 7-24

(1) 线性标注用于测量并标记两点之间连线在指定方向上的投影距离。"Dimension（标注）"→ ，调用该命令后，系统提示用户指定两点，或选择某个对象。

(2) 对齐标注用于测量和标记两点之间的实际距离，两点之间连线可以为任意方向，该命令用法与线性标注相同。

(3) 半径标注用于测量和标记圆或圆弧的半径。调用该命令后，系统提示选择圆或圆弧对象，其他选项同线性标注命令。生成的尺寸标注文字以 R 引导，以表示半径尺寸。圆形或圆弧的圆心标记可自动绘出。

(4) 直径标注用于测量和标记圆或圆弧的直径。该命令用法与半径标注相同。生成的尺寸标注文字以 ϕ 引导，以表示直径尺寸。

(5) 角度标注用于测量和标记角度值。

① 如果选择两条非平行直线，则测量并标记直线之间的角度。

② 如果选择圆弧，则测量并标记圆弧所包含的圆心角。

③ 如果选择圆，则以圆心作为角的顶点，测量并标记所选的第一个点和第二个点之间包含的圆心角。

④ 选择"Specify vertex（指定顶点）"项，则需分别指定角点、第一端点和第二端点来测量并标记该角度值。

(6) 引线标注用于通过引线将注释与对象连接。

(7) 基线标注用于以第一个标注的第一条界线为基准，连续标注多个线性尺寸。每个新尺寸线会自动偏移一个距离以避免重叠。调用命令后，系统将自动以最后一次标注的第一条界线为基准来创建标注并提示用户指定第二条界线。

(8) 连续标注用于以前一个标注的第二条界线为基准，连续标注多个线性尺寸。该命令的用法与基线标注类似，区别之处在于该命令是从前一个尺寸的第二条尺寸界线开始标注而不是固定于第一条界线。此外，各个标注的尺寸线将处于同一直线上，而不会自动偏移。

（9）圆心标注用于标记圆或椭圆的中心点，调用该命令后，系统将提示用户选择圆或圆弧对象并以“+”的形式来标记该圆心。

（10）坐标标注用于测量并标记当前 UCS 中的坐标点。系统将自动沿 X 轴或 Y 轴放置尺寸标注文字（X 或 Y 坐标）并提示用户确定引线的端点。

（11）快速标注命令用于同时标注多个对象。用户可同时选择多个对象。

二、标注样式的概念和设置

1. 标注样式简介

标注样式（Dimension Style）用于控制标注的格式和外观，AutoCAD 中的标注均与一定的标注样式相关联。通过标注样式，用户可进行如下定义。

（1）尺寸线、尺寸界线、箭头和圆心标记的格式和位置。

（2）标注文字的外观、位置和行为。

（3）AutoCAD 放置文字和尺寸线的管理规则。

（4）全局标注比例。

（5）主单位、换算单位和角度标注单位的格式和精度。

（6）公差值的格式和精度。

在 AutoCAD 中新建图形文件时，系统将根据样板文件来创建一个缺省的标注样式。如使用“acad. dwt”样板时缺省样式为“STANDARD”，使用“acadiso. dwg”样板时缺省样式为“ISO-25”。在 AutoCAD 中用户可通过“标注样式管理器（Dimension Style Manger）”来创建新的标注样式或对标注样式进行修改和管理。

2. 标注样式详解

现在通过“Dimension Style Manager（标注样式管理器）”对话框来详细介绍标注样式的组成元素及其作用（图 7-25）。

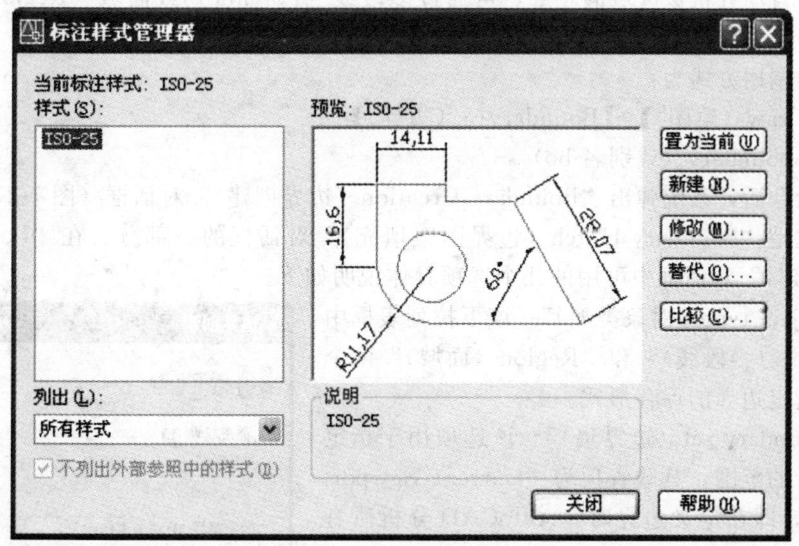

图 7-25

启动标注样式管理器的方式为：

命令行：dimstyle（或别名 d、dst、dimsty）

调用该命令后，弹出“Dimension Style Manager（标注样式管理器）”对话框。

（1）“Lines and arrows（直线和箭头）”选项卡　设置尺寸线、尺寸界线、箭头和圆心标记的格式和特性。标注中各部分元素的含义如图 7-26 所示。

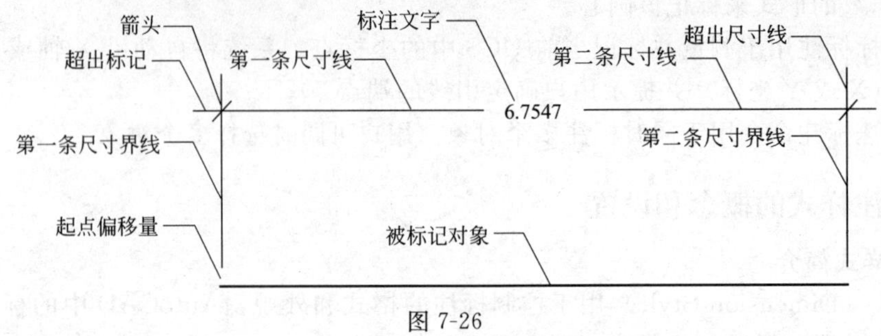

图 7-26

（2）“Text（文字）”选项卡　设置标注文字的格式、放置和对齐。

（3）“Fit（调整）”选项卡　设置文字、箭头、引线和尺寸线的位置。

（4）“Primary units（主单位）”选项卡　设置主标注单位的格式和精度，设置标注文字的前缀和后缀。

（5）“Alternate units（换算单位）”选项卡　设置换算测量单位的格式和比例。

（6）“Tolerances（公差）”选项卡　控制标注文字中公差的格式。

第八节　区域与块

一、边界的概念与创建命令

所谓边界（Boundary）就是某个封闭区域的轮廓，使用边界命令可以根据封闭区域内的任一指定点来自动分析该区域的轮廓，可通过多段线（Polyline）或面域（Region）的形式保存下来。

该命令的调用方式为：

菜单：【Draw（绘图）】→【Boundary…（边界）】

命令行：boundary（或别名 bo）

调用该命令后，系统弹出“Boundary Creation（边界创建）”对话框（图 7-27）。

该对话框是“Boundary Hatch（边界图案填充）”对话框的一部分。在“Boundary Creation（边界创建）”对话框中可用的几个选项具体说明如下。

（1）“Object type（对象类型）”　该下拉列表框中包括“Polyline（多段线）”和“Region（面域）”两个选项，用于指定边界的保存形式。

（2）“Boundary set（边界集）”　该选项用于指定进行边界分析的范围，其缺省项为“Current viewport（当前视口）”，即在定义边界时，AutoCAD 分析所有在当前视口中可见的对象。

（3）“Island detection method（孤岛检测方法）”　孤岛（Island）是指封闭区域的内部对象。孤岛检测方法用于指定是否把内部对象包括为边界对象。

图 7-27

当用户完成以上设置后，可单击按钮，在绘图区中某封闭区域内任选一点，系统将自动分析该区域的边界，相应生成多段线或面域来保存边界。

二、面域的概念与创建命令

在 AutoCAD 中，面域（Region）是一种比较特殊的二维对象，是由封闭边界所形成的二维封闭区域。面域的边界由端点相连的曲线组成，曲线上的每个端点仅连接两条边。AutoCAD 不接受所有相交或自交的曲线。

对于已创建的面域对象，用户可以进行填充图案和着色等操作，还可分析面域的几何特性（如面积）和物理特性（如质心、惯性矩等）。面域对象还支持布尔运算，即可以通过差集（Subtract）、并集（Union）或交集（Intersect）来创建组合面域。

三、块简介

在绘制电子线路图时，需要绘制大量的电阻、电容等元件，而每一类元件的形状又是基本相同的，换言之不得不进行大量重复性的工作。在其他领域也都或多或少地存在这个问题，如建筑图中的门、窗，管道图中的阀门、接头等。对于这类问题，AutoCAD 提供了非常理想的解决方案，即将一些经常重复使用的对象组合在一起，形成一个块对象，按指定的名称保存起来，以后可随时将它插入图形中而不必重新绘制。

虽然一个块可以由多个对象构成，但却是作为一个整体来使用。用户可以将块看成是一个对象来进行操作，如“move”、“copy”、“erase”、“rotate”、“array”和“mirror”等命令。当然，如果有必要，也可以使用“explode”命令将块分解为相对独立的多个对象。

当用户创建一个块后，AutoCAD 将该块存储在图形数据库中，此后用户可根据需要多次插入同一个块，而不必重复绘制和存储，因此节省了大量的绘图时间。另外在 AutoCAD 中还可以将块存储为一个独立的图形文件，也称为外部块。这样其他人就可以将这个文件作为块插入自己的图形中，不必重新进行创建。

1. 创建块命令的调用方式为：

菜单：【Draw（绘图）】→【Block（块）】→【Make…（创建）】

调用该命令后，系统将弹出“Block Definition（块定义）”对话框（图 7-28）。

（1）“Name（名称）” 指定块的名称，可包括字母、数字、空格、中文以及 Microsoft Windows 和 AutoCAD 没有用于其他用途的特殊字符。

（2）“Base point（基点）” 指定块的基点，当插入块时将以基点为准。用户可在对话框中指定，或单击按钮返回绘图区进行选择。

（3）“Objects（对象）” 用户可单击图标返回绘图区选择块中要包含的对象，或单击按钮弹出“Quick Select（快速选择）”对话框来构造选择集。

（4）“Preview icon（预览图标）”。

（5）“Insert（插入单位）” 指定把块从 AutoCAD 设计中心拖到图形中时，对块进行缩放所使用的单位。

2. 插入块命令的调用方式为：

菜单：【Insert（插入）】→【Block…（块）】

调用该命令后，系统将弹出“Insert（插入）”对话框（图 7-29）。

（1）“Name（名称）” 指定要插入的块名。用户也可单击 Browse... 按钮来选择并插入外部图形文件或外部块参照。

（2）“Insertion point（插入点）” 指定块的插入点（即块的基点位置）。

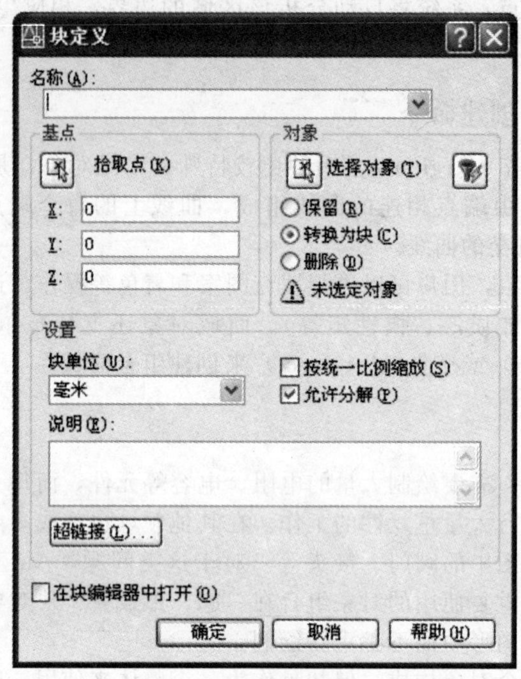

图 7-28

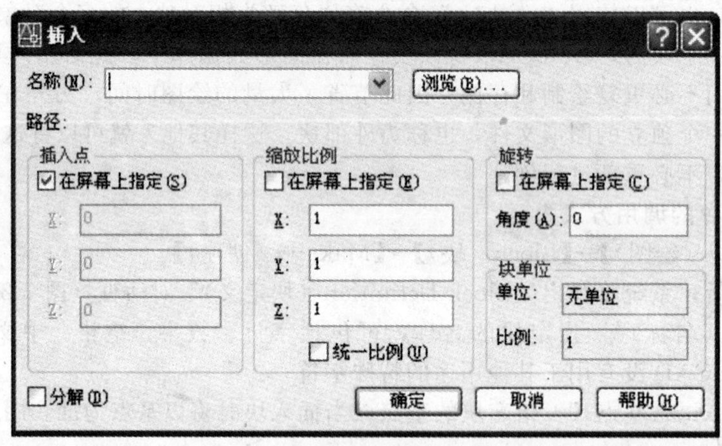

图 7-29

(3)"Scale（缩放比例）" 指定插入块在 X、Y、Z 轴向上的比例（以块的基点为准）。

(4)"Rotation（旋转）" 指定插入块的旋转角度（以块的基点为中心）。

(5)"Explode（分解）" 选择该项后，在插入块的同时将对块进行分解。

3. 块的分解

在 AutoCAD 中可使用两种方法来分解一个块。

(1) 在插入块时选择"Explode（分解）"项。

(2) 调用"explode"命令进行分解。

4. 块的嵌套和多重插入

(1) 块的嵌套 用户在定义块时所选择的对象本身也可以是一个块，并且在选择的块对象中还可以嵌套其他的块，即块的定义可包括多层嵌套。嵌套块的层数没有限制，但不能使用嵌套的块的名称作为将要定义的新块的名称，即块定义不能嵌套自己。

(2) 块的多重插入（Minsert） 在AutoCAD中提供了“minsert”命令，用于在矩形阵列中插入一个块的多个引用。使用该命令插入的块与使用“insert”命令插入的块相比，唯一的区别在于前者不能被分解。

5. 创建外部块

“wblock”命令和“block”命令的主要区别在于前者可以将对象输出成一个新的、独立的图形文件，并且这张新图会将图层、线型、样式以及其他特性如系统变量等设置作为当前图形的设置。该命令的调用方式为：

命令行：wblock（或别名 w）

第九节 定义和编辑属性

一、属性简介

属性（Attribute）是附加在块对象上的各种文本数据，它是一种特殊的文本对象，可包含用户所需要的各种信息。当插入块时，系统将显示或提示输入属性数据。

属性具有两种基本作用。

1. 在插入附着有属性信息的块对象时，根据属性定义的不同，系统自动显示预先设置的文本字符串，或者提示用户输入字符串，从而为块对象附加各种注释信息。

2. 可以从图形中提取属性信息并保存在单独的文本文件中，供用户进一步使用。

二、属性的定义与使用

属性在被附加到块对象之前，必须先在图形中进行定义。对于附加了属性的块对象，在引用时可显示或设置属性值。

1. “attdef”命令用于创建一个属性定义，该命令的调用方式为：

菜单：绘图→块→定义属性

调用该命令后，AutoCAD将弹出“Attribute Definition（属性定义）”对话框（图7-30）。

(1)“Modes（模式）” 该栏中各项用于设置属性值的使用方式。

(2)“Attribute（属性）” 该栏中各项用于设置属性数据。

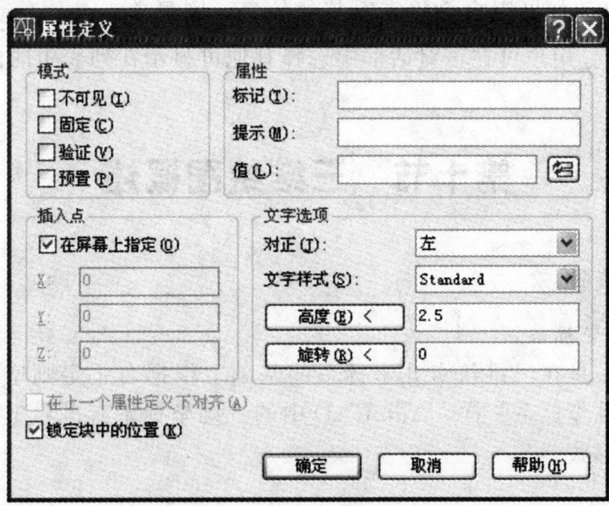

图 7-30

(3)“Insertion point（插入点）” 用于指定属性的输入位置。

(4)“Text options（文字选项）” 用于设置属性文字的对齐方式（Justification）、文字样式（Text Style）、高度（Height）和旋转角度（Rotation）等。

(5)“Align below previous attribute definition（在上一个属性定义下对齐）” 选择该复选框，可以将属性标记直接置于上一个属性的下面。如果在这之前没有创建属性定义，则该选项不可用。

2. 重新定义块和属性

对于一个已有的块，用户可使用属性重新定义命令，来重新定义一个块以及与其相关联的属性。该命令的调用方式为：

命令行：attredef

在新定义的块中的旧属性仍将保留它们原来的属性值。旧的块参照中被删除的属性将不会包含在新的块定义中。

三、属性的编辑

1. 编辑单个属性

对于单个块属性的编辑命令，用户按如下方式调用：

命令行：attedit（或别名 ate）

选择某个块后，将弹出“Edit Attribute（编辑属性）”对话框。在该对话框中显示了用户所选择的块中包含的前 8 个属性并可编辑属性值。如果块中属性多于 8 个，则可单击 Previous 和 Next 按钮在所有属性之间切换。注意，不能编辑锁定块中的属性值。

2. 块属性管理器

块属性管理器可以对当前图形中所有块定义中的属性进行管理，该命令的调用方式为：

工具栏：Modify Ⅱ（修改Ⅱ）→

调用该命令后，系统弹出“Block Attribute Manager（块属性管理器）”对话框。

该对话框的列表中显示了当前块中定义的所有属性。如果用户需要显示其他块定义中的属性，则可单击按钮在图形文件中选择一个块对象，或者在“Block（块）”下拉列表中进行选择，该列表显示了当前图形中定义的所有块。

缺省情况下，列表中将显示属性的标记（Tag）、提示（Prompt）、缺省值（Default）和模式（Modes）等信息。如果用户希望查看其他信息，则可单击 Settings... 按钮弹出“Settings（设置）”对话框。用户可在该对话框中选择其他可显示在列表中的信息。

第十节 三维绘图概述

一、三维绘图基础

（一）三维笛卡儿坐标系

三维笛卡儿坐标系是在二维笛卡儿坐标系的基础上根据右手定则增加第三维坐标（即 Z 轴）而形成的。同二维坐标系一样，AutoCAD 中的三维坐标系有世界坐标系（WCS）和用户坐标系（UCS）两种形式。

1. 右手定则

在三维坐标系中，Z 轴的正轴方向是根据右手定则确定的。右手定则也决定三维空间中任一坐标轴的正旋转方向。

要标注X、Y和Z轴的正轴方向，就将右手背对着屏幕放置，拇指即指向X轴的正方向。伸出食指和中指，食指指向Y轴的正方向，中指所指示的方向即是Z轴的正方向。

要确定轴的正旋转方向，用右手的大拇指指向轴的正方向，弯曲手指，那么手指所指示的方向即是轴的正旋转方向。

2. 世界坐标系（WCS）

在AutoCAD中，三维世界坐标系是在二维世界坐标系的基础上根据右手定则增加Z轴而形成的。同二维世界坐标系一样，三维世界坐标系是其他三维坐标系的基础，不能对其重新定义。

3. 用户坐标系（UCS）

用户坐标系为坐标输入、操作平面和观察提供一种可变动的坐标系。定义一个用户坐标系即改变原点（0，0，0）的位置以及XY平面和Z轴的方向。可在AutoCAD的三维空间中任何位置定位和定向UCS，也可随时定义、保存和使用多个用户坐标系。

（二）三维坐标形式

在AutoCAD中提供了下列三种三维坐标形式。

1. 三维笛卡儿坐标

三维笛卡儿坐标（X，Y，Z）与二维笛卡儿坐标（X，Y）相似，即在X和Y值基础上增加Z值。同样还可以使用基于当前坐标系原点的绝对坐标值或基于上个输入点的相对坐标值。

2. 圆柱坐标

圆柱坐标与二维极坐标类似，但增加了从所要确定的点到XY平面的距离值。即三维点的圆柱坐标可通过该点与UCS原点连线在XY平面上的投影长度，该投影与X轴夹角以及该点垂直于XY平面的Z值来确定。例如，坐标“10<60，20”表示某点与原点的连线在XY平面上的投影长度为10个单位，其投影与X轴的夹角为60°，在Z轴上的投影点的Z值为20。

圆柱坐标也有相对的坐标形式，如相对圆柱坐标“@10<45，30”表示某点与上个输入点连线在XY平面上的投影长度为10个单位，该投影与X轴正方向的夹角为45°，Z轴的距离为30个单位。

3. 球面坐标

在确定某点时，应分别指定该点与当前坐标系原点的距离，二者连线在XY平面上的投影与X轴的角度，以及二者连线与XY平面的角度。

（三）创建简单的三维对象

1. 确定三维点

可以使用前面介绍的三种坐标形式（笛卡儿坐标、圆柱坐标和球面坐标）来精确地确定一个三维点。除此以外，还可以通过设置当前高度、利用目标捕捉和使用点过滤器等方法来确定三维点。

（1）设置当前高度　如果用户在指定某点时没有提供其Z坐标，则AutoCAD将自动指定其Z坐标为缺省值，即当前高度。因此可以通过改变当前高度的方法来改变缺省的Z坐标值。

（2）利用目标捕捉　用户可利用目标捕捉的办法来确定一个三维点。此时，无论当前高度为多少，AutoCAD将使用被捕捉点的X、Y、Z坐标值。在三维视图中使用目标捕捉时，应避免多个目标捕捉点重合的视图。

（3）使用点过滤器　AutoCAD系统提供了点过滤器，用于从不同的点提取独立的X、Y和Z坐标及其组合。利用这一方法可以通过已知点来确定未知点。

2. 创建三维多段线

三维多段线是三维空间中由直线段组成的多段线。创建三维多段线与二维多段线类似，区别在于三维多段线的节点为三维点，三维多段线的宽度不可变。

3. 创建三维面

三维面可以是三维空间中的任意位置上的三边或四边表面，形成三维面的每个顶点都是三维点。系统将根据用户指定的四个点创建一个三维面对象。需要说明的是，这四个点可以不在一个平面上，因此生成的三维面并不一定是平面。接下来系统交替提示用户指定第 3 点、第 4 点，依次连续地生成多个三维面对象。如果用户在指定第 4 点时，选择“Create three-sided face（创建三侧面）”选项，则系统将根据前三点来生成一个三维面。

4. 设置对象的厚度

在 AutoCAD 中，系统会自动地为每个对象赋予一个厚度值。对象厚度是对象向上或向下被拉伸的距离。正的厚度表示向上（Z 正轴）拉伸，负的厚度则表示向下（Z 负轴）拉伸，0 厚度表示不拉伸。在以前所绘制的二维对象，其缺省厚度均为 0。如果将其厚度改为一个非 0 的数值，则该二维对象将沿 Z 轴方向被拉伸成为三维对象。

（四）设置三维视图

1. 设置查看方向

在 AutoCAD 的三维空间中，用户可通过不同的方向来观察对象。用于设置查看方向的命令调用方式如下：

命令行：ddvpoint（或别名 vp）

调用该命令后，系统将弹出“Viewpoint Presets（视点预设）”对话框。

在该对话框中，用户可在“From X Axis”编辑框中设置观察角度在 XY 平面上与 X 轴的夹角，在“XY Plane”编辑框中设置观察角度与 XY 平面的夹角，通过这两个夹角就可以得到一个相对于当前坐标系（WCS 或 UCS）的特定三维视图。如果用户单击 Set to Plan View 按钮，则产生相对于当前坐标系的平面视图（即在 XY 平面上与 X 轴夹角为 270°，与 XY 平面夹角为 90°）。

2. 设置图形的三维直观图的查看方向

现在使用另一种更为直观的方法来设置查看方向，“vpoint”命令可以将观察者置于一个位置上观察图形，就好像从空间中的一个指定点向原点（0，0，0）方向观察。用户可直接指定视点坐标，则系统将观察者置于该视点位置上向原点（0，0，0）方向观察图形。

3. 设置平面视图

由于平面视图是最为常用的一种视图，因此 AutoCAD 提供了快速设置平面视图的命令，该命令的调用方式为：

命令行：plan

二、创建和编辑三维模型

AutoCAD 支持三种类型的三维模型：线框模型、曲面模型和实体模型。

线框模型中没有面，只有描绘对象边界的点、直线和曲线。在 AutoCAD 中，可在三维空间的任何位置创建二维（平面）对象以生成线框模型。

曲面模型比线框模型更为复杂，它不仅定义三维对象的边而且定义面。AutoCAD 的曲面模型使用多边形网格定义镶嵌面，可以创建平面或曲面网格。

实体模型是最容易使用的三维模型。它的信息最完整，不会产生歧义。与线框模型和曲面模型相比，实体模型主要有以下两方面不同：①实体模型的信息最完整；②实体模型的创建方式最直接。

1. 创建三维多段线

（1）3DPOLY 命令功能　用于在三维空间中用连续线型创建多段线，多段线各点的 X、

Y 和 Z 坐标值是相互独立的。除少量的区别外，3DPOLY 命令与 PLINE 命令大体上相似。主要区别是：PLINE 命令不仅可以绘制曲线段，而且各段宽度可变；而 3DPOLY 只能绘制不可变宽度的直线段。除个别选项外，编辑三维多段线与编辑二维多段线的命令一样，都使用 PEDIT 命令，但不能连接和用圆弧拟合三维多段线，也不能赋予宽度和切向信息。

（2）调用方法　命令行：3DPOLY

2. 创建三维面

在创建三维模型时，有时需要创建一些实心填充面用于消隐与着色，这些实心面用 3DFACE 命令创建。用 3DFACE 创建实心面的命令提示与 SOLID 命令的提示相似。与 SOLID 命令不同的是，3DFACE 命令可以为每一个角点指定不同的 Z 坐标，以创建空间的三维面。另外，还可以围绕一个对象沿顺时针或逆时针方向从一个角画到另一个角，而生成三维面。一个三维面由三个点或四个点组成，代表一个曲面。AutoCAD 提供了多种方法控制三维面各边的可见性。

3. 创建网格曲面

三维网格是单一的图形对象。网格是用平面镶嵌面表示对象的曲面。每一个网格由一系列横线和竖线组成，可以定义行间距（M）与列间距（N）。通过定义曲面的边界可以创建平直的或弯曲的曲面。用这种方式创建的曲面称为几何曲面。曲面的尺寸和形状由定义它们的边界及确定边界点所采用的公式决定。AutoCAD 提供了四个命令创建几何曲面：RULESURF、REVSURF、TABSURF 和 EDGESURF。这几种类型的网格的区别在于，连接成曲面的对象的类型不同。另外，AutoCAD 还提供了两个命令创建多边形网格：3DMESH 和 PFACE。有效地使用网格的关键是理解各种网格的作用，根据已知条件选择合适的网格类型。

4. 创建三维多面网格

PFACE 命令用于创建任意拓扑形状的多面形网格，这个命令与 3DFACE 命令相近，只不过用它创建的曲面内部边界不可见。与其他的网格曲面不同，3DFACE 命令可以指定任意数量的顶点及三维面。用这种方式创建的网格面避免了用同样多的顶点创建了多个相互不关联的三维面。AutoCAD 首先提示选择所有的顶点，然后通过输入面的顶点号定义每个面。

5. 创建直纹曲面网格

RULESURF 命令用于在两个对象之间创建曲面网格，组成直纹曲面边的两个对象可以是：直线、点、圆弧、圆、二维多段线、三维多段线或样条曲线。如果其中的一个对象是开放的，如直线或圆弧，那么另一个对象也必须是开放的。如果其中的一个对象是闭合的，如圆，那么另一个对象也必须是闭合的。一个点可以作为一个对象，而不必考虑另一个对象是开放的还是闭合的，但两个对象中只能有一个是点对象。

6. 编辑三维对象

（1）对齐对象　ALIGN 命令用于在三维空间中移动和旋转对象而不考虑当前用户坐标系的位置。三个源对象上的点与三个目标点对齐将移动对象。ALIGN 命令首先提示选择要移动的对象，然后提示输入三个源对象点与三个目标点。

（2）绕三维轴旋转对象　ROTATE3D 命令用于绕任一个三维轴旋转三维对象。

（3）创建三维对象的镜像　MIRROR3D 命令用于沿指定的镜像平面创建对象的镜像。

（4）创建三维对象的阵列　3DARRAY 命令用于在三维空间中按矩形阵列或环形阵列的方式创建对象的多个副本。在进行矩形阵列时，要指定行数、列数、层数、行间距、列间距和层间距。在进行环形阵列时，要指定阵列的数目、阵列填充的角度、旋转轴的起点和终点以及对象在阵列后，是否绕着阵列中心旋转。

(5) 修剪和延伸三维对象　在三维空间中延伸或修剪对象之前，首先要选择投影方式。有三种可用的投影方式：无、UCS 和视图。“无”方式表示不指定投影。AutoCAD 只延伸或修剪在三维空间与边界边或剪切边相交的对象。“UCS”方式指定沿当前用户坐标系的 XY 平面投影。AutoCAD 将延伸或修剪在三维空间不与边界边或剪切边相交的对象。“视图”方式指定沿当前视图方向的投影。系统变量 PROJMODE 用于设置任一种投影方式，也可以通过 EXTEND 命令的“投影”选项设置投影方式。

7. 创建实心体

在 AutoCAD 中，可以创建基本实体，如长方体、圆锥体、圆柱体、球体、圆环体和楔体，还可以通过拉伸或旋转二维对象或面域创建自定义的实体。另外，还可以通过布尔运算，如并运算、差运算和交运算组合多个实体，从而创建更复杂的实体。

在 AutoCAD 中，可对三维实体的边倒圆角或倒斜角，还可将一个实体切成两个，或者得到实体的二维截面。与网格曲面相同，在进行消隐、着色或渲染之前，实体显示为线框。AutoCAD 提供了多个命令用于分析实体的质量特性（体积、惯性矩、重心等），还可以输出实体对象的数据以供数控铣床使用或进行 FEM（有限元法）分析。如果需要，还可以用 EXPLODE 命令将实体分解为网格曲面和线框对象。

(1) 创建长方体　BOX 命令用于创建实心的长方体或正方体。默认状态下，长方体的底面总是与当前的用户坐标系的 XY 平面平行。实心长方体可用两种方式创建：指定长方体的中心点或指定一个角点。

(2) 创建圆锥体　CONE 命令用于创建圆锥体或椭圆锥体。默认状态下，圆锥体的底面平行于当前用户坐标系的 XY 平面且对称地变细直至交于 Z 轴上的一点。可用两种方式绘制圆锥体：输入底面的圆心点或选择“椭圆”选项绘制底面为椭圆的锥体。

(3) 创建圆柱体　CYLINDER 命令用于创建两端直径相等的以圆或椭圆作底面的圆柱体。圆柱体是与拉伸圆或椭圆相似的一种基本实体，但它没有拉伸斜角。可用两种方式绘制圆柱体：输入底面的圆心点或选择“椭圆”选项绘制底面为椭圆的圆柱体。

(4) 创建球体　SPHERE 命令用于创建球体，球体表面上的所有点到中心的距离都相等。创建球体只有一种方式，即中心轴与当前用户坐标系的 Z 轴方向一致。

(5) 创建圆环体　TORUS 命令用于创建形状与轮胎内胎相似的圆环体。圆环体与当前用户坐标系的 XY 平面平行且被此平面平分。

(6) 创建楔体　WEDGE 命令用于创建楔体，其形状类似于将长方体沿某一面的对角线方向切去一半。楔体的底面平行于当前用户坐标系的 XY 平面，其倾斜面尖端沿 Z 轴方向。楔体可用两种方式创建：指定底面的中心点或一个角点。

(7) 创建拉伸实体　EXTRUDE 命令用于通过拉伸圆、闭合的多段线、多边形、椭圆、闭合的样条曲线、圆环和面域创建特殊的实体。因为多段线可以是任意形状，因此，使用 EXTRUDE 命令可创建不规则的实体。另外，AutoCAD 还允许锥化拉伸的侧面。

(8) 创建旋转对象　REVOLVE 命令通过旋转或扫掠闭合的多段线、多边形、圆、椭圆、闭合的样条曲线、圆环和面域创建三维对象。不能旋转相交或自交的多段线。

8. 创建复合实体

通过布尔运算可以将两个或两个以上的实体或面域组合成一个新的复合体或面域。尽管布尔运算是在两个对象之间进行，但 AutoCAD 允许在一个布尔运算命令中选择多个对象。在 AutoCAD 中有三种基本的布尔运算：“并”、“交”和“差”。UNION（并）、SUBTRACTION（差）和 INTERSECTION（交）命令允许在一个命令中同时选择多个实体和面域，但是，实体只和实体进行组合，面域只和面域进行组合。在进行面域之间的组合时，只能组合位于同一平面内的面域。意思是一个布尔运算命令可以创建一个复合实体，但可能会创建多个复合面域。

（1）“并”运算　UNION 命令用于根据一个或多个原始的实体生成一个新的复合的实体。在进行“并”操作时，实体或面域并不进行复制，因此复合体的体积只会等于或小于原对象的体积。UNION 命令用于完成“并”运算。

（2）“差”运算　SUBTRACT 命令用于从选定的实体中删除与另一个实体的公共部分。例如，可用 SUBTRACT 命令在对象上减去一个圆柱，从而在机械零件上创建孔。如果选择的对象是实体，那么 SUBTRACT 命令将用一个选择集中实体减去另一个选择集中的实体。如果第二个实体完全包含在第一个实体中，那么创建的组合体为第一个实体减去第二个实体；如果第二个实体的一部分包含在第一个实体中，那么只减去两个实体的重叠部分。同样，对于面域，也是从一组面域中删除与另一组面域的公共部分。SUBTRACT 命令用于完成“差”运算。

（3）“交”运算　INTERSECT 命令用于将两个或多个对象的公共部分生成复合对象。如果选择的对象是实体，INTERSECT 命令将计算两个或多个实体的公共部分的体积并生成复合实体。如果选择的对象是面域，INTERSECT 命令将计算两个或多个面域的重叠面积并生成复合面域。

9. 修改三维实体

在 AutoCAD 中，创建实体比修改实体容易。修改实体的工具有对实体的边倒圆角或倒斜角，创建实体的相交截面，切开已有的实体然后移去指定的部分生成新的实体，编辑实体模型的面和边。另外，AutoCAD 2000 提供了新的编辑工具，如拉伸面、移动面、偏移面、删除面、旋转面、倾斜面、着色面、复制面、着色边、复制边、压印实体、清除实体、分割实体、抽壳实体和检查实体。如果需要，还可使用 AutoCAD 的修改命令编辑对象，如 MOVE、COPY、ROTATE、SCALE 和 ARRAY 命令。

三、三维模型的着色与渲染

着色和渲染用一种近似真实的图像表达三维模型。AutoCAD 中的 SHADEMODE 命令用于快速地生成着色的模型。RENDER 命令提供了更多的手段控制图像的外观，可以添加光源以控制图形中的光线，或者定义模型表面的反光度，使模型看起来光滑或粗糙。因此完全可以在 AutoCAD 中生成三维模型的渲染图像。

1. 着色模型

SHADEMODE 命令用于在当前视口中生成三维模型的着色图像。AutoCAD 提供多种着色和线框选项，不需重新生成图形就可编辑着色的对象。“着色”选项对光源的控制很少，在当前视口中，AutoCAD 自动使用一个虚拟的“在肩膀上方”的平行光源。

2. 渲染模型

渲染可以创建图形的近似真实的外观图像。用 AutoCAD 的 RENDER 命令，可以调整光源、材质和相机位置。这些选项提供了表达三维对象的比较灵活的方式。但如果要得到更清晰、照片级的真实感三维模型的图像，应使用 3D Studio Max。

利用 AutoCAD 的渲染工具，可以调整渲染的类型和质量，创建光源和场景，保存和重放图像。但如果在 AutoCAD 中没有设置其他的渲染工具，也可使用 RENDER 命令。默认状态下，如果没有指定场景或选择集，RENDER 命令将作用于当前视图。如果图形中没有指定光源，RENDER 命令将为图形分配一个“在肩膀上方”的平行光源，此光源的强度为 1。

3. 设置光源

AutoCAD 的渲染功能提供了四种设置光源的方法。环境光可认为是背景光源，它为模型的每个表面都提供相同的照明。平行光只向一个方向发射平行光射线，平行光的另一个特性是强度不随着距离的增加而衰减，对于每一个被照射的表面，其亮度都与其在光源处相同。点光源可认为是一个光球，它从其所在位置向所有方向发射光线。点光源的光线比较自然，但它的强度随着距离的增加会以一定的衰减率衰减。距离点光源近的对象看起来亮一点儿，距离点光源远的对象看起来暗一点儿。聚光灯发射单向的圆锥形光，通常用于剧院和礼堂。

调用方法为：

命令行：LIGHT

4. 设置场景

在渲染图像时，可以插入或调整光源。如有必要，可以将一个视图与一个或多个光源组合在一起，称为场景。场景可命名并保存，在需要的时候调用它。每次渲染图像时，都需要重复设置一组特定的条件，而制作场景避免了这项重复工作。VPOINT 和 DVIEW 命令用于在模型空间中控制视图的观察方向，LIGHT 命令用于向模型中添加一个或多个光源并可修改光源。SCENE 命令用于保存任意数量的场景。

5. 材质

RMAT 命令用于在渲染前修改对象的反射特性。通过修改这些特性，可以使对象看起来粗糙或光滑。这些材质属性被保存在图形中的表面特性块中。图形为创建的每一个材质属性保存一个表面特性块。可以利用环境、漫射、镜面和粗糙因素修改材质。

调用方法为：

命令行：RMAT

第八章

建筑外装饰工程实例

一、学习实例的目的

学习实例的目的是帮助学生理解构造原理，巩固和掌握已学内容，在应用已有知识理解本章内容的过程中培养以下三种能力。

(1) 识读装饰施工图的能力。

(2) 绘制装饰施工图的能力。包括根据已有施工图放大样、补充设计、变更材料或做法等。

(3) 审核装饰施工图的能力。能够发现施工图中的错误、疏漏以及与实际不符之处。

二、读图的程序和方法

当要阅读一套图纸时，如果不注意方法，不分先后，不分主次，无法快速、准确获取施工图纸的信息和内容。根据实践经验，读图的方法一般是：从整体到局部，再由局部到整体；互相对照，逐一核实。按照以下程序进行。

(1) 先看图纸目录，了解本套图纸的设计单位、建设单位及图纸类别和图纸数量。

(2) 按照图纸目录检查各类图纸是否齐全，图纸编号与图名是否符合，是否使用标准图，标准图的类别等。

(3) 通过设计说明，了解工程概况和工程特点，应掌握和了解有关的技术要求。

(4) 阅读建筑施工图。在看装饰施工图之前，一般应先看懂建筑施工图，大中型装饰工程还有必要对照结构施工图、设备施工图的有关内容。

在建筑施工图中，平面图中的技术信息很多，应首先了解房屋的长度、宽度、轴线设置位置、轴线间尺寸（开间与进深等）、平面形状、各房间相邻关系等，然后以平面图为主，对照看立面图和剖面图，搞清楼层标高、门窗标高、顶棚标高以及各结构构件和装饰构件的形状、尺寸、材料等。通过阅读建筑施工图，想象出建筑的规模和轮廓。

(5) 阅读建筑装饰施工图。装饰施工图分为室内装饰施工图和室外装饰施工图。建筑装饰施工图一般包括平面图（家具设备布置图）、地坪平面图、顶棚平面图（含灯具、空调、消防位置）、放样图（局部平面图）、房间展开立面图、节点大样图（详图）及其他（说明、门窗表图）。

在按照上述顺序通读的基础上，反复互相对照，以保证理解无误。

三、工程实例

【实例一】 某游泳馆外装饰工程

此工程为某游泳馆外装饰工程。主要由明框玻璃幕墙、横隐竖明玻璃幕墙、石材幕墙、铝塑板雨棚、铝塑板门架、铝塑板飘檐、铝合金隔栅等装饰形式组成。此设计从立面的美观、新颖、大方、简洁，使用功能的保证，材料的合理利用，加工安装的工艺性能等几方面综合考虑，在不改动主体结构前提下，对外立面进行深化设计。

图纸目录

图纸名称	图纸名称
设计说明	幕墙立梃安装大样正立面图
标高 1.400 处平面图	幕墙预埋件大样图
标高 1.500 处平面图	明框玻璃幕墙横节点大样图
标高 9.500 处平面图	隐框玻璃幕墙 90°外转角(阳角)节点大样图
南立面图	明框玻璃幕墙竖节点大样图
北立面图	明框玻璃幕墙开启扇横节点大样图
东立面图	明框玻璃幕墙开启扇竖节点大样图
西立面图	幕墙立梃与横梃(正立面)连接节点大样图
南立面龙骨布置图	幕墙立梃与横梃(侧立面)连接节点大样图
北立面龙骨布置图	幕墙立梃与横梃连接(竖向)节点大样图
东、西立面龙骨布置图	明框玻璃幕墙下封边与干挂花岗岩节点大样图
MQ1 展开大样图	明框玻璃幕墙上封边与干挂花岗岩节点大样图
MQ2 展开大样图	全隐框玻璃幕墙上封边与干挂花岗岩节点大样图
MQ3 展开大样图	明框玻璃幕墙侧封边与干挂花岗岩节点大样图
MQ4 展开大样图	隐框玻璃幕墙横节点大样图
MQ5 展开大样图	隐框玻璃幕墙竖节点大样图
MQ6 展开大样图	玻璃幕墙开启扇横节点大样图
MQ7 展开大样图	玻璃幕墙开启扇竖节点大样图
MQ8 展开大样图	玻璃幕墙上封边与铝塑复合板造型节点大样图
MQ9 展开大样图	幕墙立梃与主体竖向连接节点大样图
MQ10 展开大样图	幕墙开间防火节点大样图
MQ11 展开大样图	幕墙楼层防火构造大样图
MQ12 展开大样图	立面图
MQ13 展开大样图	全玻无框地弹门节点大样图
MQ14 展开大样图	干挂花岗岩幕墙竖节点大样图
立梃顶部安装大样侧立面图	干挂花岗岩幕墙横节点大样图
立梃顶部安装大样正立面图	石材幕墙与窗上封边节点大样图
幕墙立梃安装大样侧立面图	干挂花岗岩幕墙立梃与立梃连接伸缩缝节点大样图

续表

图纸名称	图纸名称
干挂花岗岩幕墙90°转角(阴角)节点大样图	明框玻璃幕墙开启扇上、下(立面开启)节点示意图
干挂花岗岩幕墙90°转角(阳角)节点大样图	铁件-4(YT-04)、铁件-3(YT-03)加工示意图
石材幕墙与窗下封边节点大样图	悬臂铁件加工示意图
干挂花岗岩幕墙楼层防火节点大样图	不锈钢挂件固定示意图
干挂花岗岩幕墙上封边节点大样图	隐框玻璃幕墙竖向方柱节点图
干挂花岗岩幕墙下封边节点大样图	栏杆节点图、栏杆立面图
开启窗上、下(立面开启)节点示意图	

设计说明

1. 材料选择

(1) 铝合金型材：采用国产优质产品。铝材选用6063-T5挤压型材。玻璃幕墙铝型材为160系列以及100系列。

(2) 钢材：钢连接件、钢板采用国产Q235B优质碳素结构钢，表面热浸镀锌防腐处理。

(3) 玻璃：采用国产优质产品，所有玻璃必须钢化。

(4) 铝板：铝塑板，两层铝板各厚0.5mm，总厚度为4mm，表面氟碳喷涂处理。

(5) 石材：石材幕墙，30mm厚米色光面花岗岩，30mm厚米色毛面花岗岩。石材踏步，20mm厚将军红剁斧花岗岩踏步。

(6) 结构胶、耐候胶：选用国外知名品牌厂家产品。

(7) 低发泡间隙双面胶带：选用中等硬度的聚氨基甲酸乙酯低发泡间隙双面胶带，必须与硅酮（聚硅氧烷）结构密封胶相容。

(8) 其他材料：填充材料选用聚氨酯发泡材料。防火材料选用耐火极限大于1.5h的不燃烧性防火岩棉材料；保温材料选用优质产品，开启窗采用多点锁执手。

2. 防水设计

(1) 接缝采用硅酮耐候胶密封防水。

(2) 特殊部位采取构造措施以加强防水性能。如泛水、滴水等。外窗楣设滴水线，窗台设流水坡度。

3. 防火设计

根据建筑防火分区与相关防火规范要求。在幕墙防火间层采用难燃材料隔断封闭，楼层处防火层耐火极限为1.5h。采用1.5mm厚镀锌铁皮为托板固定在幕墙横梁与混凝土梁上，用防火胶密封。

4. 防雷设计

(1) 顶部防雷设计：在幕墙顶部（女儿墙）盖板之上设立由ϕ12mm圆钢制作成的环形避雷带。

(2) 侧面防雷设计：幕墙位于均压环处的预埋件的锚筋必须与均压环处的梁的纵向钢筋连通，固定在设均压环楼层上的立柱必须与预埋件连通的梁的纵向钢筋连通，固定在设均压环楼层上的立柱必须与预埋件连通。

5. 其他

(1) 此设计幕墙立面分格图为幕墙外表面，图中尺寸标注的单位为mm，标高标注的单位为m。

(2) 考虑到主体结构施工时可能产生误差，所以幕墙及铝窗施工时材料的尺寸应以现场实测的尺寸为准。

(3) 此设计说明未详尽的，按相关规范执行。

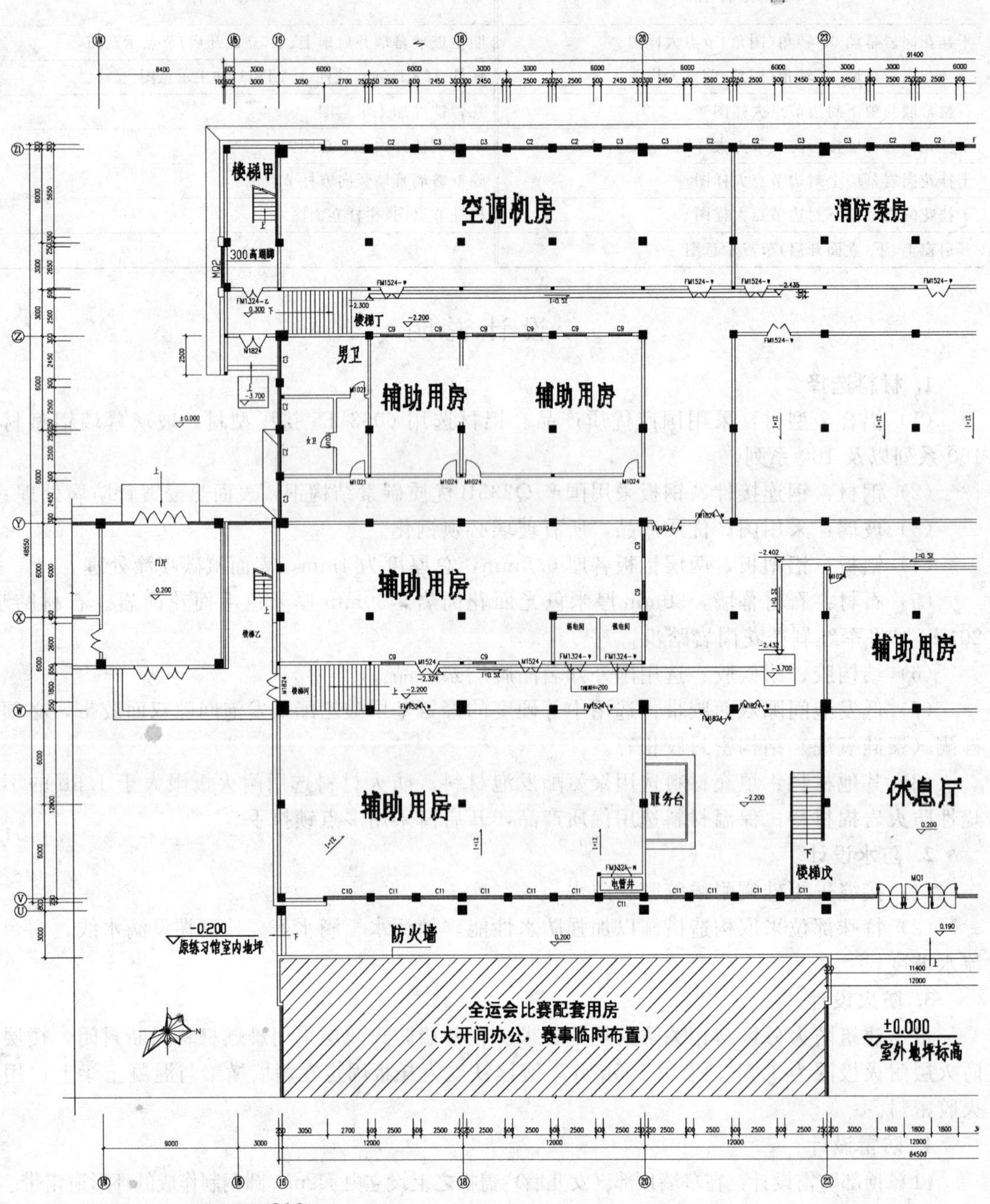

说明：1. 图中未标注的填充墙墙厚均为200mm。
2. 卫生间室内标高均比楼层标高低30mm。
3. 图中未标注的门垛尺寸均为200mm。
4. 本层辅助用房均为室内泳池的配套用房具体功能名称。
由泳池专项设计时予以配合。
5. 窗台小于900mm时内侧加护栏高1100mm，
参见L96J401P16T-29。

标高1.400

附图

值班室
泳池设备用房
楼梯甲
300高踢脚
辅助用房 水池底部
卫生室
救生员办公室
男卫
辅助用房
辅助用房
泳池设备用房
男更衣
淋浴间
卫生间
女更衣
淋浴间
卫生间
浸脚池
浸脚池
游泳辅助
羽毛球馆
商铺
消防车道净高不小于4m

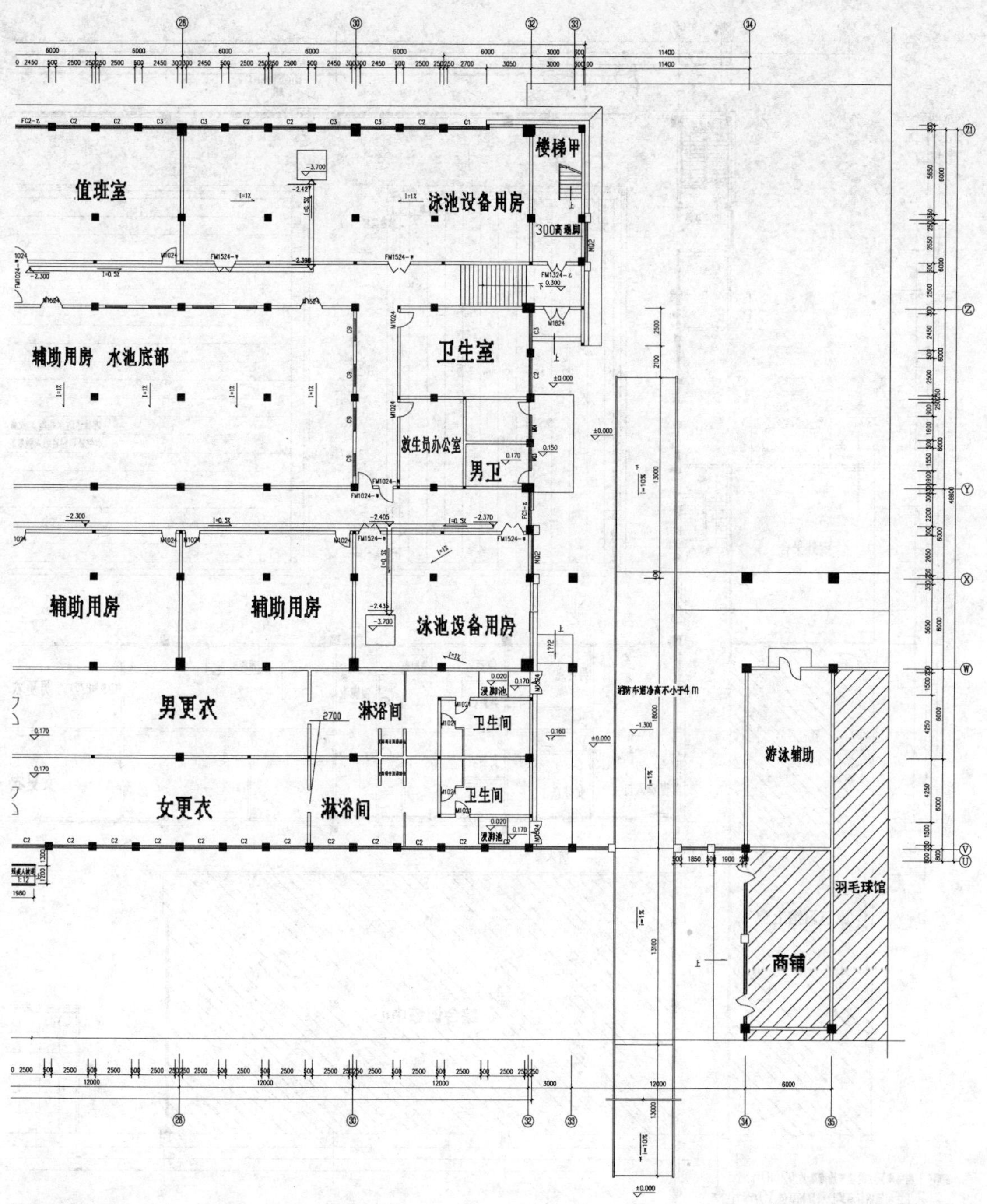

平面图1:100

8-1

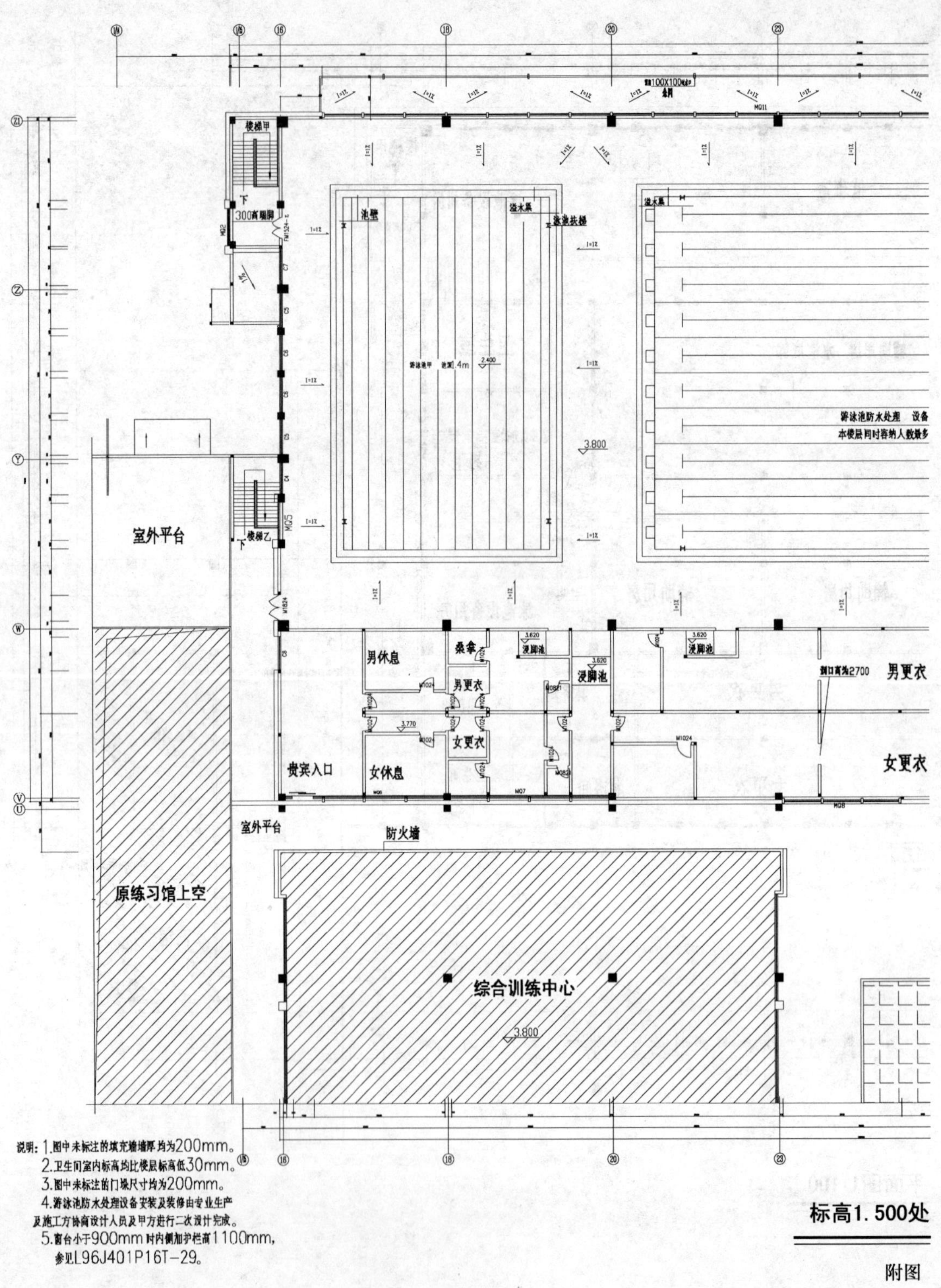

说明：1.图中未标注的填充墙墙厚均为200mm。
2.卫生间室内标高均比楼层标高低30mm。
3.图中未标注的门垛尺寸均为200mm。
4.游泳池防水处理设备安装及装修由专业生产及施工方协商设计人员及甲方进行二次设计完成。
5.窗台小于900mm时内侧加护栏高1100mm，参见L96J401P16T-29。

标高1.500处

附图

楼梯甲
300高明厕
游泳池乙 池深2.0m
1.800
安装及装修由专业生产及施工方协商设计人员及甲方进行二次设计完成
不超过500人
监控值班室
广播室
救生员办公室
卫生室
游泳馆前厅
特级防火卷帘
3.800
室外地面
±0.000
2%

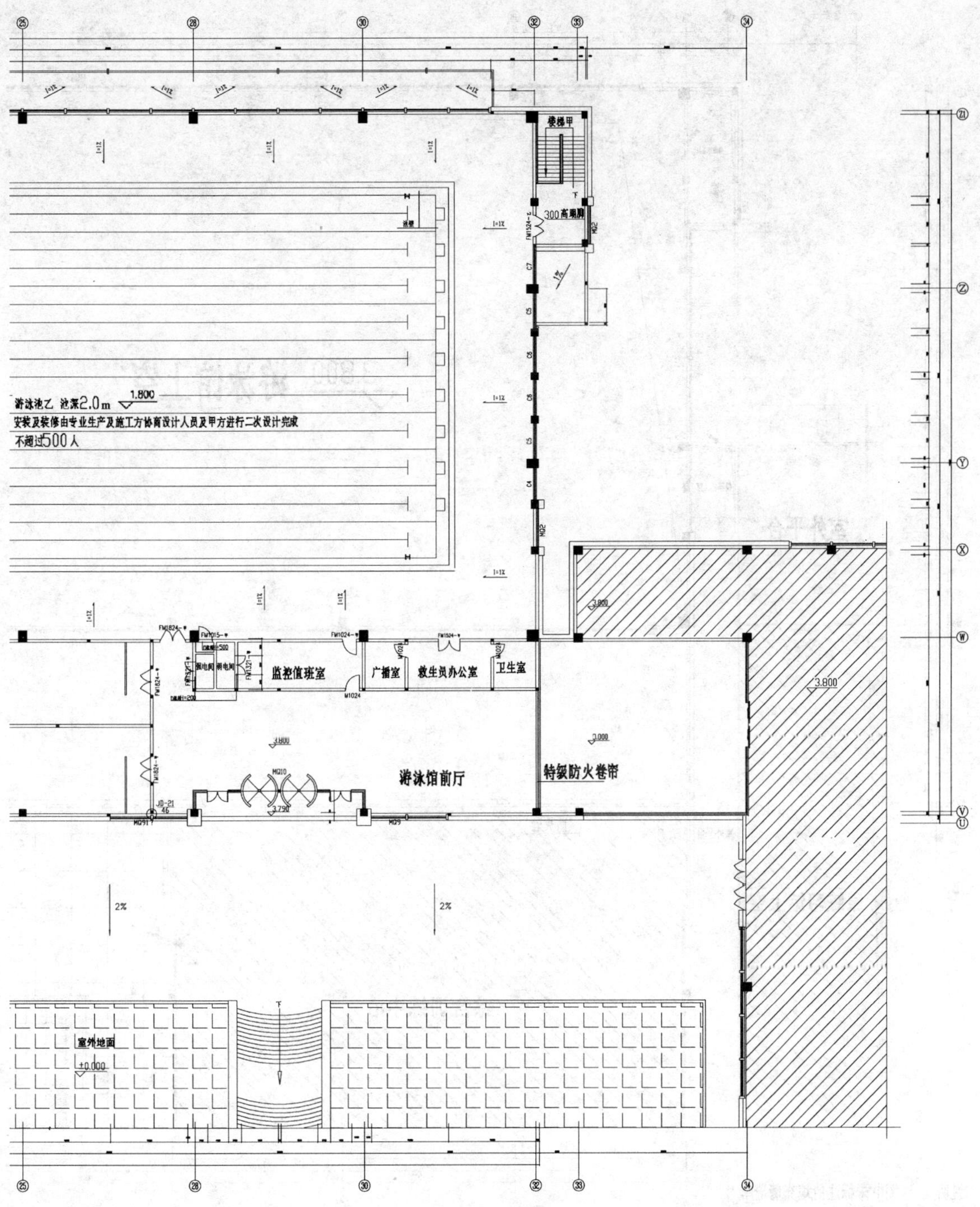

平面图1:100

8-2

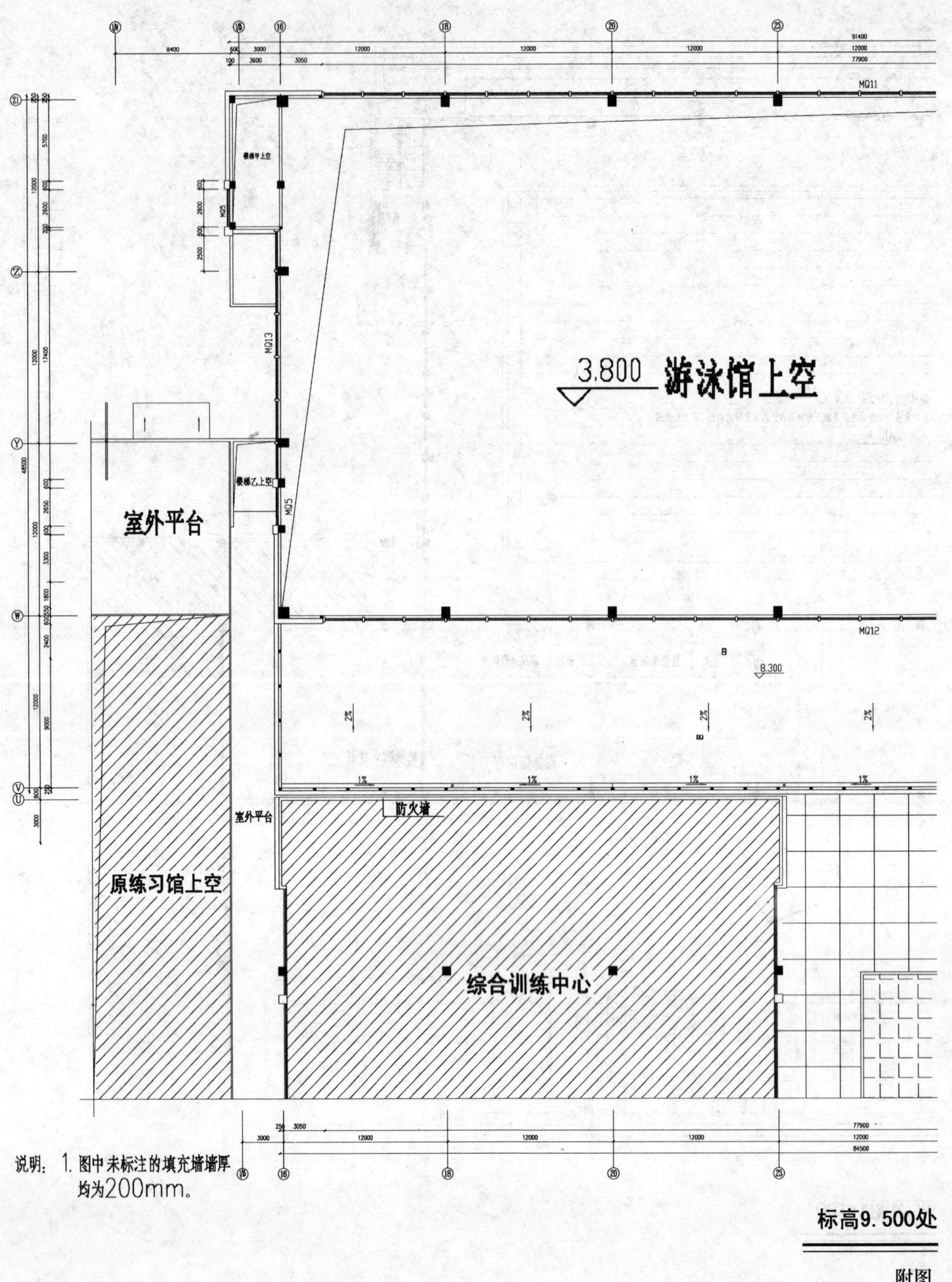

说明：1. 图中未标注的填充墙墙厚均为200mm。

标高9. 500处

附图

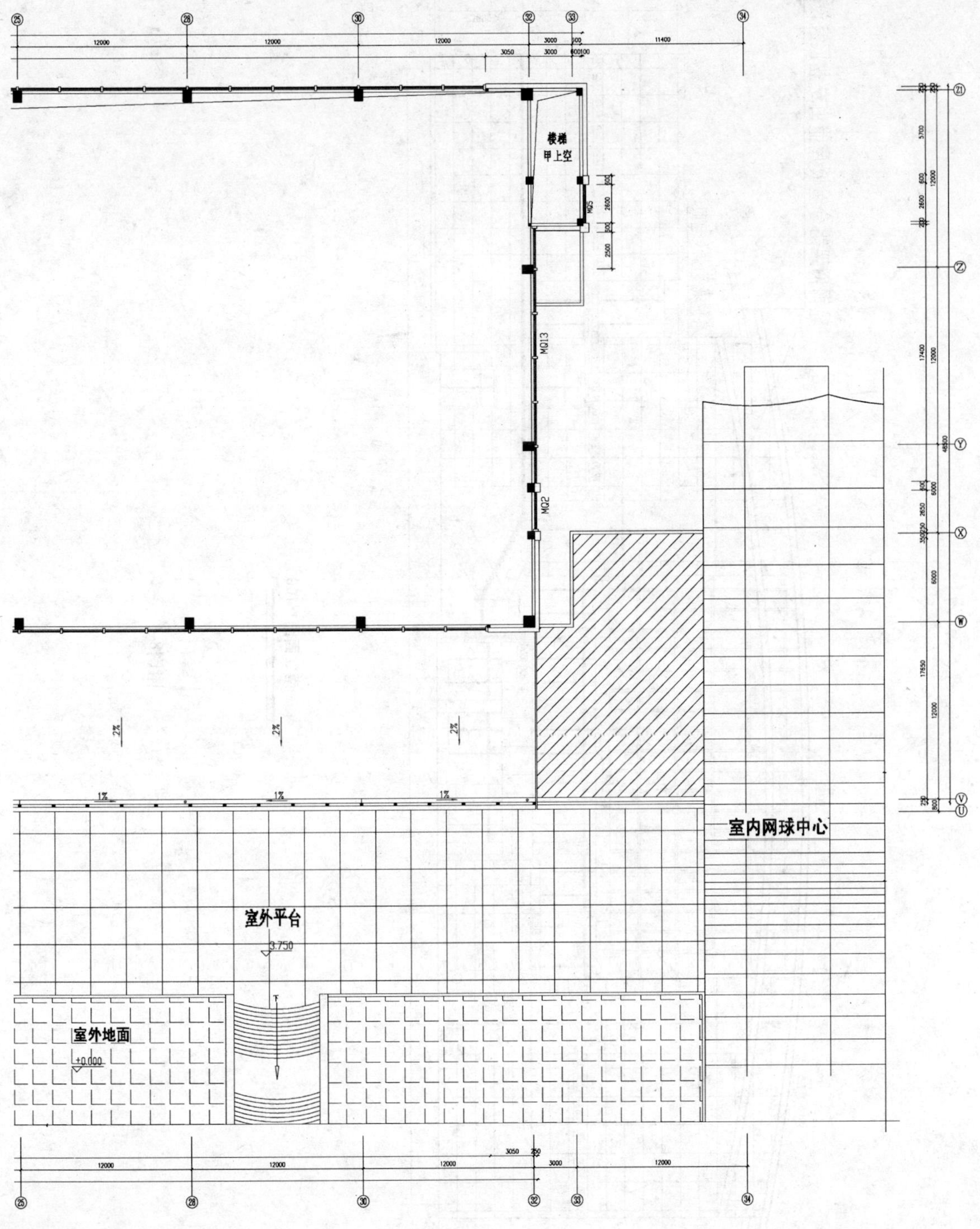

平面图1:100

8-3

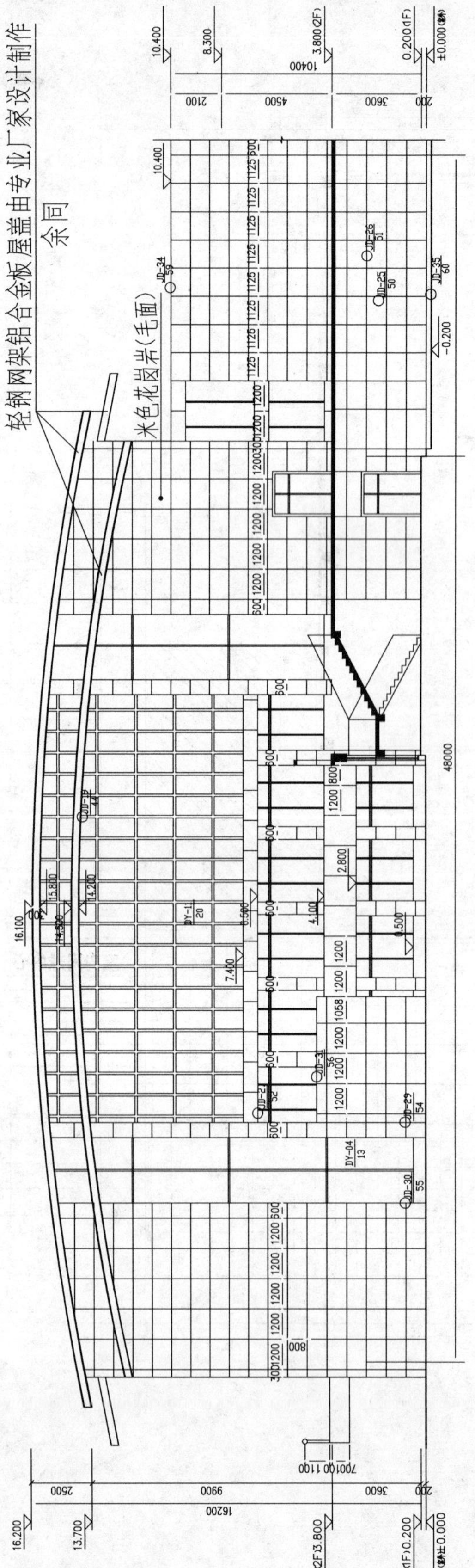

轴一南立面图1:100

附图8-4

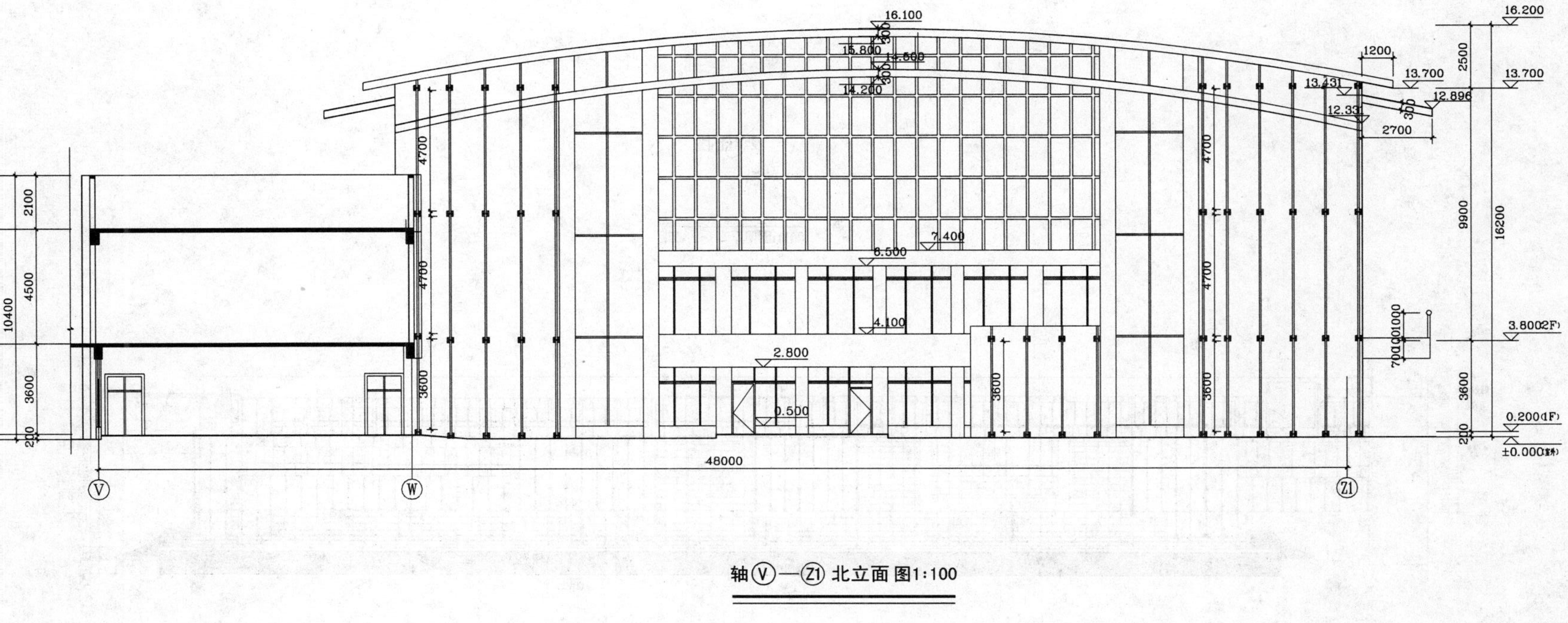

轴 V — Z1 北立面 图1:100

附图8-5

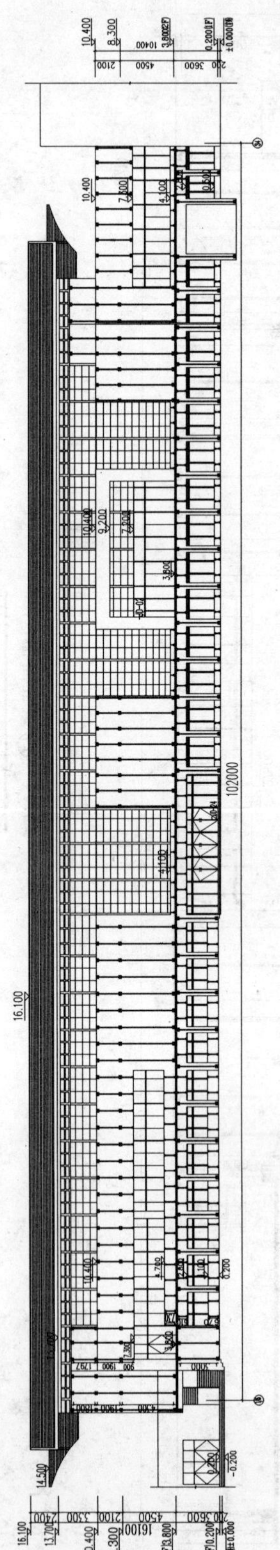

轴⑱-㉞东立面图1:100

附图8-6

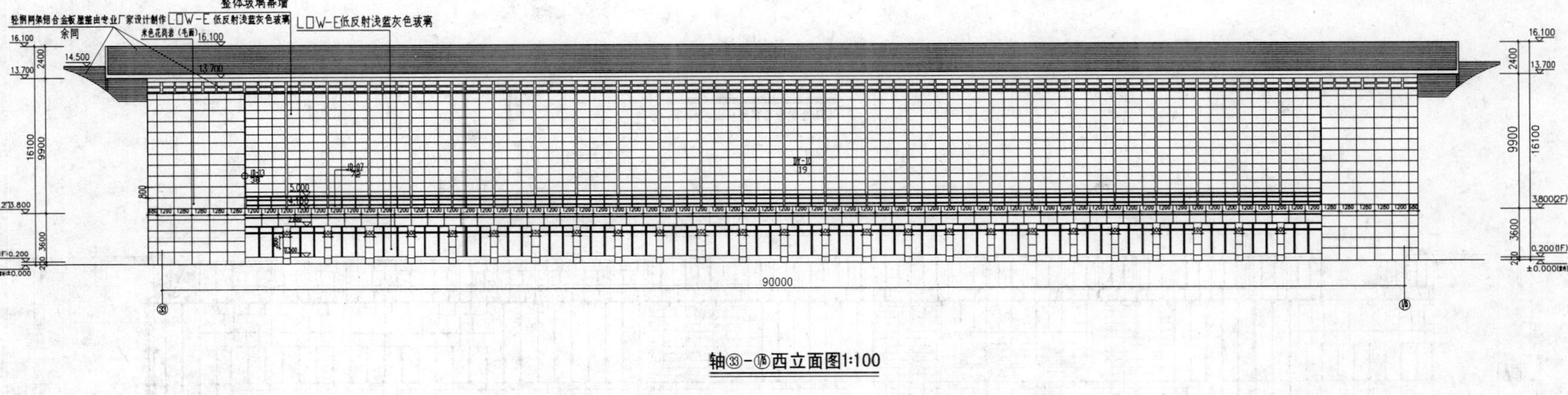

轴㉝-⑮西立面图1:100

附图8-7

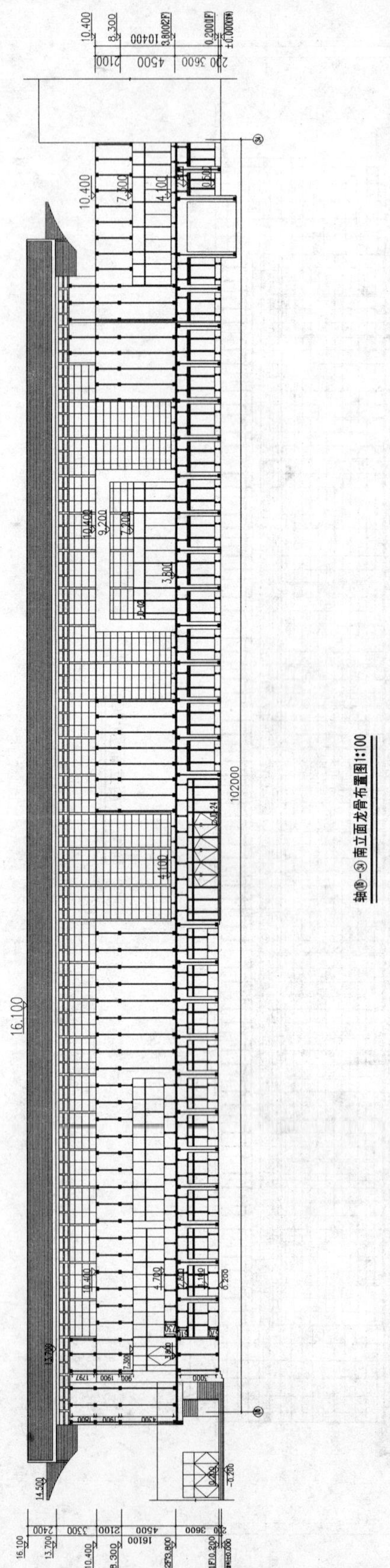

轴⑱-㉞南立面龙骨布置图1:100

附图8-8

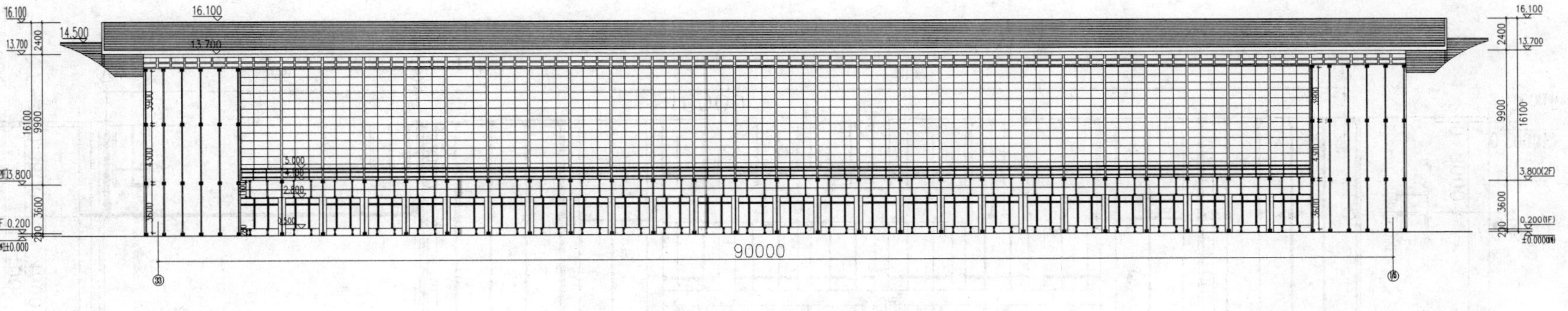

轴㉝-⑮北立面龙骨布置图1:100

附图8-9

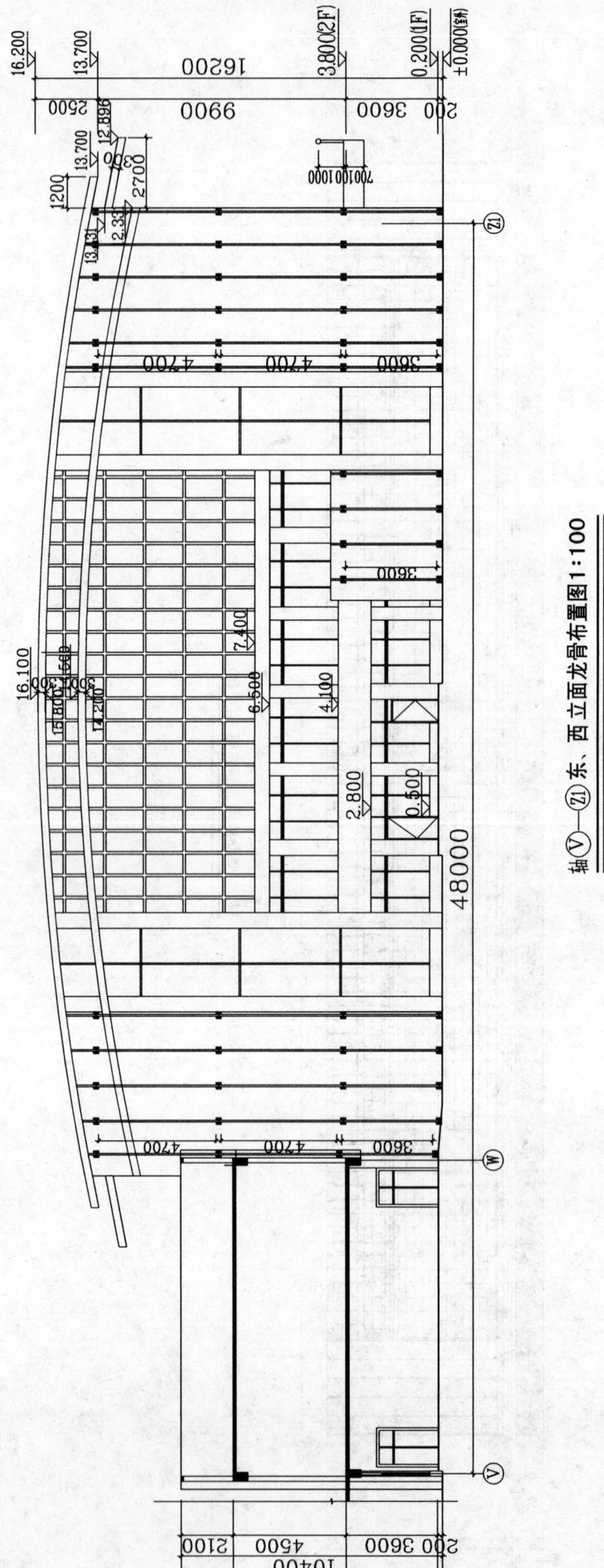

轴Ⓥ—Ⓩ1东、西立面龙骨布置图1:100

附图8-10

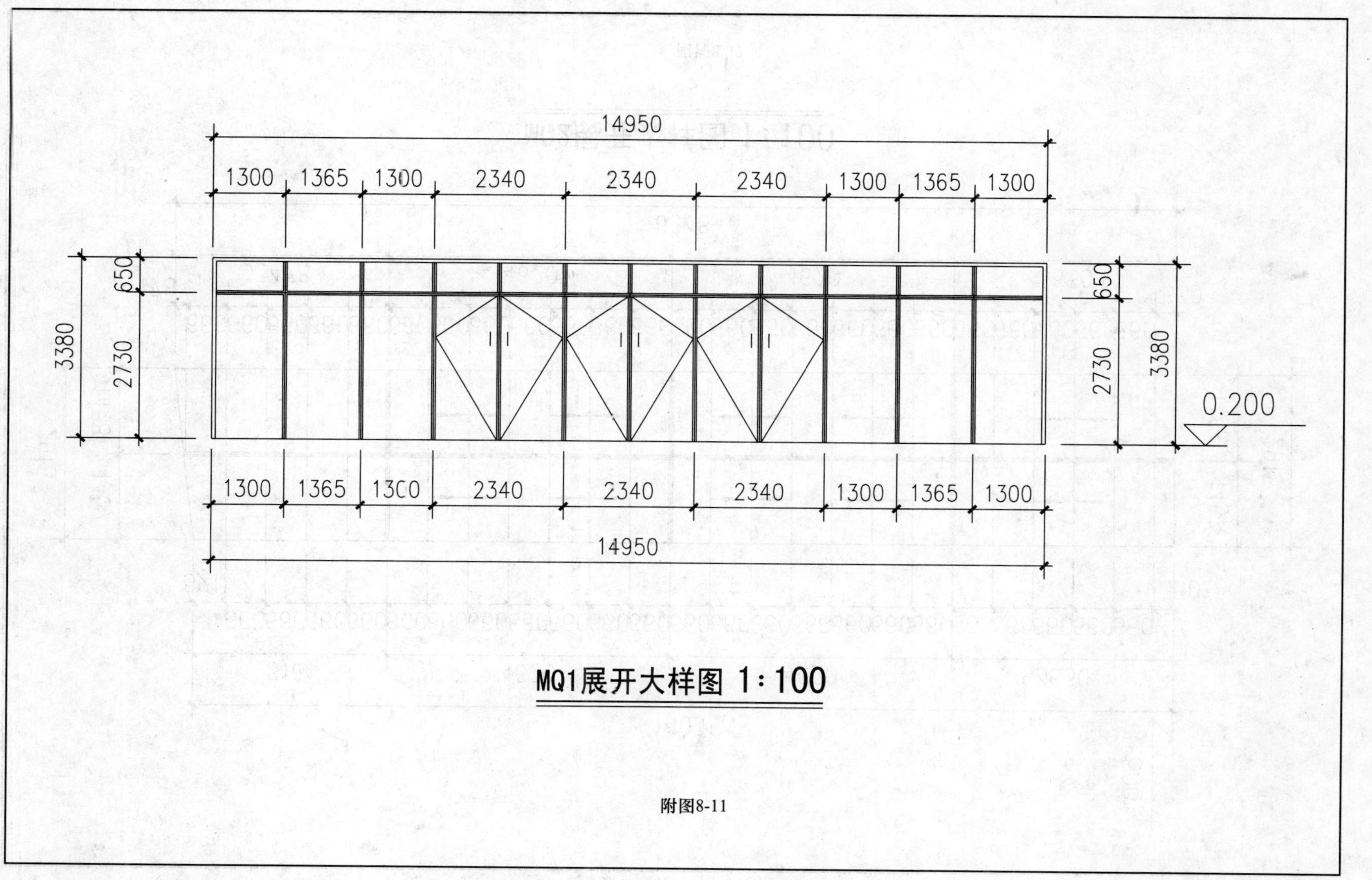

MQ1展开大样图 1:100

附图8-11

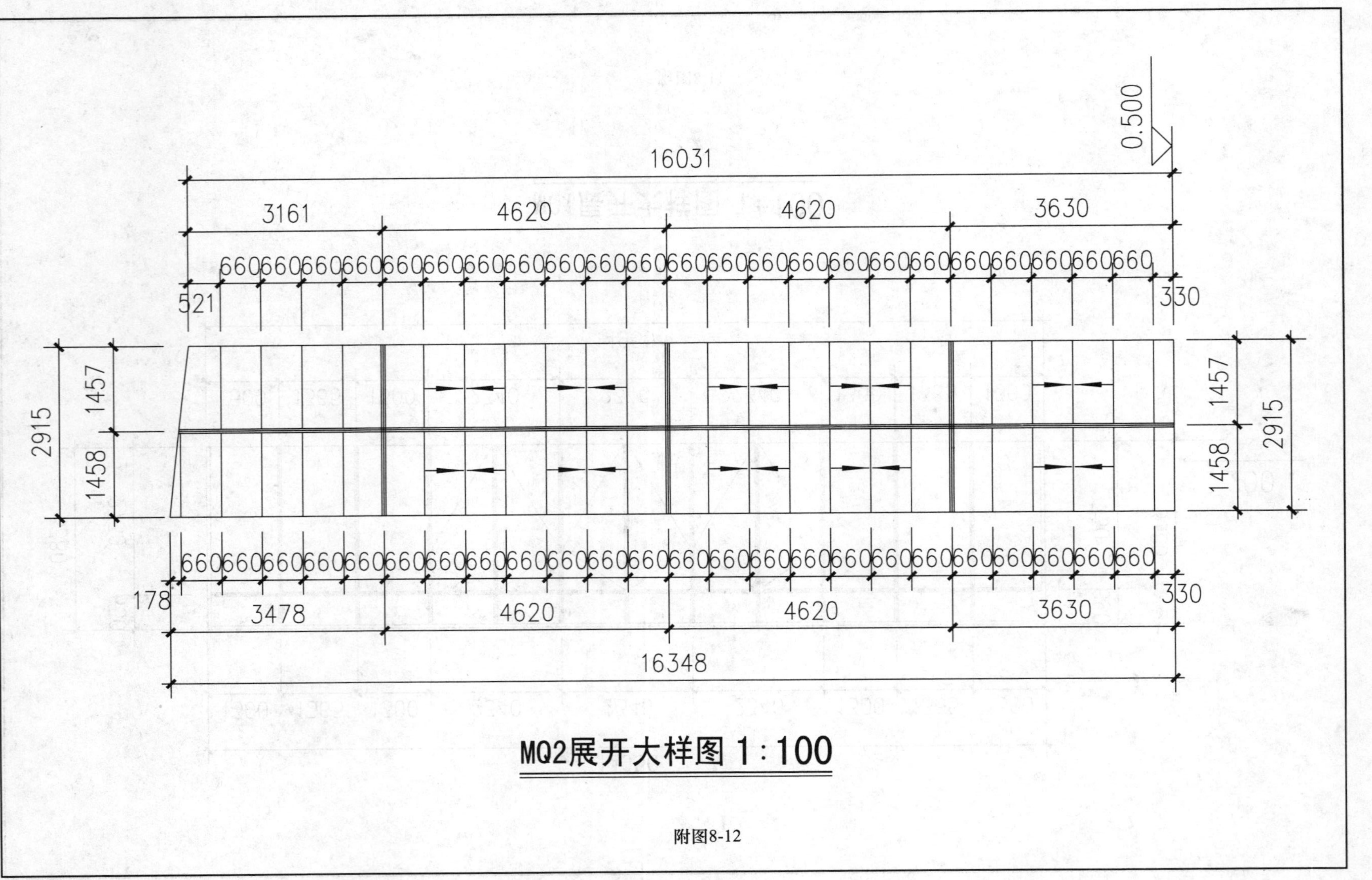

MQ2展开大样图 1:100

附图8-12

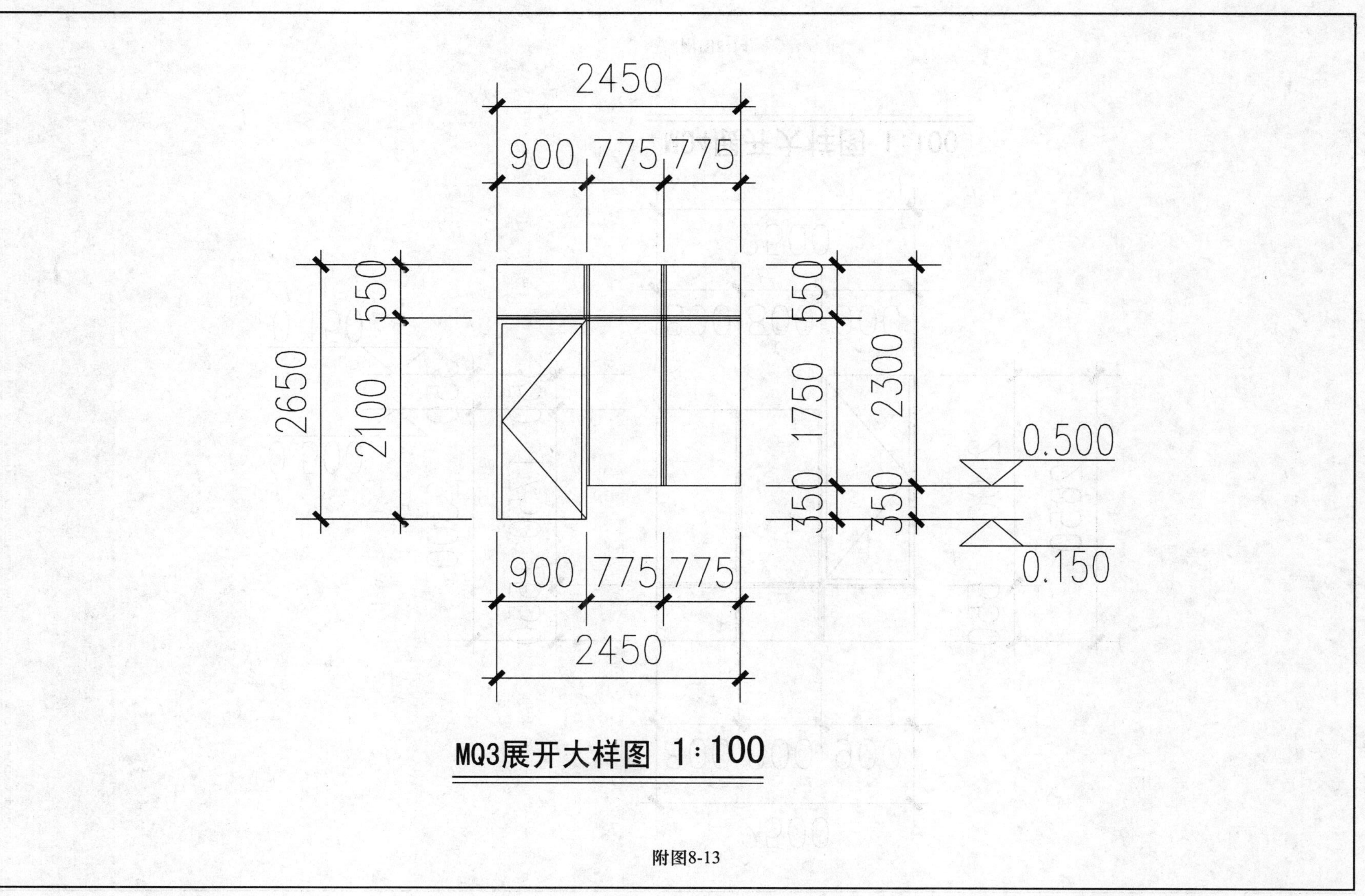

MQ3展开大样图 1:100

附图8-13

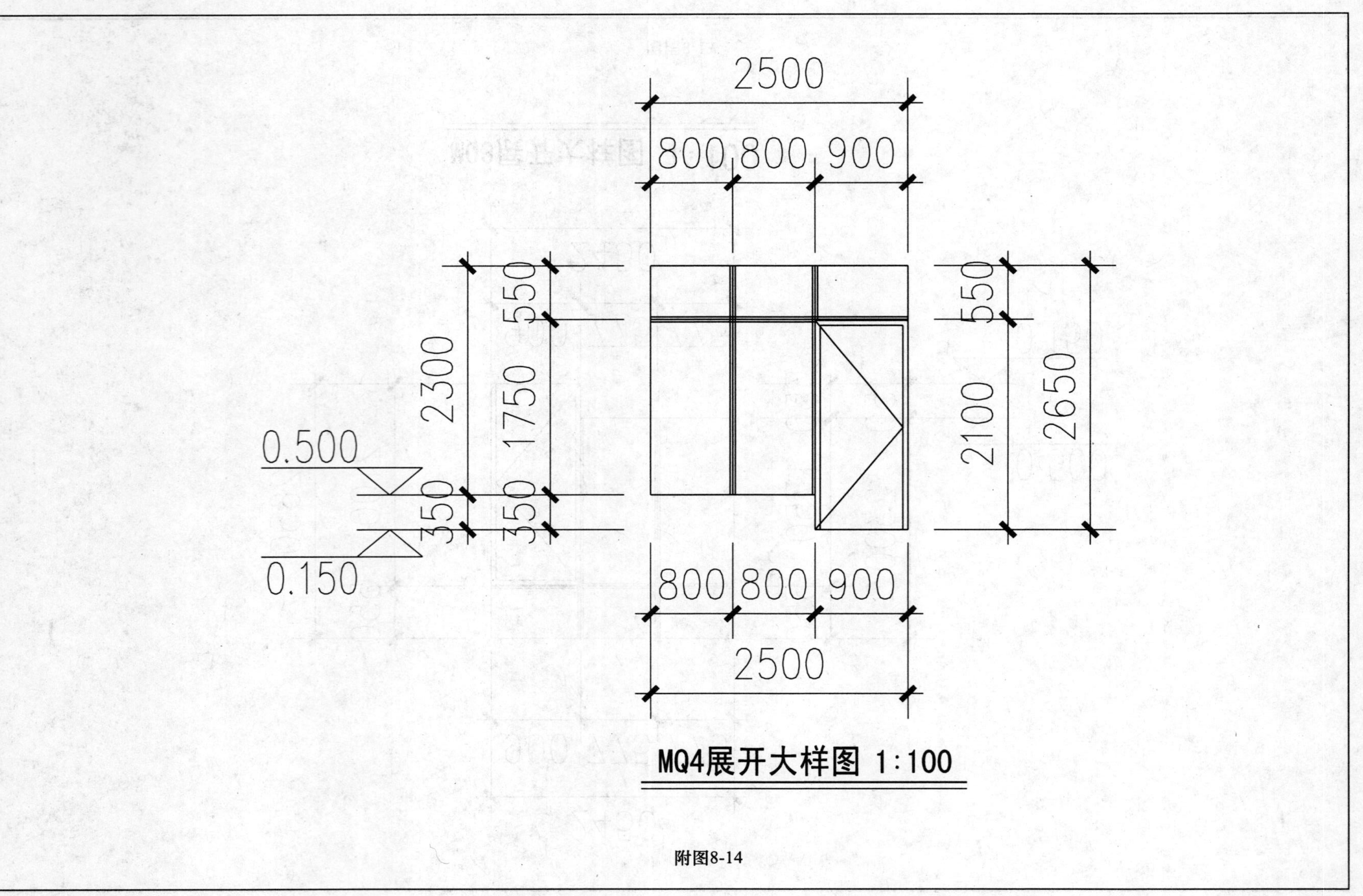

MQ4展开大样图 1:100

附图8-14

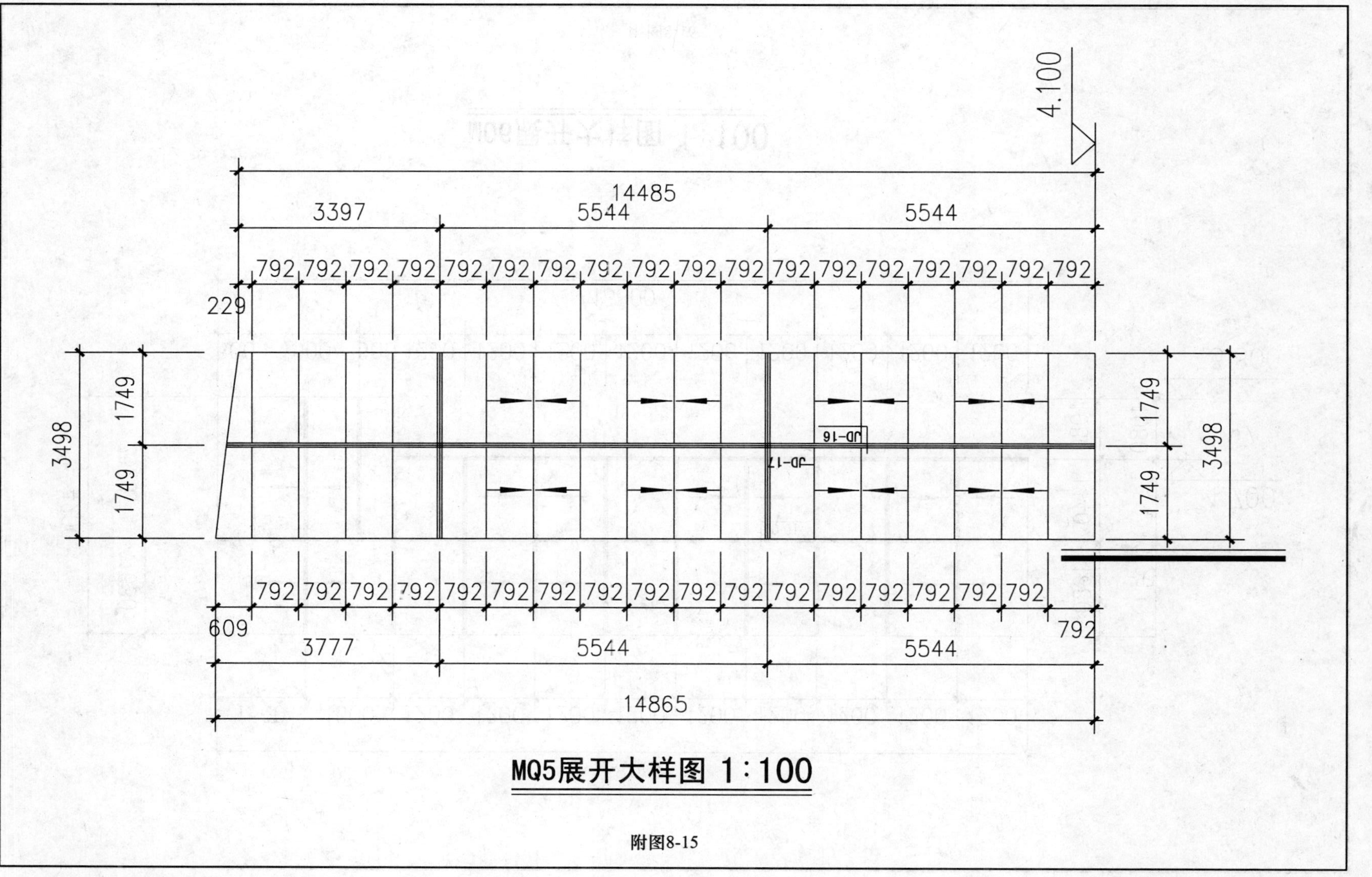

MQ5展开大样图 1:100

附图8-15

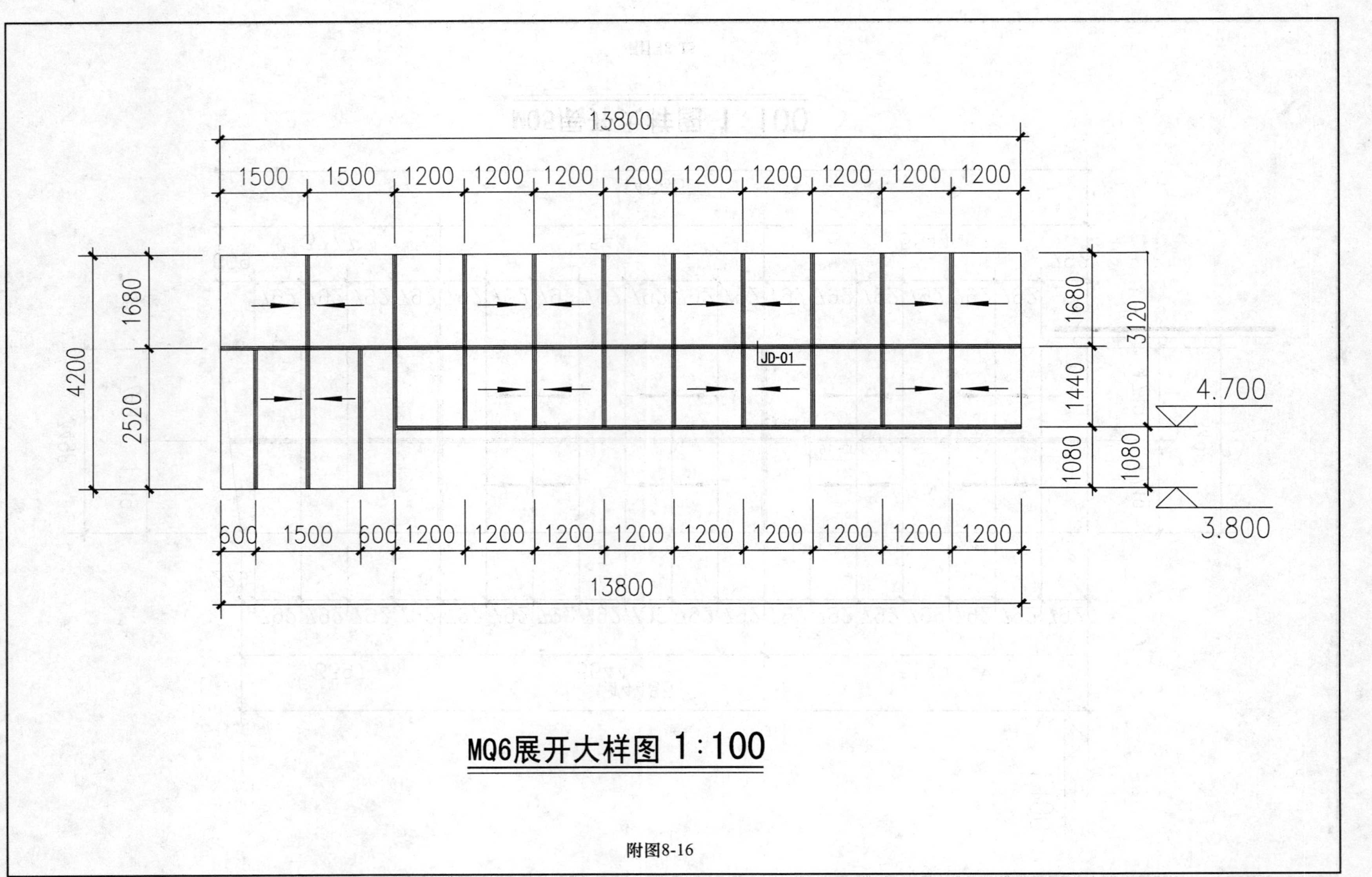

MQ6展开大样图 1:100

附图8-16

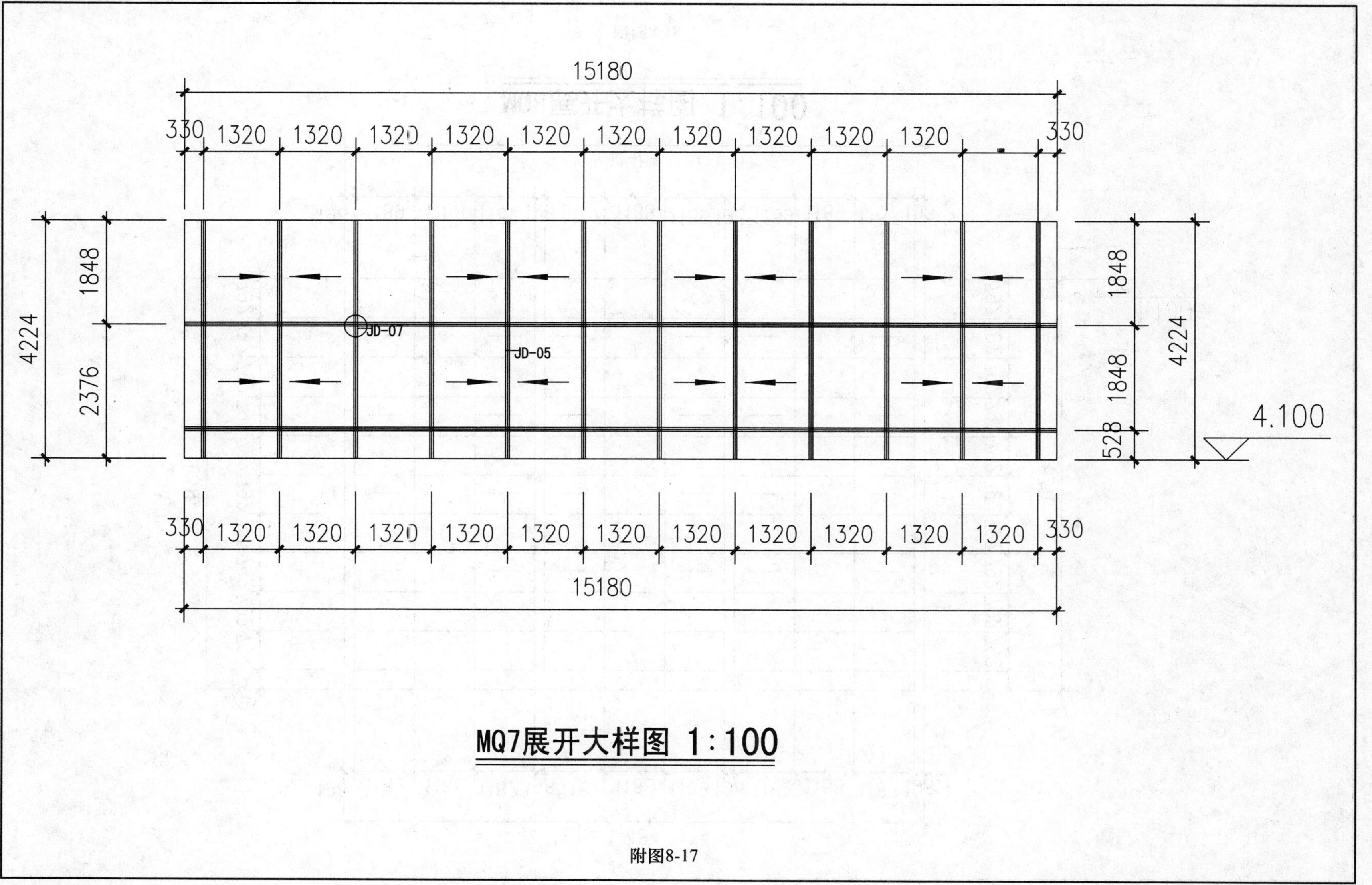

MQ7展开大样图 1:100

附图8-17

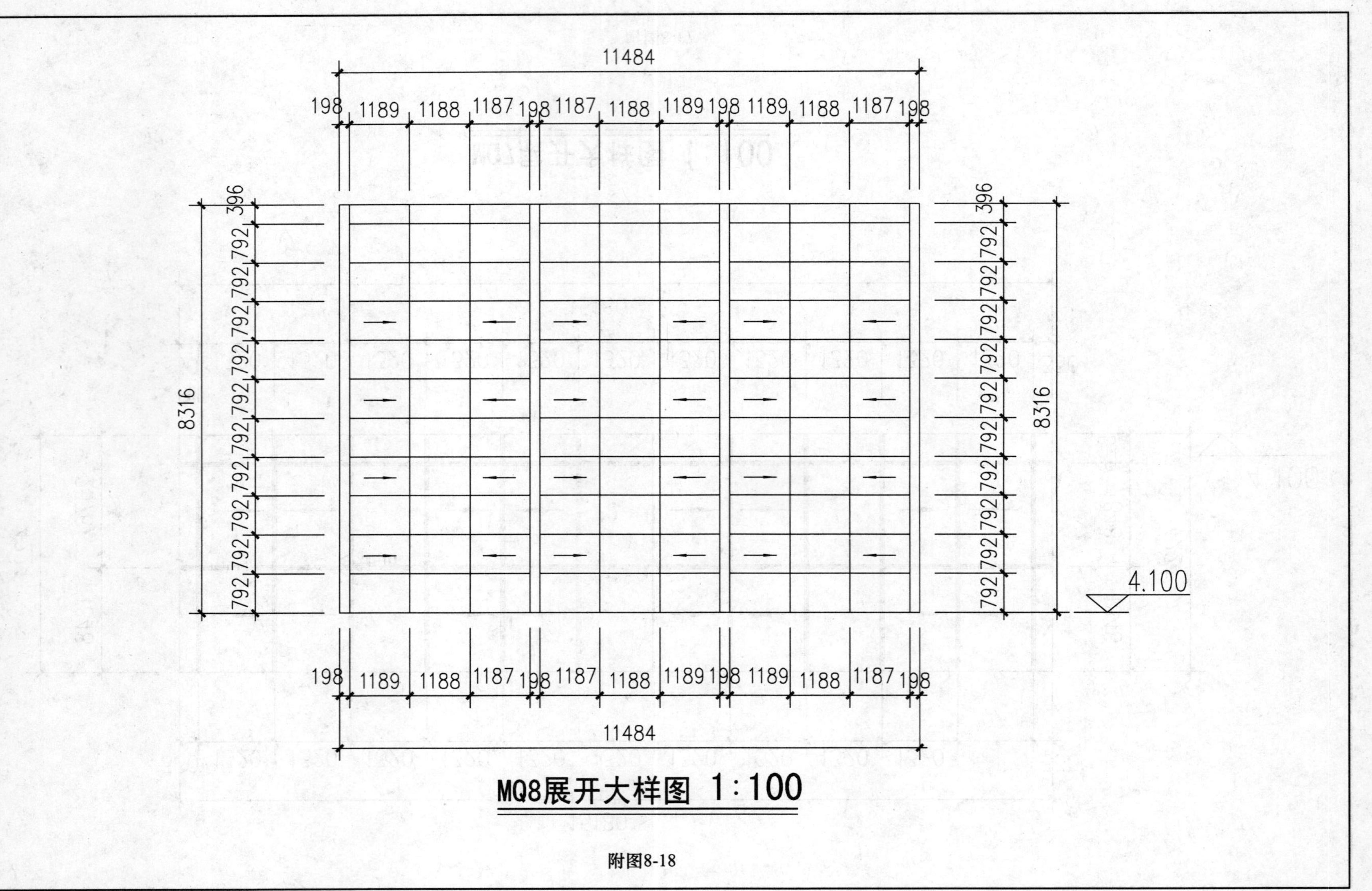

MQ8展开大样图 1:100

附图8-18

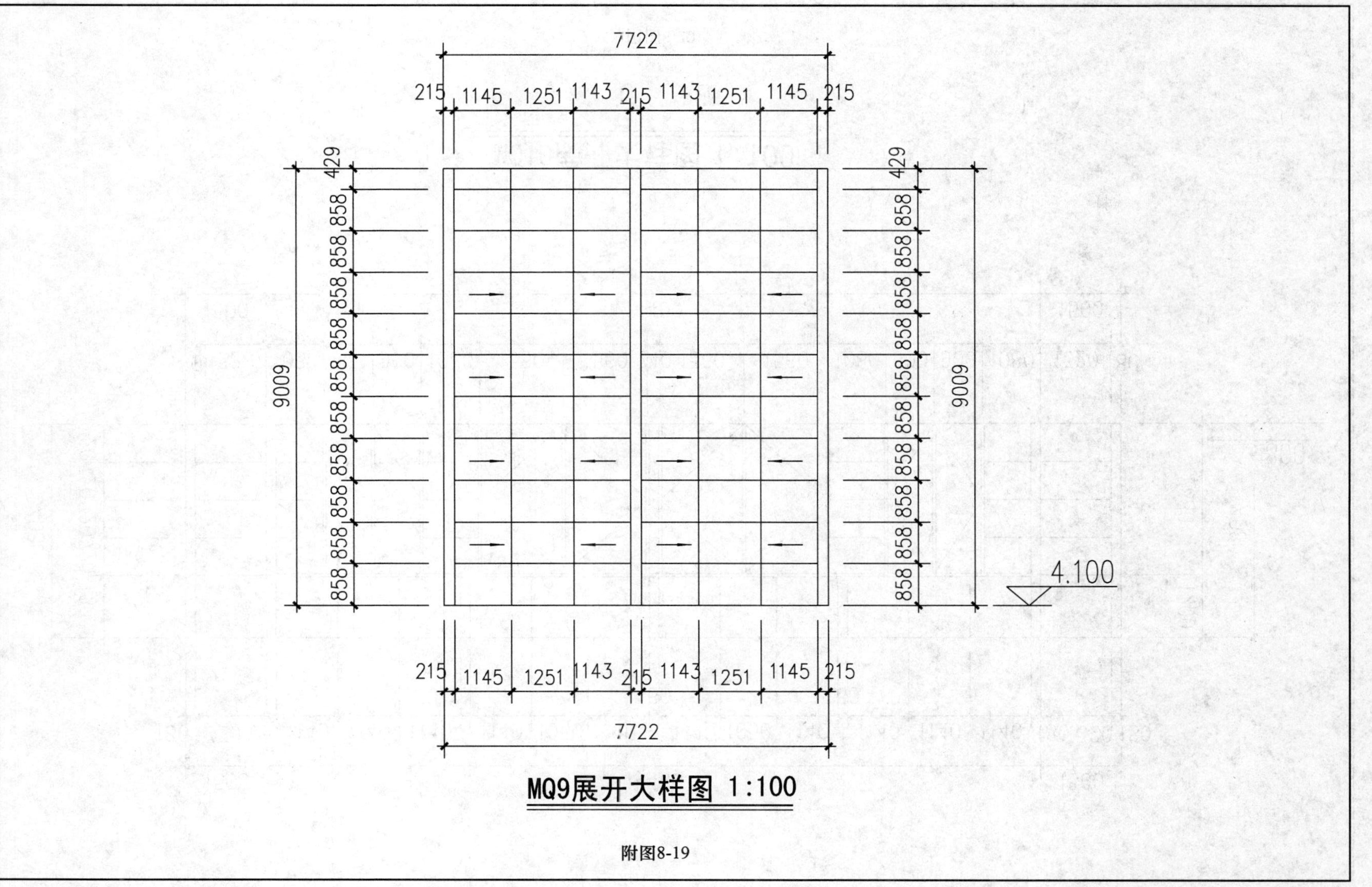

MQ9展开大样图 1:100

附图8-19

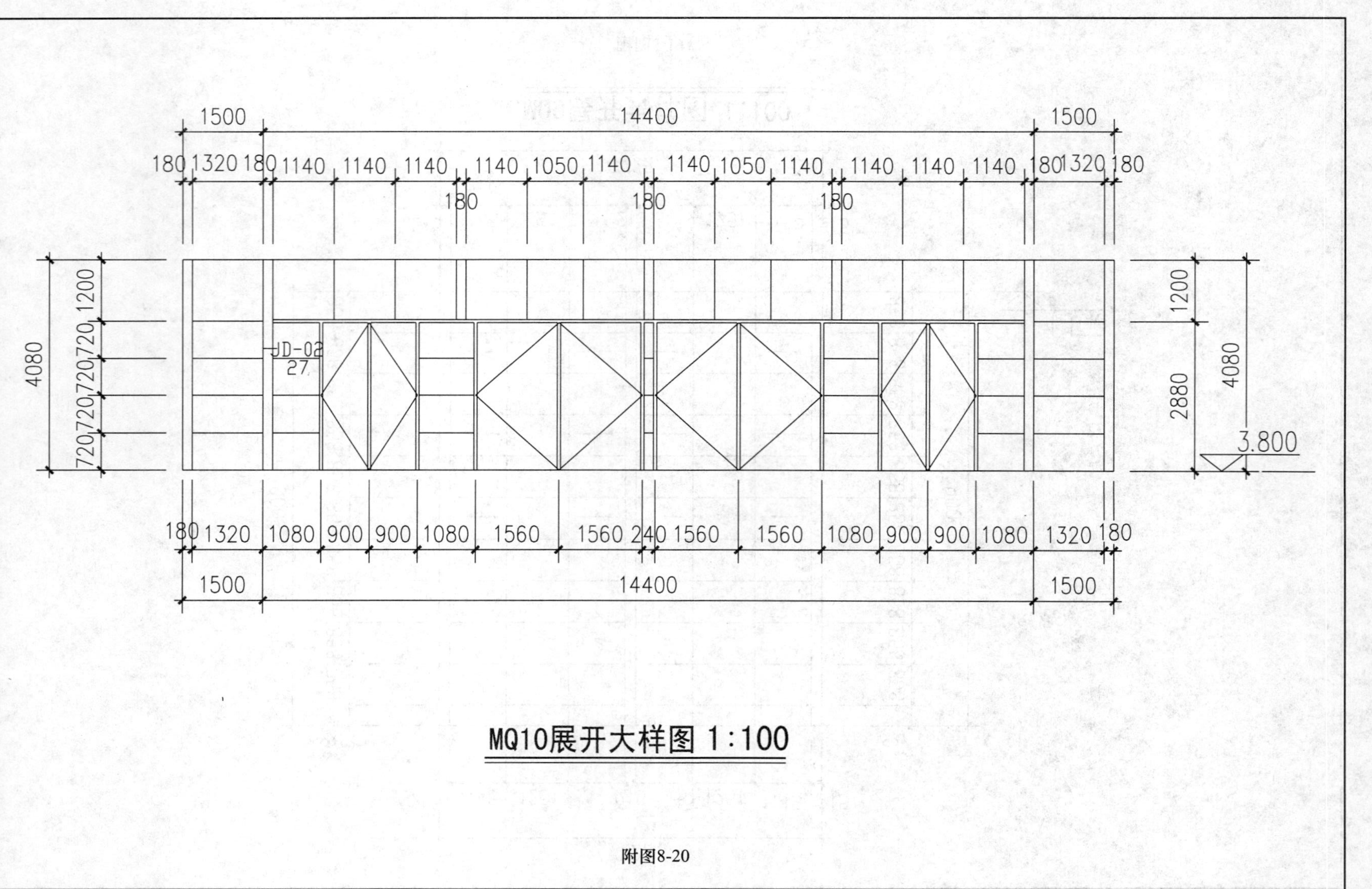

MQ10展开大样图 1:100

附图8-20

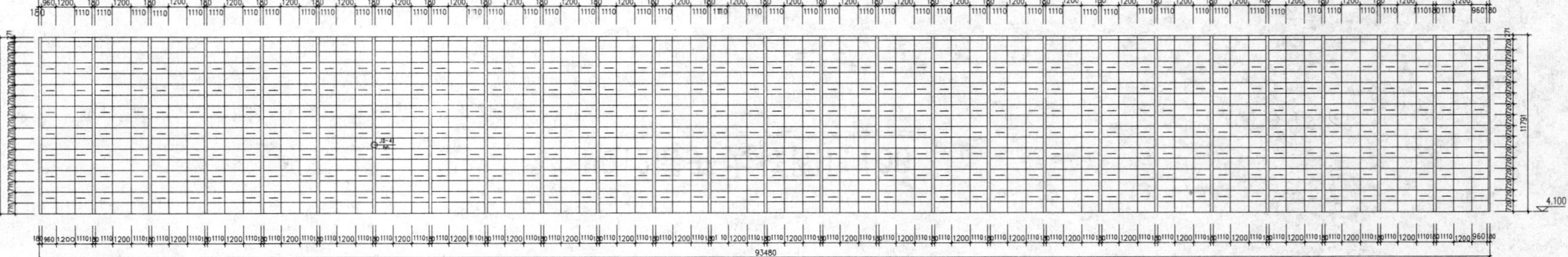

MQ11展开大样图1:100

附图8-21

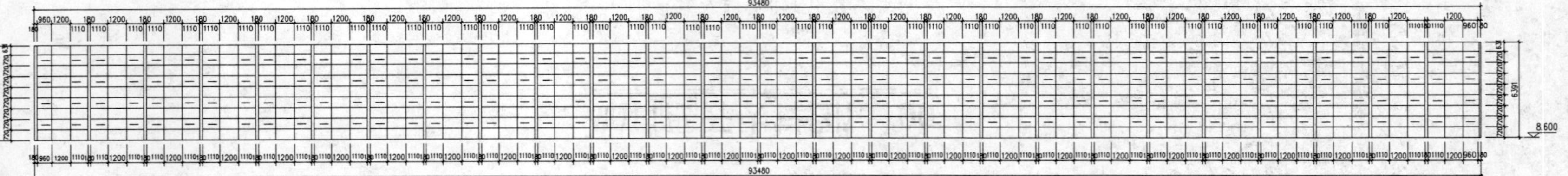

MQ12展开大样图1:100

附图8-22

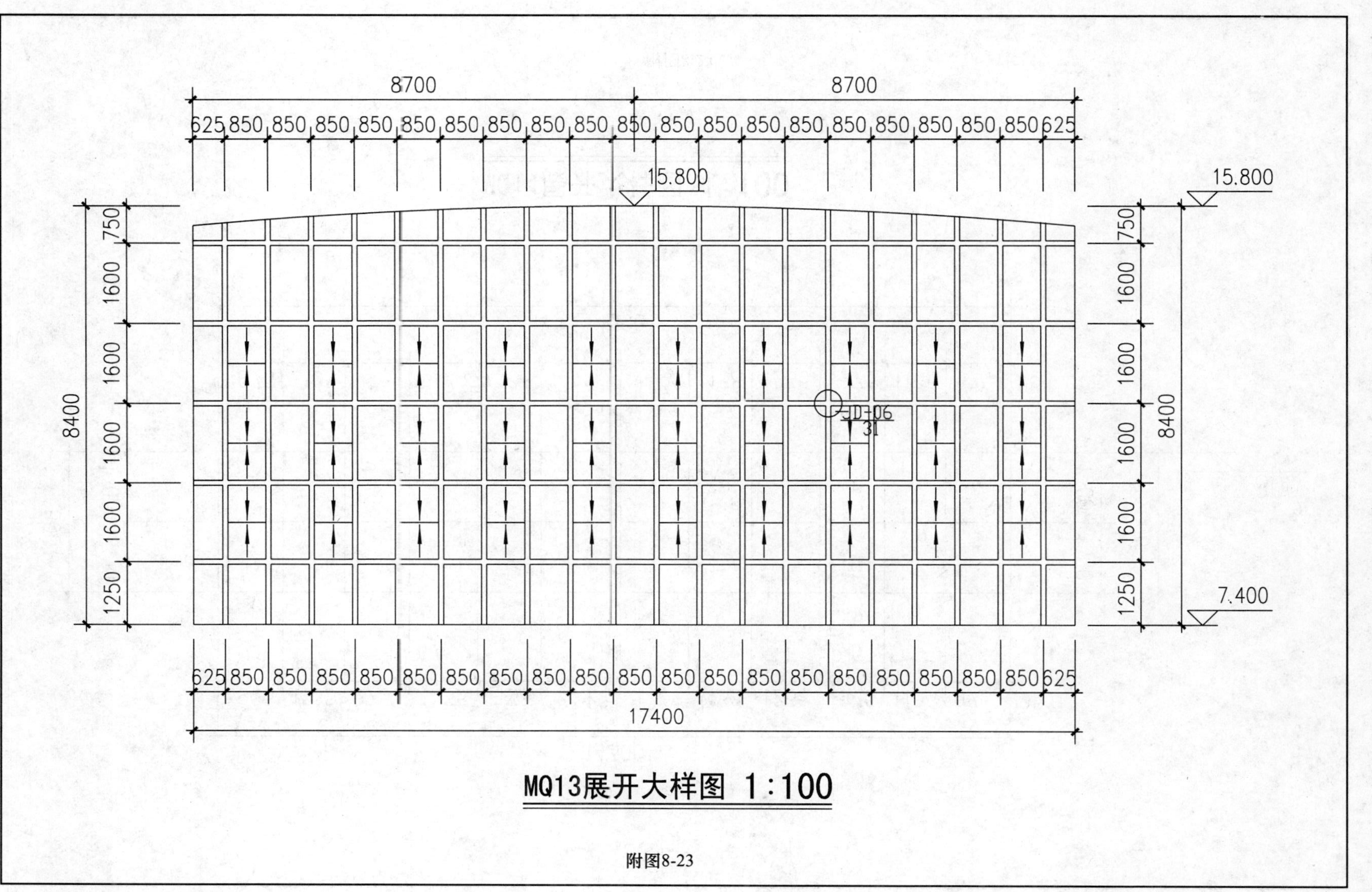

MQ13展开大样图 1:100

附图8-23

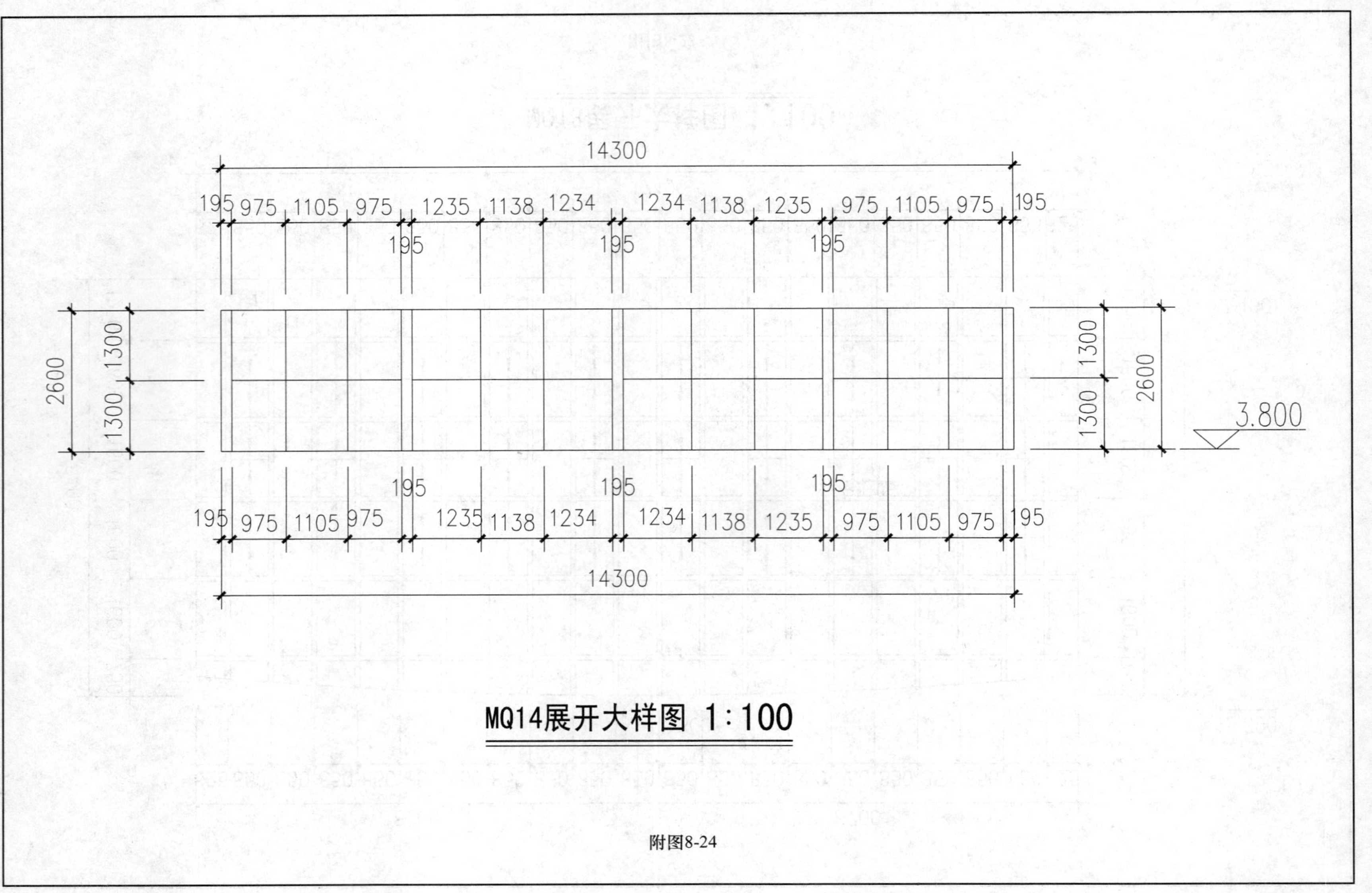

MQ14展开大样图 1:100

附图8-24

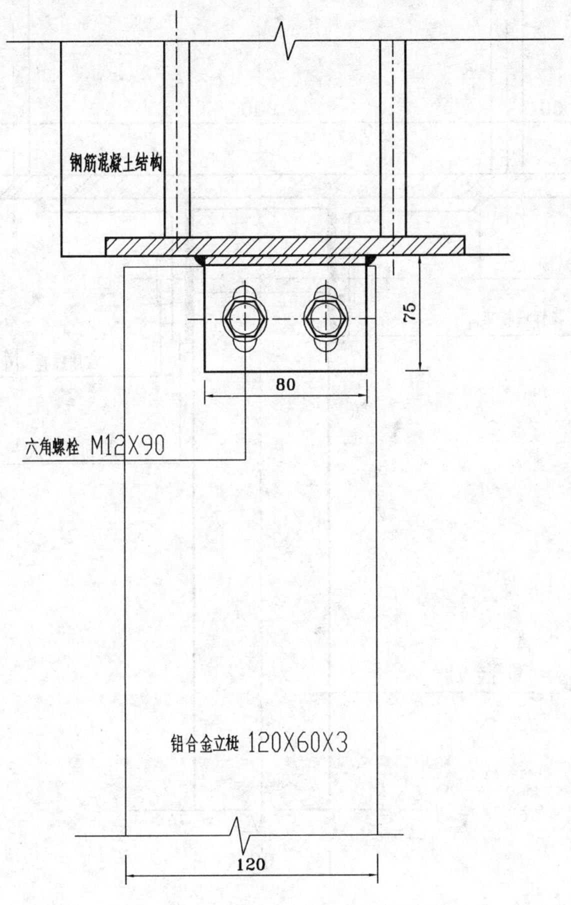

立梃顶部安装大样侧立面图

附图8-25

钢筋混凝土结构
预埋件300X200X10
50
200
50
焊接
弹性橡胶垫片
六角螺栓 M12X90
专用镀锌铁件 L75X5
铝合金立梃
60
立梃顶部安装大样侧立面图

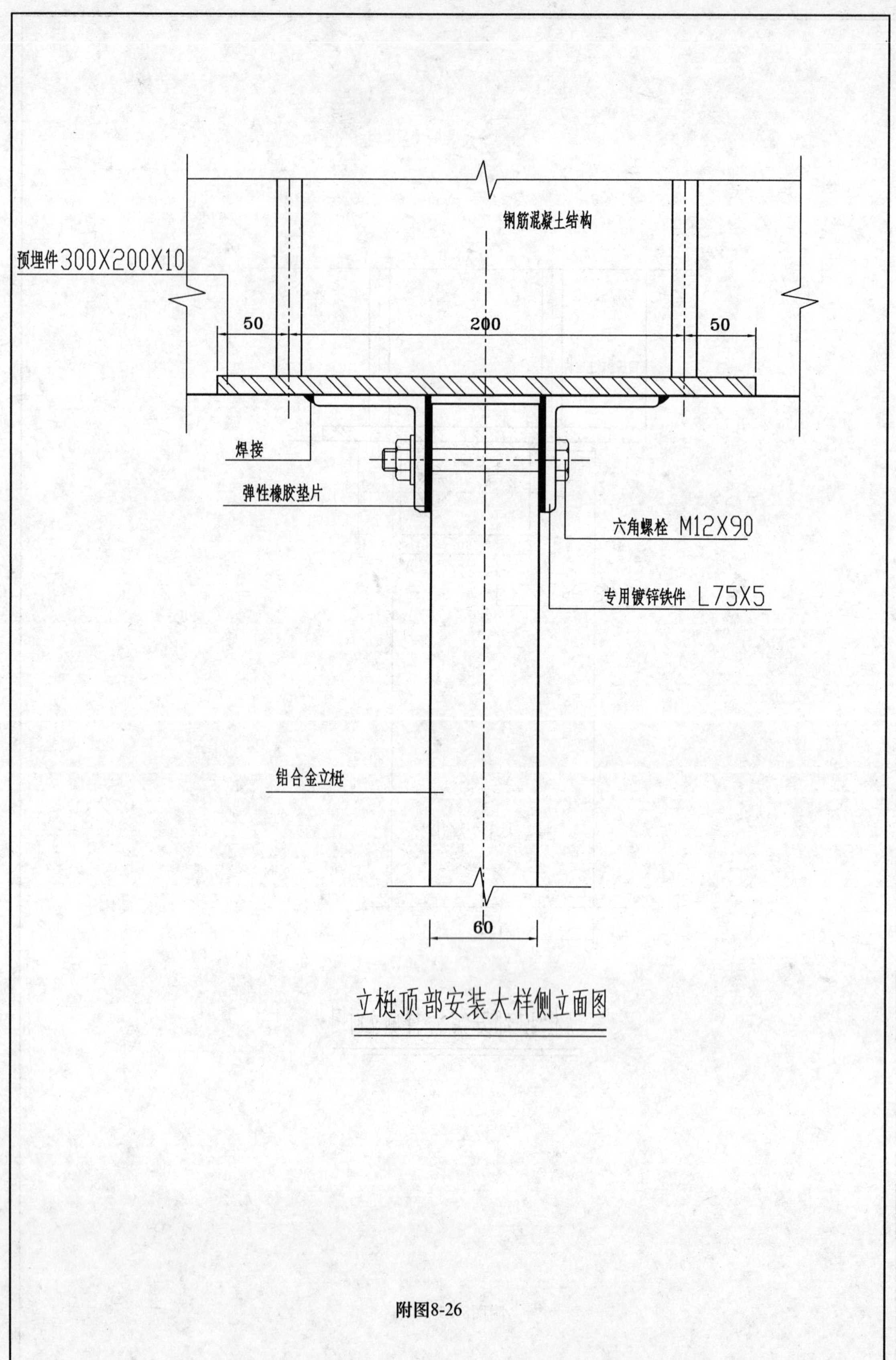

附图8-26

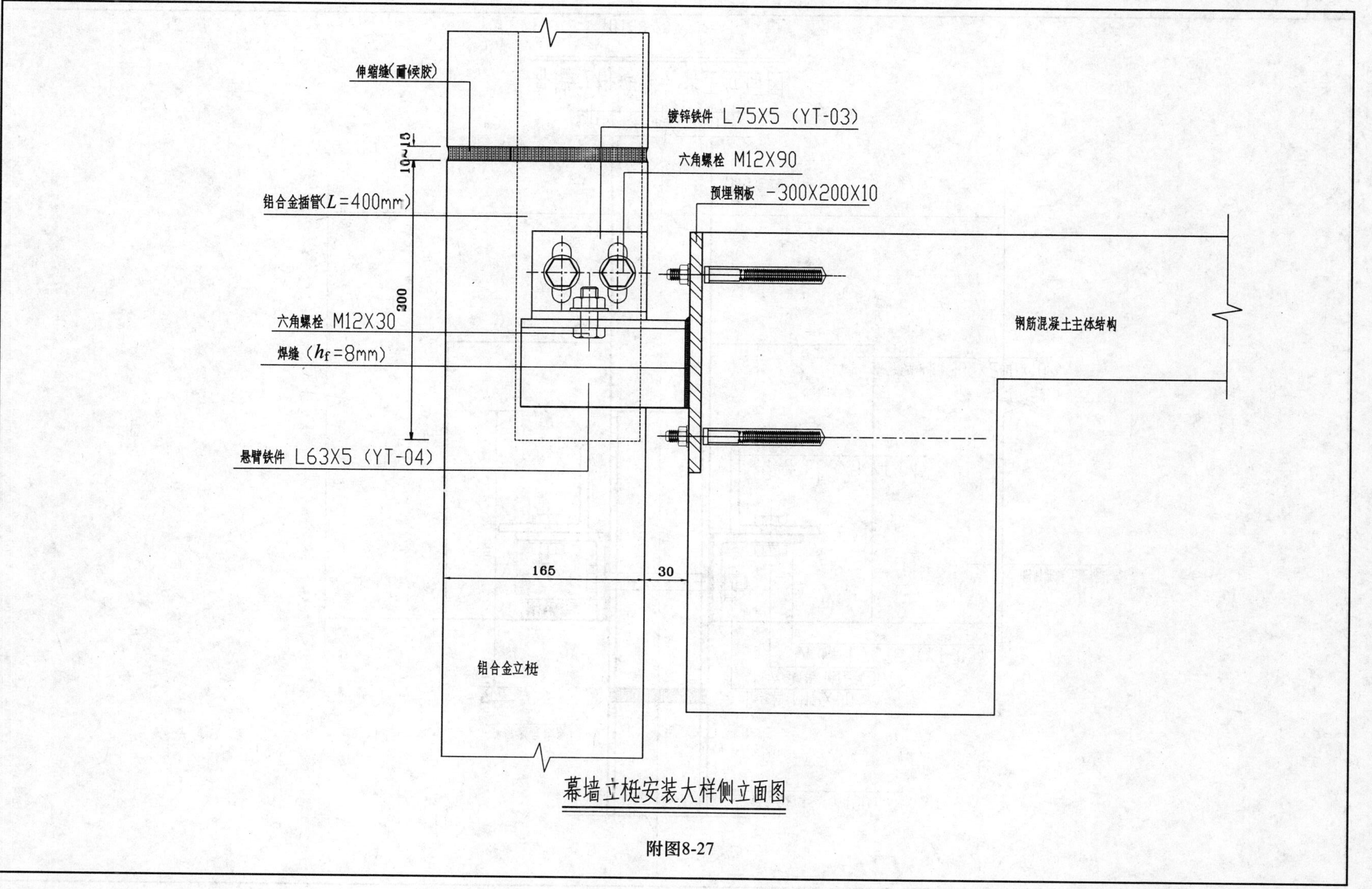

幕墙立梃安装大样侧立面图

附图8-27

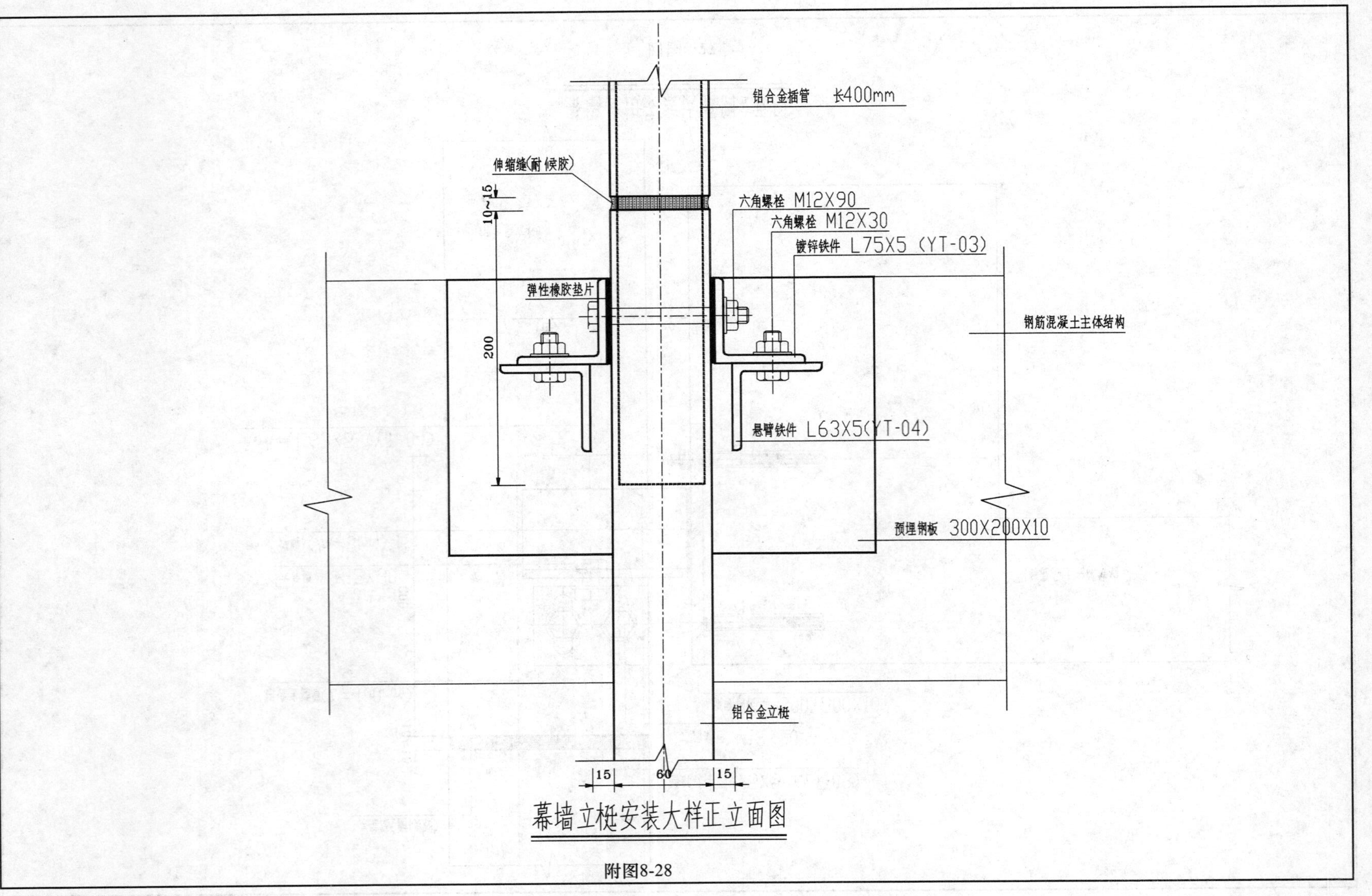

幕墙立梃安装大样正立面图

附图8-28

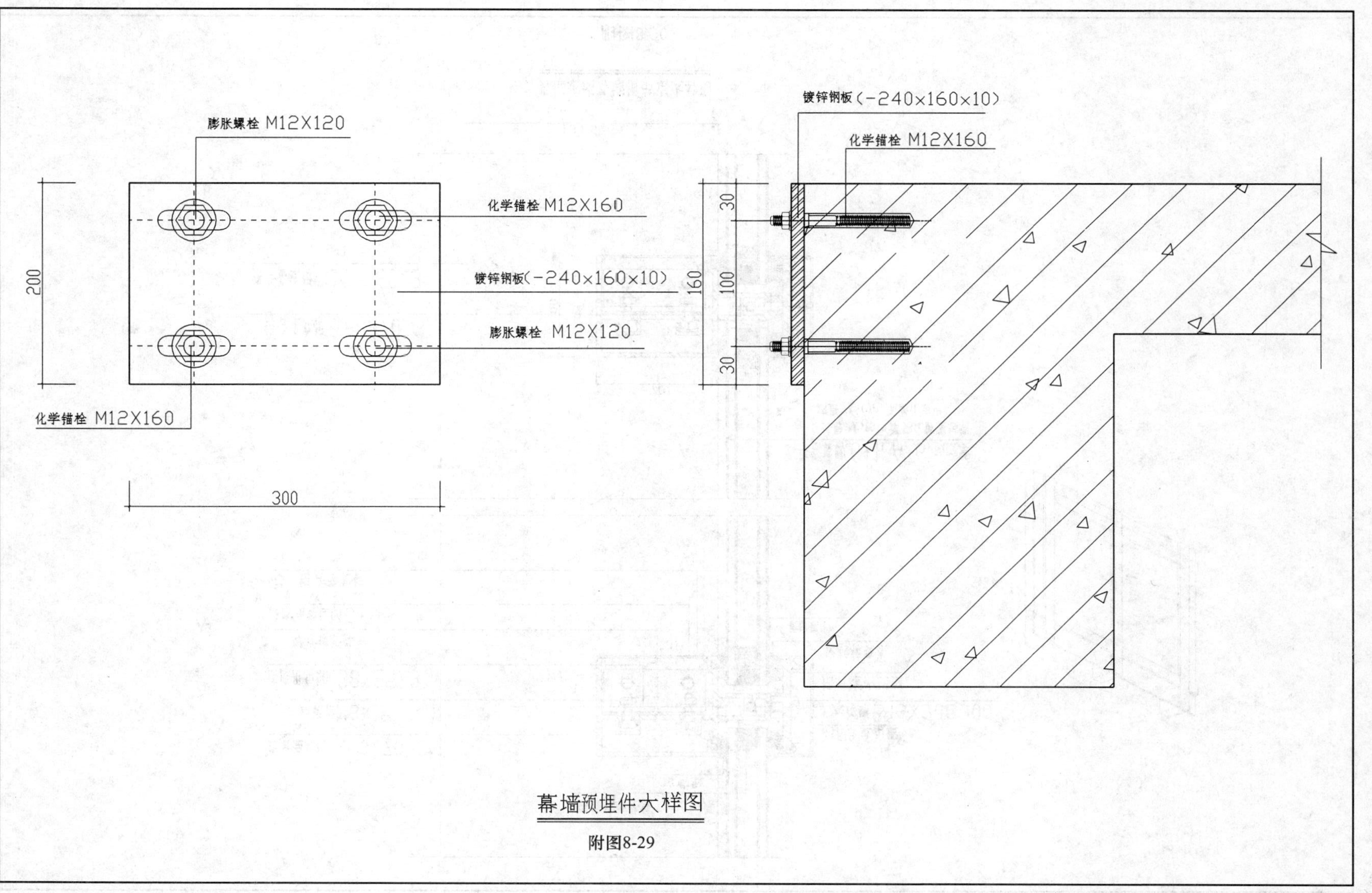

幕墙预埋件大样图

附图8-29

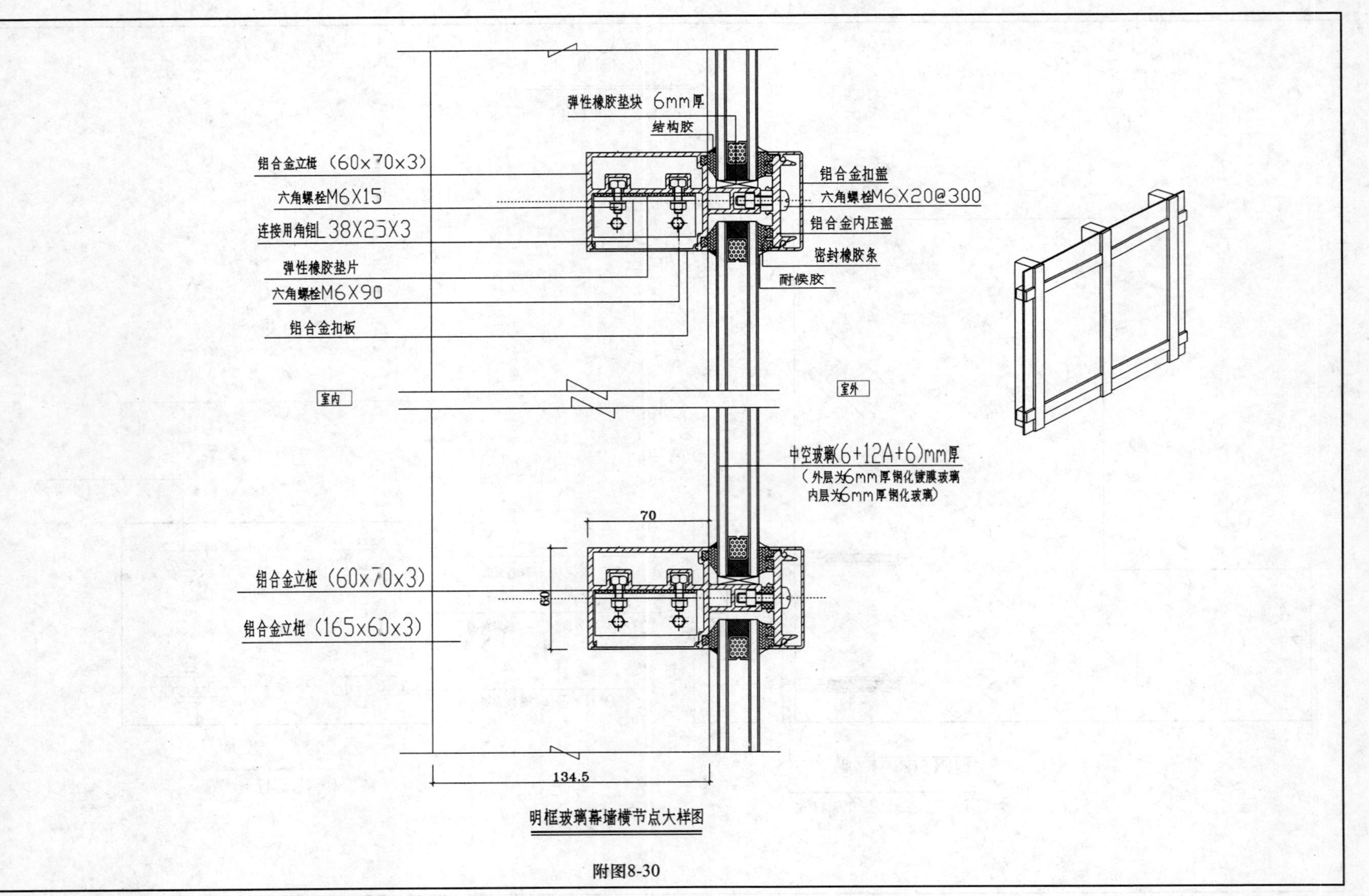

明框玻璃幕墙横节点大样图

附图8-30

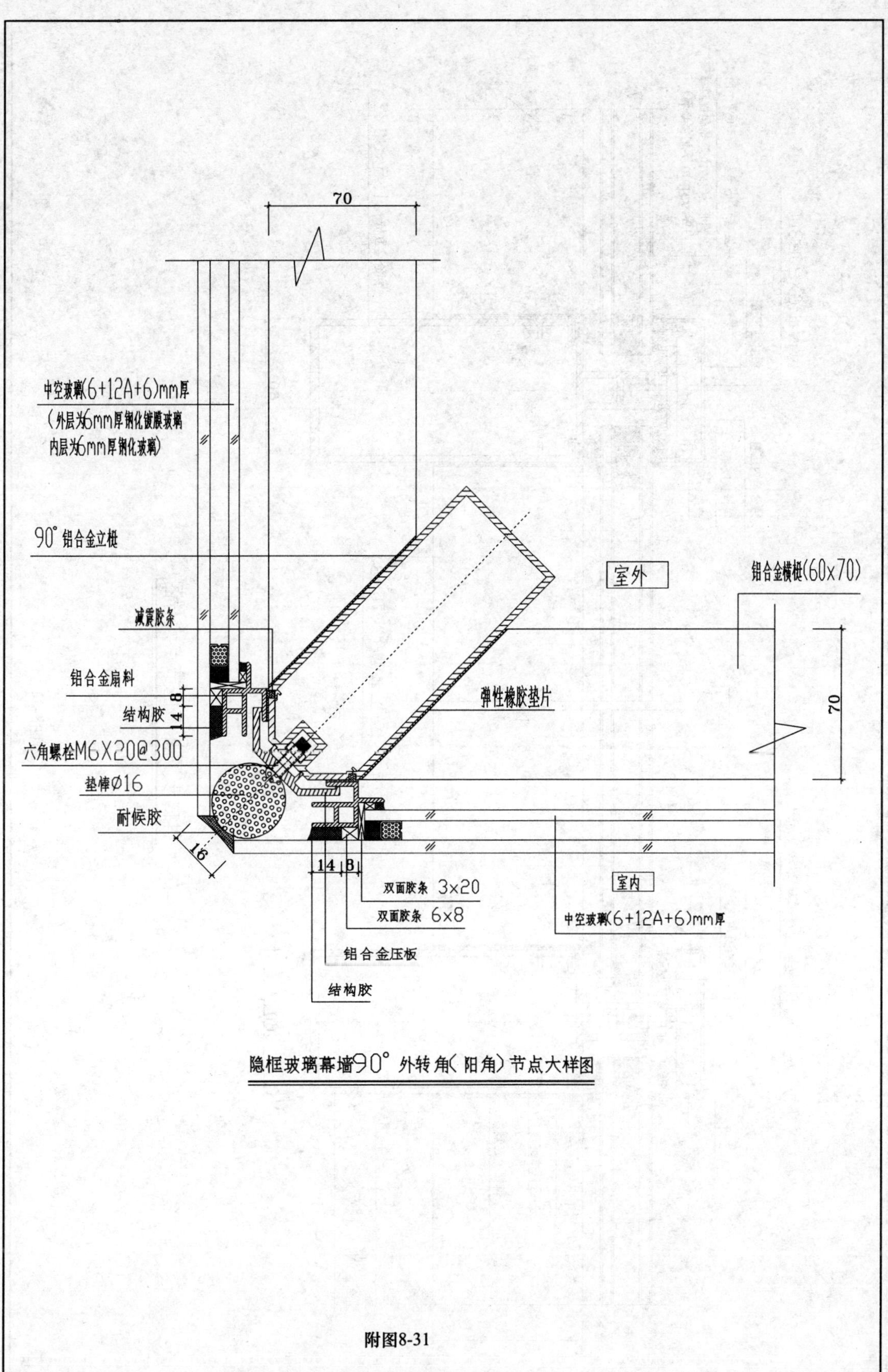

隐框玻璃幕墙90°外转角(阳角)节点大样图

附图8-31

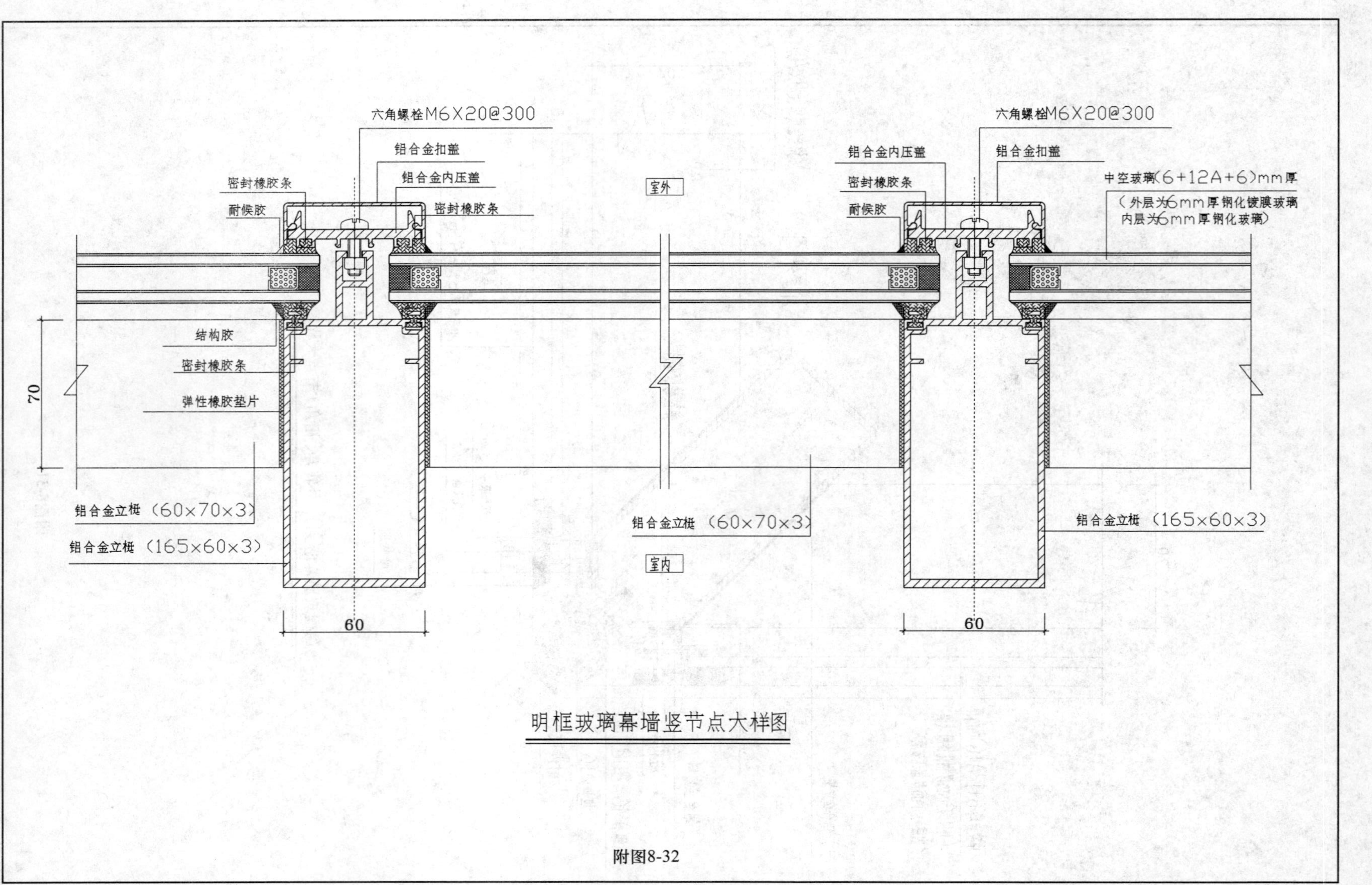

明框玻璃幕墙竖节点大样图

附图8-32

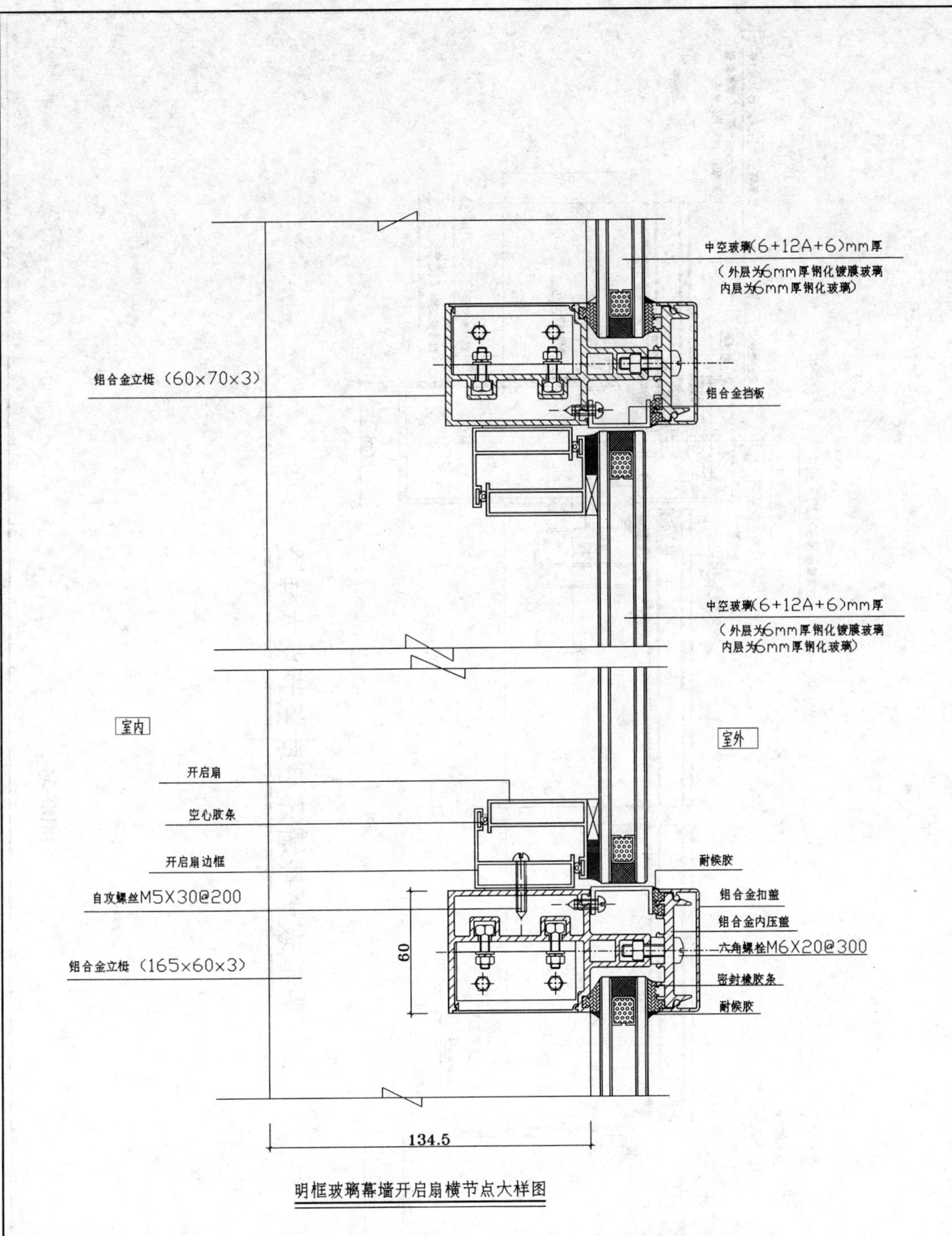

明框玻璃幕墙开启扇横节点大样图

附图8-33

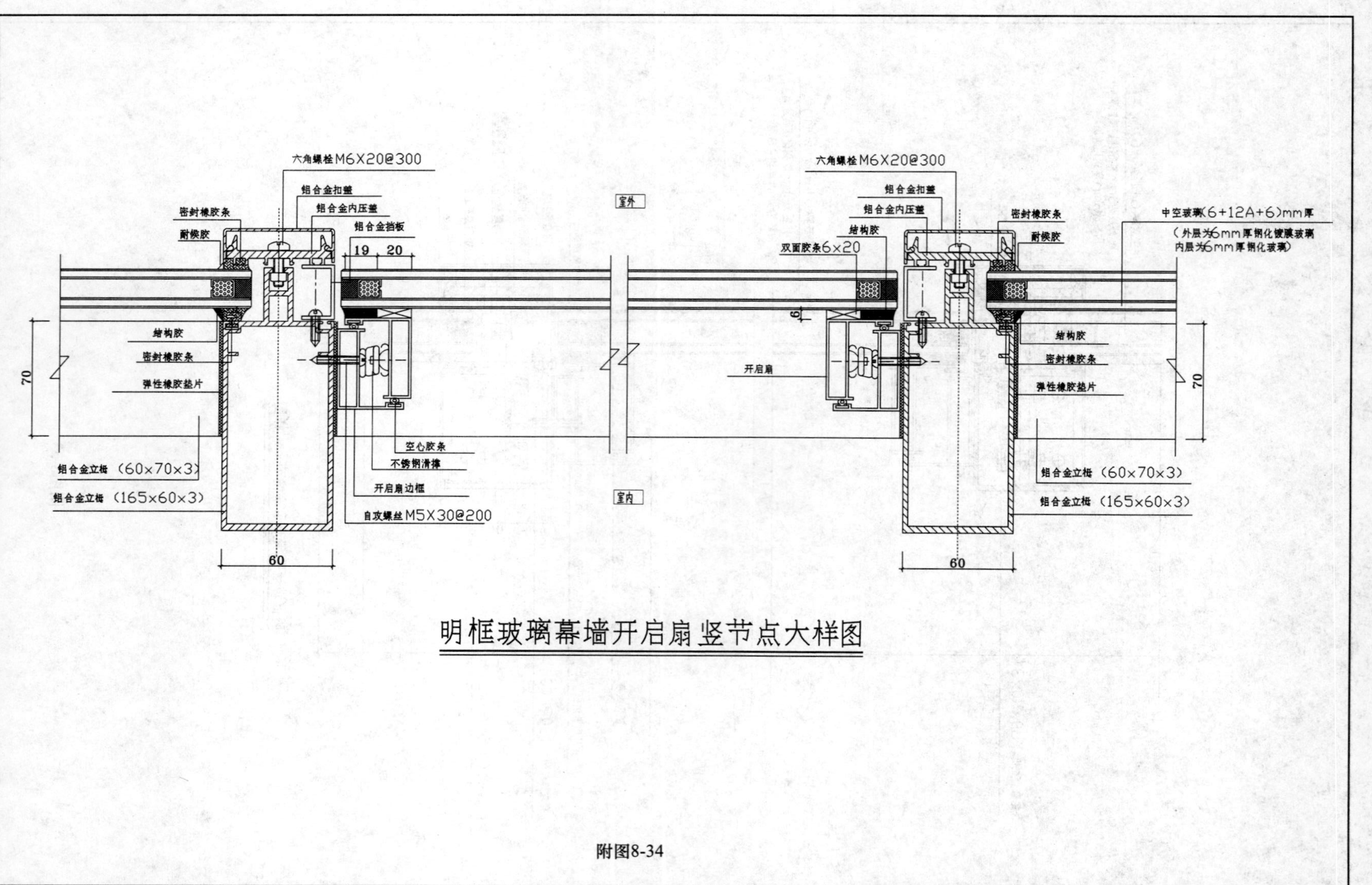

明框玻璃幕墙开启扇竖节点大样图

附图8-34

幕墙立梃(165×60×3)
弹性橡胶垫片
幕墙横梃(60×70)
连接螺栓M6×15
横梃连接用角铝(L38X25×3)
六角螺栓M6×90
60
幕墙立梃与横梃(正立面)连接节点大样图(1—1)
70
横梃连接用角铝(L38X25×3)
连接螺栓M6×15
幕墙横梃(60×70)
60
六角螺栓M6×90
幕墙横梃扣板
幕墙立梃
134.5
幕墙立梃与横梃(侧立面)连接节点大样图(2-2)
165
70
横梃连接用角铝(L38X25×3)
弹性橡胶垫片
幕墙横梃(60X70)
连接螺栓M6×15
六角螺栓M6×90
幕墙立梃(165×60×3)
60
幕墙立梃与横梃连接(竖向)节点大样图

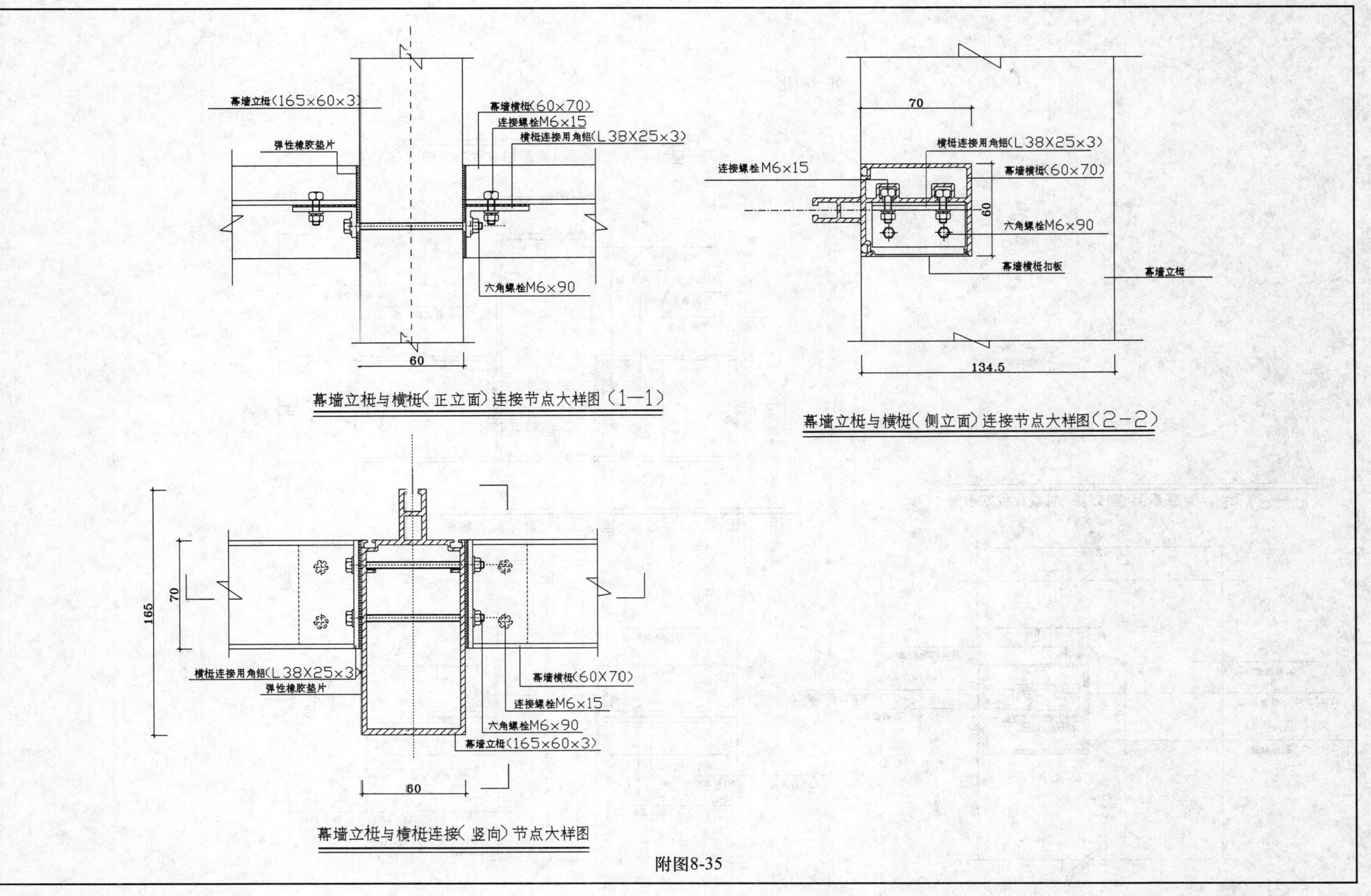

附图8-35

幕墙立梃(120×60)
幕墙横梃(60×60)
连接螺栓M6×20
横梃连接用角铝(L20X40×3)
弹性橡胶垫片
六角螺栓M6×90
60
60
幕墙立梃与横梃(正立面)连接节点大样图(1—1)
幕墙横梃(60×60)
连接螺栓M6×20
横梃连接用角铝(L20X40×3)
六角螺栓M6×90
幕墙立梃
幕墙横梃扣板
60
60
120
幕墙立梃与横梃(侧立面)连接节点大样图(2—2)
弹性橡胶垫片
横梃连接用角铝(L20X40×3)
幕墙横梃(60X60)
连接螺栓M6×20
六角螺栓M6×90
幕墙立梃
60
120
60
幕墙立梃与横梃连接(竖向)节点大样图

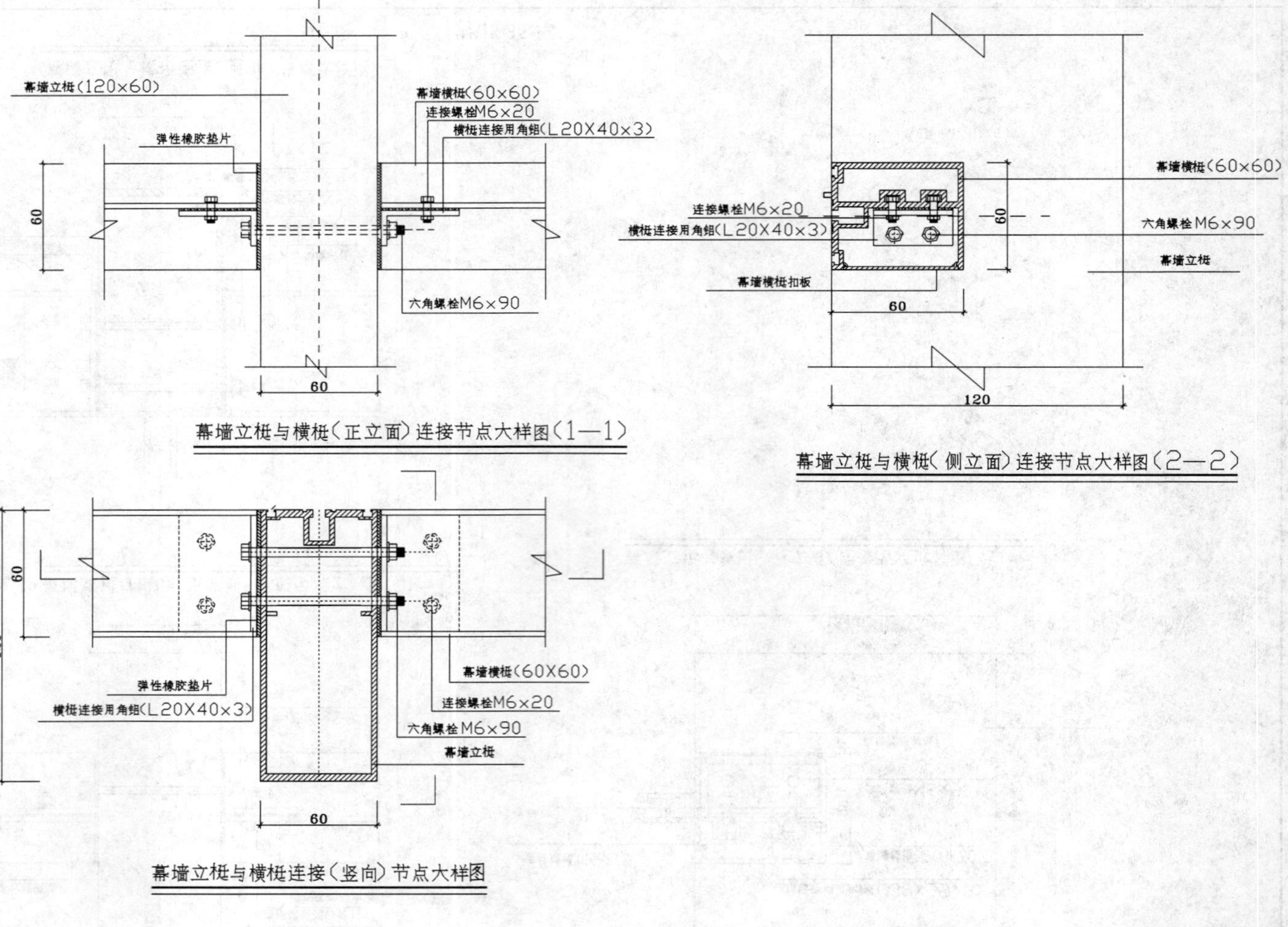

附图8-36

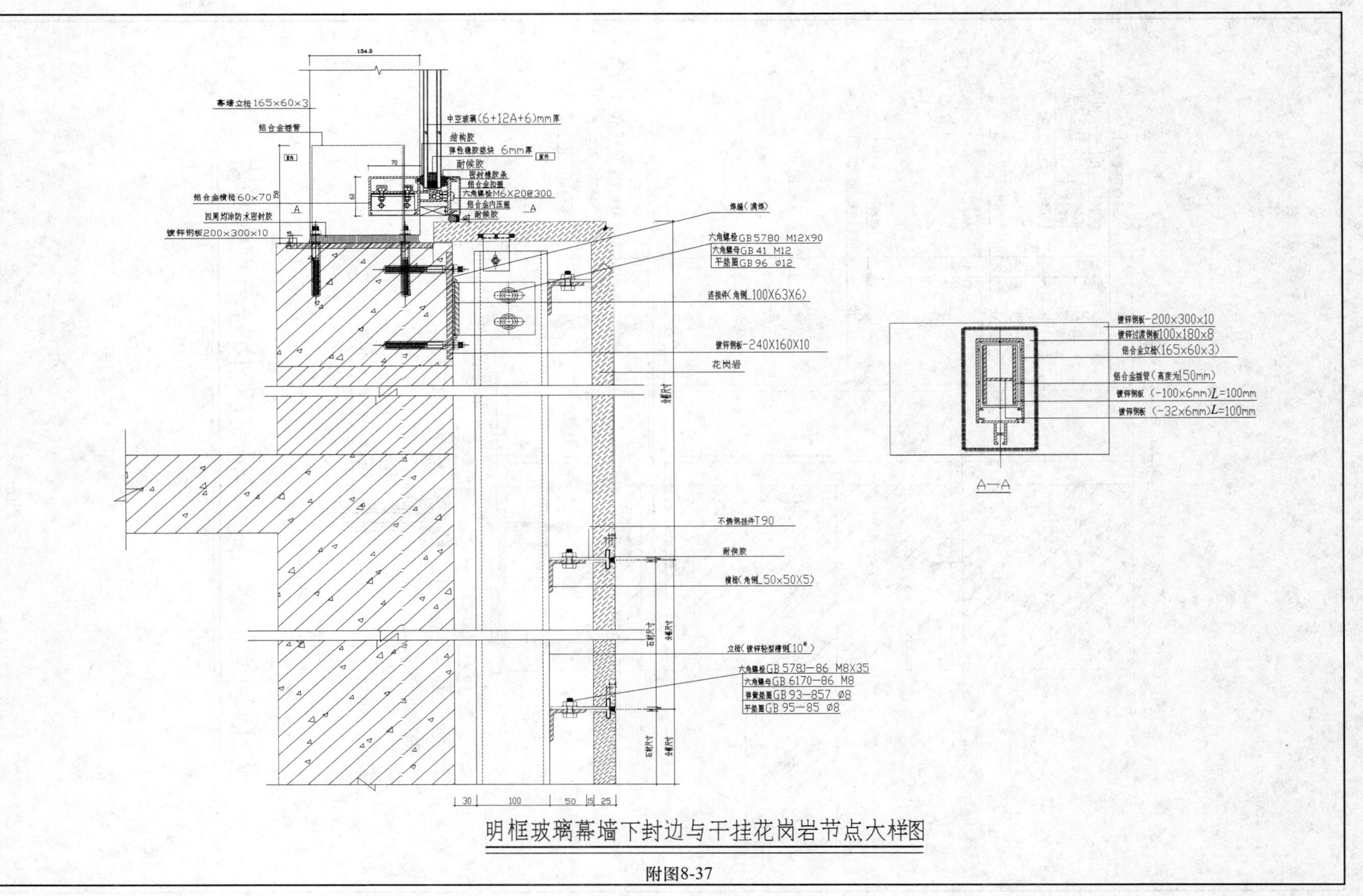

明框玻璃幕墙下封边与干挂花岗岩节点大样图

附图8-37

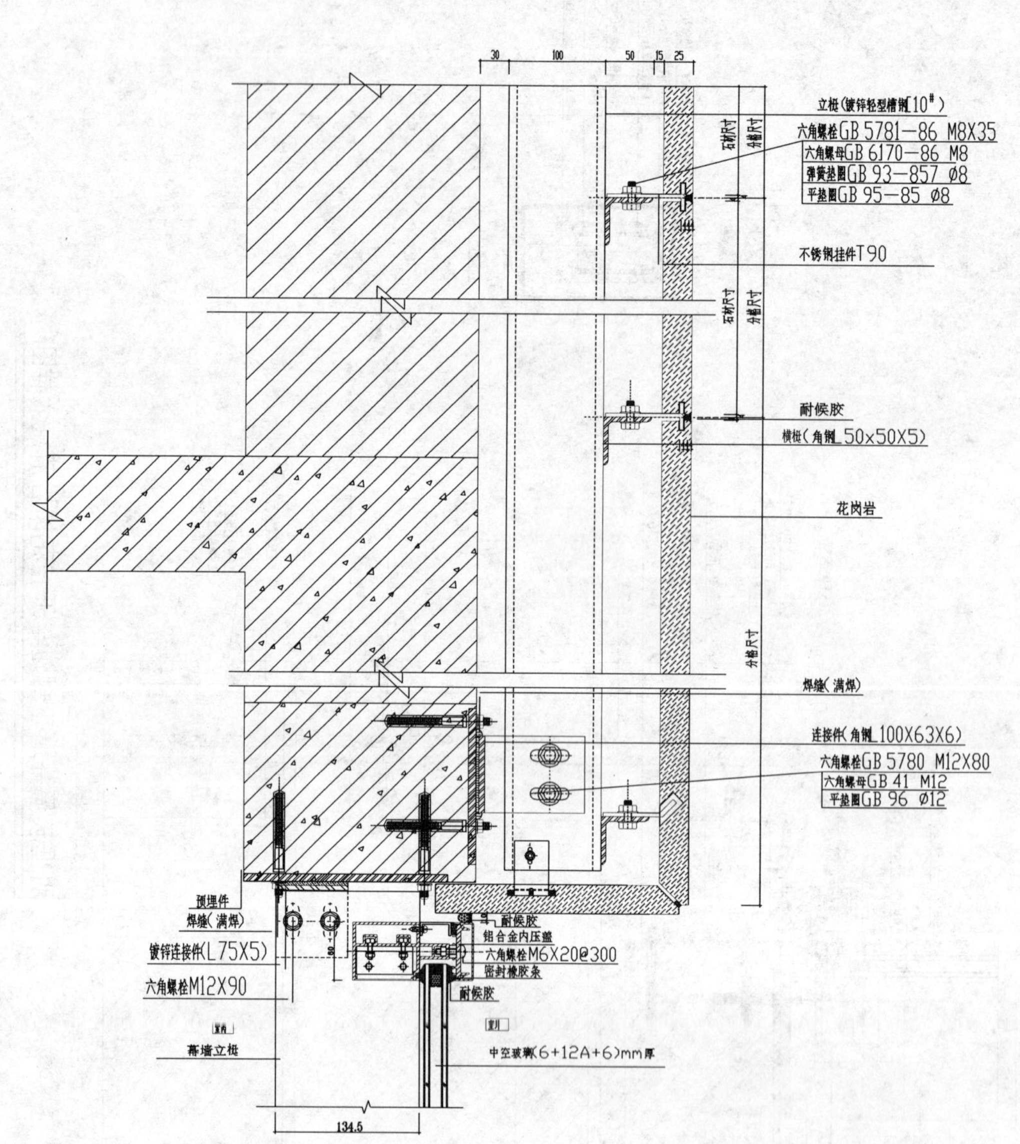

明框玻璃幕墙上封边与干挂花岗岩节点大样图

附图8-38

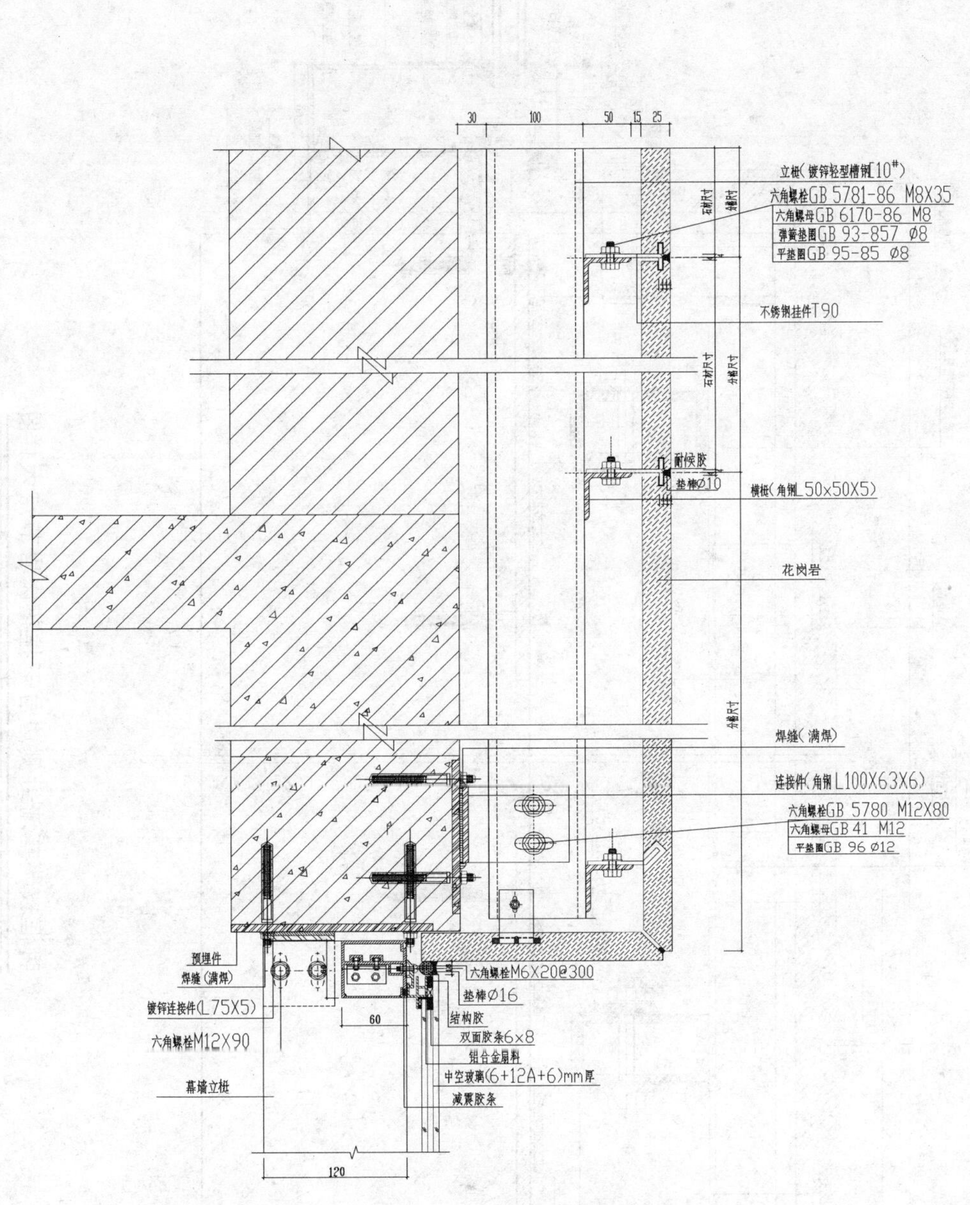

全隐框玻璃幕墙上封边与干挂花岗岩节点大样图

附图8-39

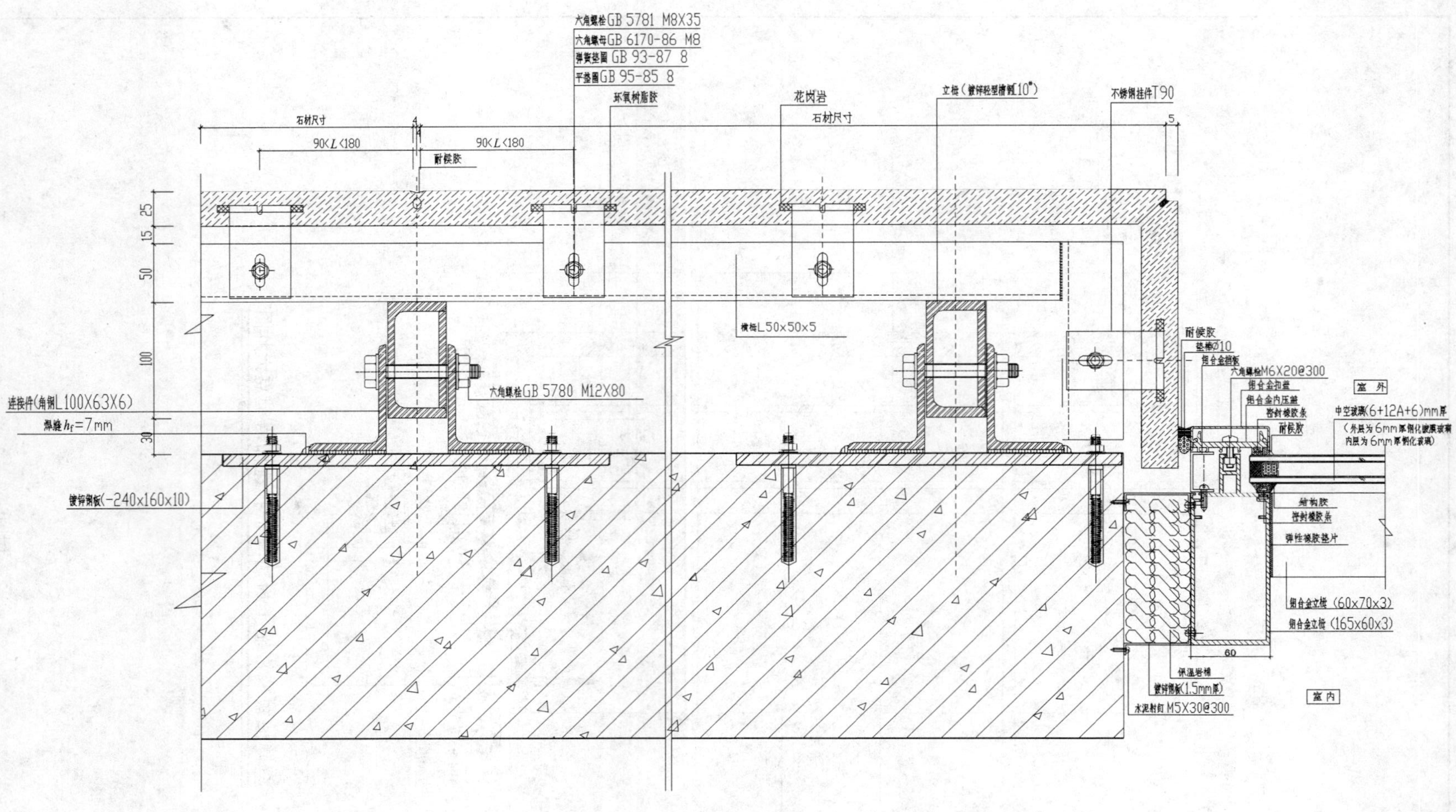

明框玻璃幕墙封侧边与干挂花岗岩节点大样图

附图8-40

中空玻璃(6+12A+6)mm厚
铝合金压板
8
14
16
14
8
结构胶
铝合金横梃
连接螺栓 M6×20
横梃连接用角铝(L20×40×3)
六角螺栓M6×90
铝合金扣板
室外
室内
双面胶条(6×8)
结构胶
耐候胶
六角螺栓M6×20@300
泡沫垫棒
铝合金扇料
减震胶条
60
60
铝合金立梃
120
隐框玻璃幕墙横节点大样图

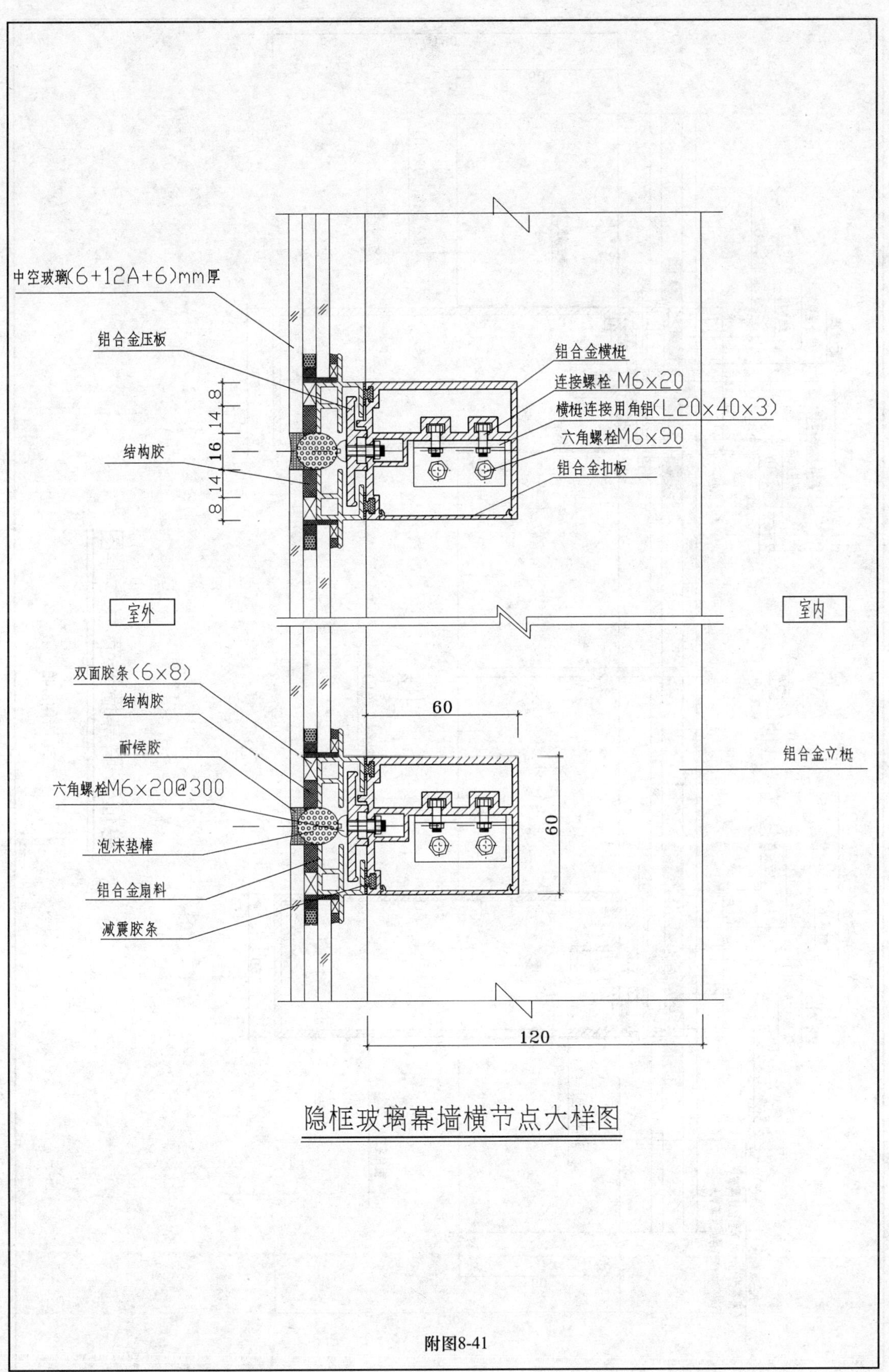

附图8-41

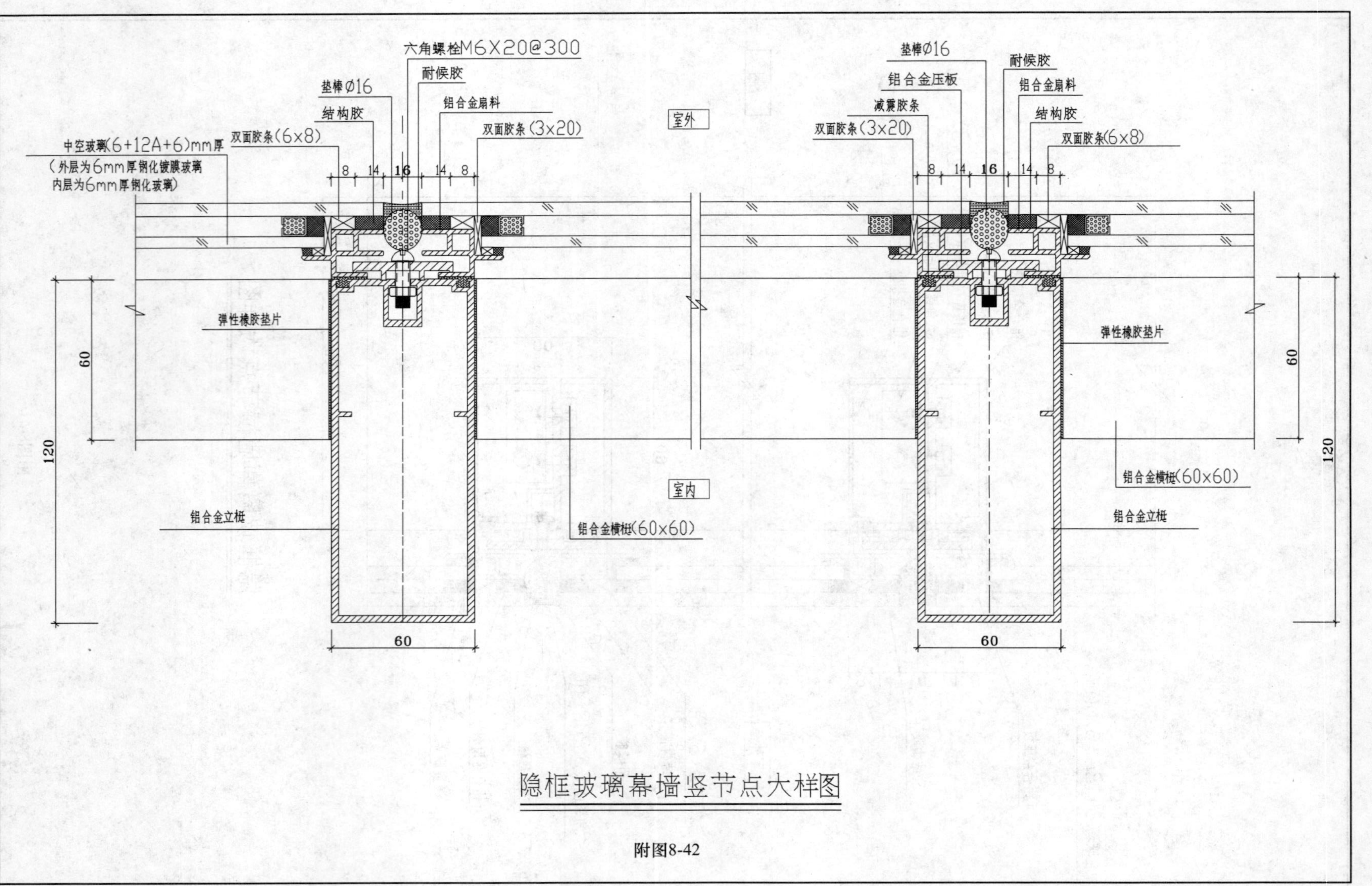

隐框玻璃幕墙竖节点大样图

附图8-42

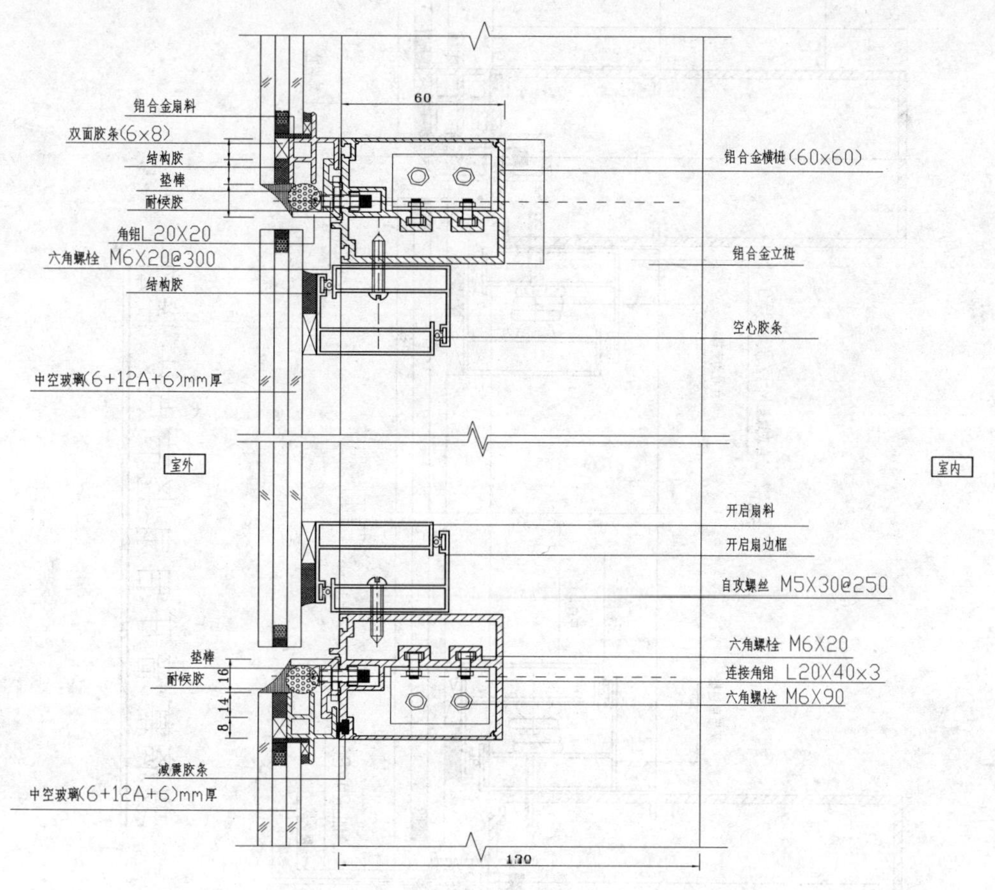

玻璃幕墙开启扇横节点大样图

附图8-43

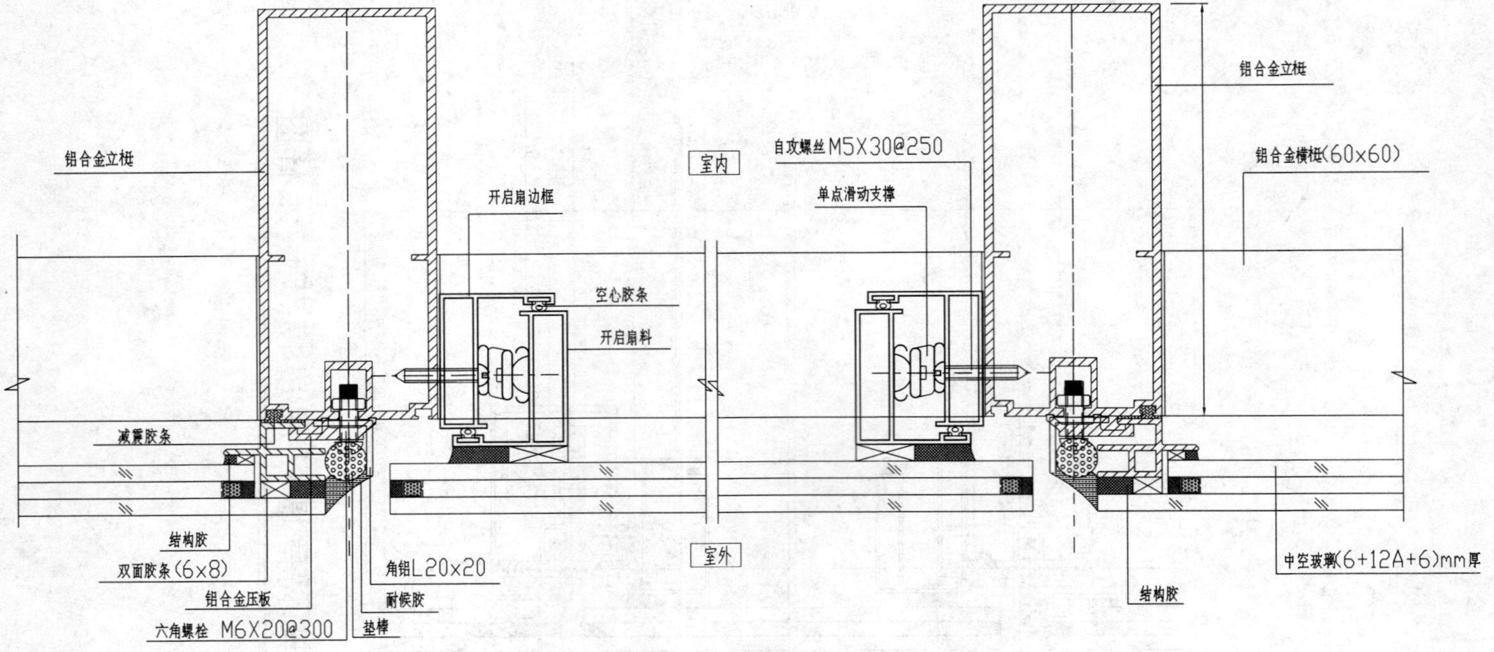

铝合金立梃
开启扇边框
室内
自攻螺丝 M5X30@250
单点滑动支撑
铝合金立梃
铝合金横梃(60x60)
空心胶条
开启扇料
减震胶条
结构胶
双面胶条(6x8)
铝合金压板
六角螺栓 M6X20@300
角铝L20x20
耐候胶
垫棒
室外
中空玻璃(6+12A+6)mm厚
结构胶

玻璃幕墙开启扇竖节点大样图

附图8-44

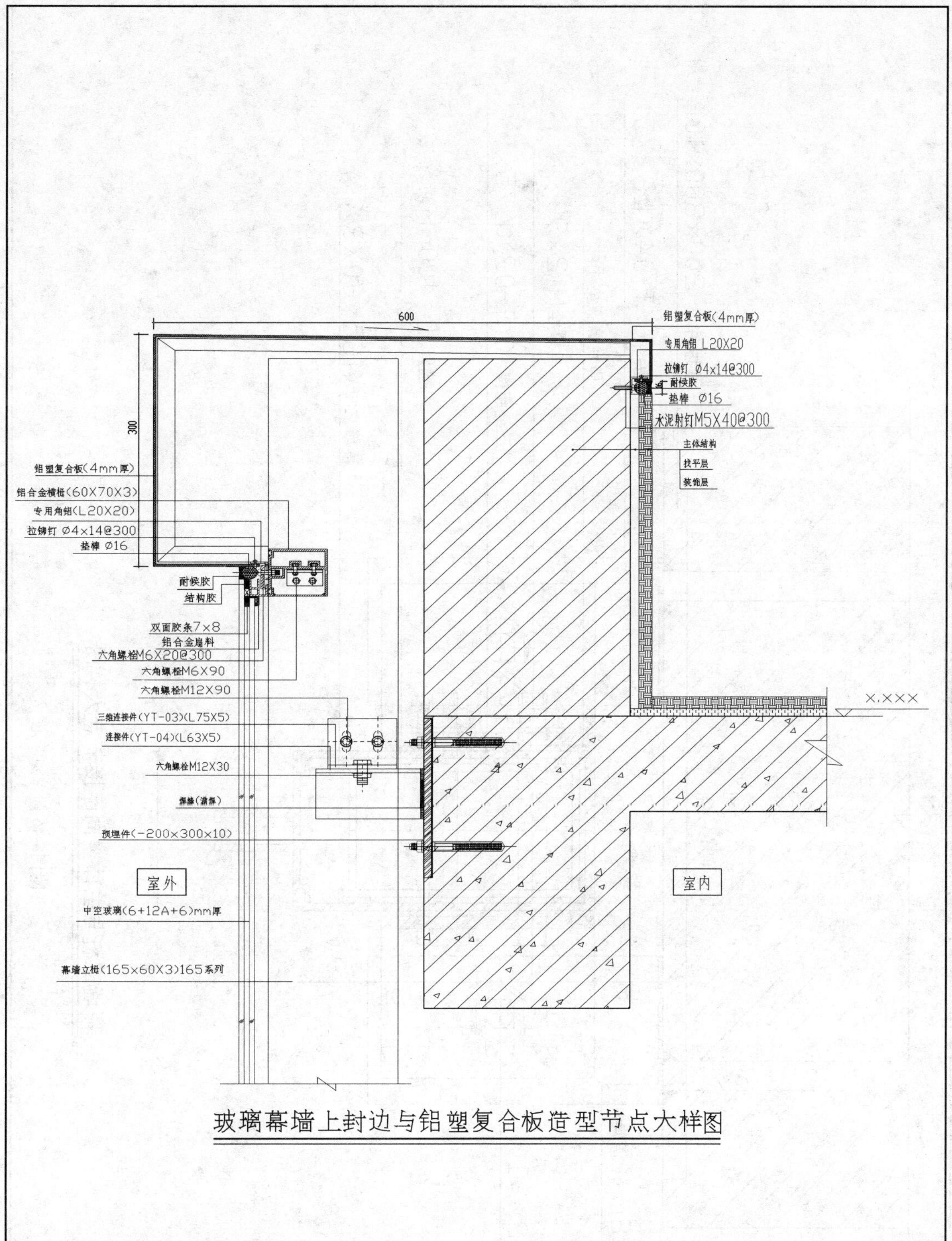

玻璃幕墙上封边与铝塑复合板造型节点大样图

附图8-45

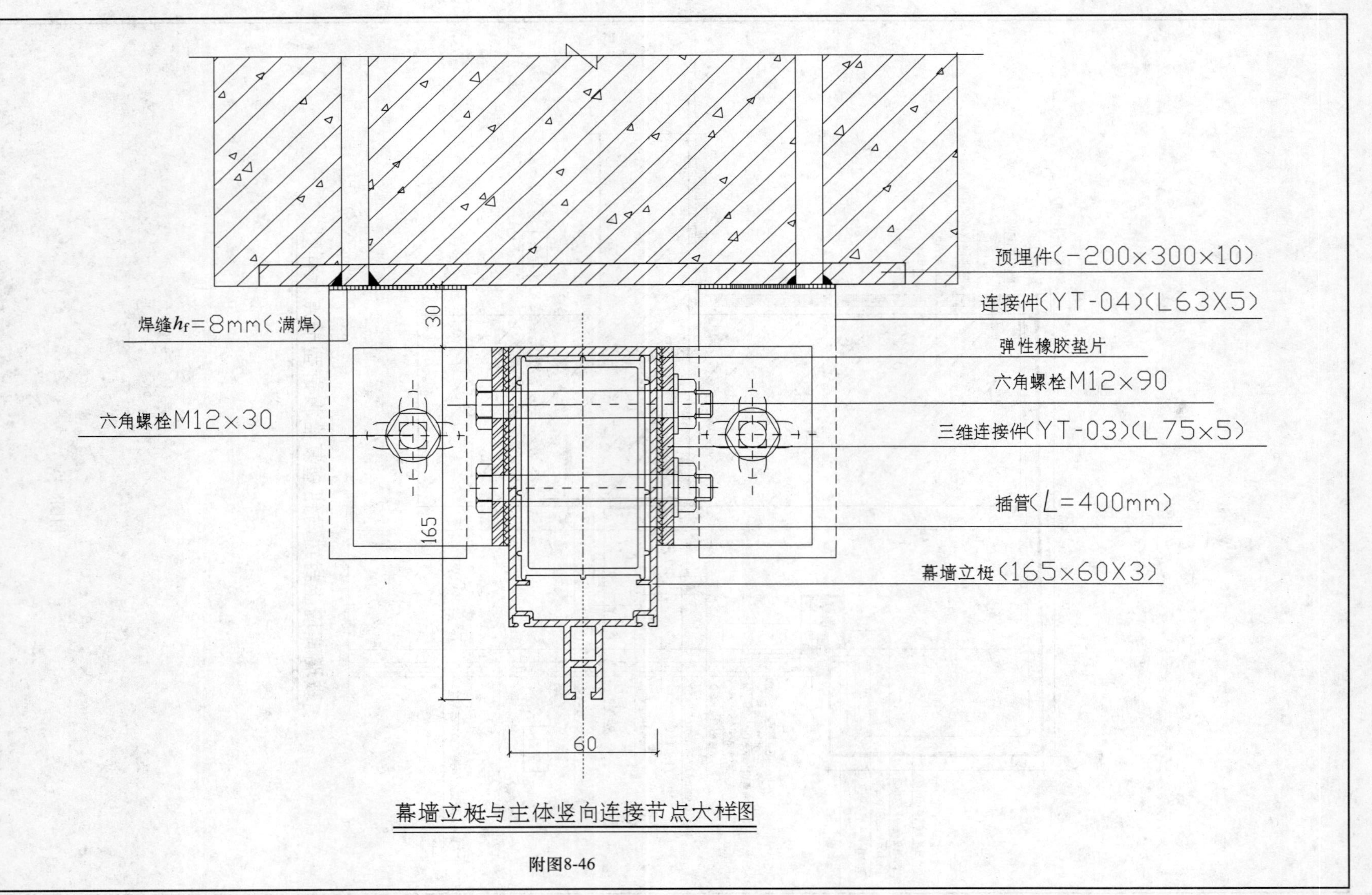

幕墙立梃与主体竖向连接节点大样图

附图8-46

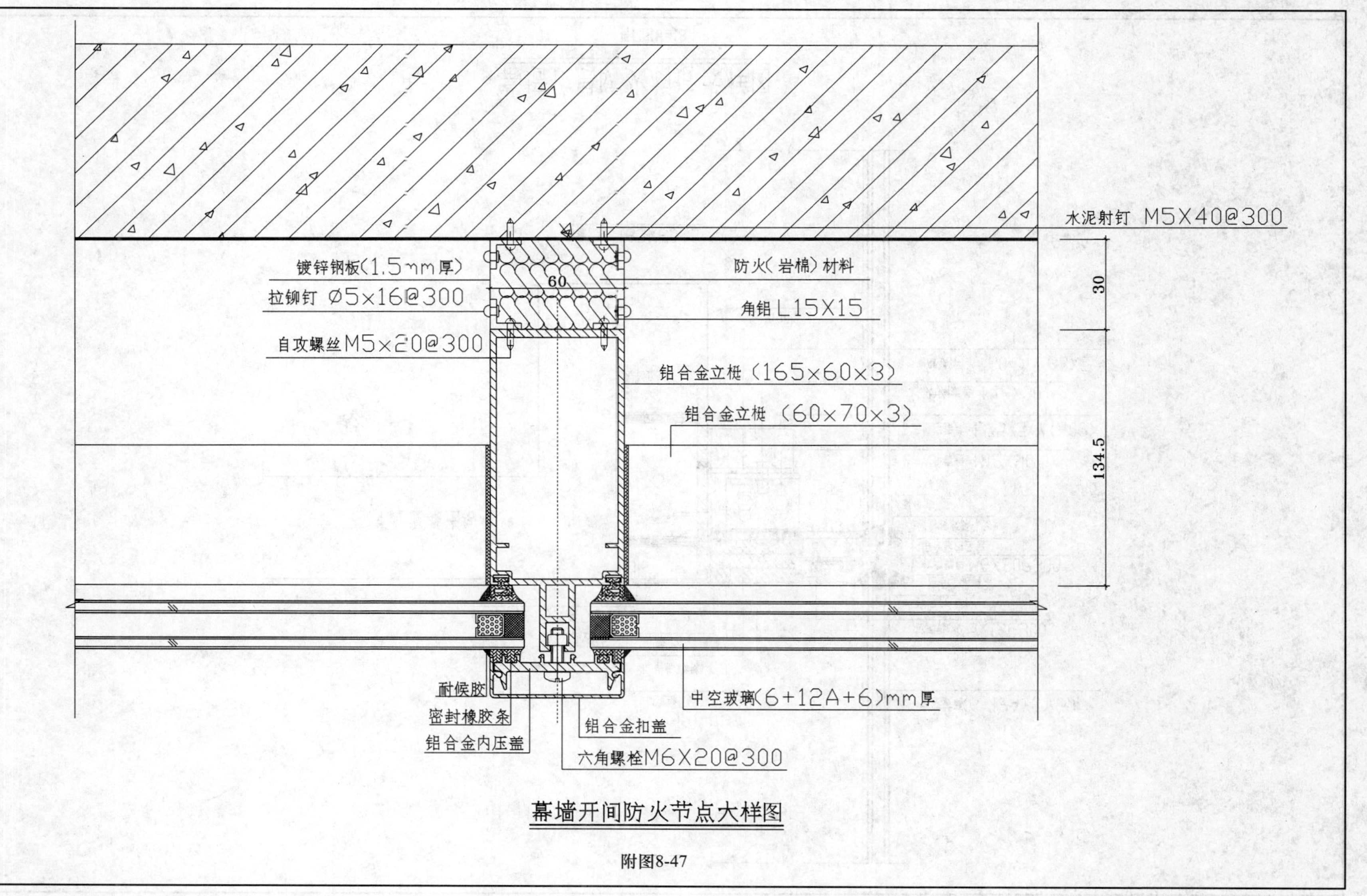

幕墙开间防火节点大样图

附图8-47

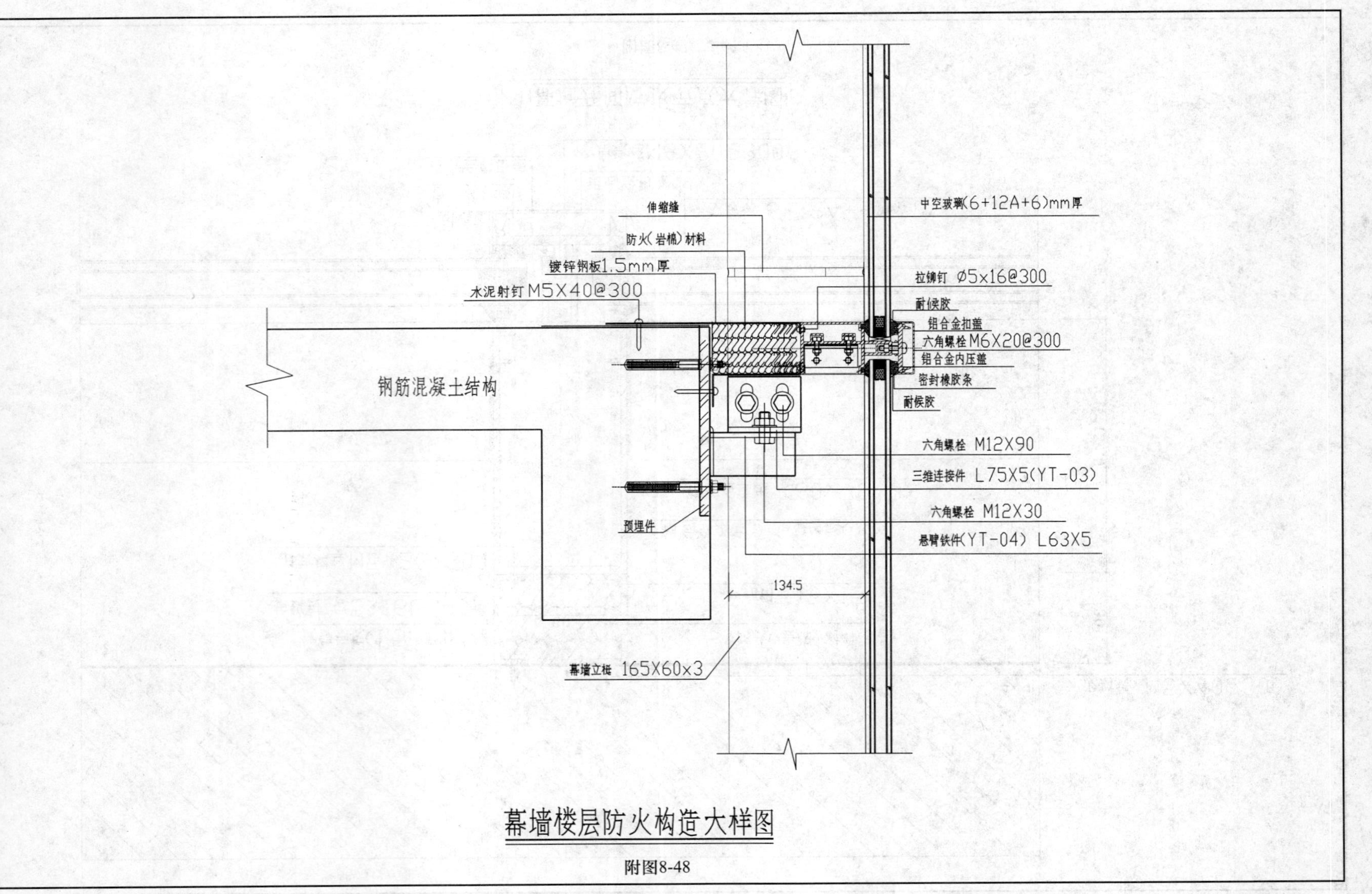

幕墙楼层防火构造大样图

附图8-48

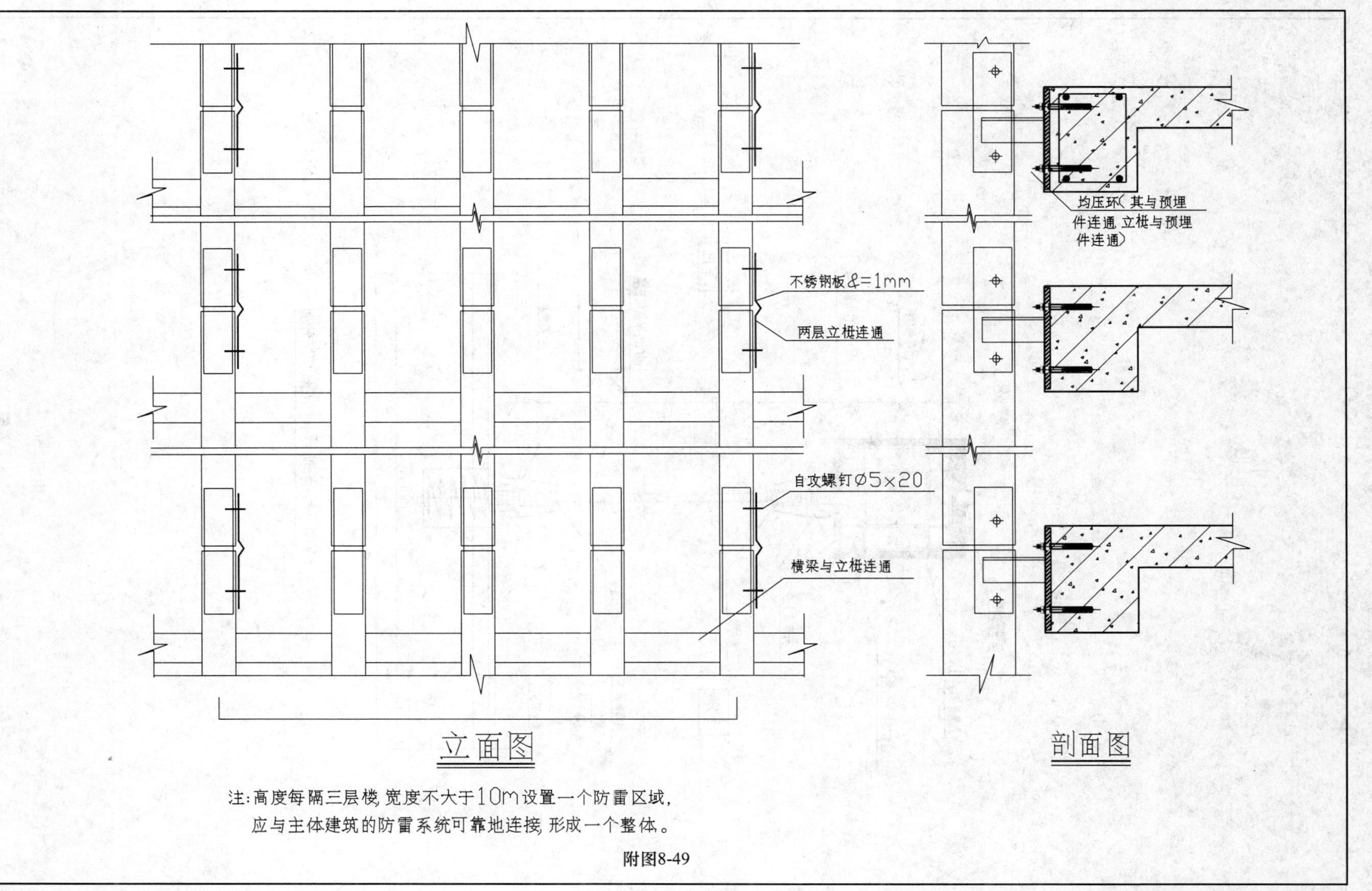

注:高度每隔三层楼,宽度不大于10m设置一个防雷区域,应与主体建筑的防雷系统可靠地连接,形成一个整体。

附图8-49

玻璃
硅酮密封胶
橡胶垫块
方钢骨架(40X40)
8mm厚密度板
200
自攻螺丝M5X25
L40X40方钢立撑
不锈钢饰面板
开启扇上企
180
密封胶
室外
室内
门高
12
12mm厚钢化玻璃
装饰面层
结合层
素混凝土地面
垫层
素土夯实
密封胶
开启扇下企
硬质垫块
地弹簧
全玻无框地弹门节点大样图

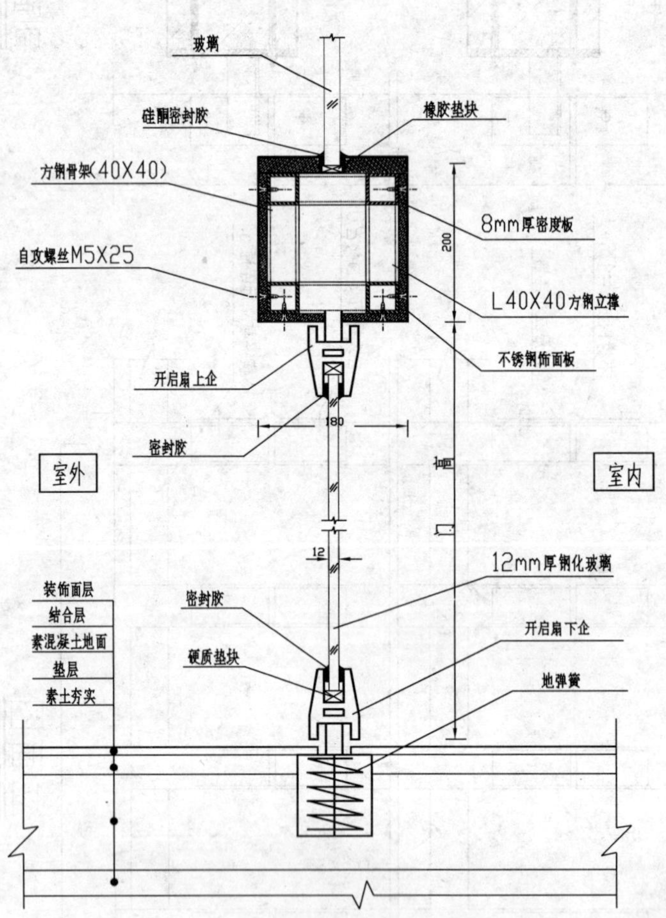

附图8-50

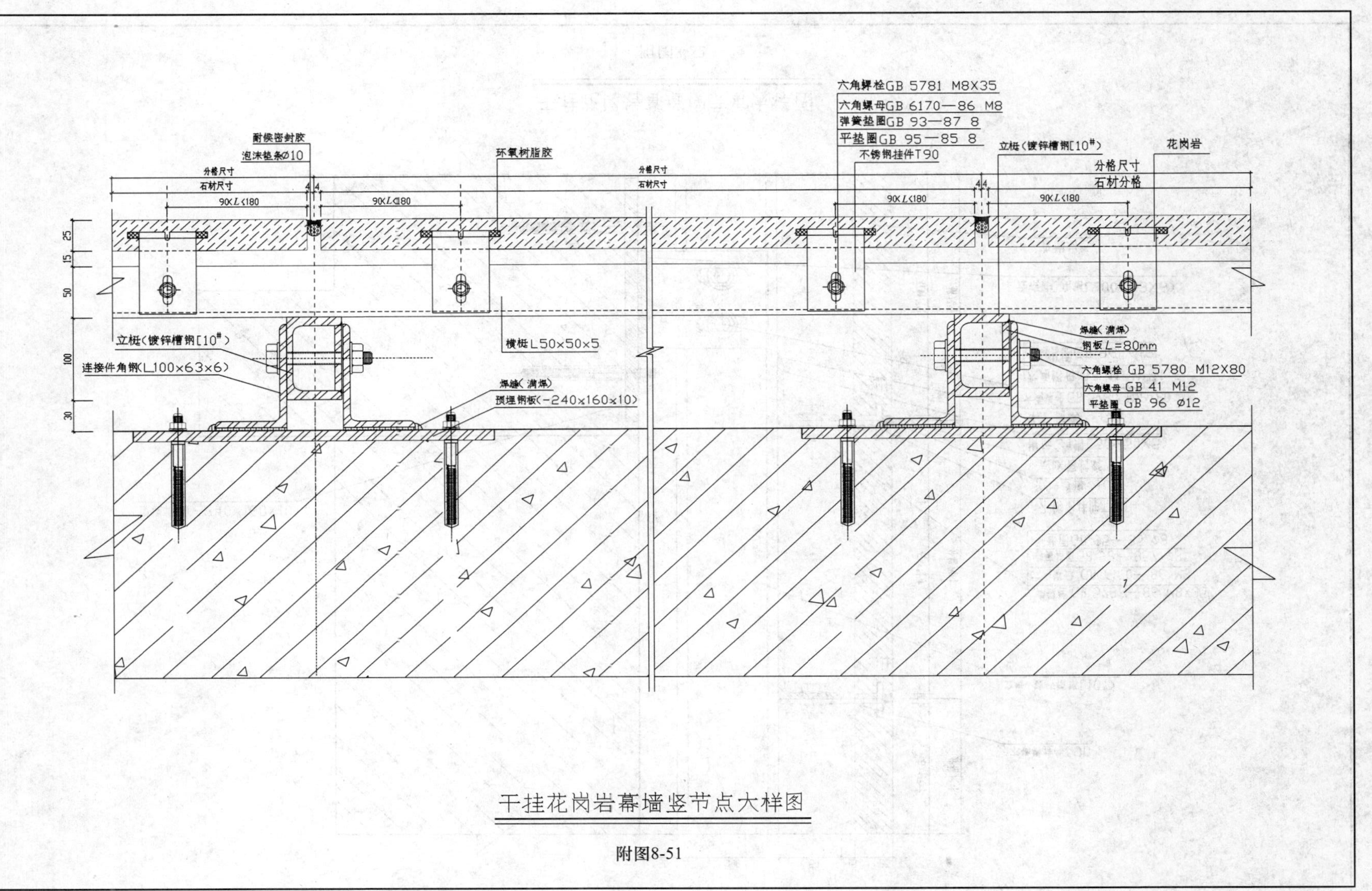

干挂花岗岩幕墙竖节点大样图

附图8-51

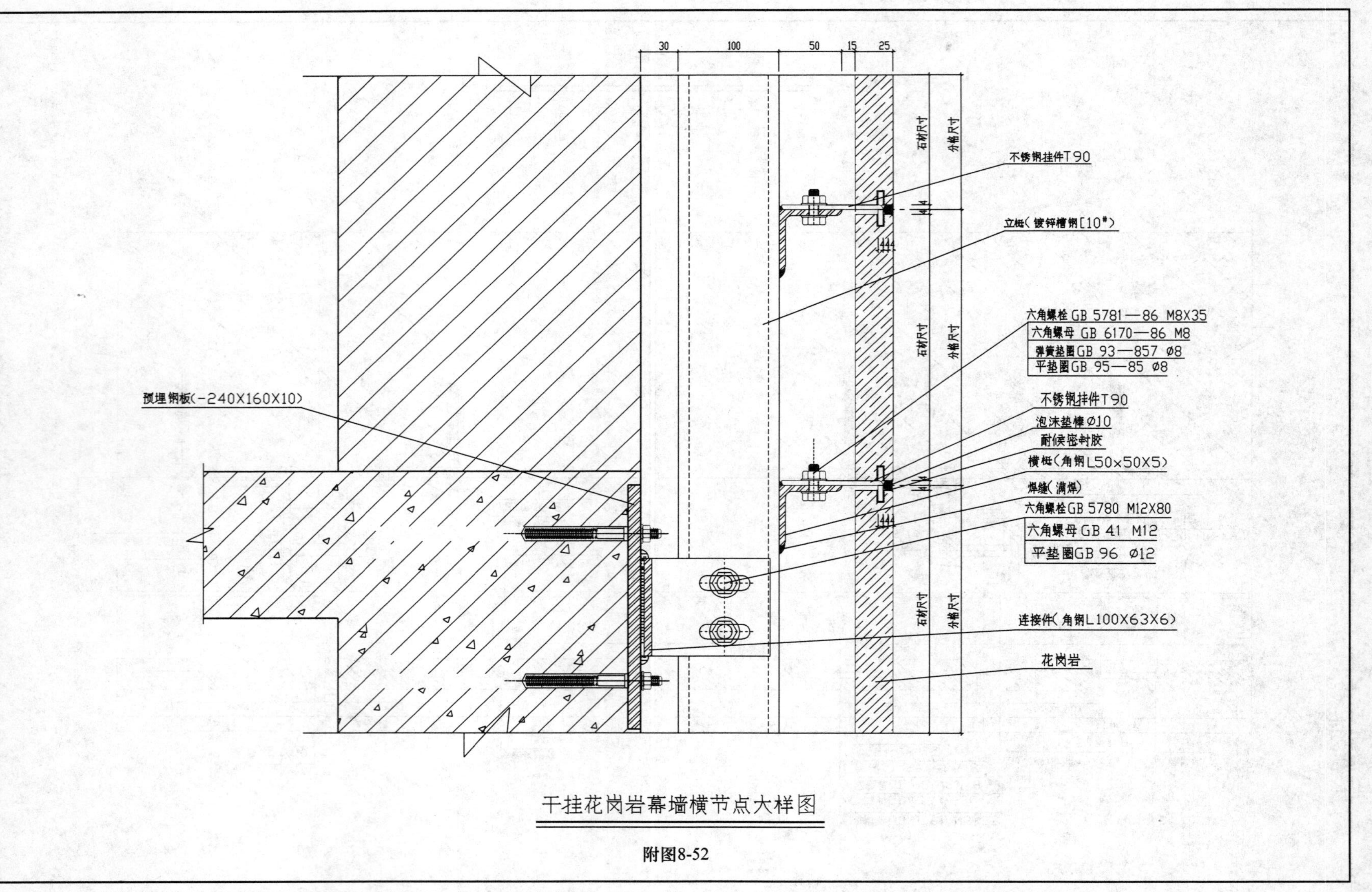

干挂花岗岩幕墙横节点大样图

附图8-52

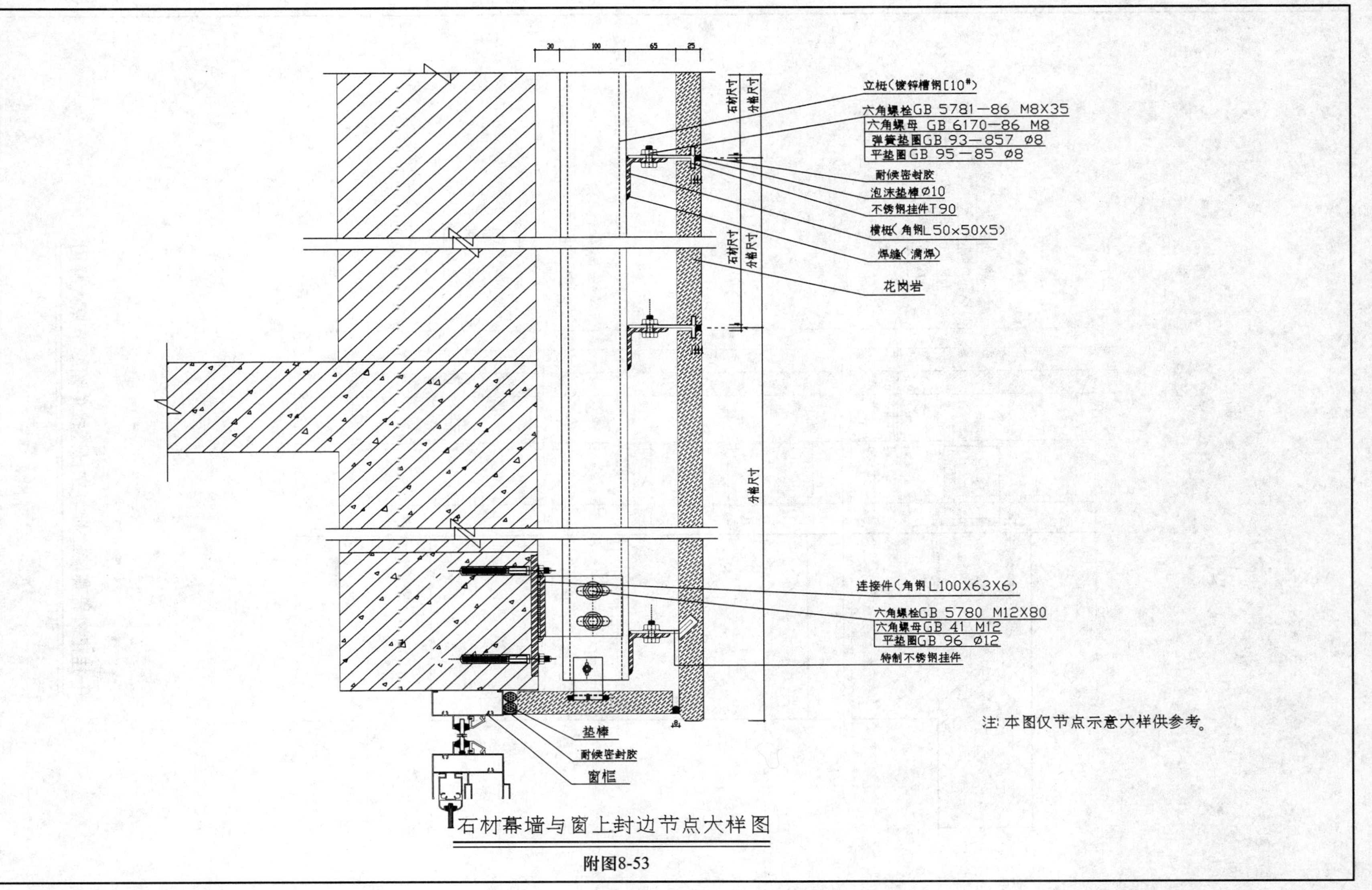

石材幕墙与窗上封边节点大样图

附图8-53

注：本图仅节点示意大样供参考。

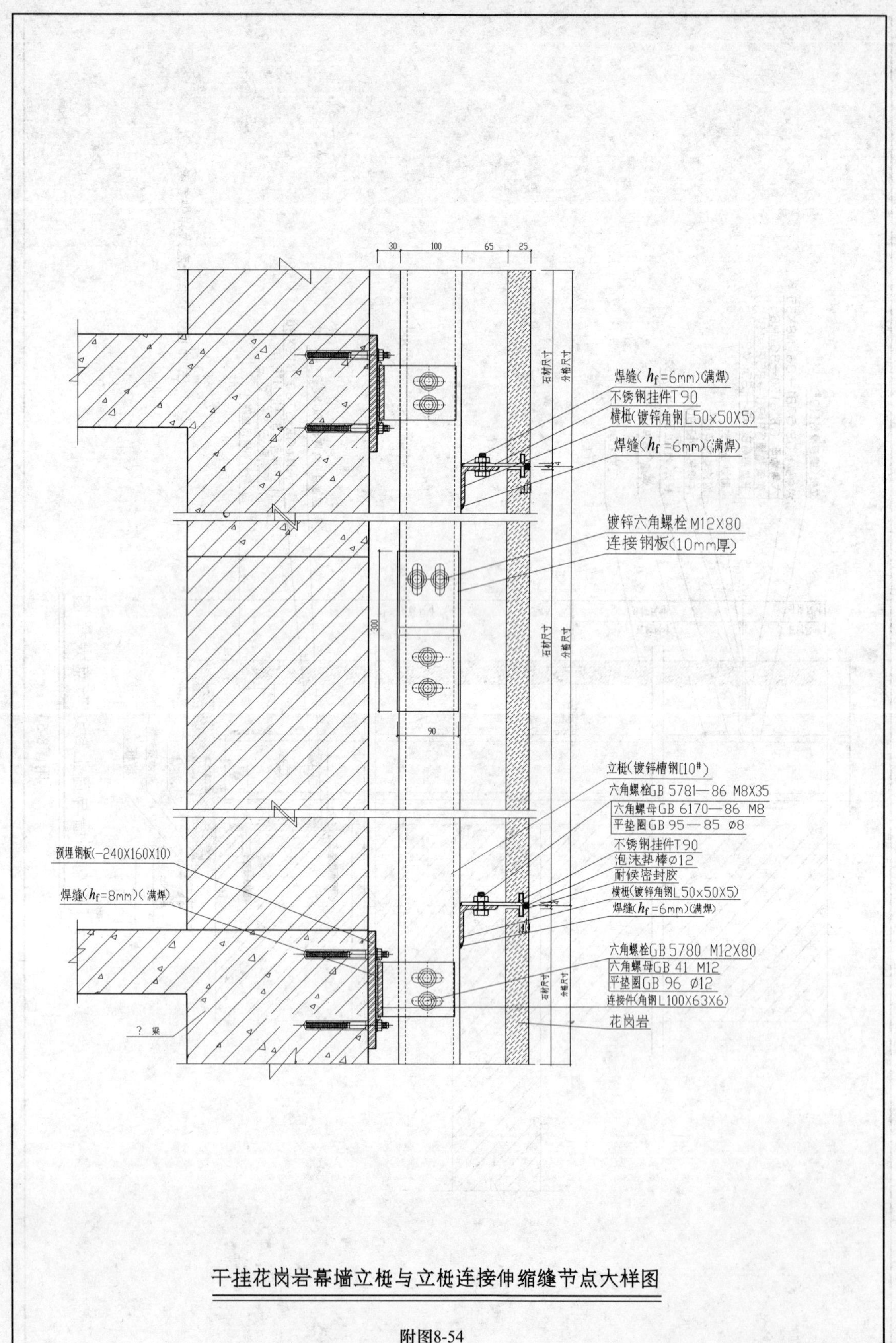

干挂花岗岩幕墙立梃与立梃连接伸缩缝节点大样图

附图8-54

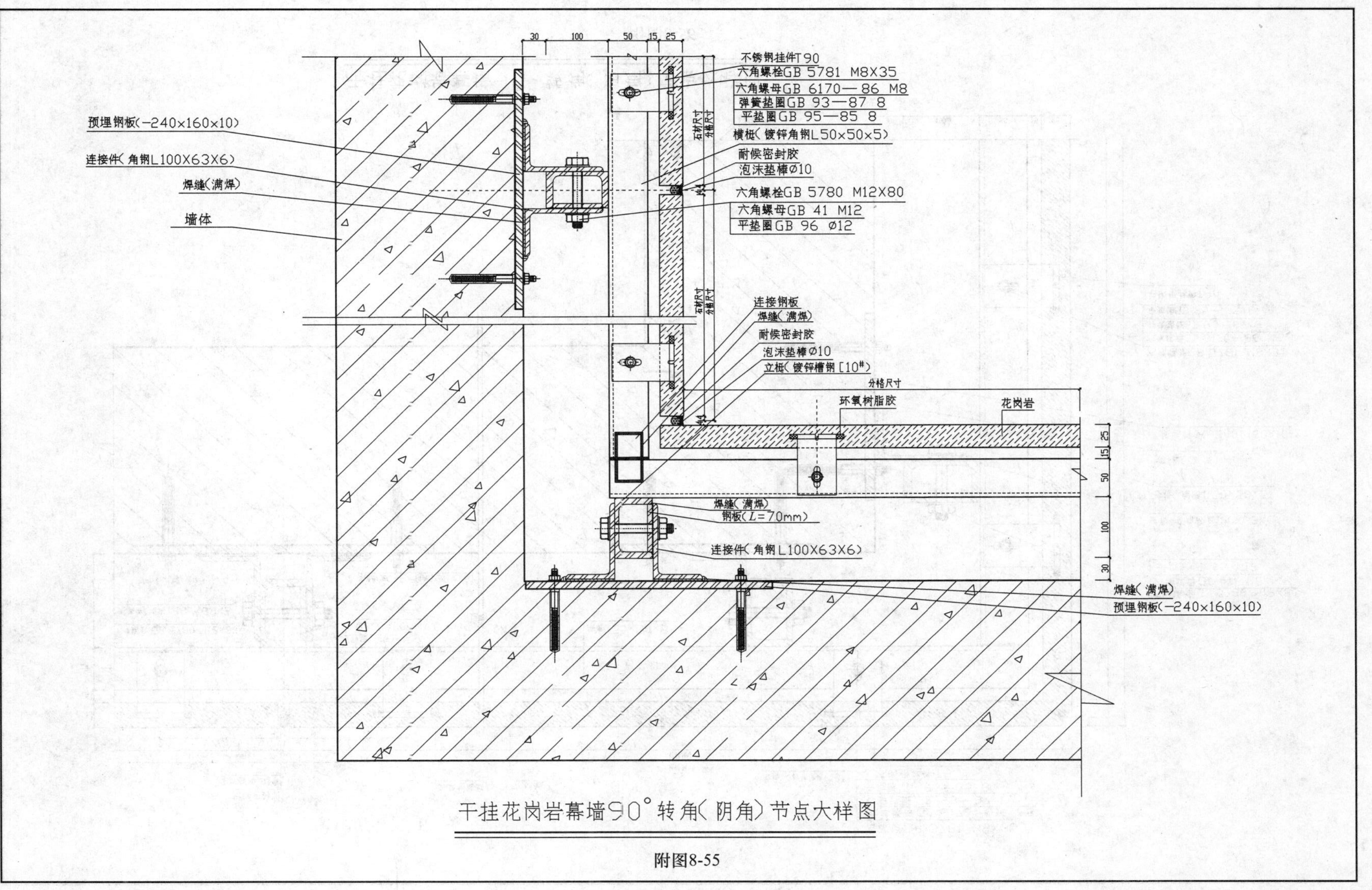

干挂花岗岩幕墙90°转角(阴角)节点大样图

附图8-55

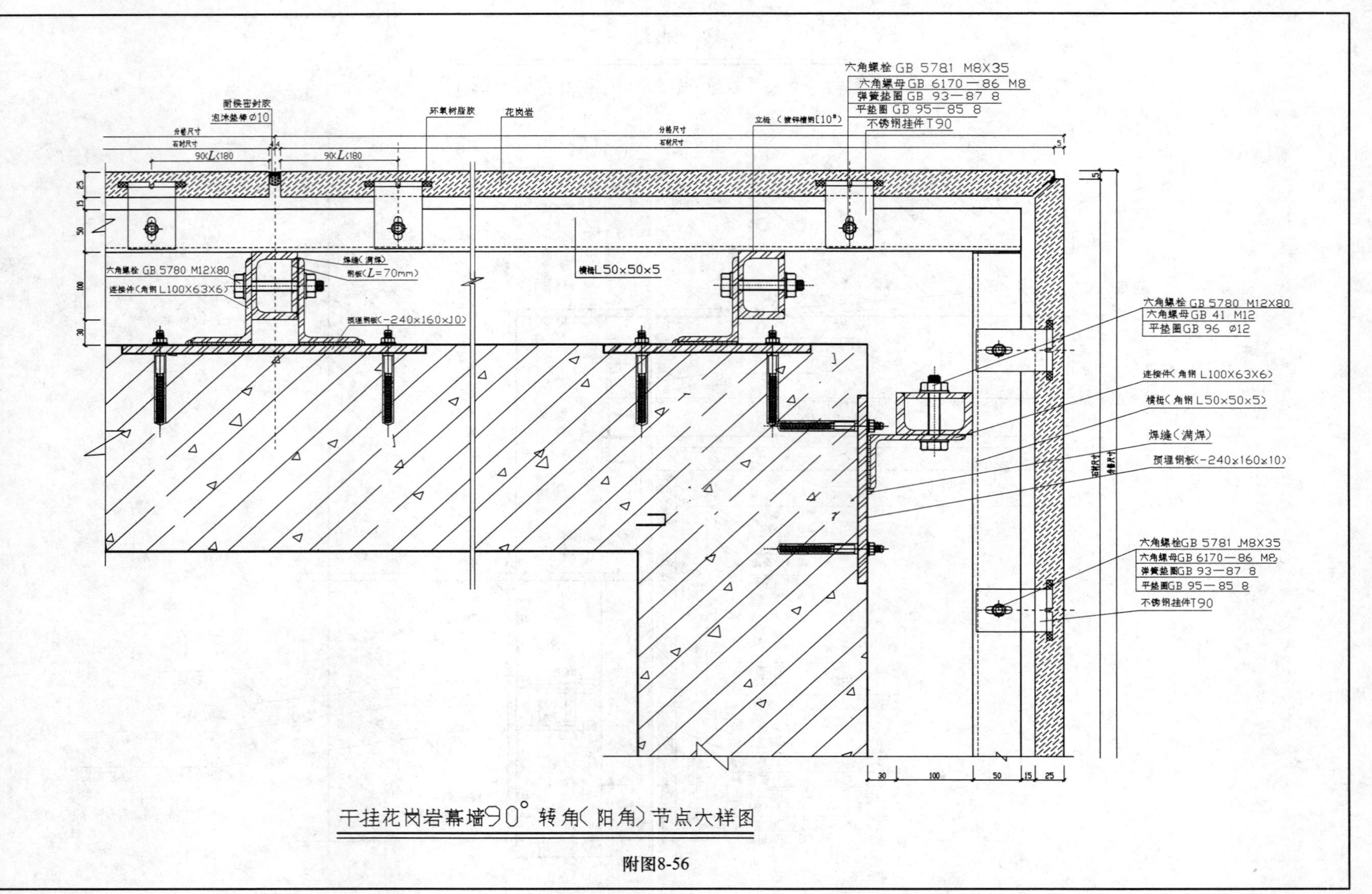

干挂花岗岩幕墙90°转角（阳角）节点大样图

附图8-56

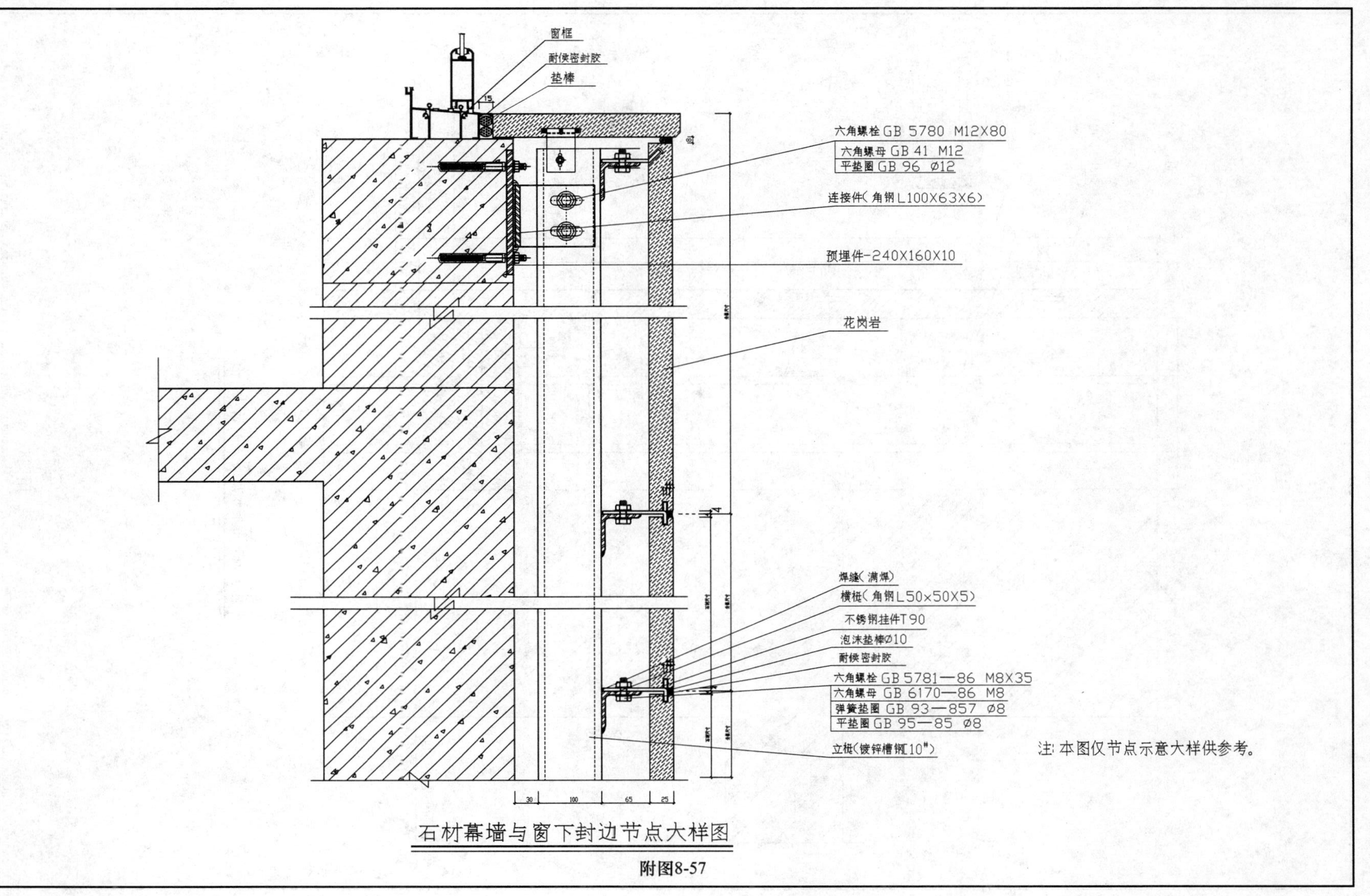

注：本图仅节点示意大样供参考。

石材幕墙与窗下封边节点大样图

附图8-57

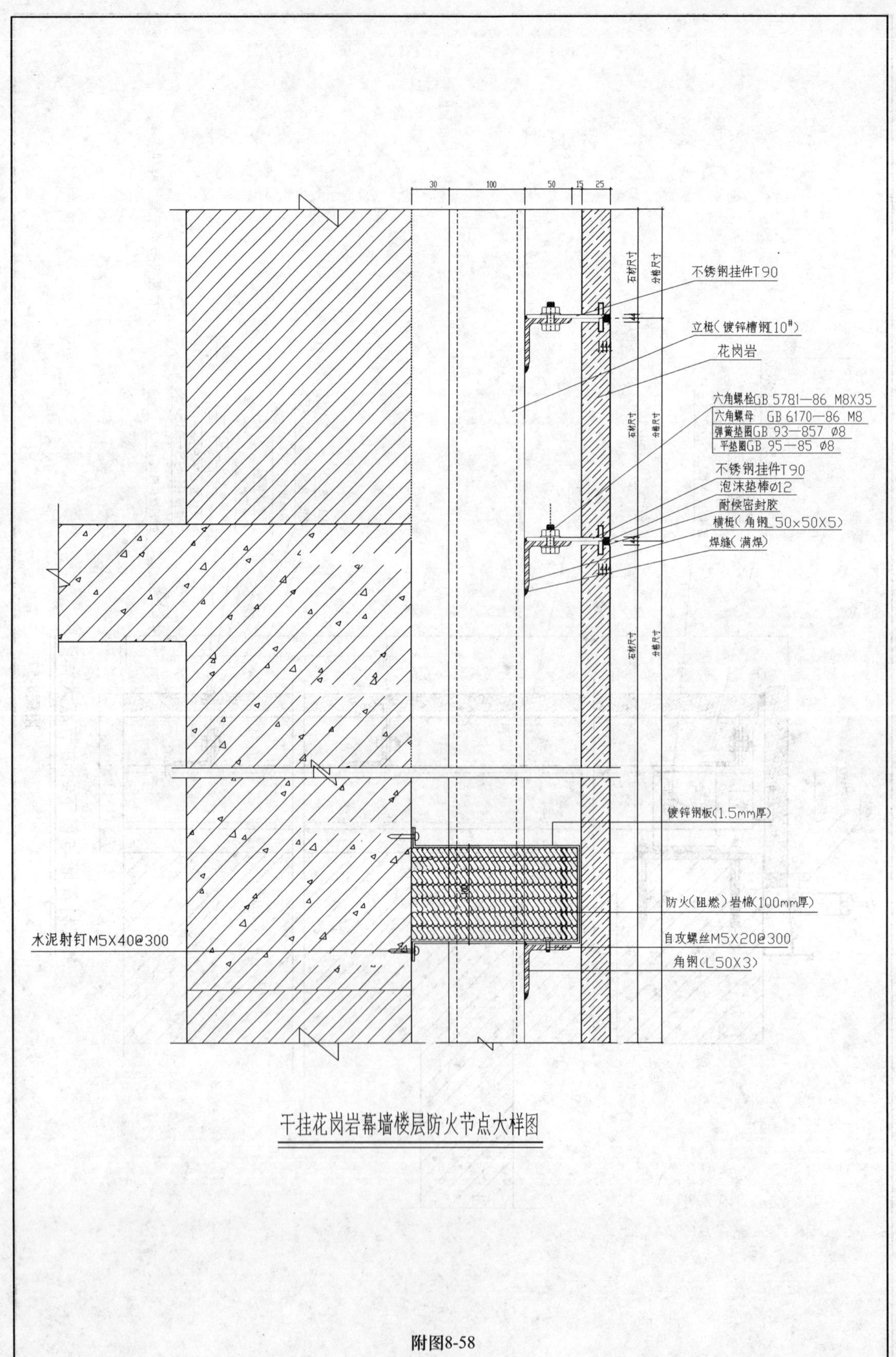

干挂花岗岩幕墙楼层防火节点大样图

附图8-58

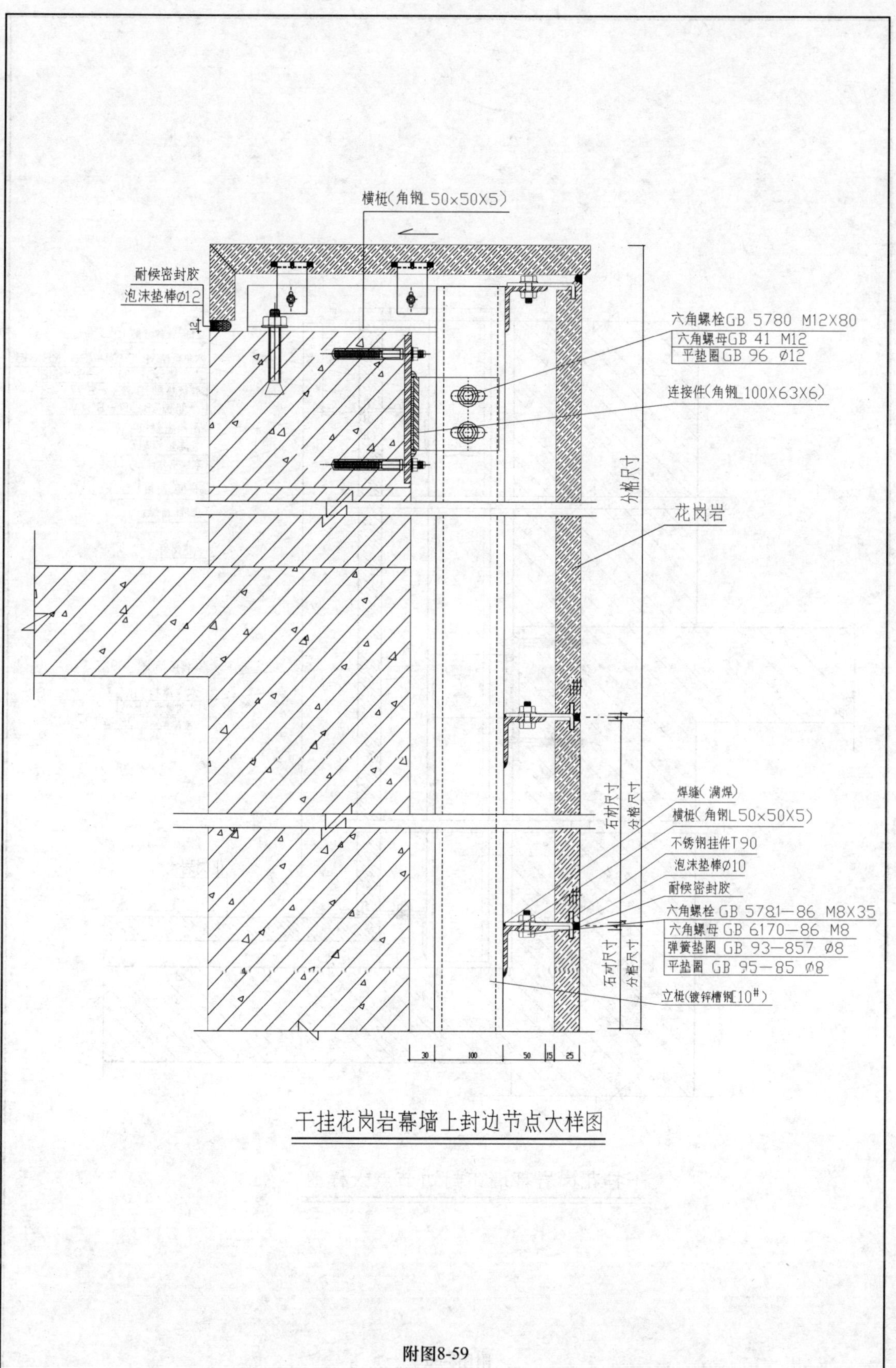

干挂花岗岩幕墙上封边节点大样图

附图8-59

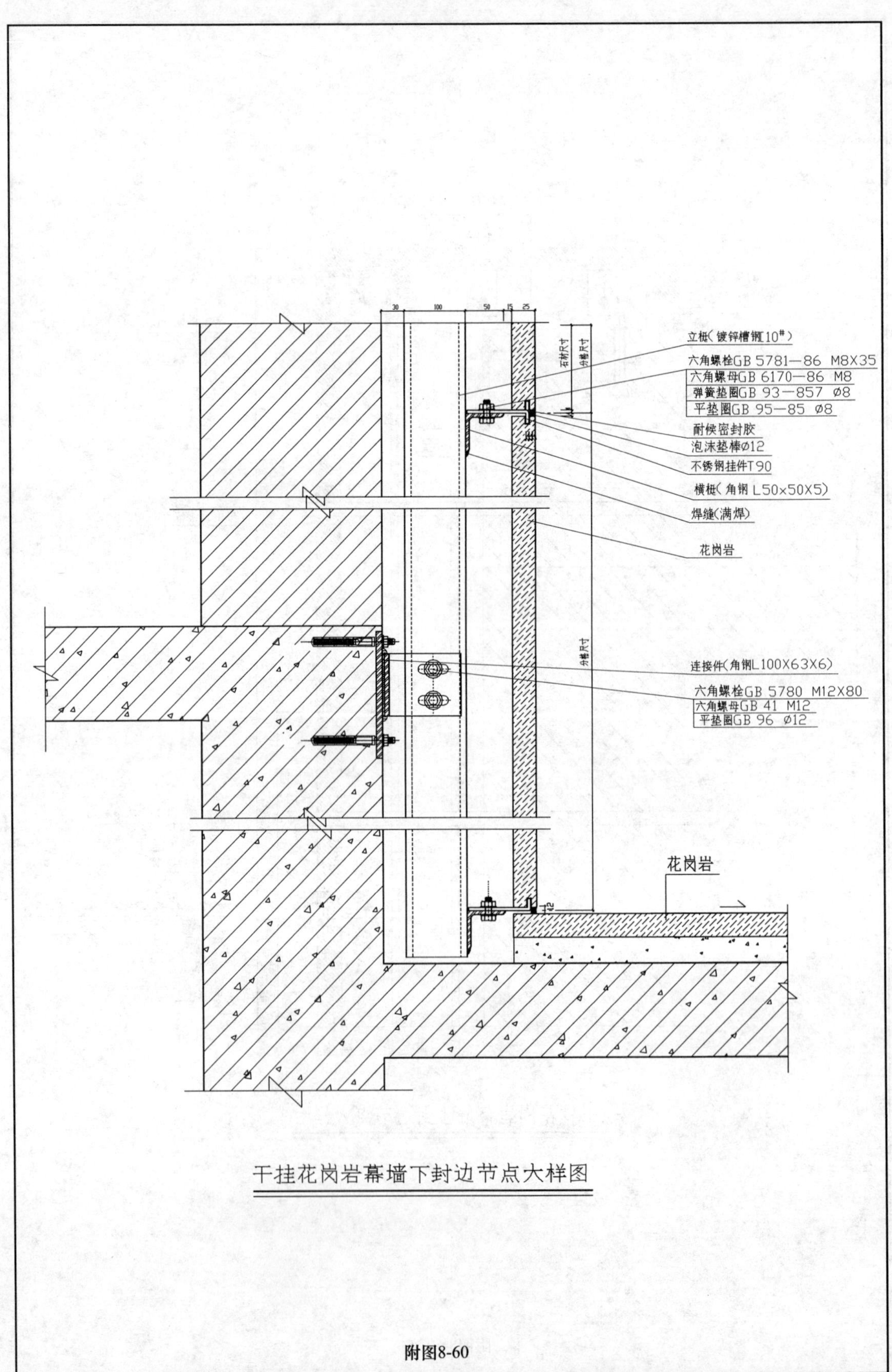

干挂花岗岩幕墙下封边节点大样图

附图8-60

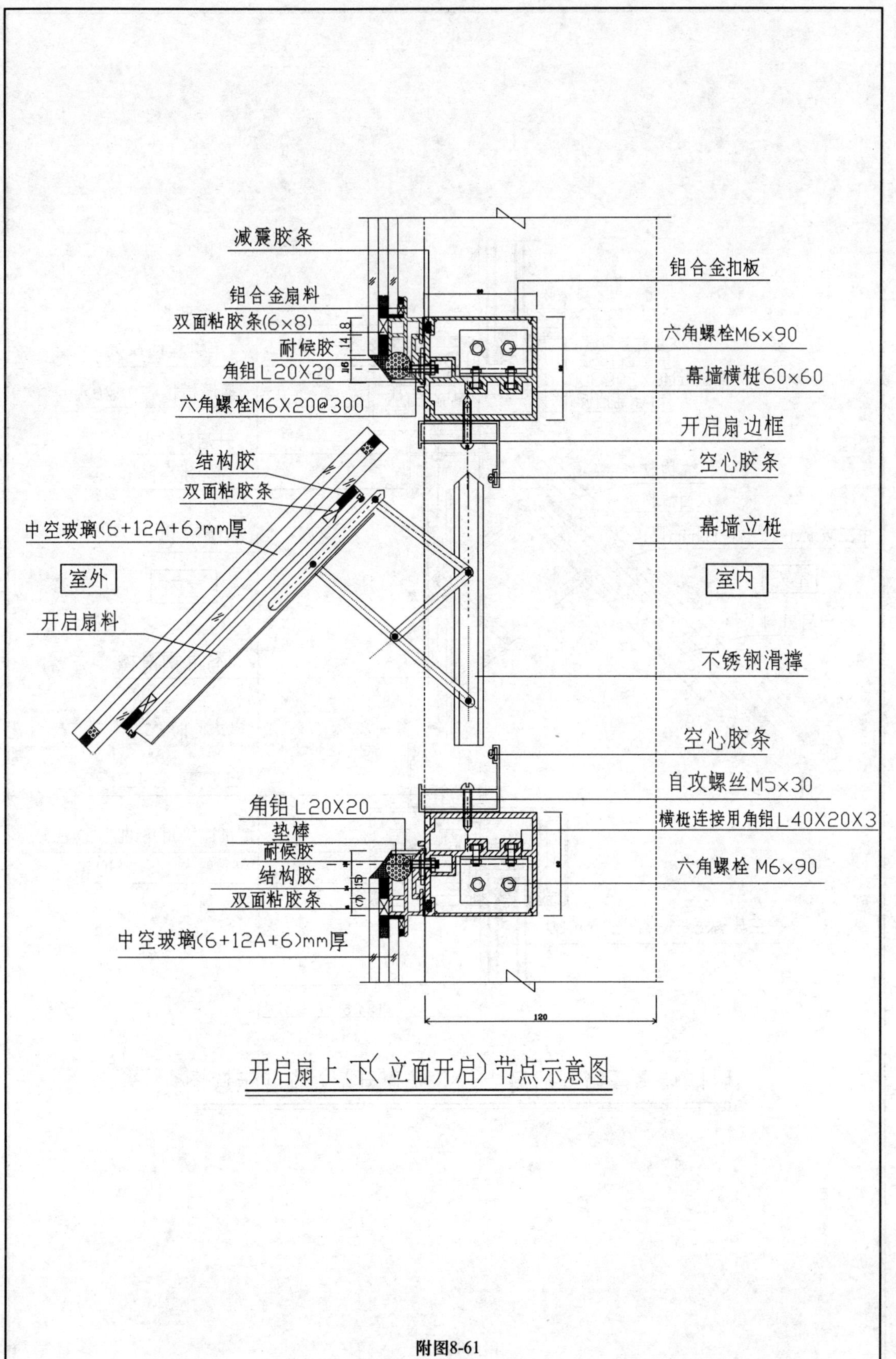

开启扇上、下(立面开启)节点示意图

附图8-61

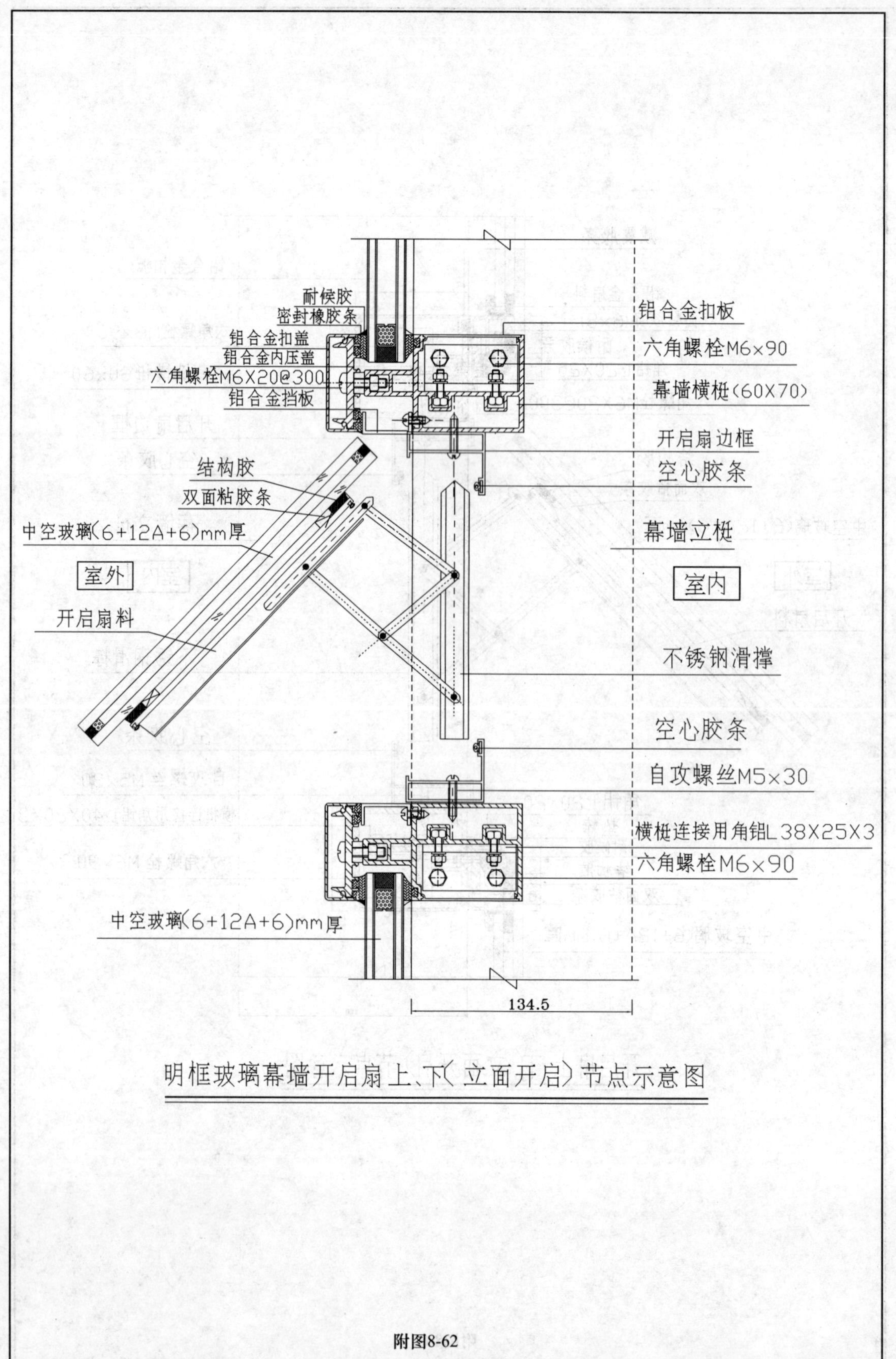

明框玻璃幕墙开启扇上、下(立面开启)节点示意图

附图8-62

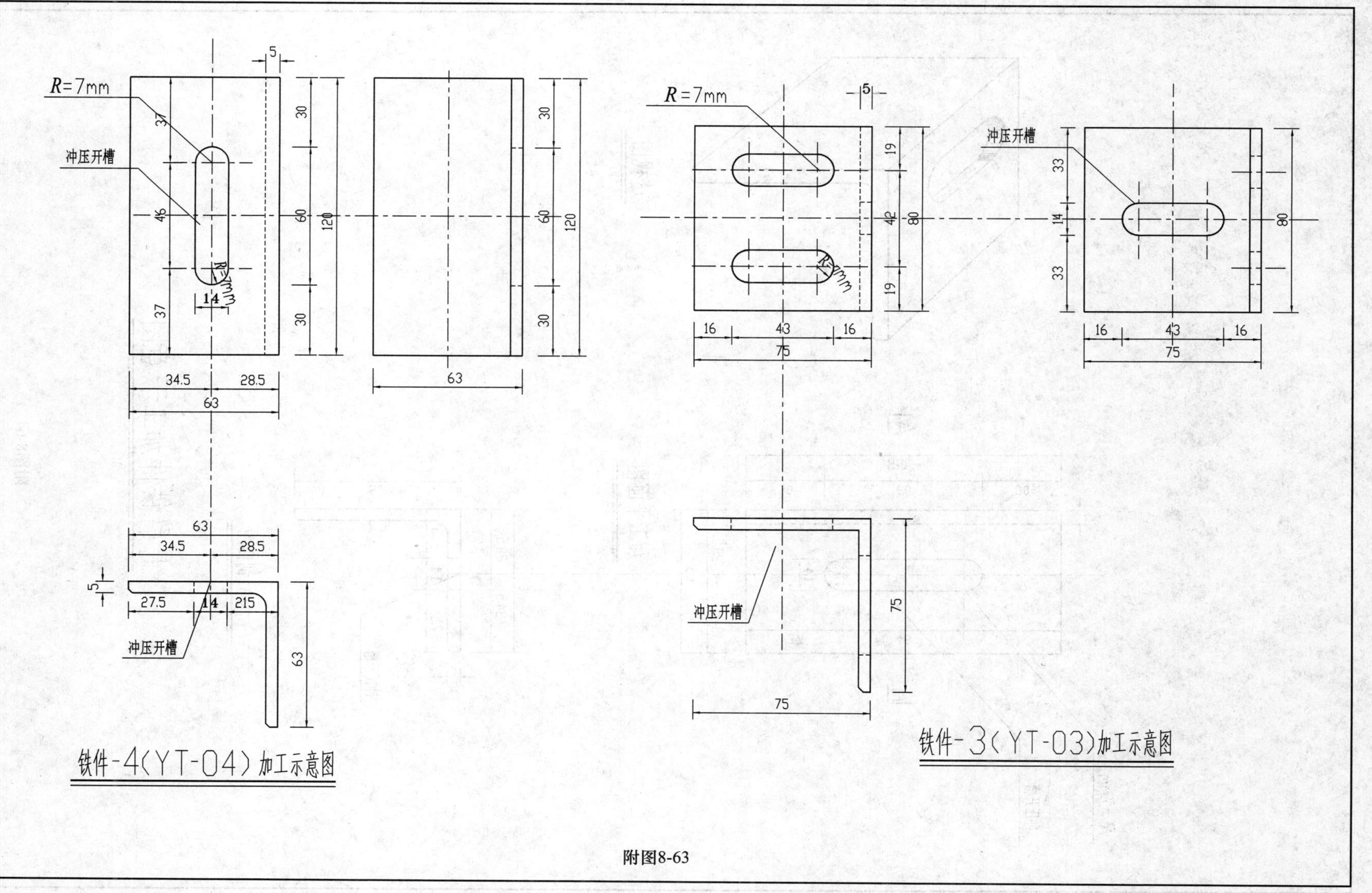

附图8-63

R=7mm
冲压开槽
5
37
46
37
30
60
30
120
A
A
R7
14
34.5
28.5
63
加工平面图
透视图
63
34.5
28.5
5
27.5
14
21.5
冲压开槽
63
A-A 剖面图
悬臂铁件加工示意图

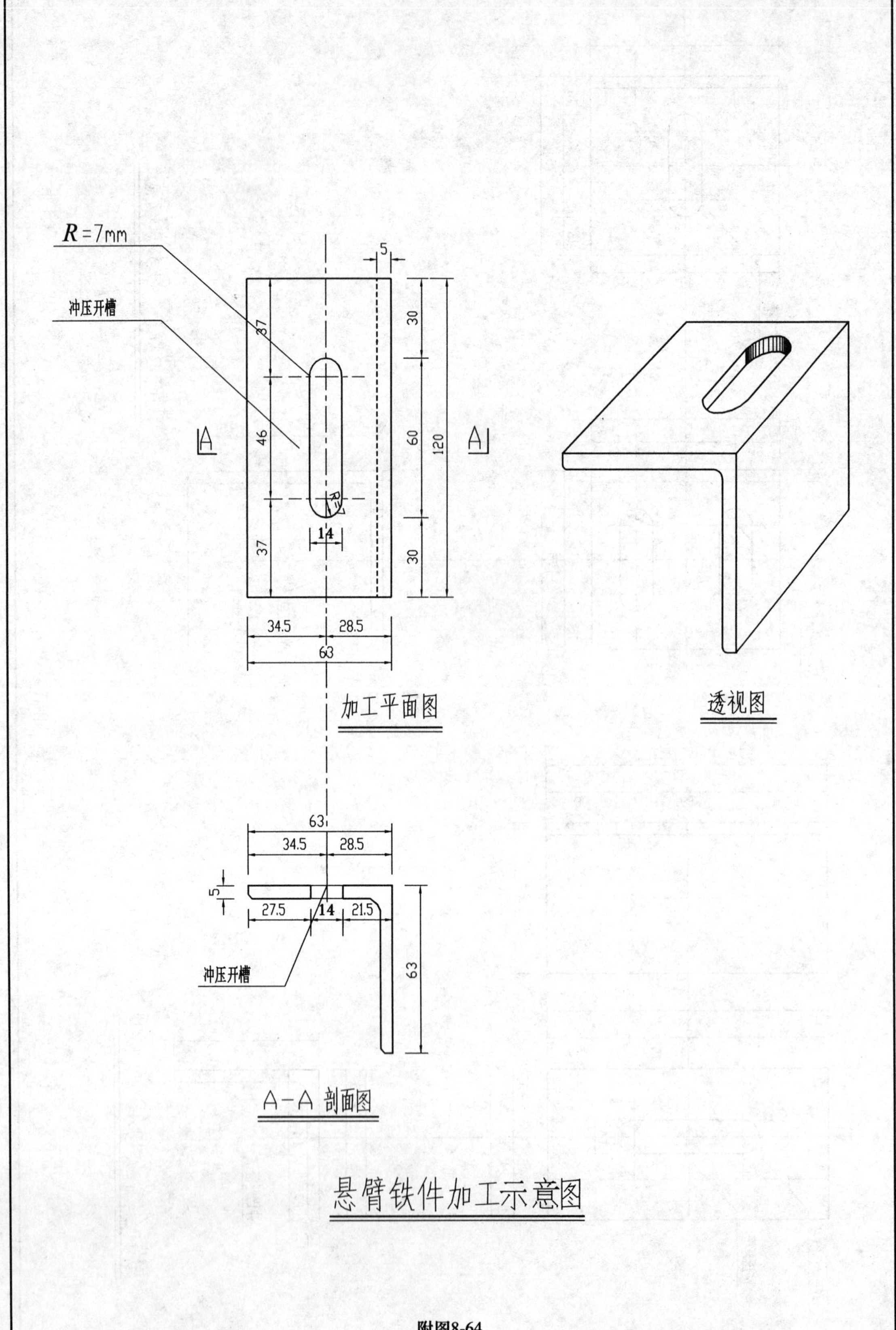

附图8-64

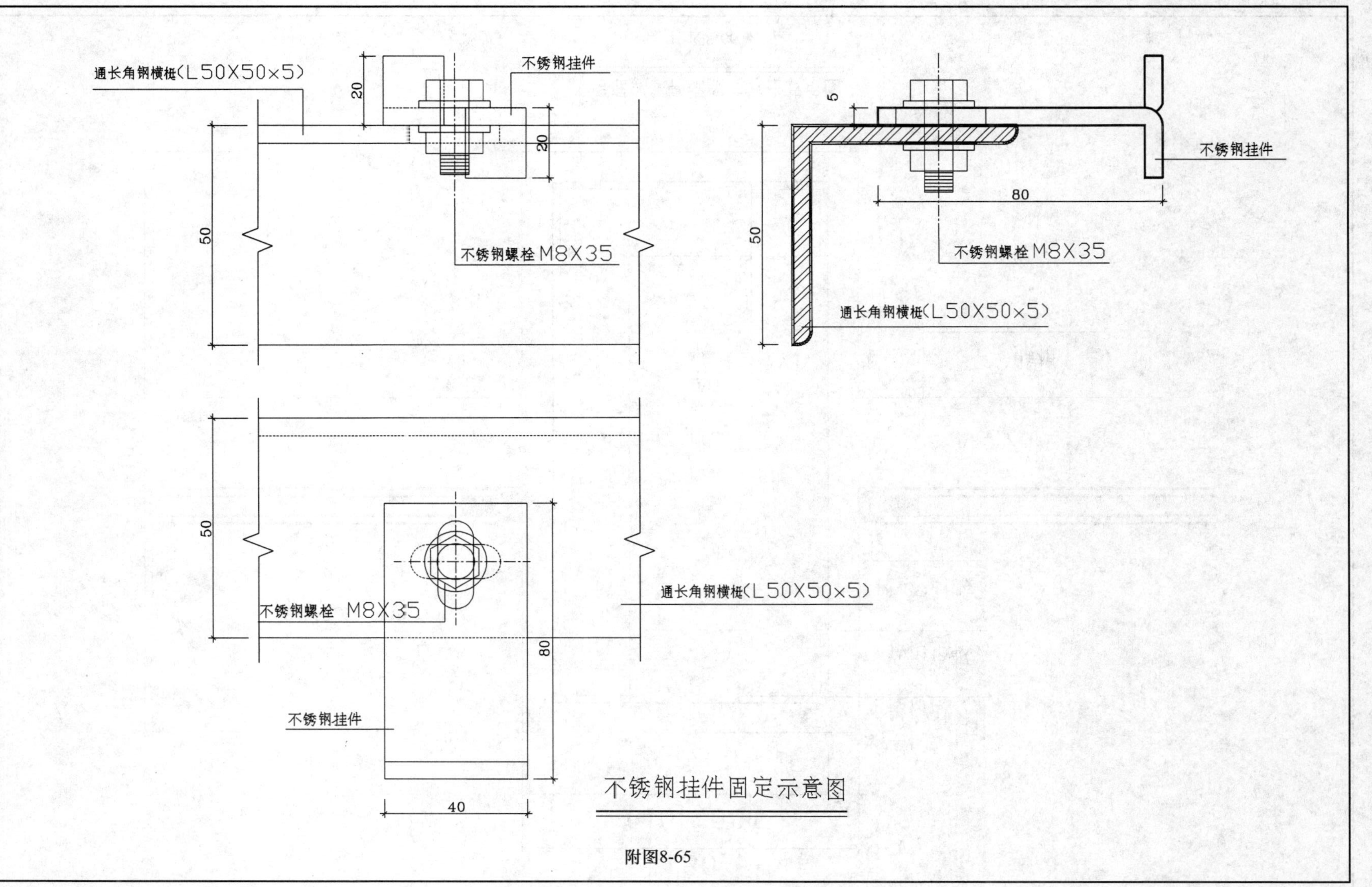

不锈钢挂件固定示意图

附图8-65

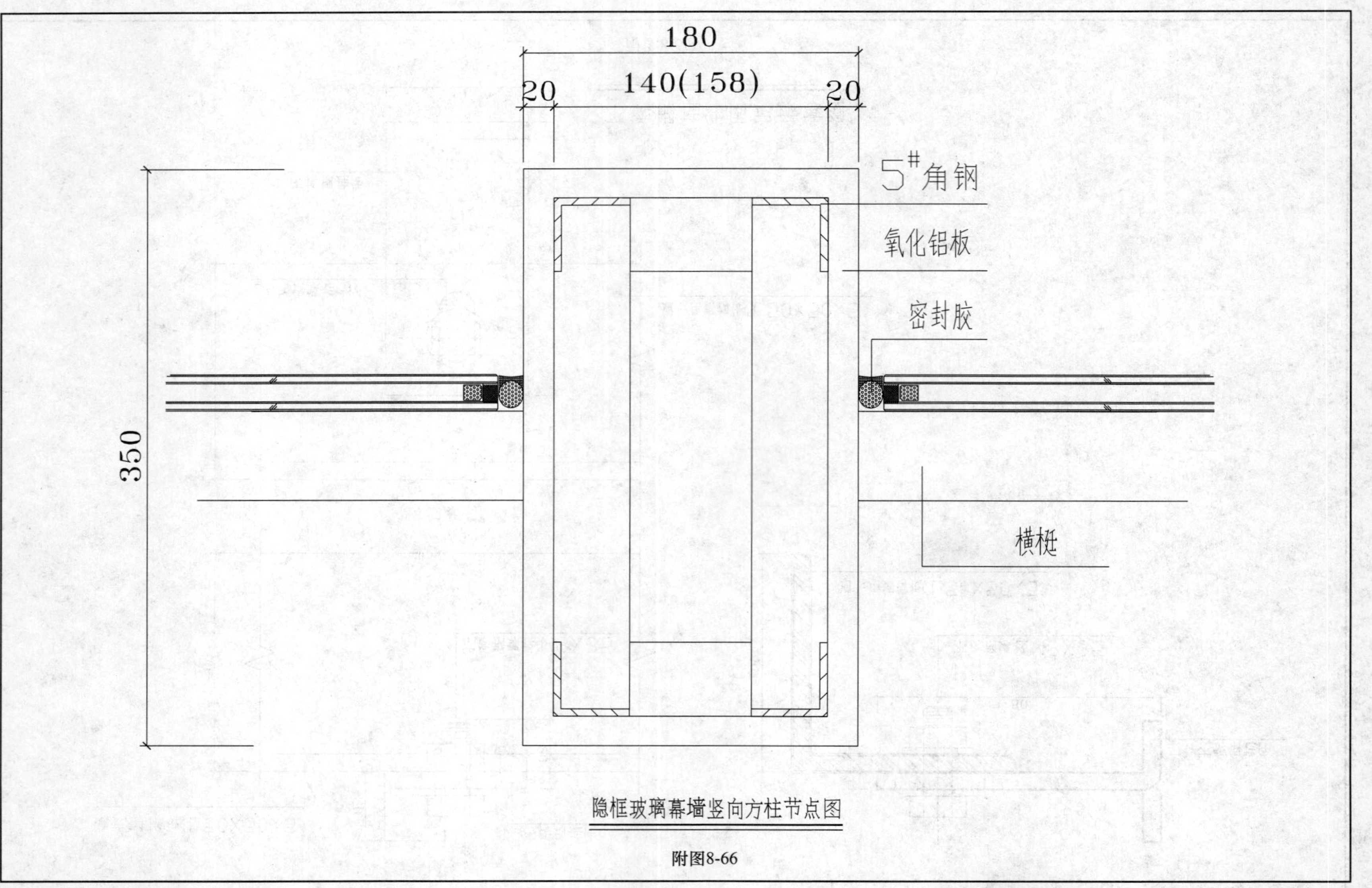

隐框玻璃幕墙竖向方柱节点图

附图8-66

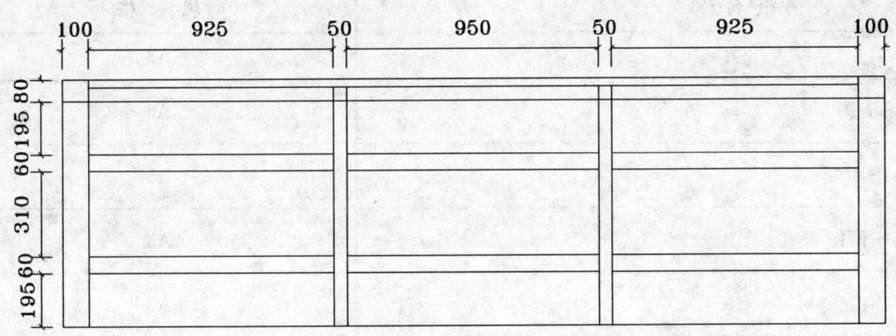

栏杆立面图1∶100

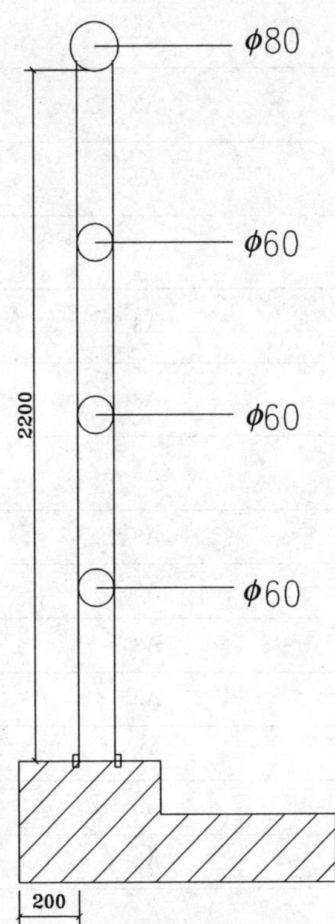

栏杆节点图1∶100

附图8-67

【**实例二**】某综合楼外装饰工程

此工程为某生产实验楼外装饰工程。设计范围主要包括隐框、半隐框玻璃幕墙、明框玻璃幕墙、铝复合板包钢柱、铝复合板装饰架、全玻门、轻钢波形雨篷、顶部轻钢铝塑板造型、塑钢窗工程。

图纸目录

图纸名称	规格
设计说明	A3
(2/N)轴—(1/V)轴三、四层平面图	A3
(2/N)轴—(1/V)轴五层平面图	A3
(2/N)轴—(1/V)轴六～十层平面图	A3
(2/L)轴—(1/V)轴十一层平面图	A3
(1-V)轴—(1-A)轴立面图	A3
(1-A)轴—(2-P)轴立面图	A3
(1-1)轴—(2-7)轴立面图	A3
(2-7)轴—(1-1)轴立面图	A3
(4-A)轴—(1-D)轴立面图	A3
(4-A)轴—(1-D)轴立面图	A3
(1-9)轴—(1-1)轴立面图	A3
(4-1)轴—(4-11)轴立面图	A3
墙面构架(一)	A3
墙面构架(二)	A3
墙面构架(三)	A3
GL与GZ连接大样图(一、二)	A3
连接板大样图	A3
屋顶装饰构架位置图	A3
屋顶采光顶局部立面图(一)、屋顶采光顶玻璃分格图	A3
层顶采光顶局部立面图(二)、屋顶采光顶平面图	A3
屋顶采光顶剖面图	A3
(2-6)轴—(H/2)轴全玻门、无框橱窗图、(1-V)轴—(1-N)轴全玻门、无框橱窗图	A3
隐框玻璃幕墙分格示意图	A3
竖明横隐玻璃幕墙分格示意图	A3
隐框、竖明横隐玻璃幕墙分格示意图	A3
隐框、竖明横隐幕墙剖节点图	A3

设计说明

1. 材料选择

(1) 铝合金型材：选用国产高精级单元式、明框、半隐框小单元幕墙铝合金型材，主要受力构件的壁厚不小于3mm。

(2) 玻璃：中空玻璃幕墙选用(6+9A+6)mm厚钢化中空玻璃，全玻门玻璃采用12mm厚钢化玻璃。

(3) 花岗岩石材：选用国产25mm厚花岗岩板块，其抗弯强度应大于8MPa。

(4) 中性硅酮（聚硅氧烷）耐候密封胶、中性硅酮结构胶：选用美国道康宁公司或GE公司产品。

(5) 五金配件：采用强度等级为A2-70的不锈钢（镀锌）螺栓或螺钉。玻璃幕墙开启扇选用优质多点锁及滑撑。

(6) 防火保温棉：选用国产100mm厚防火矿棉和50mm厚保温矿棉。

(7) 其他附件：固定块及定位块选用高密度氯丁橡胶，密封胶条由三元乙丙橡胶挤压而成。

2. 防火设计

(1) 按照《高层民用建筑设计防火规范》中的一类建筑的一级耐火等级进行防火设计，防火层的耐火极限为2h，每层设有双道防火线（剪力墙上为一道，在与玻璃幕墙交接处设纵向防火带）。

(2) 防火线采用100mm厚防火棉与镀锌防火钢板共同组成。

(3) 幕墙与主体洞口相交的周边空隙都设有局部防火线。

(4) 幕墙材料采用难燃或不燃材料制成。

3. 防雷设计

(1) 按照《建筑物防雷设计规范》中防雷分类等级的二类防雷标准进行设计。

(2) 幕墙防雷均压环布于所有的女儿墙顶。

4. 防噪声设计

此工程在金属与金属直接接触可能产生噪声的地方均设有防噪声胶条或PVC垫片。

5. 防结露设计

(1) 此工程采用(6+9A+6)mm中空玻璃，不会产生结露现象。

(2) 此工程设有排水设施，排除可能产生的渗漏水及冷凝水。

6. 防腐蚀设计

(1) 此工程在两种不同金属材料接触的部位设置防腐蚀橡胶片，防止电化学腐蚀。

(2) 此工程的铝合金型材都经过阳极氧化处理，钢件都经过热浸镀锌防腐蚀处理。

7. 环保设计

(1) 幕墙所选用的玻璃、铝合金型材、钢件等都不会对环境造成污染且都可回收利用。

(2) 采用小单元设计，减少现场工作量，从而减少幕墙加工过程中的废料污染。

8. 一般说明

(1) 图中尺寸标注的单位为mm，标高标注的单位为m，角度的标注单位为度(°)。

(2) 图中标注的角焊缝尺寸为焊角尺寸。

(3) 图中未注镀锌钢件之间的连接采用6mm角焊缝，最小50mm长。

(4) 其他未尽事宜应严格按照《玻璃幕墙技术规范》、《金属与石材幕墙工程技术规范》的要求进行施工及验收。

②/N轴—①/U轴

附图

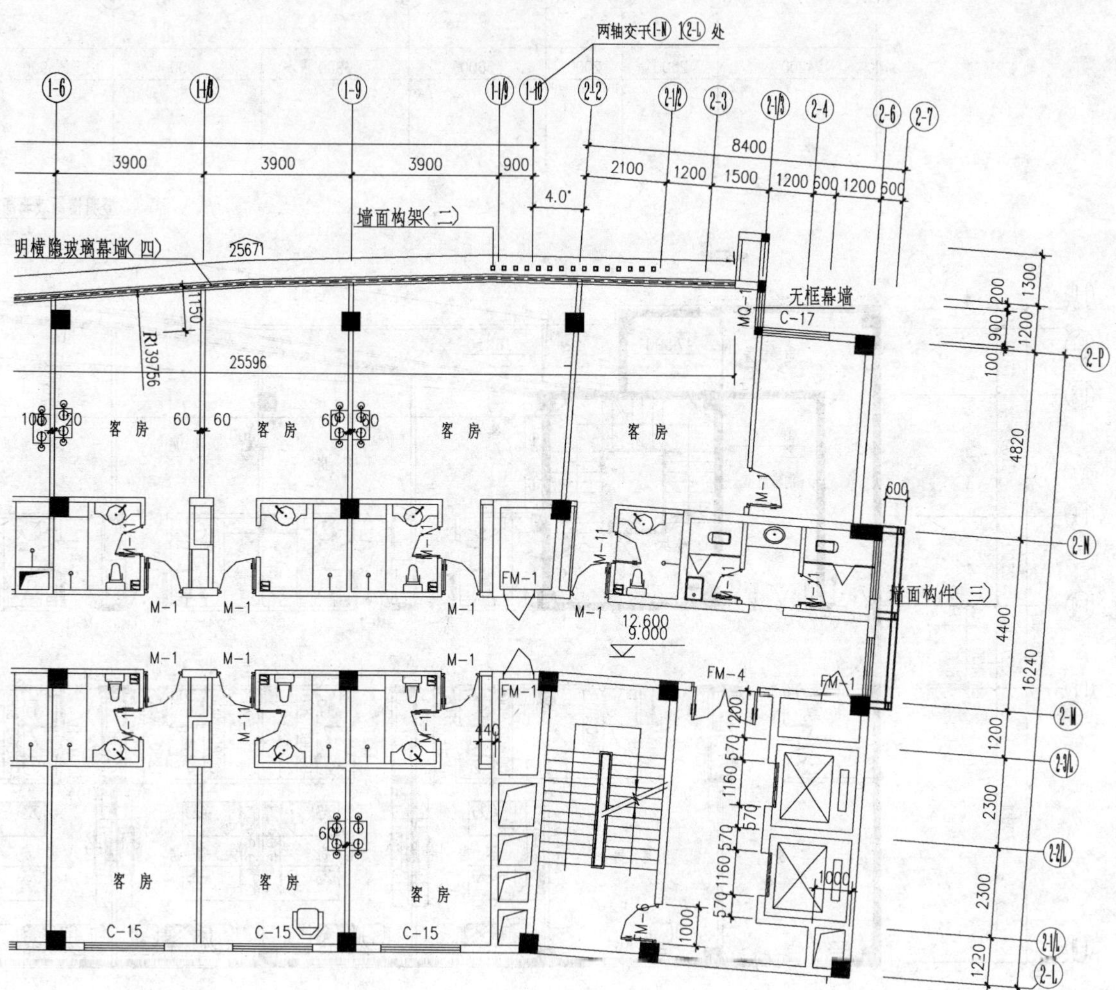

三、四层平面图

8-68

36700
100
4200
2500
2000
3600
3900
3900
3900
竖明横隐玻璃幕
电梯机房
17.500
16.150
16.200
消防前室
上24步
下24步
客房
FM-6
FM-2
M-1
M-11
C-16
C-15
R139756
16700
7000

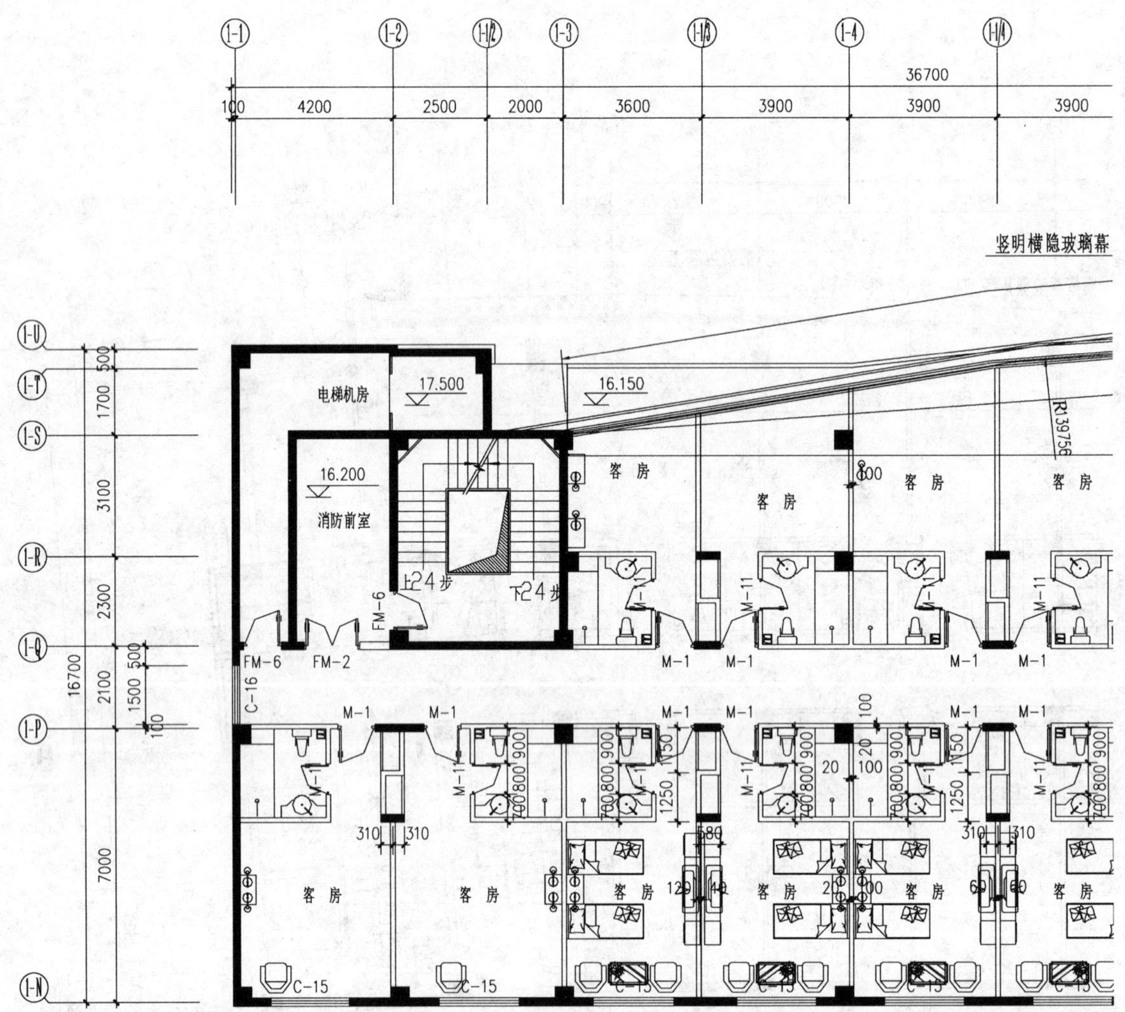

②N轴—①U轴

附图

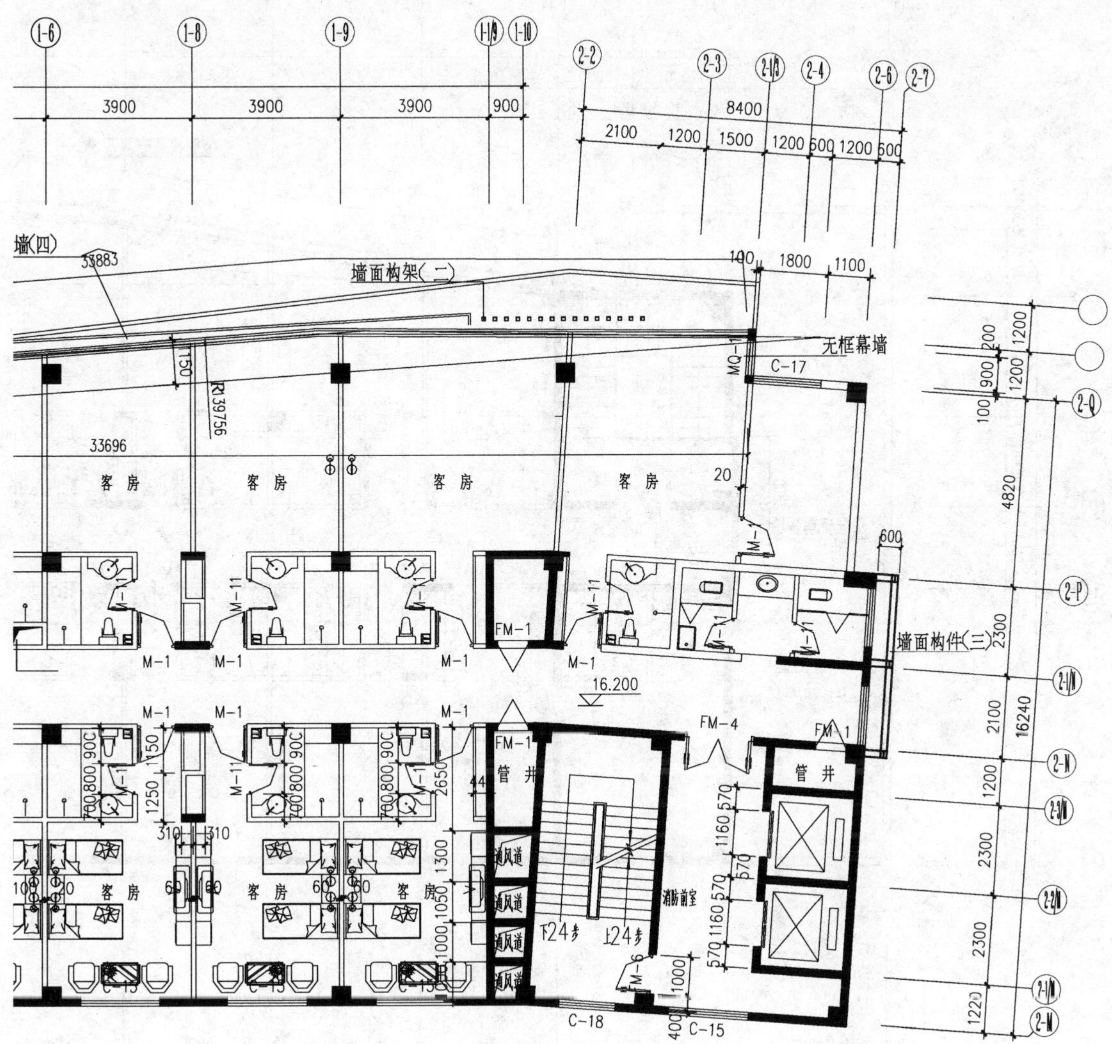

五层平面图

8-69

1-1
1-2
1-1/2
1-3
1-1/3
1-4
1-1/4
36700
100
4200
2500
2000
3600
3900
3900
3900
750
3000
750
竖明横隐玻璃幕墙(一)
1-U
1-T
1-S
1-R
1-Q
1-P
1-N
100
500
1700
3100
2300
2100
7000
100
16900
C-20
客房
客房
客房
客房
3800
隐框玻璃幕墙
FM-2
消防前室
37.800
FM-2
M-11
M-1
C-19
20.200
(上人保温屋面 结构板标高)
2400
1000
100
1150
1250
580
120
40
20
100
700
800
900
客房
客房
客房
C-15
C-15
C-15
C-15
C-15
100
4200
4500
3600
3900
3900
3900
36700
1-1
1-2
1-3
1-2/3
1-4
1-1/4
(2/L)轴—(1/U)轴

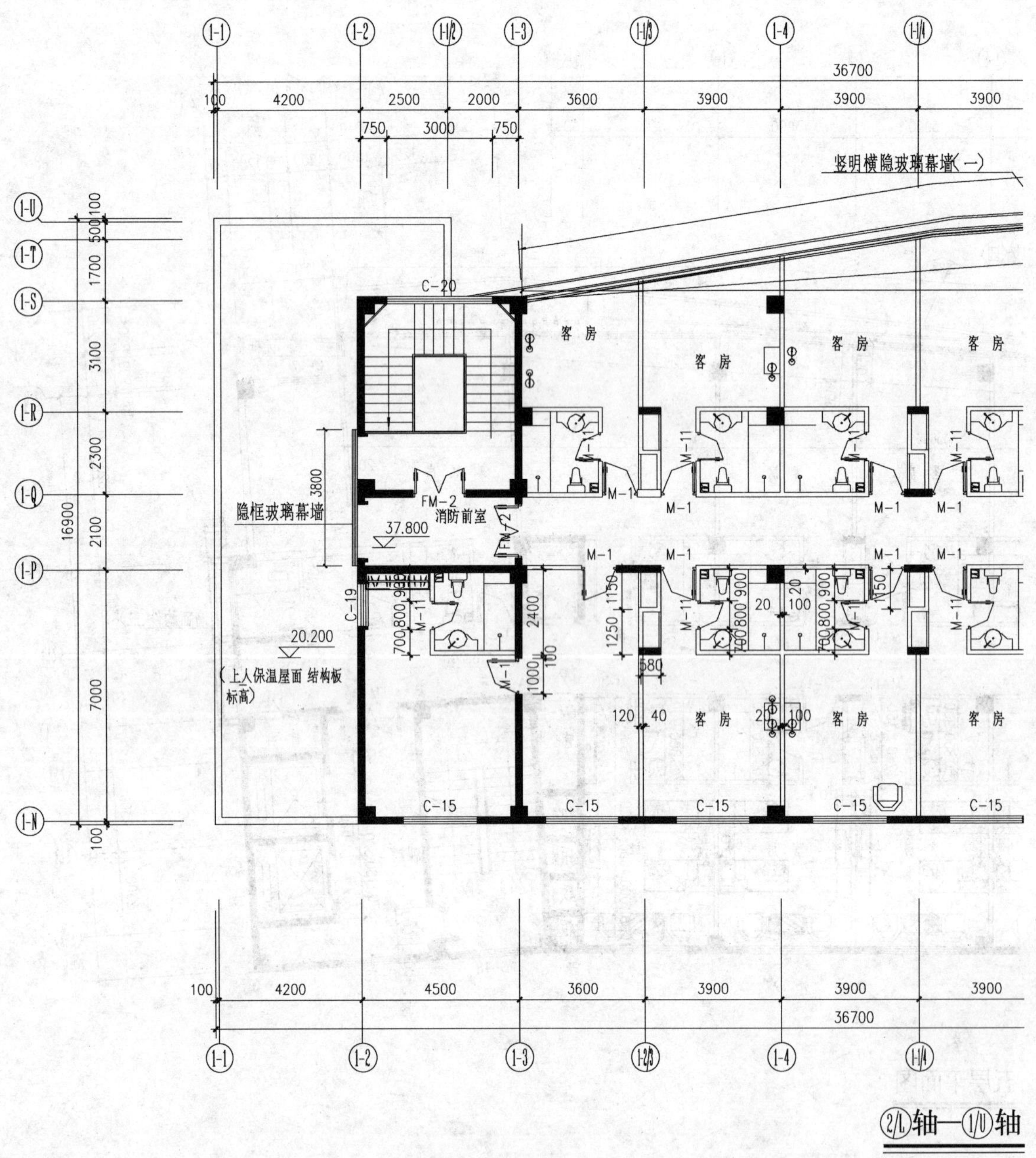

附图

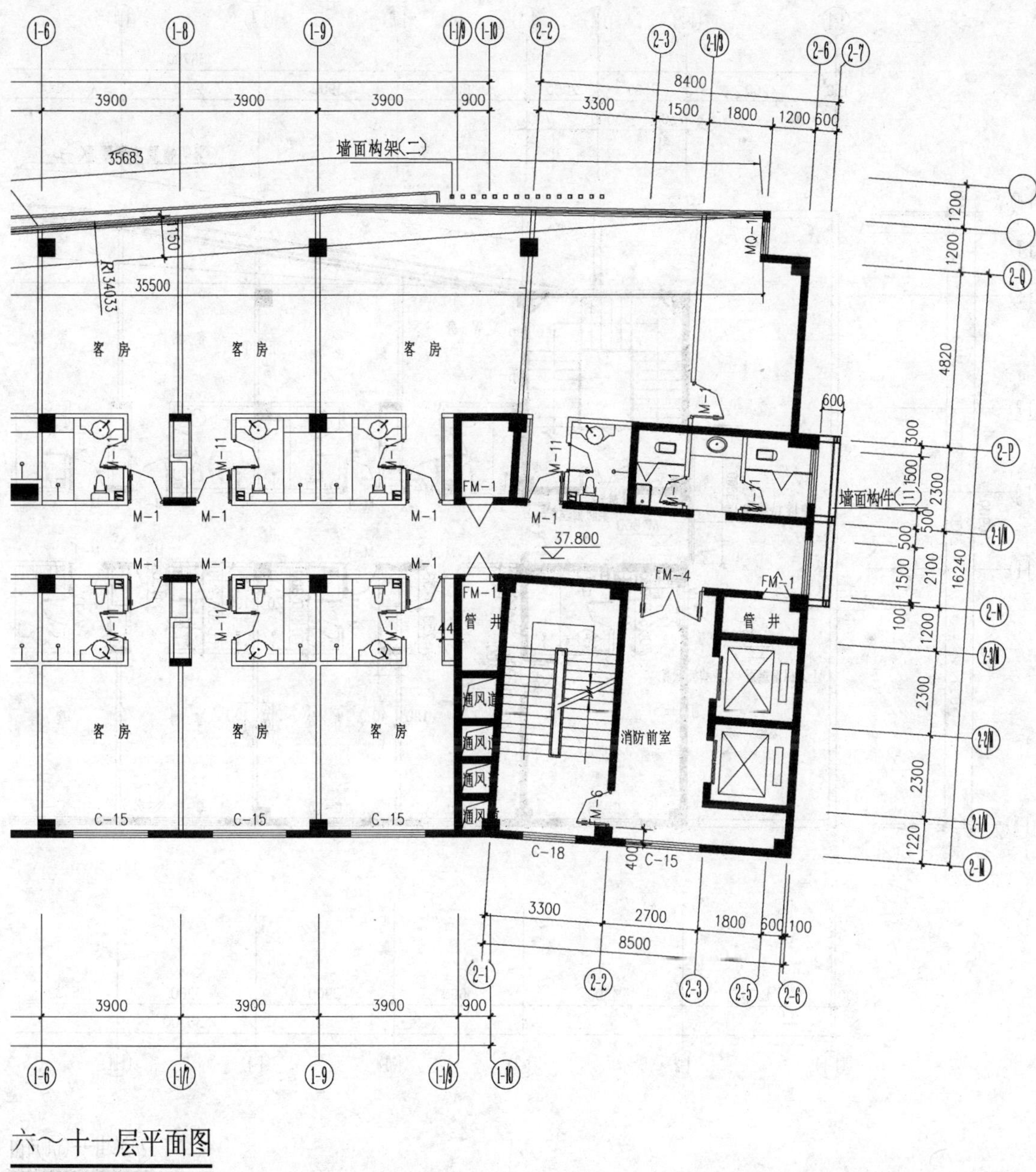

六～十一层平面图

8-70

1-1
1-2
1-1/2
1-3
1-1/3
1-4
1-1/4
36700
100
4200
2500
2000
3600
3900
3900
3900
750
3000
750
竖明横隐玻璃幕墙(一)
1-U
1-T
1-S
1-R
1-Q
1-P
1-N
100
500
1700
3100
2300
2100
7000
16900
C-20
客房
客房
客房
客房
M-1
M-11
FM-2
消防前室
37.800
FM-2
3800
隐框玻璃幕墙
C-19
20.200
(上人保温屋面 结构板标高)
2400
1150
1250
1000
100
580
120
40
20
100
客房
客房
客房
C-15
C-15
C-15
C-15
C-15
100
4200
4500
3600
3900
3900
3900
36700
1-1
1-2
1-3
1-2/3
1-4
1-1/4

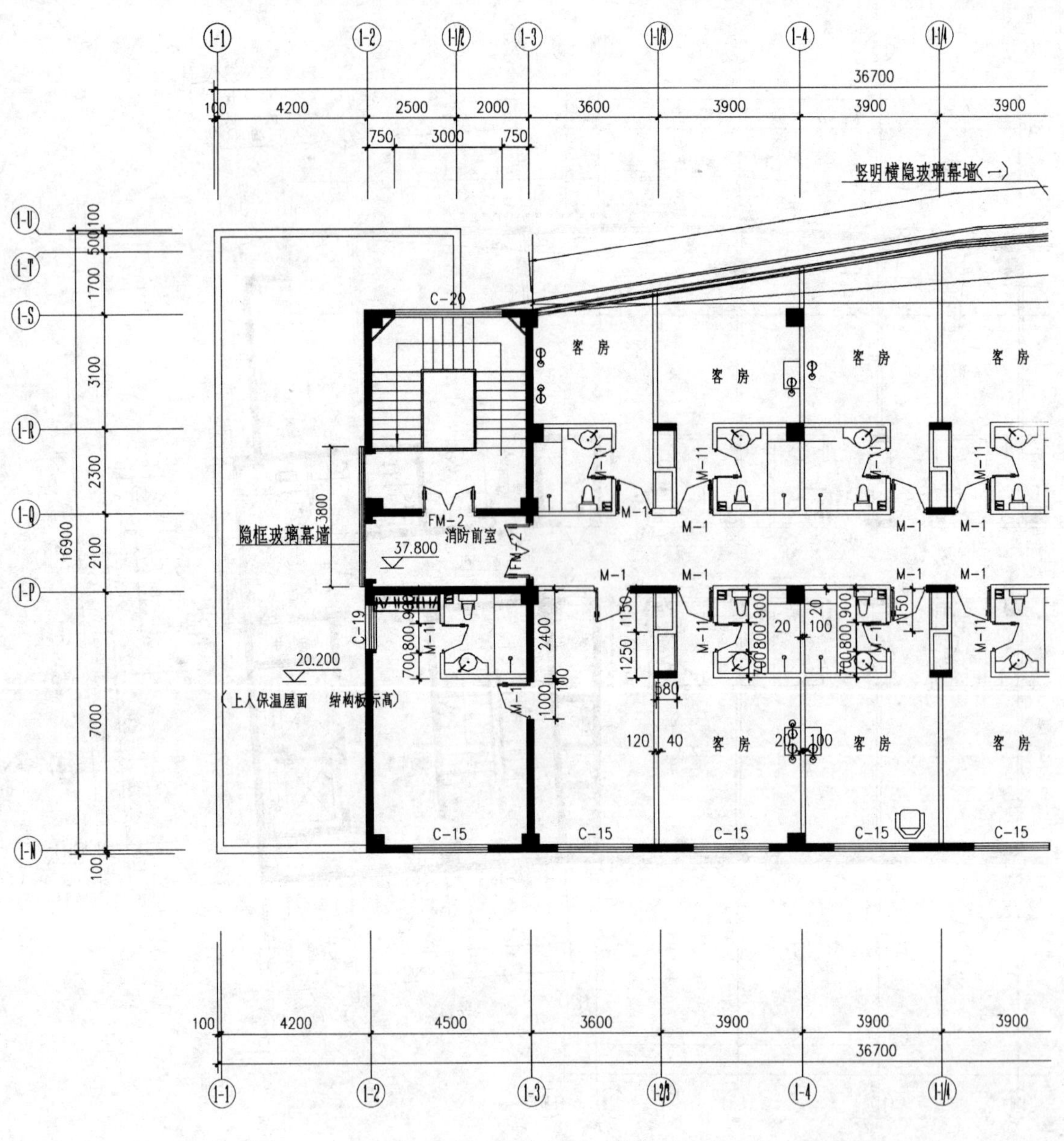

(2/L)轴—(1/U)轴

附图

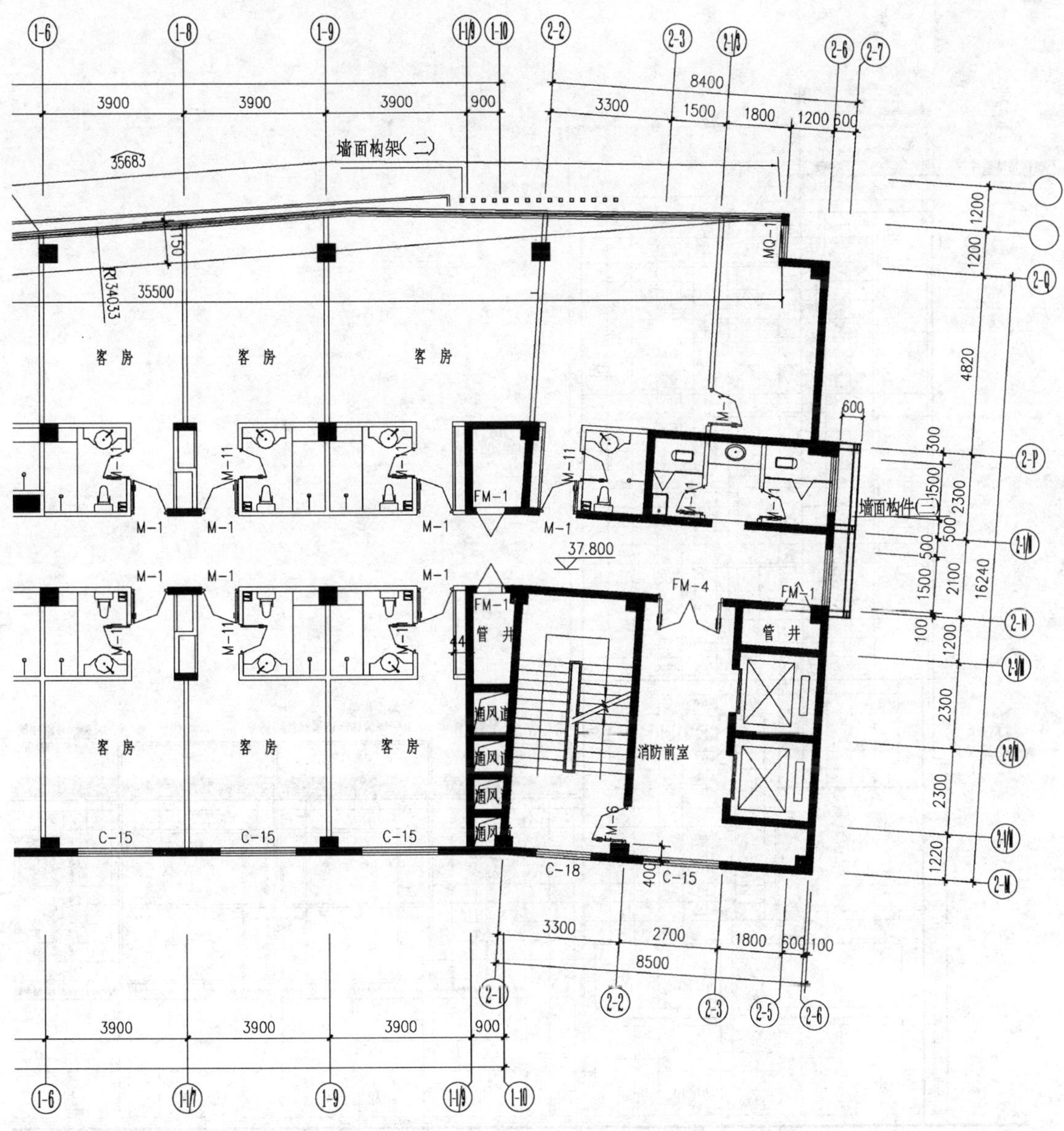

十一层平面图

8-71

60.600
50.700
不锈钢装饰构件
隐框玻璃幕墙
43.200
42.000
300
隐框玻璃幕墙
40.600
仿银灰色铝塑板涂料
38.100
37.000
34.500
仿银灰色铝塑板涂料
33.400
灰色外墙涂料界缝
界块规格1200X900
30.900
29.800
27.300
26.200
23.700
22.600
20.800
20.800
19.100
墙面构架(一)
II形钢装饰框刷墨绿色防锈漆
轻钢雨棚
干挂深灰色石材
规格1200X900
LEADER MALL
18.000
灰色外墙涂料界缝
界块规格1200X900
16.500
15.500
15.500
15.800
广告位
12.900
11.900
广告位
广告位
10.200
9.900
9.300
8.200
广告位
广告位
6.600
5.100
4.300
广告位
广告位
广告位
广告位
±0.000
-0.450
无框玻璃橱窗
15厚钢化玻璃
全玻门
15厚钢化玻璃
1-U
1-A
1-U轴—1-A

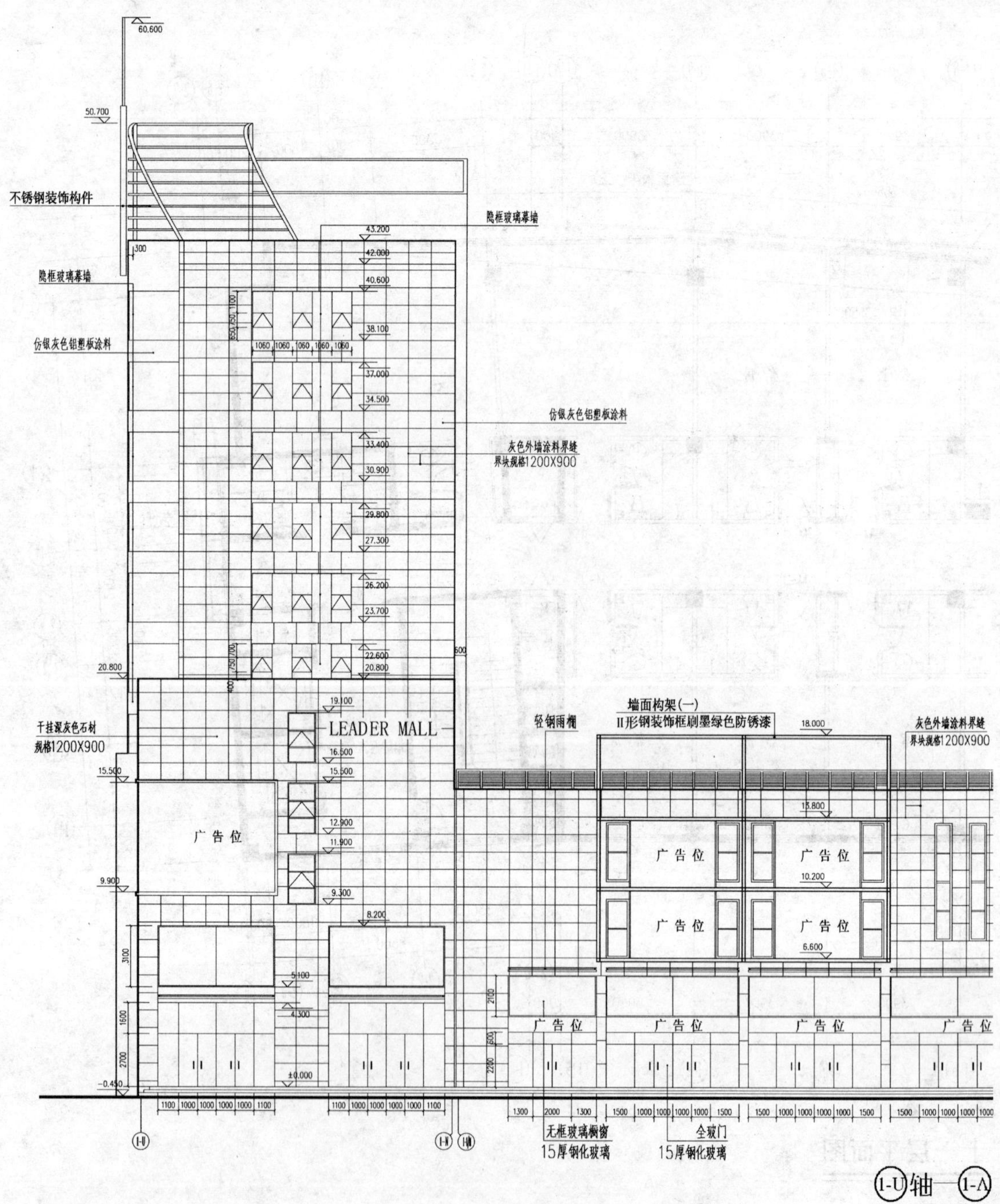

附图

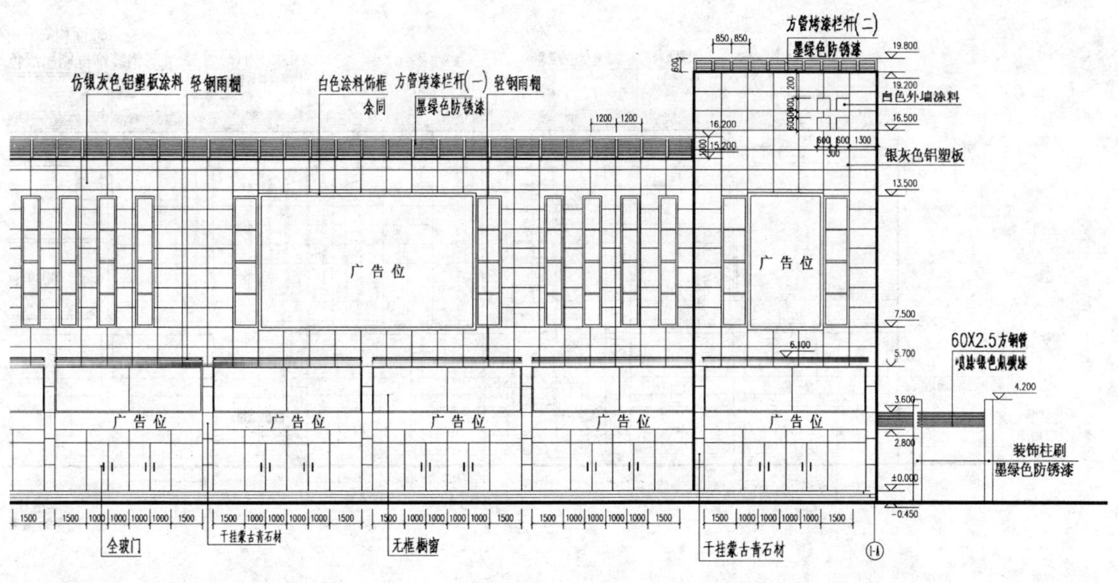

轴立面图1:100

8-72

墙面构架(一)
H形钢装饰框刷墨绿色
白色涂料饰框
余同
轻钢雨棚
余同
仿银灰色铝塑板涂料
灰色外墙涂料界缝
界块规格1200X900
方管烤漆栏杆(一)
墨绿色防锈漆
广告位
装饰杆刷
墨绿色防锈漆
干挂蒙古青石材
全玻门
15厚钢化玻璃
无框钢窗
15厚钢化玻璃
(1-A)轴—(2-Q)

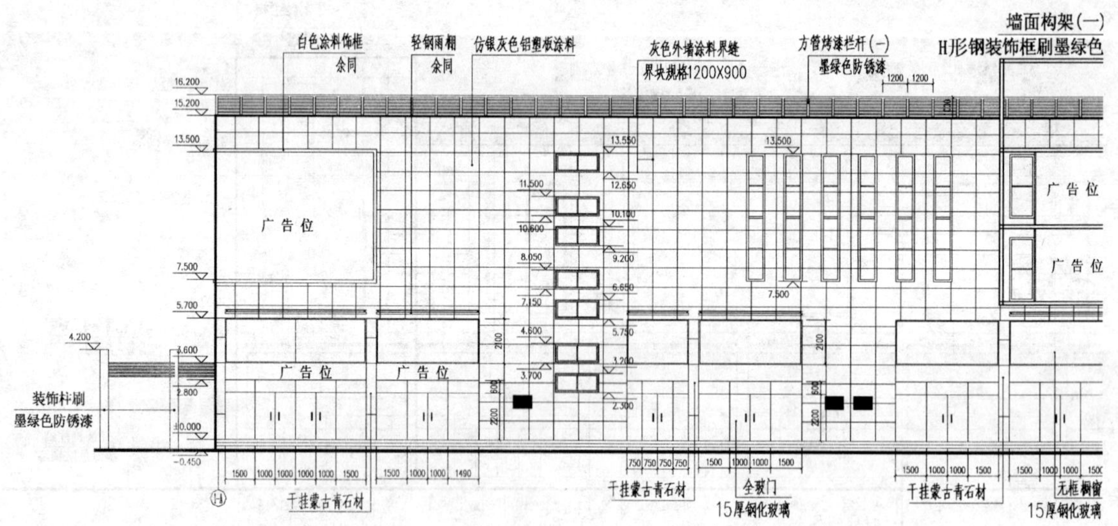

附图

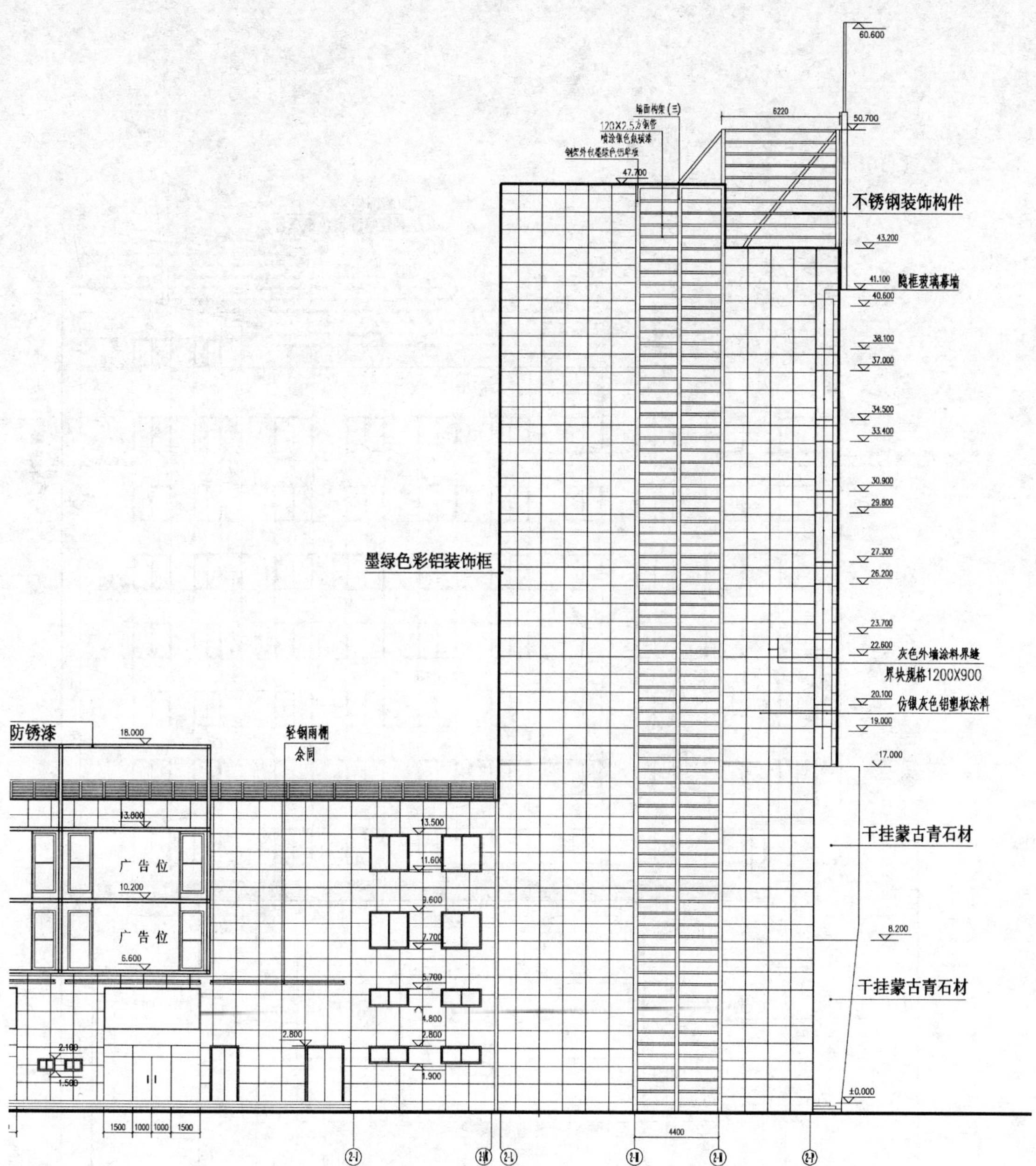

轴立面图1:100

8-73

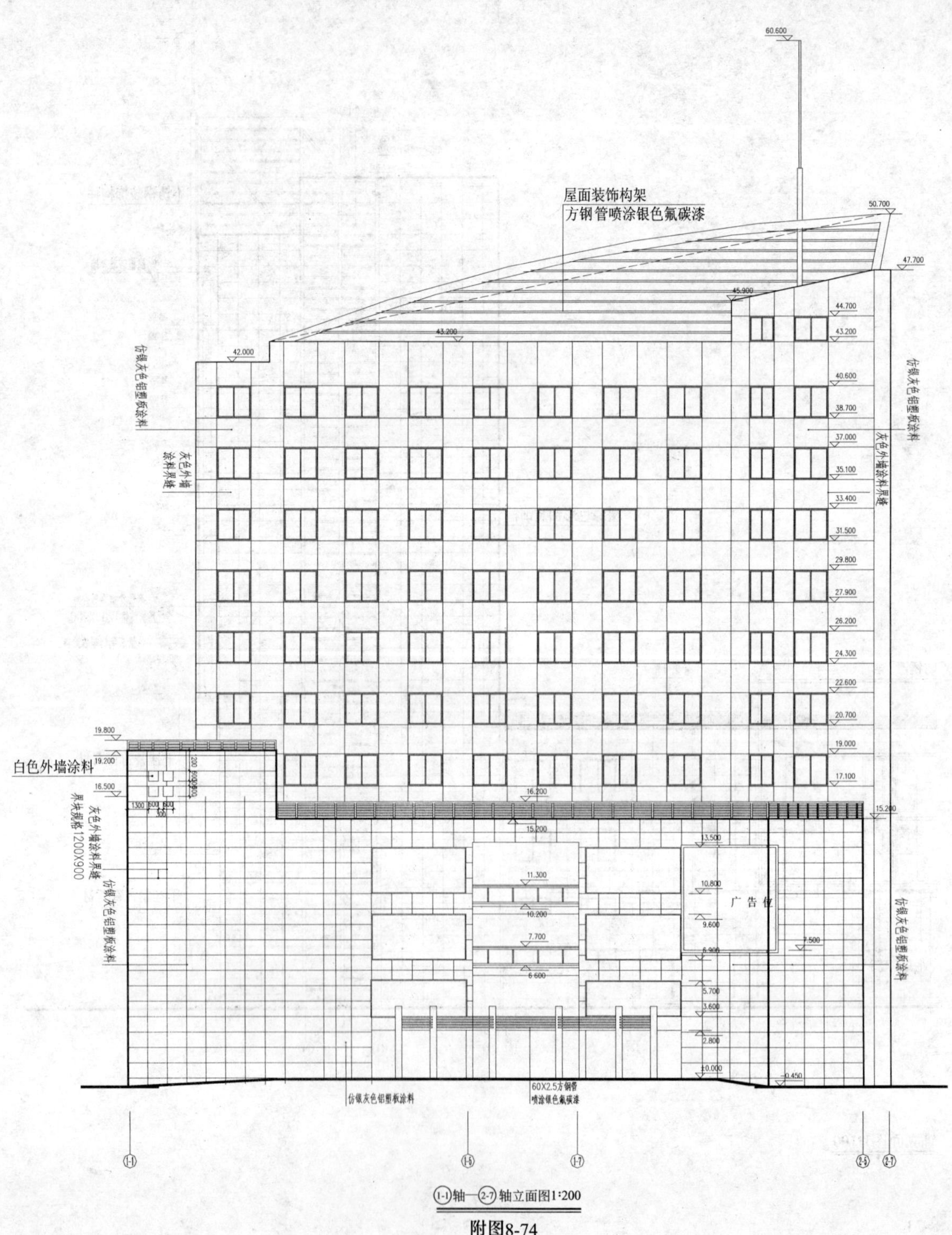

①-①轴—②-⑦轴立面图1:200

附图8-74

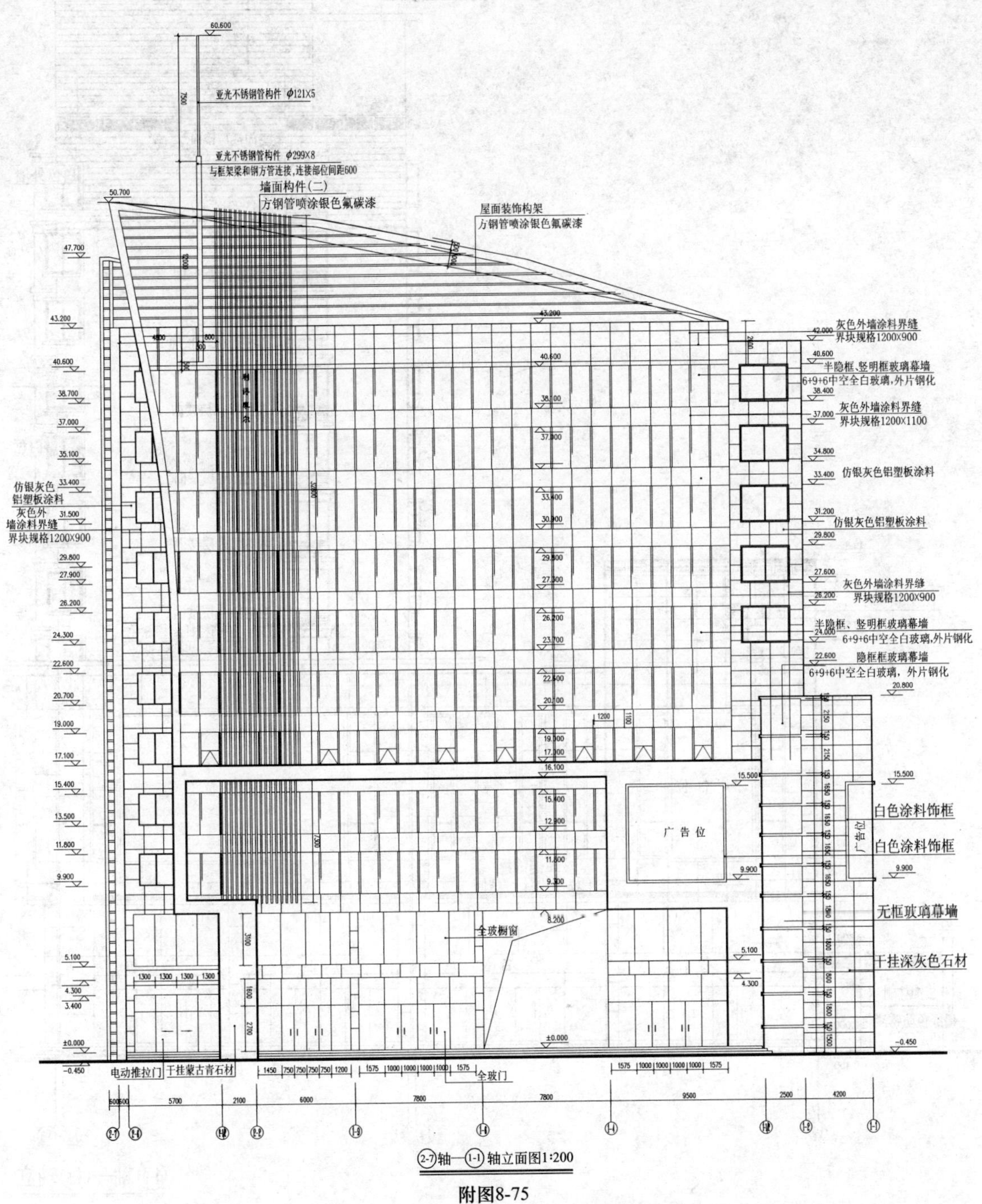

②-7轴—①-1轴立面图1:200

附图8-75

白色外墙涂料
阁楼层楼面
白色外墙
34.000 十一层楼面
31.200 十层楼面
28.400 九层楼面
浅蓝色三
25.600 八层楼面
白色
22.800 七层楼面
20.000 六层楼面
17.200 五层楼面
装饰栏杆刷墨绿色
防锈漆装修设计
15.800
19.800
19.200
白色外墙涂料
16.500
1300 600 600
300
15.200
13.500
广告位
广告位
7.500
玻璃钢雨篷
详装修设计，余同
6.100
5.700
4.200
3.600
广告位
广告位
广告位
广告位
装饰柱刷
墨绿色防锈漆
2.800
±0.000
−0.450
1-D
1-A
2-D
2-A
3-D

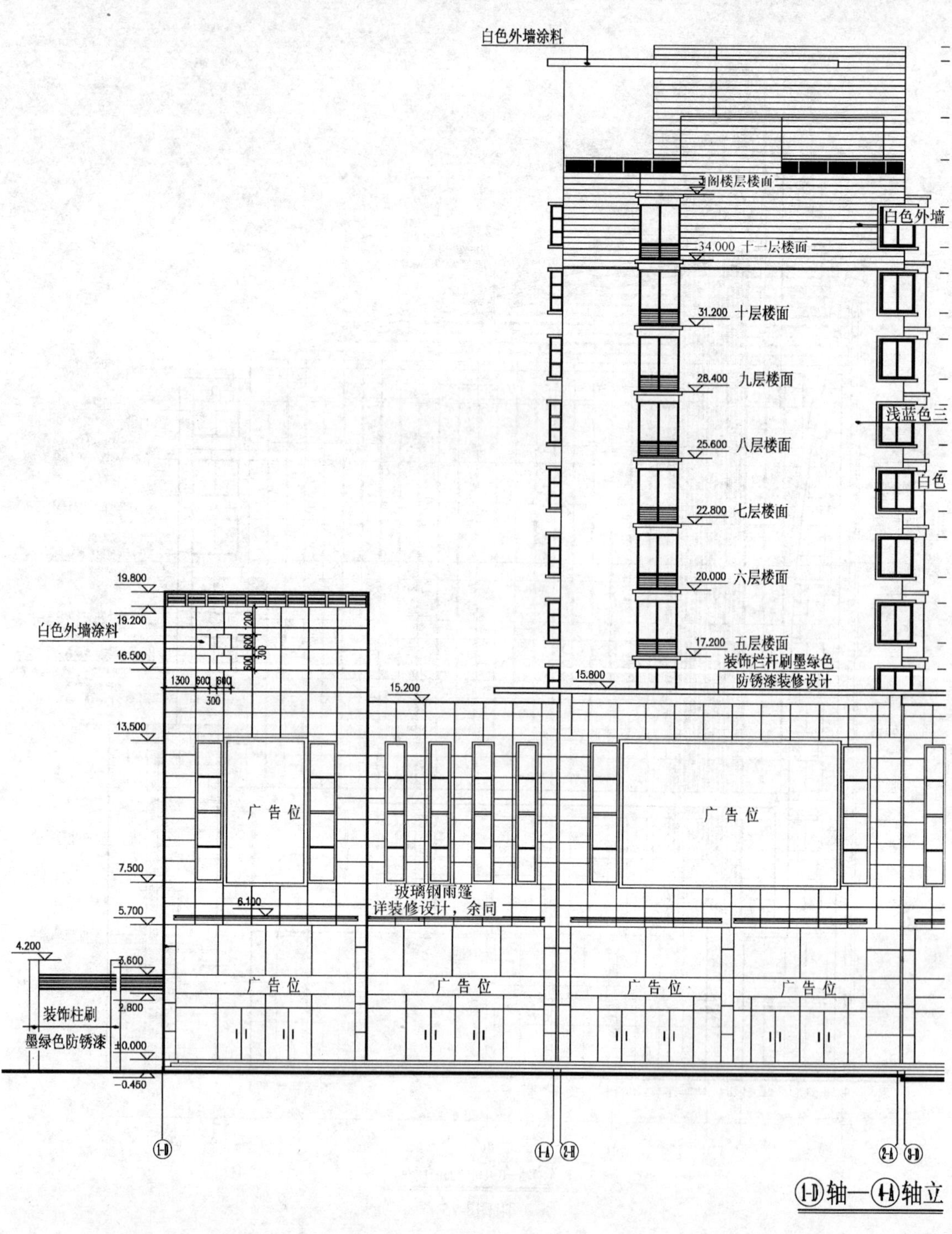

(1-D)轴—(4-A)轴立

附图

43.100
42.500
40.100
38.300
37.700
36.350
涂料界缝
34.650
33.550
31.850
30.750
29.050
27.950
霹雳砖
26.250
25.150
外墙涂料
23.450
22.350
20.650
19.550
17.850
16.750
墙面构架(一)
H形钢装饰框刷墨绿色防锈漆
16.800
13.800
广 告 位
广 告 位
10.200
广 告 位
广 告 位
6.600
广 告 位
广 告 位
广 告 位
白色外墙涂料
26.800 阁楼层楼面
24.000 九层楼面
21.200 八层楼面
18.400 七层楼面
15.600 六层楼面
12.800 五层楼面
10.000 四层楼面
33.100
32.500
30.100
28.300
27.700
26.350
白色外墙涂料界缝
24.650
23.550
21.850
20.750
19.050
17.950
霹雳砖
16.250
15.150
白色外墙涂料
13.450
12.350
10.650
9.550
7.850
7.700
2100
±0.000
−0.600

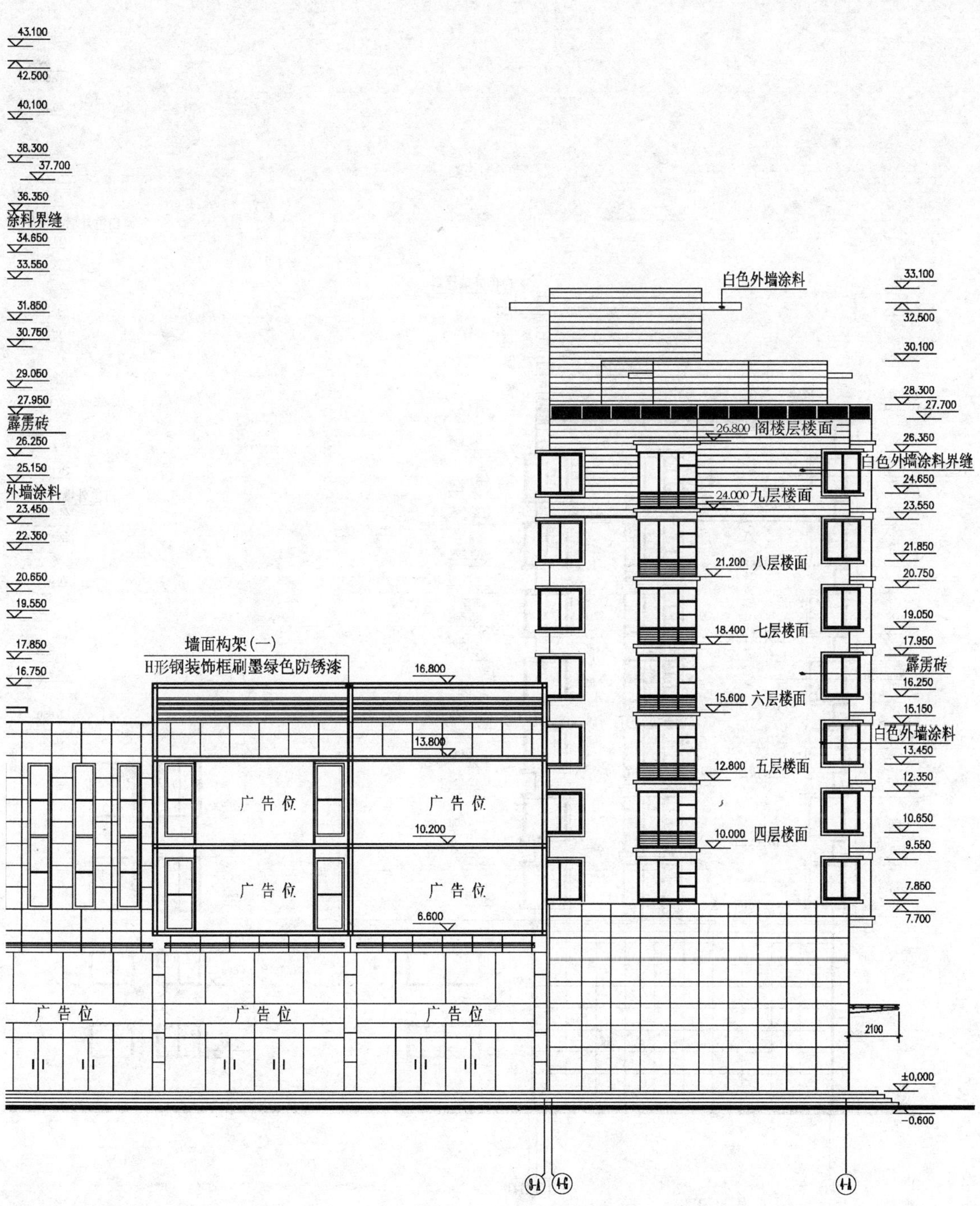

面图 1:100

8-76

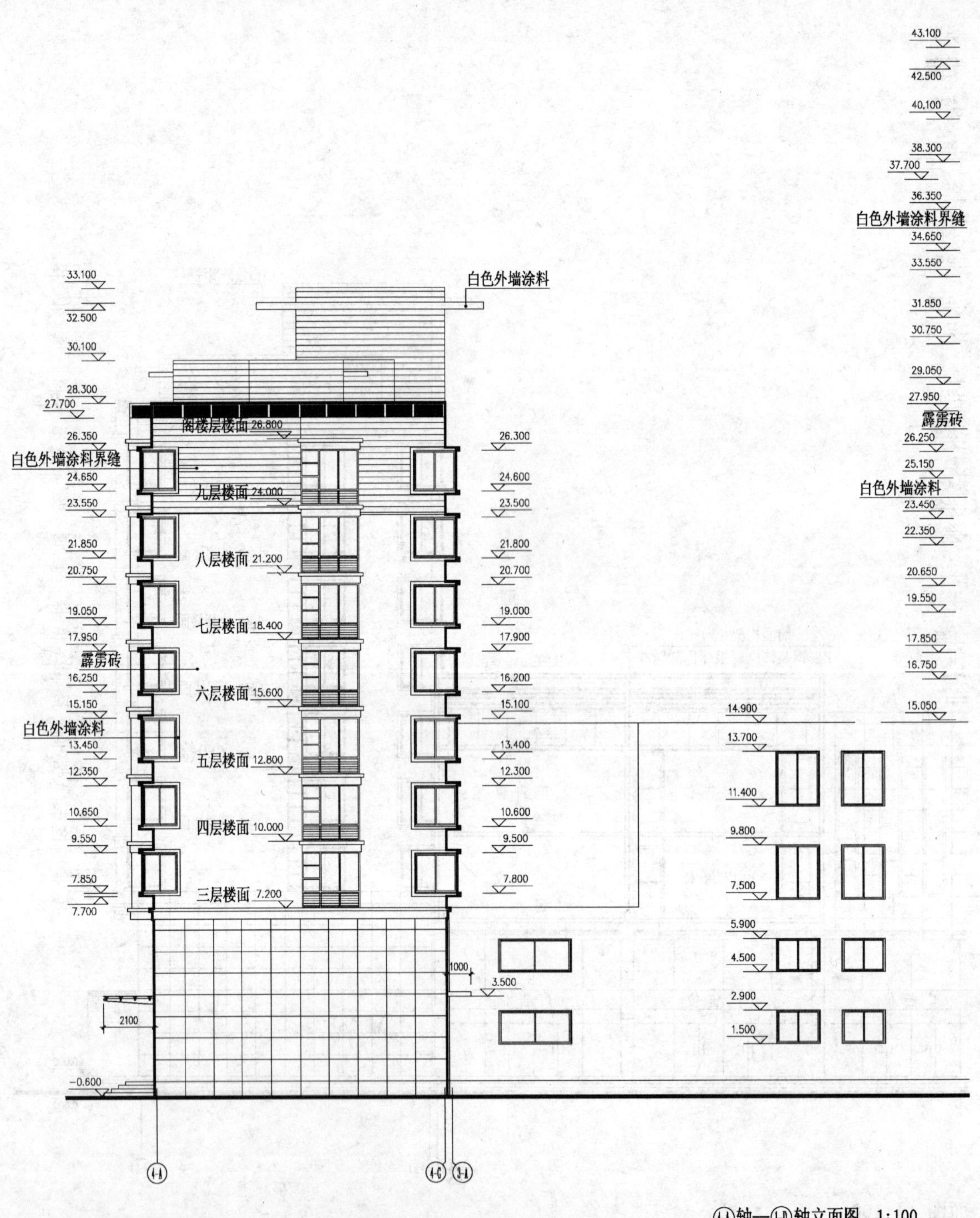

(4-A)轴—(1-D)轴立面图　1:100

附图

白色外墙涂料
阁楼层楼面 36.800
十一层楼面 34.000
十层楼面 31.200
九层楼面 28.400
八层楼面 25.600
七层楼面 22.800
六层楼面 20.000
五层楼面 17.200
四层楼面 14.400
36.300
34.600
33.500
31.800
30.700
29.000
27.900
26.200
25.100
23.400
22.300
20.600
19.500
17.800
16.700
15.200
13.500
广 告 位
7.500
13.700
11.400
9.800
7.500
5.900
4.500
2.400
0.450
1000
3.500
3.600
2.800
4.200
装饰柱刷
墨绿色防锈漆
3-D
2-A
2-D
1-A
1-D

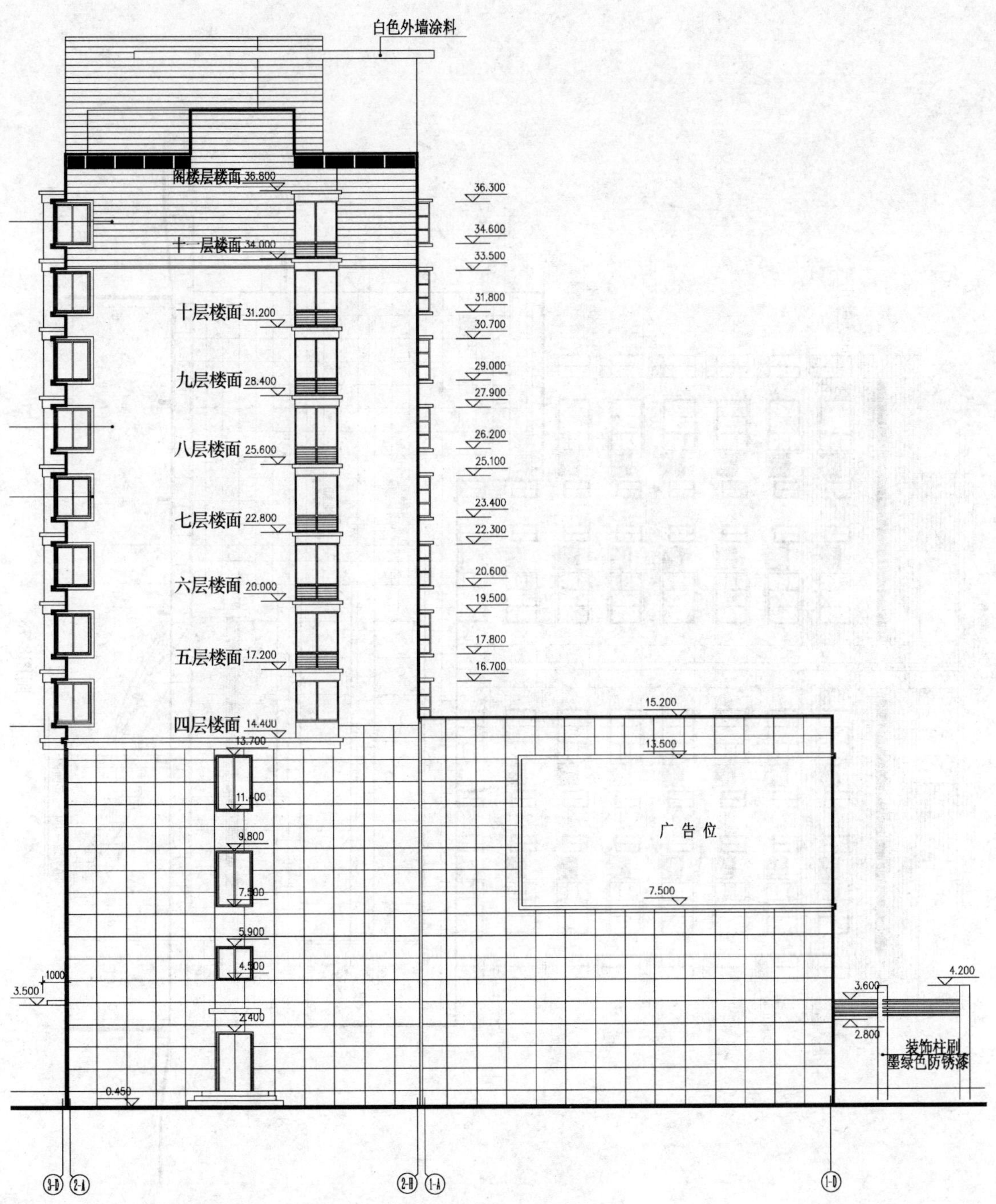

8-77

白色外墙涂料
阁楼层楼面
十一层楼面
十层楼面
九层楼面
八层楼面
七层楼面
六层楼面
五层楼面
白色外墙涂料界缝
可拆卸铝合金隔栅
白色外墙涂料
装饰栏杆刷
墨绿色防锈漆
白色外墙涂料
广告位
无框橱窗
12厚钢化玻璃
灰色外墙涂料界缝
界块规格1200X900
仿银灰色铝塑板涂料
银灰色铝塑板
不锈钢玻璃栏杆扶手
⑲轴—①轴立面图 1:100

附图8-78

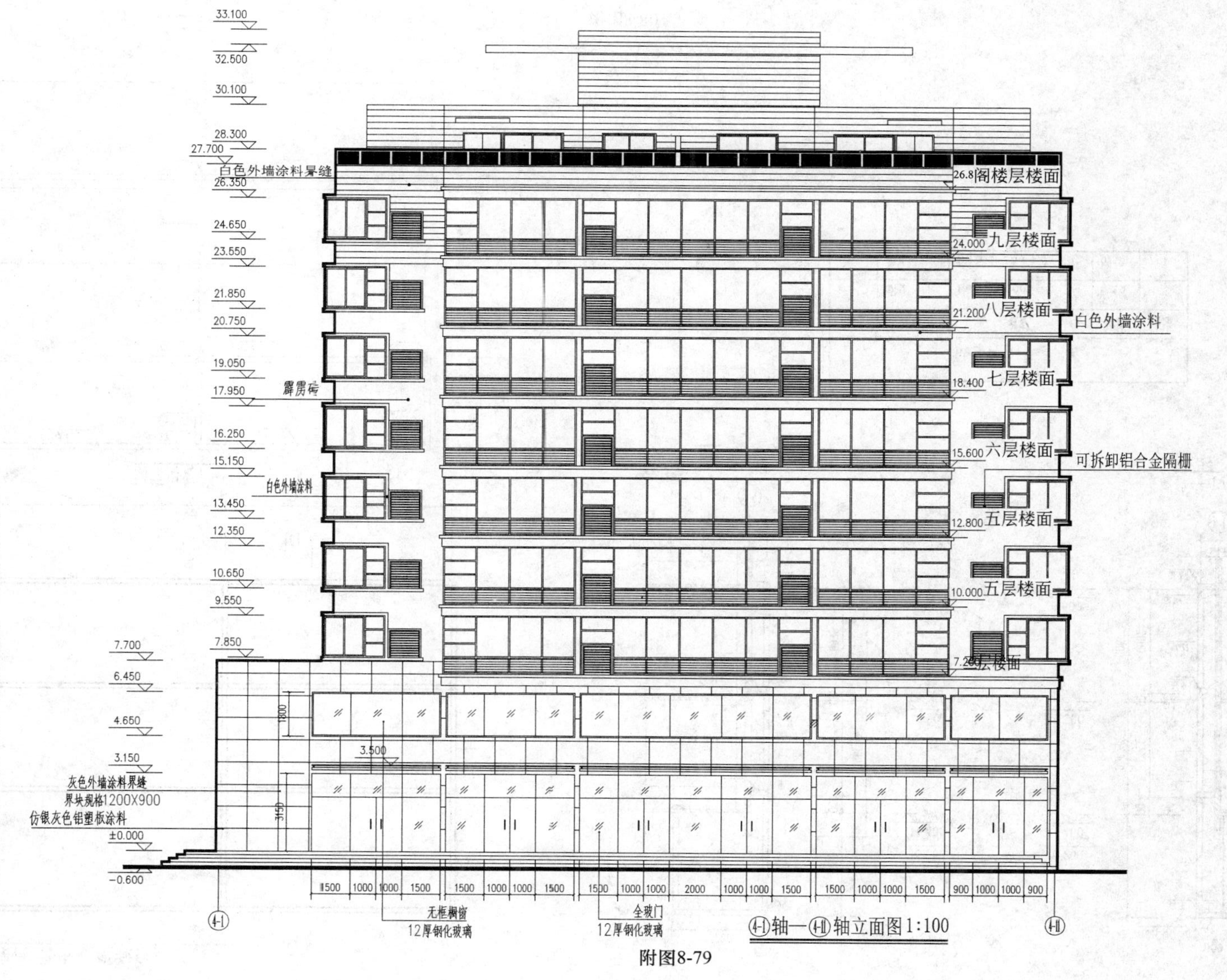

④-①轴—④-⑪轴立面图1:100

附图8-79

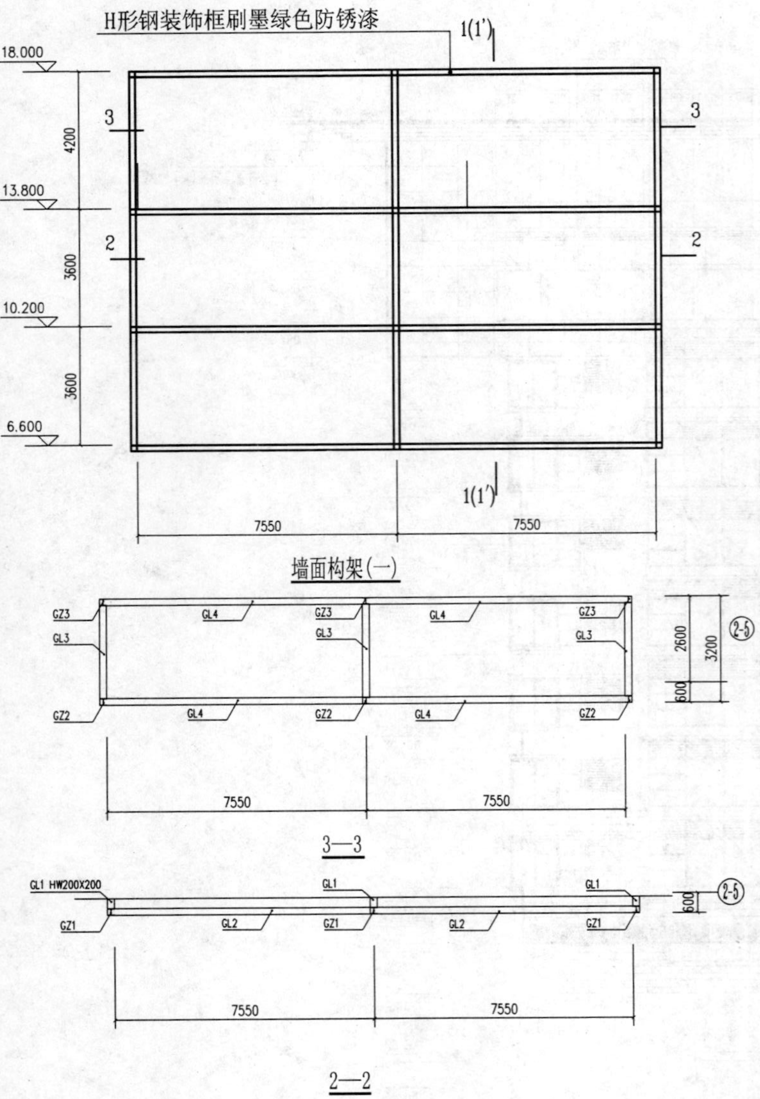

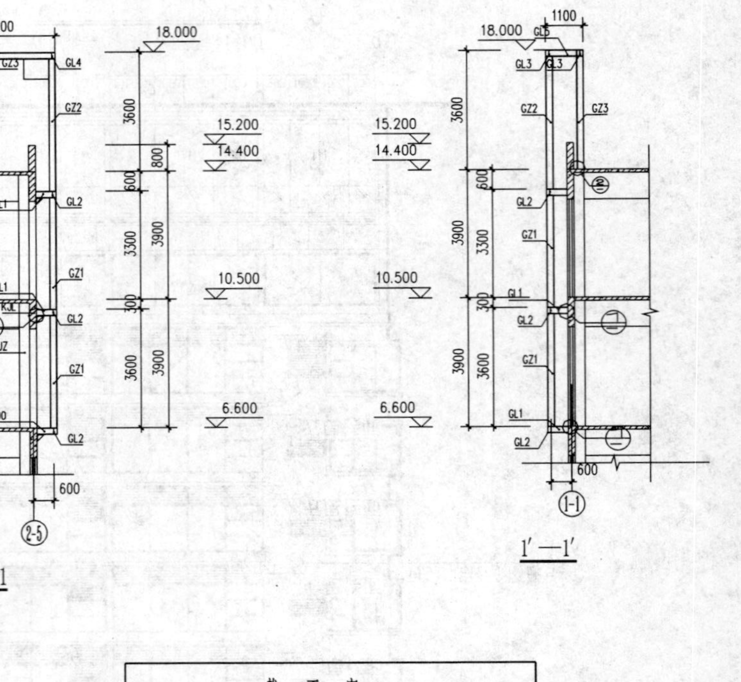

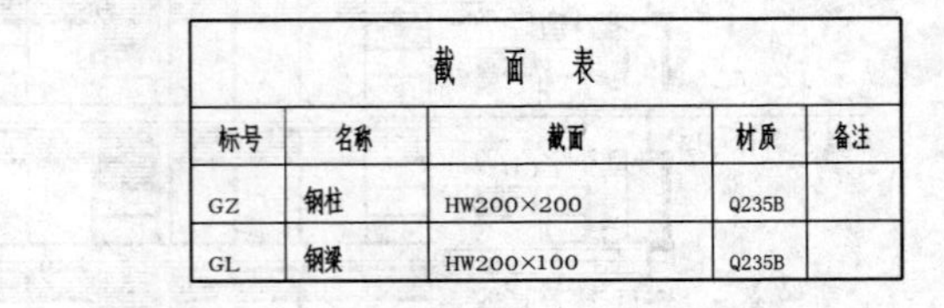

截 面 表				
标号	名称	截面	材质	备注
GZ	钢柱	HW200×200	Q235B	
GL	钢梁	HW200×100	Q235B	

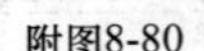
附图8-80

100X2.5方钢管,间距300
喷涂银色氟碳漆
200
100
4600
墙面构架(二)
100X2.5方钢横杆与竖向方钢焊接
连接钢板-150X8X4800
每层框架梁位置处均设
2M12膨胀螺栓与框架梁连接,间距600
50
100
4600
构架连接板大样图
连接钢板-150X8
100X2.5方钢横杆与竖向方钢焊接
150
100X2.5方钢管,间距300
KJL
100
方钢管大样图
100X2.5钢管横栏
100X2.5钢管立柱@1200
1000
1200
60X2钢管横栏@160
栏杆大样图(一)
100X2钢管立柱
100X2.5方钢管横栏
女儿墙压顶预埋件
详土建
60X2方钢
管横栏@160
1—1剖面图
100X2.5钢管横栏
100X2.5钢管立柱@1200
600
60X2钢管横栏
1200
栏杆大样图(二)
100X2.5钢管立柱
100X2.5方钢管横栏
女儿墙压顶预埋件
详土建
60X2方钢管横栏
2—2剖面图
附图8-81

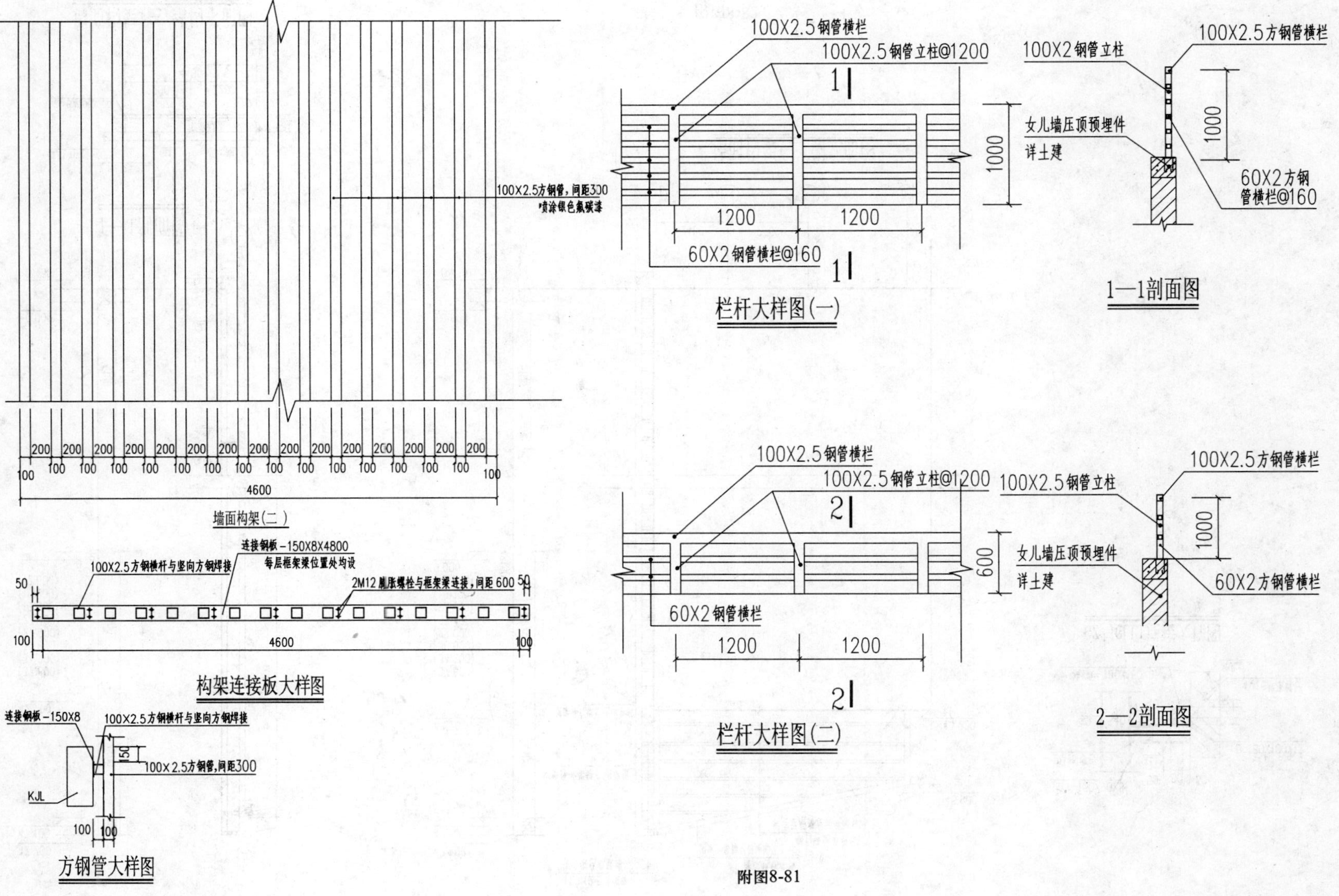

1—1剖面图
墙面构架(三)结构平面图
GLL2 HW125X125
GLL1 HW125X125
GZ1 HW200X200
47.700
47.100
42.700
(37.800)
(34.200)
(30.600)
(27.000)
(23.400)
(19.800)
(16.200)
(12.600)
9.000
5.100
±0.000
-0.450
48150

120X2.5方钢管
喷涂银色氟碳漆
墨绿色铝单板
固定于局部屋面处墙体之上
银白色铝单板@600
固定于局部屋面处墙体之上
钢架外包墨绿色铝单板
纵、横梁外包银白色铝单板
45.900
43.200
墙面构架(三)侧立面图
LB' -150X90X8
2M16 螺栓
LB 180X180X12
加劲肋板 -180X180X8
4M16膨胀螺栓
KJL
GZ与GLL1连接大样图

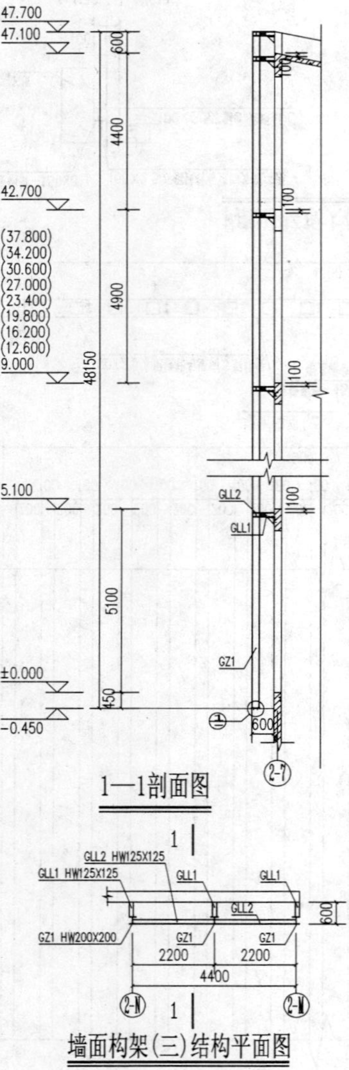

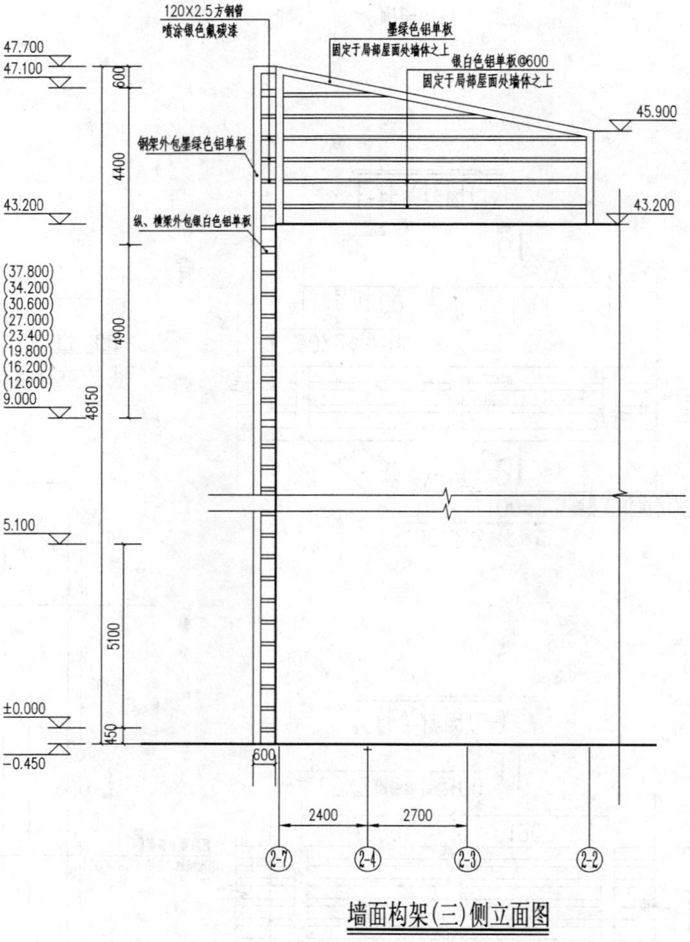

附图8-82

GL1 HW200X200
4M20螺栓
50 100 50
KJL
KJZ
LB -200X200X12
LB -200X200X12
加劲肋板 -200X180X8
4M20膨胀螺栓
600
①
GL1与KJZ连接大样图
GZ3
A
A
连接底板
-240×240×18
6
4M20螺栓
KJL
-120X6
250
-60X20
60
孔 d=22.0
M20
45°
2
4
-240X18
240
120 120
70 70
50 50
4M20螺栓
化学植栓植入框架梁内
A—A
②
GZ3与KJL连接大样图
封口连接板
-200X200X16
GL
(GZ1、GZ2)
4M20螺栓
封口连接板
-200X200X16
4M20螺栓
③
GZ1(GZ2)连接大样图
2M20
10.9级高强螺栓
GL1 HW200×200
连接板1 176X96X8
连接板2 176X15X8
22 70 70 22
GJL
10
100 100 60 60
GL与GZ连接大样图(一)
2M20
10.9级高强螺栓
GL1 HW200×200
连接板2
连接板2
60 60 100 100 60 60
GL与GZ连接大样图(二)

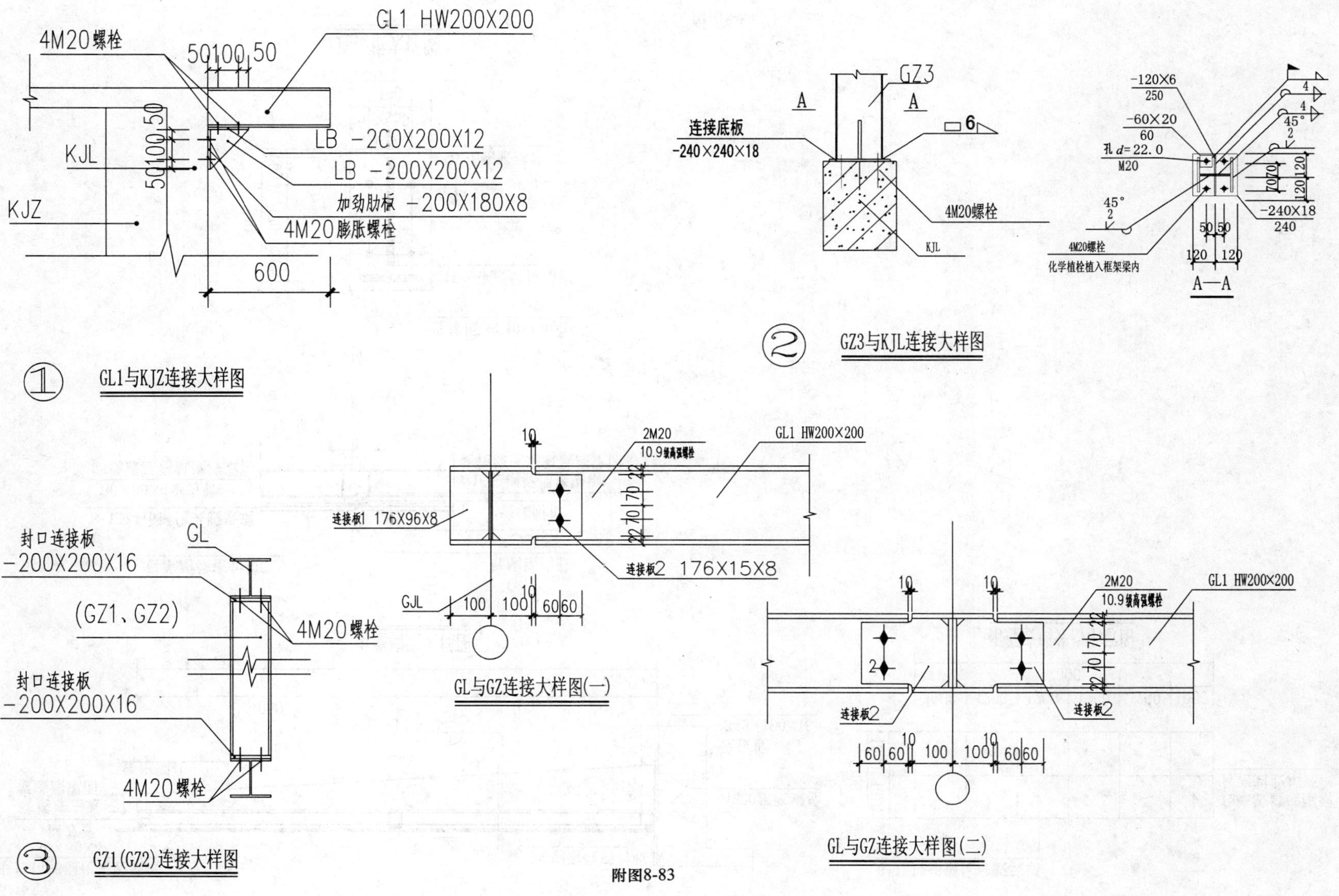

附图8-83

8+1.14+6钢化夹胶玻璃
80X80X4
钢方管
防锈漆三遍
氟碳漆罩面
120
镂空圆孔
2%
硅酮耐候密封胶
4M20膨胀螺栓
300
200
连接板
-340X190X16
1050
1050
2100
雨篷构造大样图
8+1.14+6钢化夹胶玻璃
12mm胶缝硅酮耐
候密封胶填充
2100
1050
1050
1200
1200
1200
1200
1200
1000
7000
雨篷玻璃分格示意图
硅酮耐候密封胶
12
8+1.14+6钢化夹胶玻璃
80X80X4钢方管
防锈漆三遍氟碳漆罩面
硅酮结构胶
双面胶条
玻璃附框
16mm钢板焊接型钢
防锈漆三遍氟碳漆罩面
150
①
连接板 -340X190X16
16mm钢板焊接型钢
4M20膨胀螺栓
340
20
65
170
65
20
45
50
50
45
190
连接板大样图

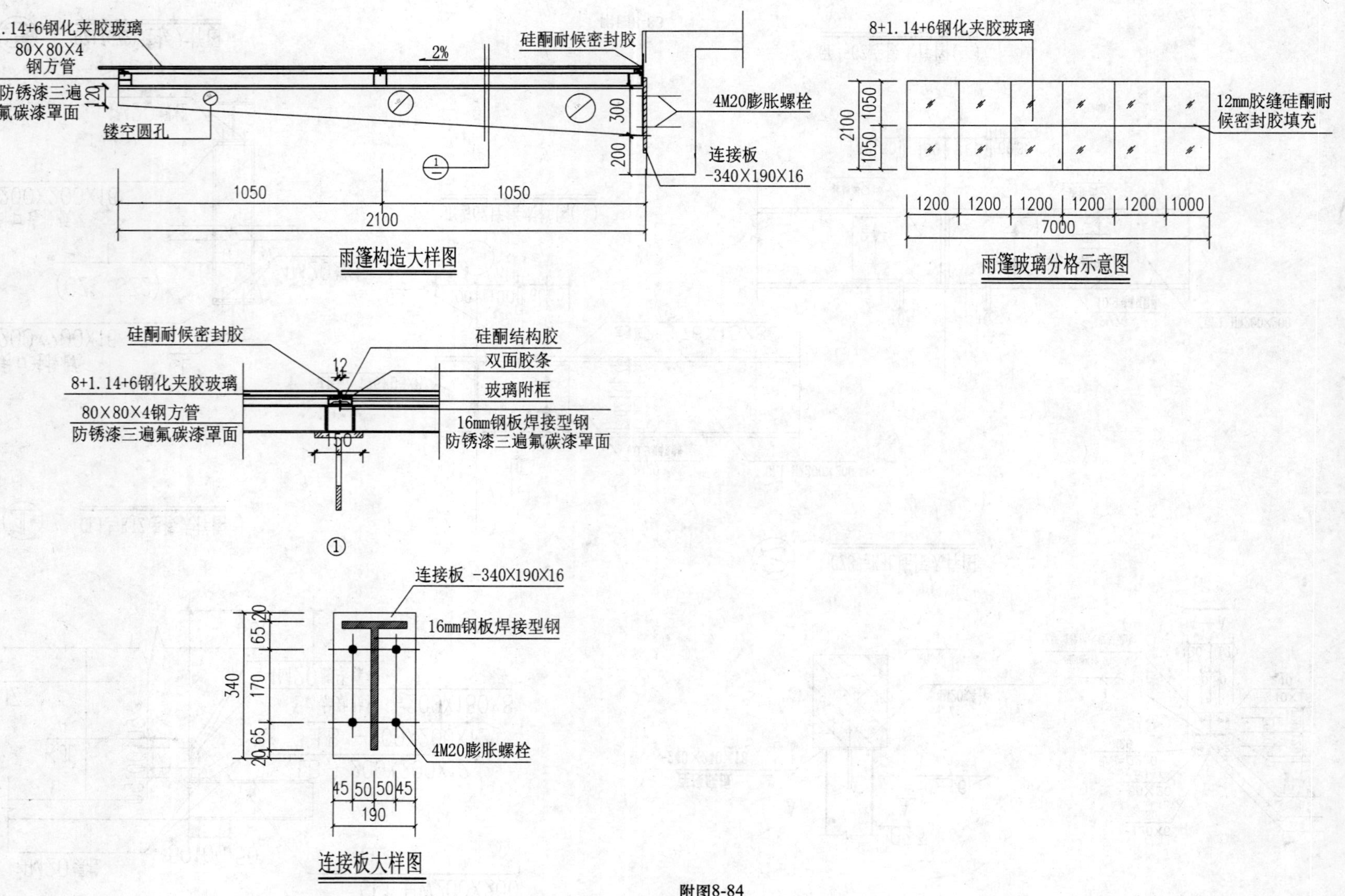

附图8-84

屋顶装饰构架位置图
侧立面图
1—1
100X3方钢管@600
喷涂银色氟碳漆
白色铝塑板包钢柱
白色铝塑板包钢梁
屋顶装饰构架立面图
屋顶装饰构架结构立布置图
GL1 HN200X100
GZ1 HN200X200
GZ2 HW175X175
GL2 HN200X100
50.700
43.200
41.400
连接底板
-240×240×18(用于GZ1)
-220×220×18(用于GZ2)
4M20化学植螺栓
钢柱生根大样图
说明：1. GL1均为弧形钢梁，需根据立面尺寸，经过
专门工艺加工成立面所需的曲弧形。
2. 本图所注尺寸具体安装时，可根据现场情况适当调整。

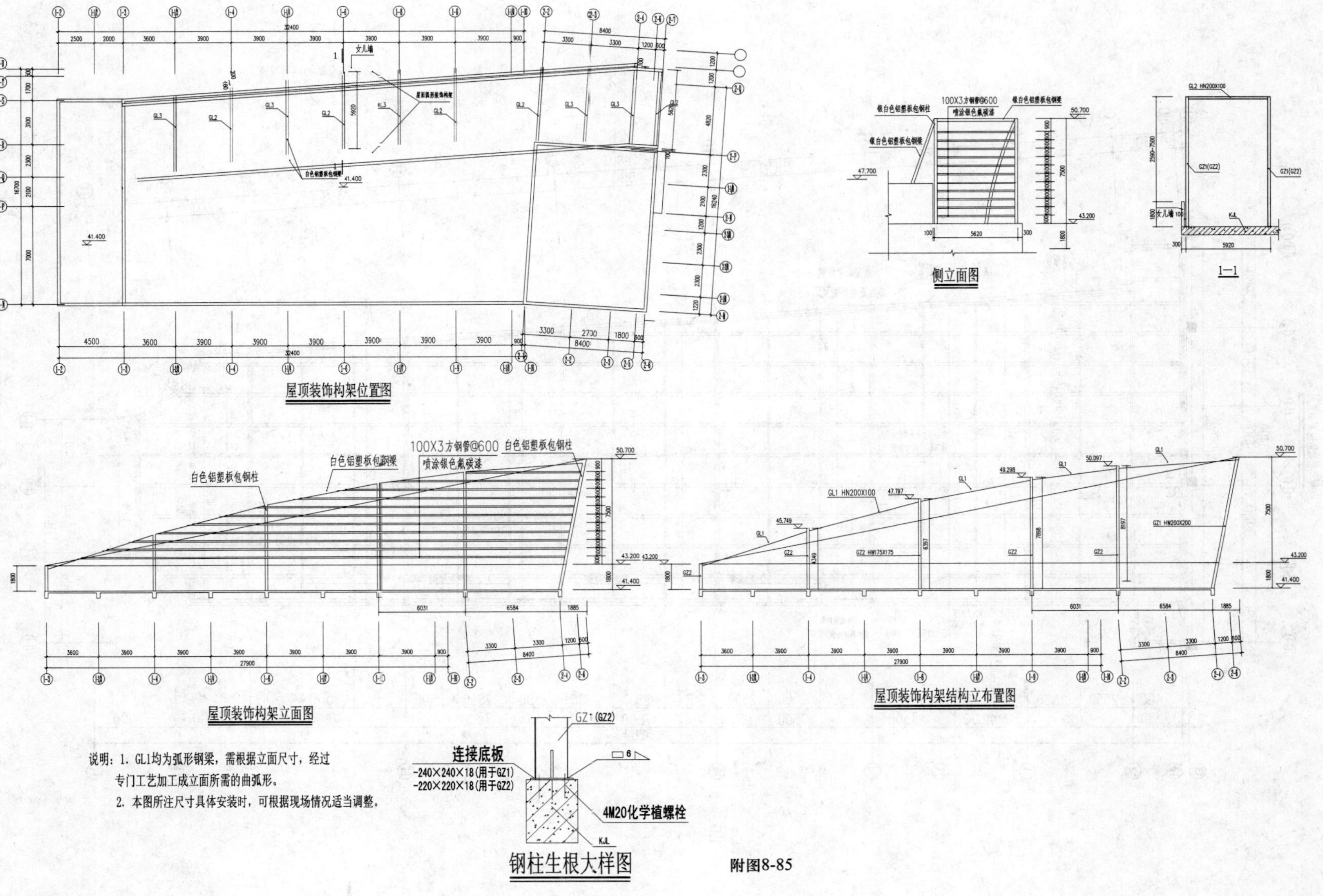

附图8-85

屋顶采光顶构架布置图

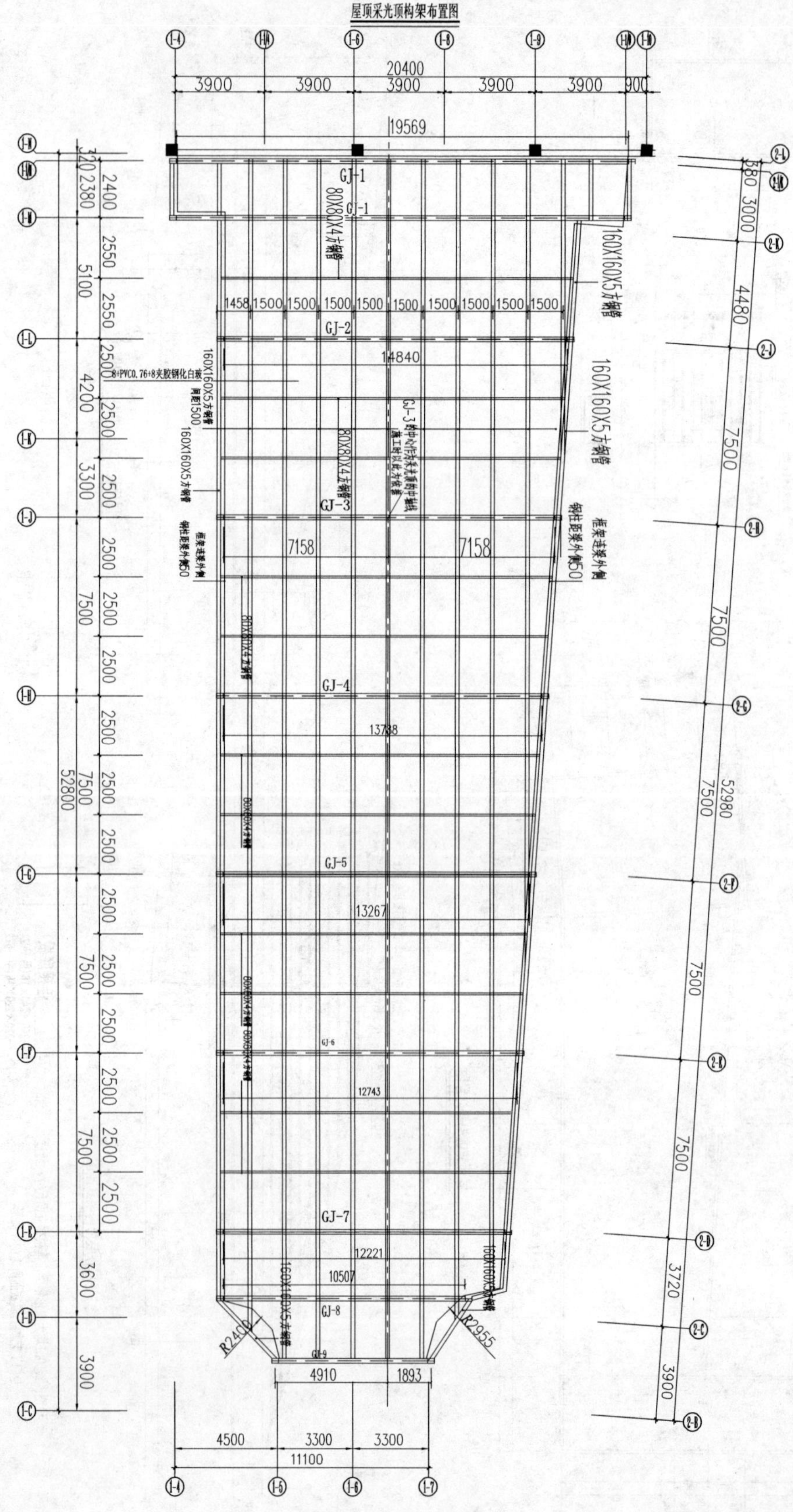

附图8-86

20400
3900 3900 3900 3900 3900 900
2370 1368 1500 1500 1500 1500 1500 1500 1500 1500 1500 1500 1811
6+PVC0.76+6夹胶钢化白玻
1648 1500 1500 1500 1500 1500 1500 1500 1500 1500 649
1648 1500 1500 1500 1500 1500 1500 1500 1500 1500
749 1500 1500 1500 1500 742
R2955
4500 3300 3300
11100
52800
52980
自攻螺钉@300
40宽不锈钢压条
泡沫胶垫
耐候密封胶
8+PVC0.76+8夹胶钢化白玻
hf5焊缝
1
自攻丝螺钉@300
40宽不锈钢压条
泡沫胶垫
8+PVC0.76+8夹胶钢化白玻
耐候密封胶
5mm 焊缝
2
8+PVC0.76+8夹胶钢化白玻
屋顶采光顶玻璃分格图
1500 1500 1500 1500 1500
7500(两钢柱中心距离)
屋顶采光顶局部立面图(一)

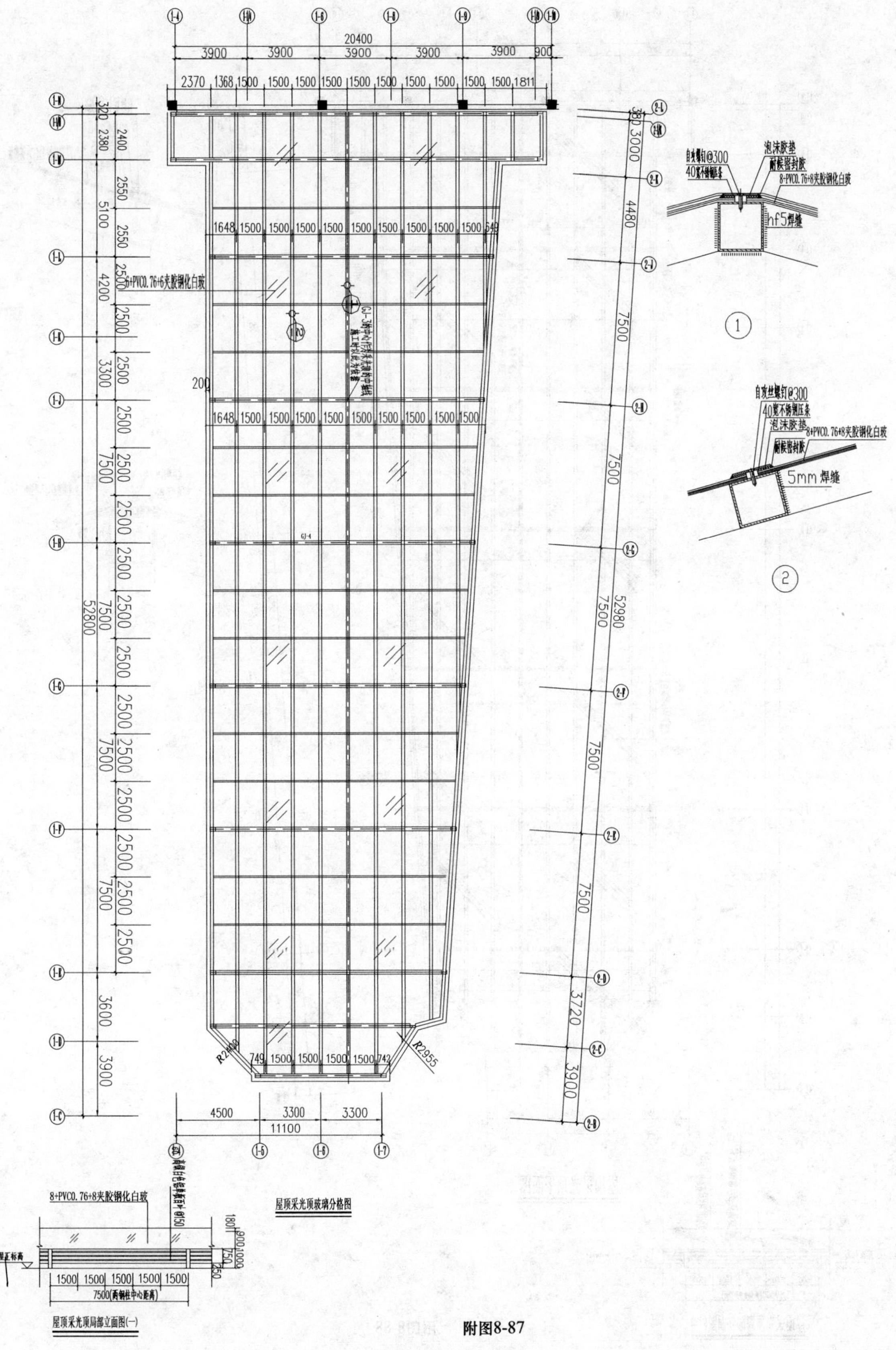

附图8-87

屋顶采光顶平面图
屋顶采光顶局部立面图(二)
自丝螺钉@300
40宽不锈钢压条
泡沫胶垫
耐候密封胶
3.5厚聚碳酸脂白色透明板
5mm焊缝
hf5焊缝
160X160X5方钢管
间距1500 160X160X5方钢管
20400
19569
52800
52980
11100
屋面标高
7500(两钢柱中心距离)

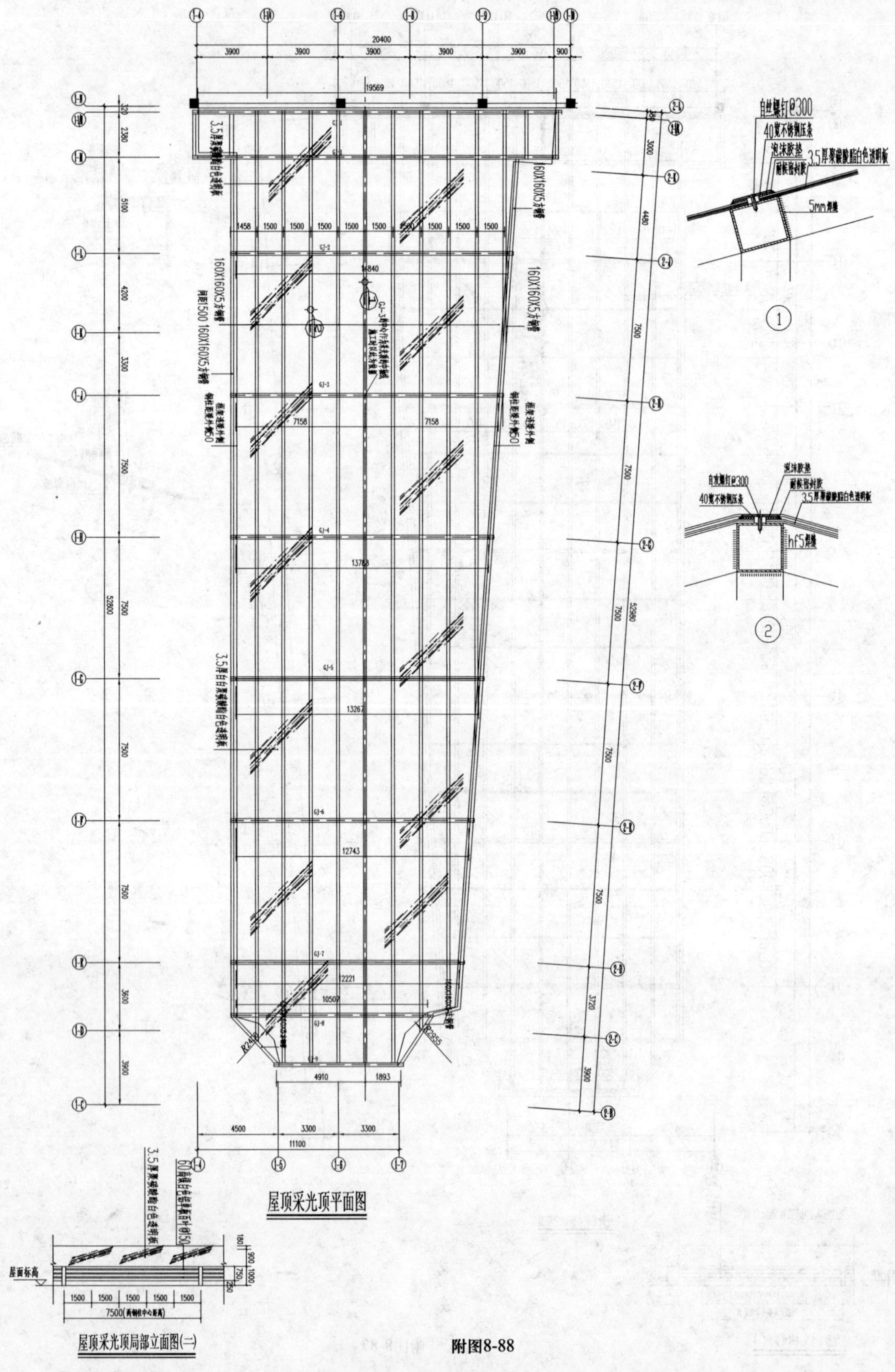

附图8-88

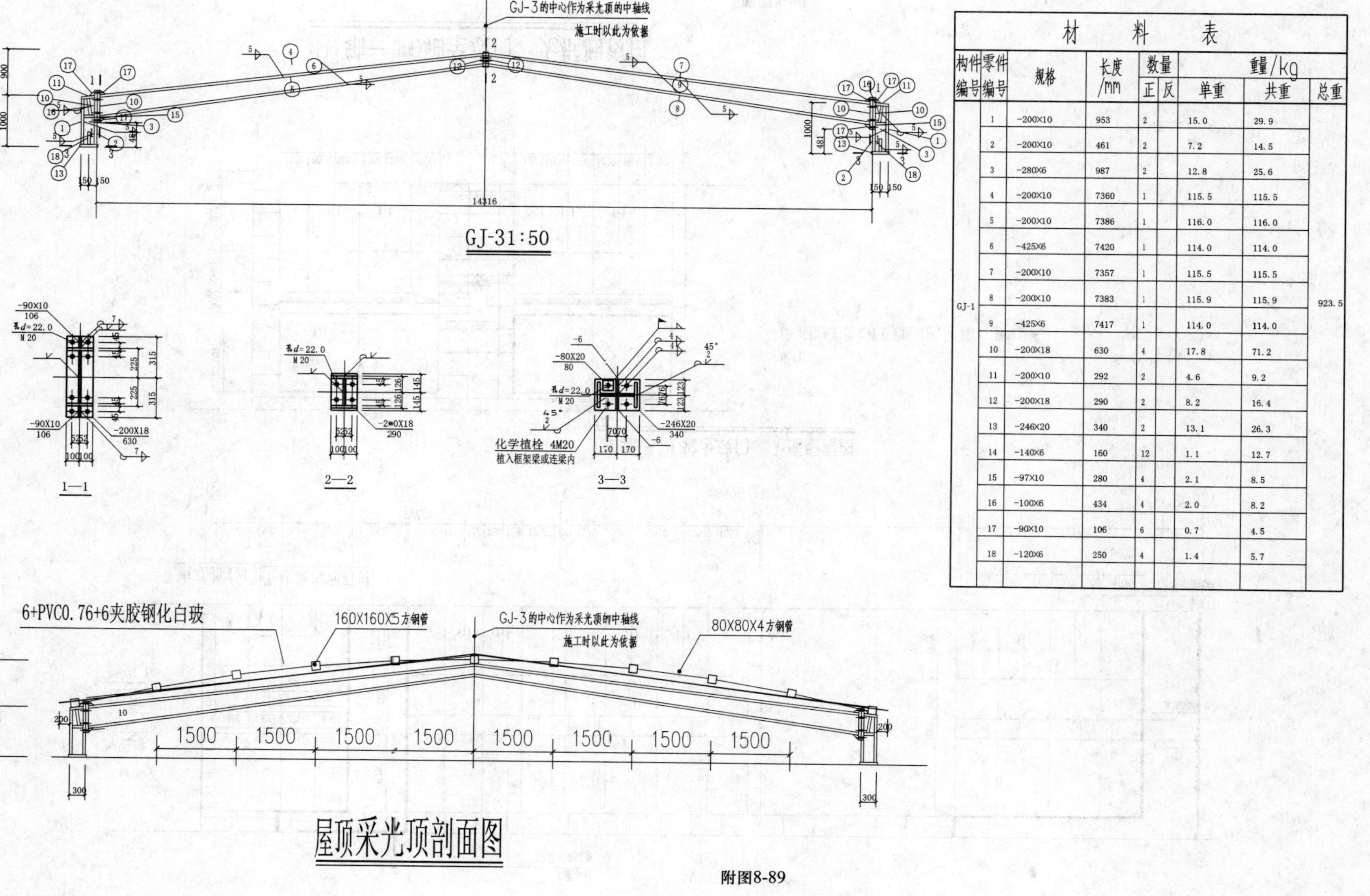

材料表								
构件编号	零件编号	规格	长度/mm	数量 正	数量 反	重量/kg 单重	重量/kg 共重	重量/kg 总重
GJ-1	1	-200X10	953	2		15.0	29.9	923.5
	2	-200X10	461	2		7.2	14.5	
	3	-280X6	987	2		12.8	25.6	
	4	-200X10	7360	1		115.5	115.5	
	5	-200X10	7386	1		116.0	116.0	
	6	-425X6	7420	1		114.0	114.0	
	7	-200X10	7357	1		115.5	115.5	
	8	-200X10	7383	1		115.9	115.9	
	9	-425X6	7417	1		114.0	114.0	
	10	-200X18	630	4		17.8	71.2	
	11	-200X10	292	2		4.6	9.2	
	12	-200X18	290	2		8.2	16.4	
	13	-246X20	340	2		13.1	26.3	
	14	-140X6	160	12		1.1	12.7	
	15	-97X10	280	4		2.1	8.5	
	16	-100X6	434	4		2.0	8.2	
	17	-90X10	106	6		0.7	4.5	
	18	-120X6	250	4		1.4	5.7	

屋顶采光顶剖面图

附图8-89

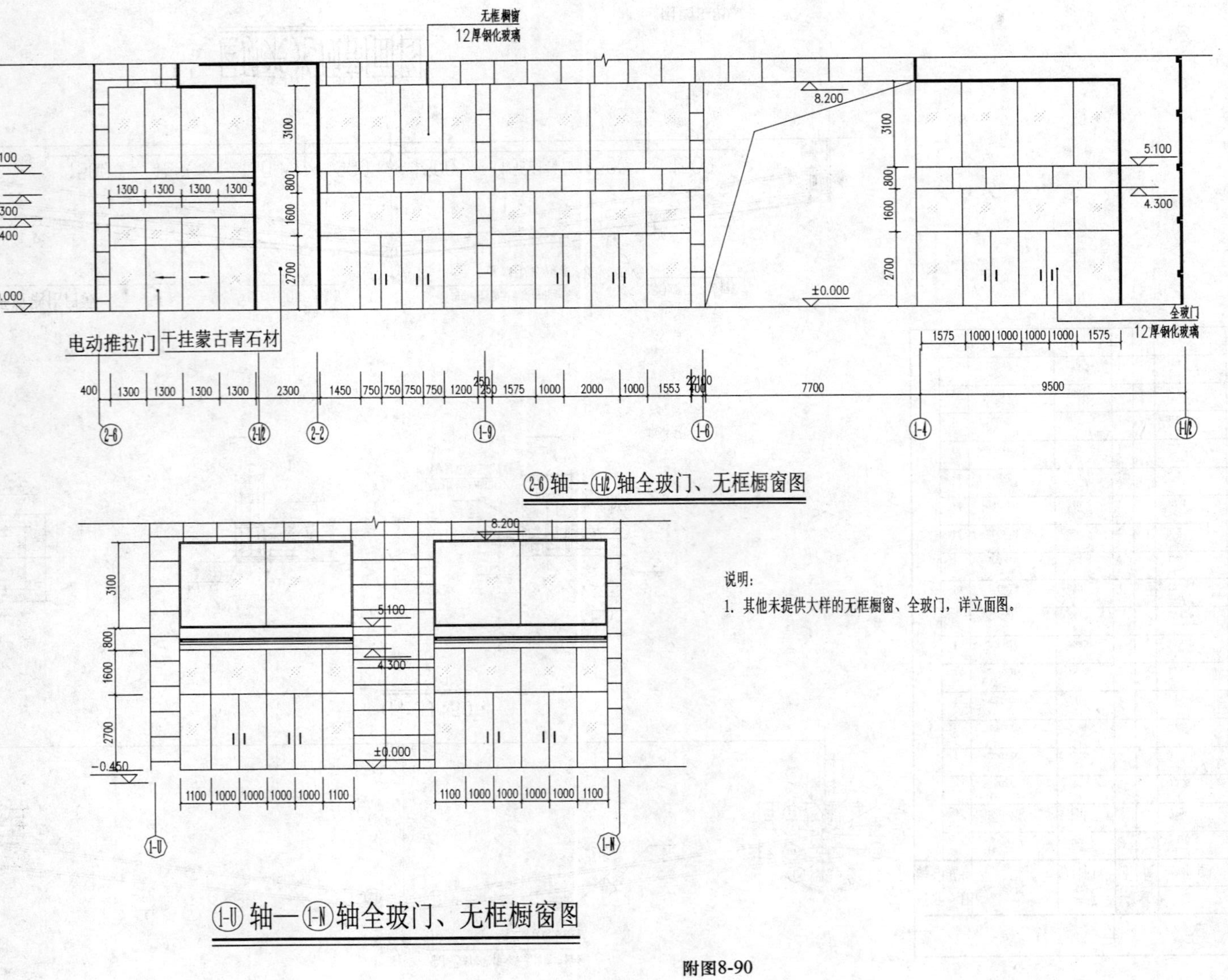

②-⑥轴—①-⑫轴全玻门、无框橱窗图

①-Ⓤ轴—①-Ⓝ轴全玻门、无框橱窗图

说明：

1. 其他未提供大样的无框橱窗、全玻门，详立面图。

附图8-90

隐框玻璃幕墙
6+9+6中空全白玻璃，外片钢化
20.800
150
2150
150
2150
150
1650
150
1650
150
1577
150
1650
150
1800
150
1800
150
1800
150
1800
150
1500
2500
-0.450
干挂深灰色石材
隐框玻璃幕墙分格示意图(三)
隐框玻璃幕墙
6+9+6中空全白玻璃，外片钢化
幕墙分格尺寸均为折线
1200 1200 1200 1200 1200 1200 1200 1200 1200 1200 1200 1200 1200 1200 1200 1200 1200 1200 1200 1200
1900
600
2500
12.900
9.300
按折线现场实测
隐框玻璃幕墙分格示意图(四)
(用于三、四层)
38.100
34.500
30.900
27.300
23.700
1100
600
800
2500
1060 1060 1060 1060 1060
隐框玻璃幕墙分格示意图(一)
20.800
600600600
1800
1060 1060 1060 1060 1060
隐框玻璃幕墙分格示意图(二)

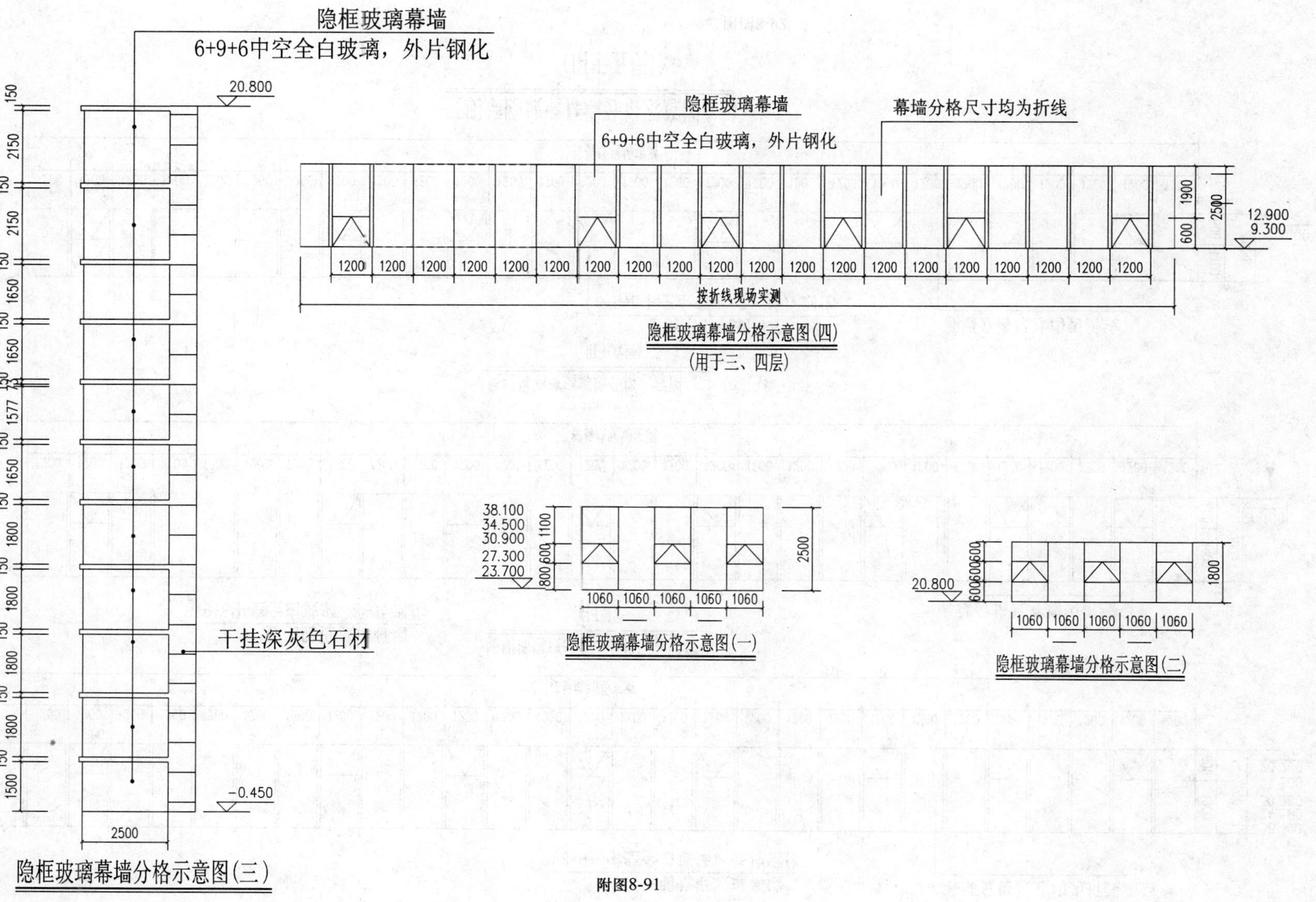

附图8-91

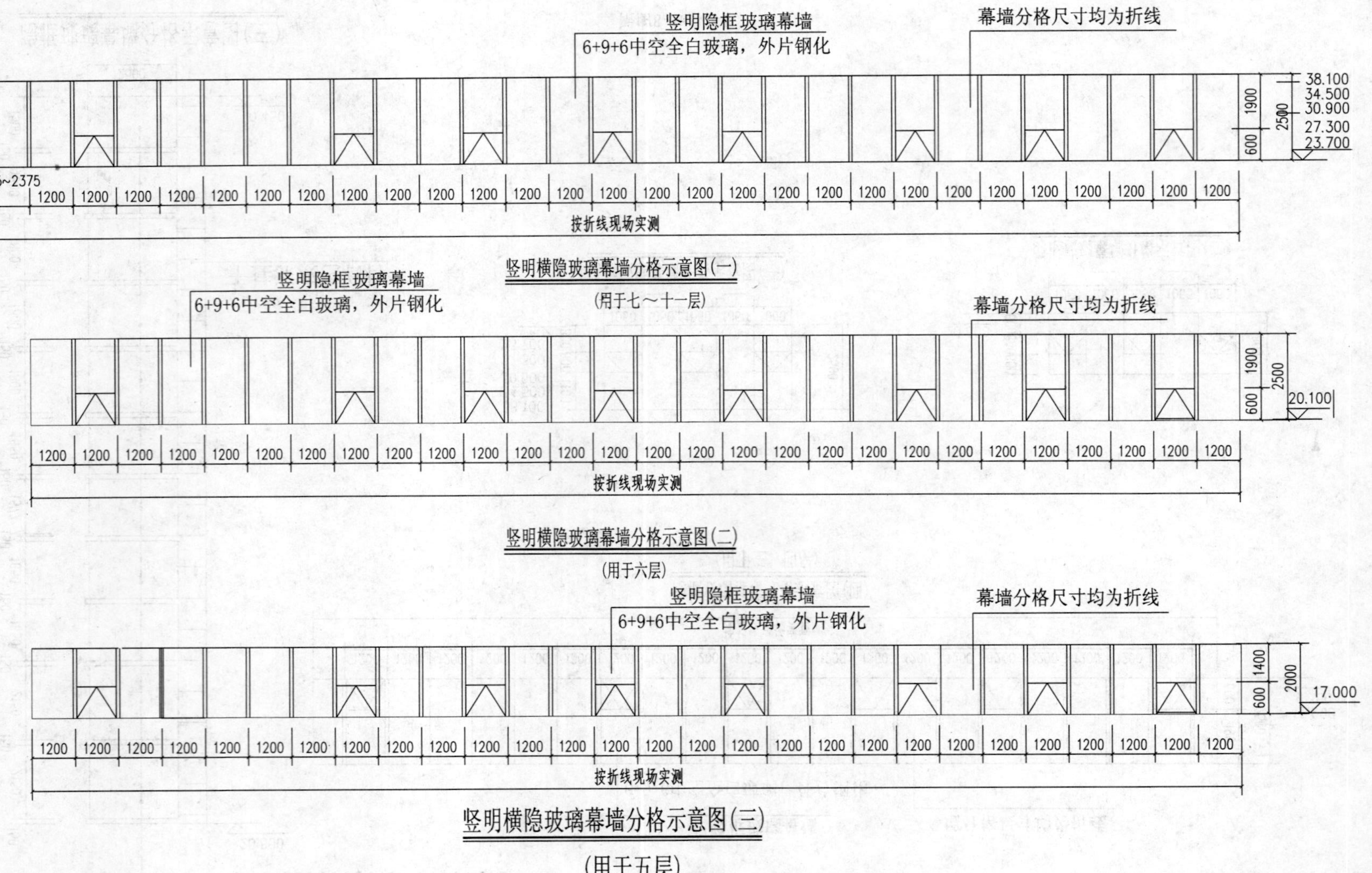

竖明横隐玻璃幕墙分格示意图(一)

(用于七～十一层)

竖明横隐玻璃幕墙分格示意图(二)

(用于六层)

竖明横隐玻璃幕墙分格示意图(三)

(用于五层)

附图8-92

竖明隐框玻璃幕墙
6+9+6中空全白玻璃，外片钢化
幕墙分格尺寸均为折线
38.100
34.500
30.900
27.300
23.700
20.100
1900
600
2500
按折线现场实测
竖明横隐玻璃幕墙分格示意图(一)
竖明隐框玻璃幕墙
6+9+6中空全白玻璃，外片钢化
幕墙分格尺寸均为折线
1400
600
2000
17.000
按折线现场实测
竖明横隐玻璃幕墙分格示意图(二)
竖明隐框玻璃幕墙
6+9+6中空全白玻璃，外片钢化
幕墙分格尺寸均为折线
按折线现场实测
竖明横隐玻璃幕墙分格示意图(三)
20.800
1800
1060
12.900
9.300
隐框玻璃幕墙分格示意图(二)
隐框玻璃幕墙分格示意图(一)

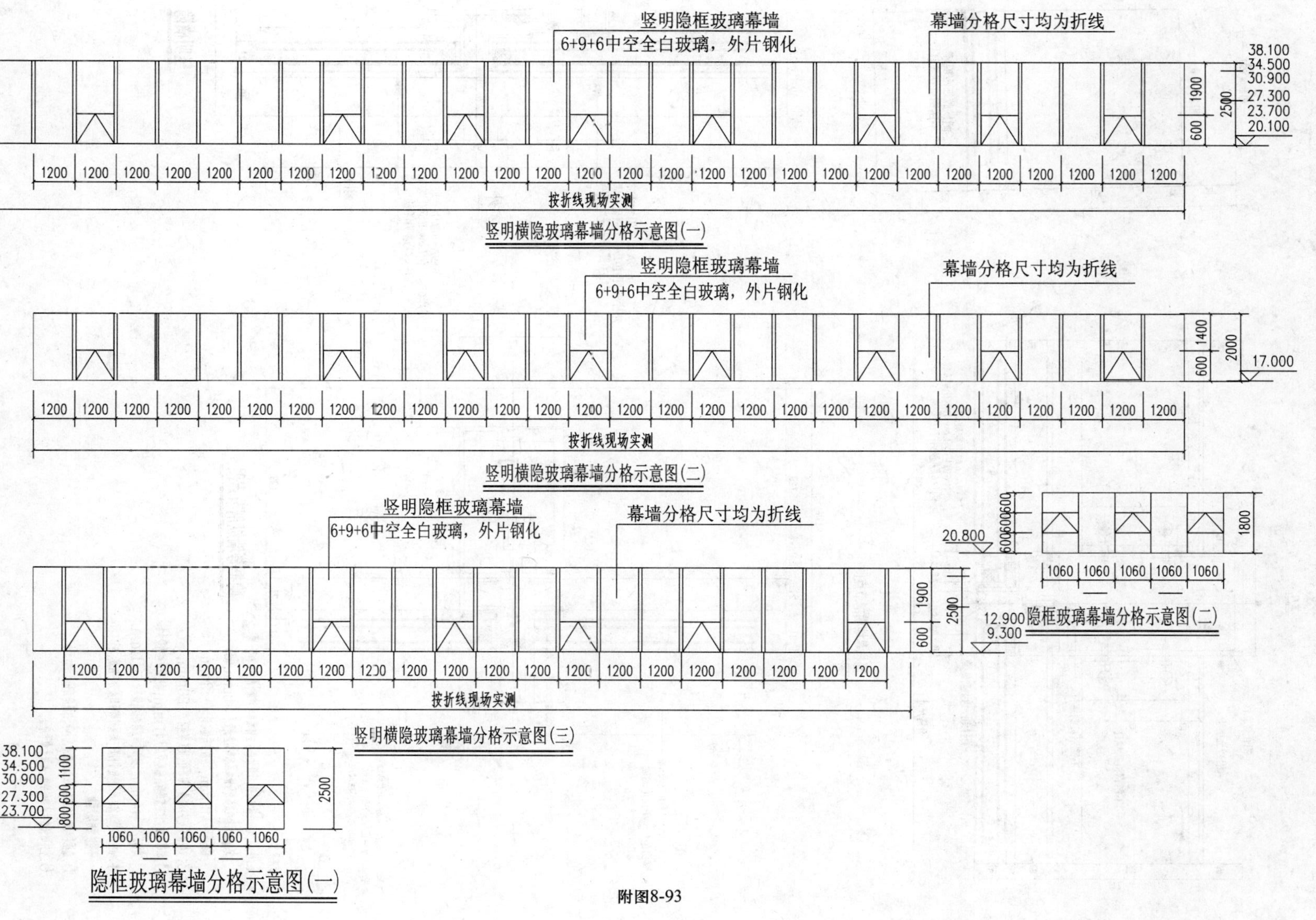

附图8-93

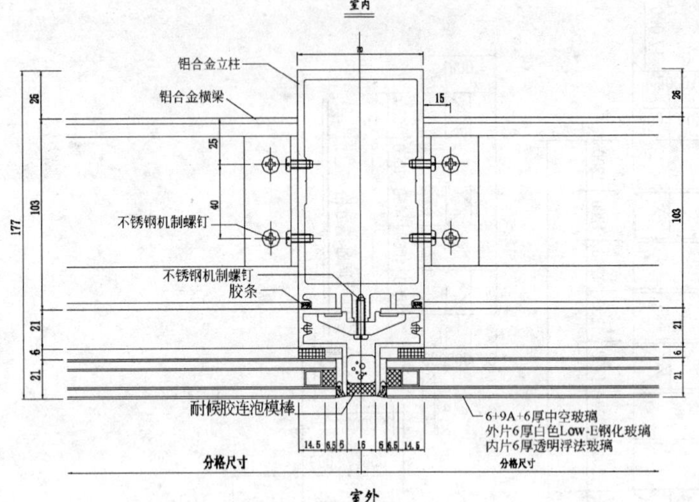

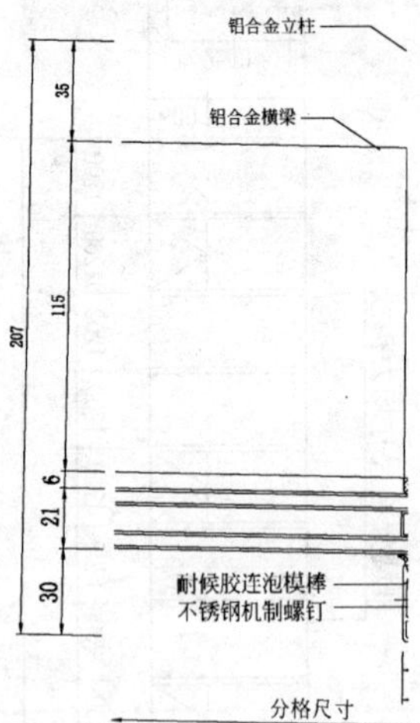

隐框幕墙横剖节点图

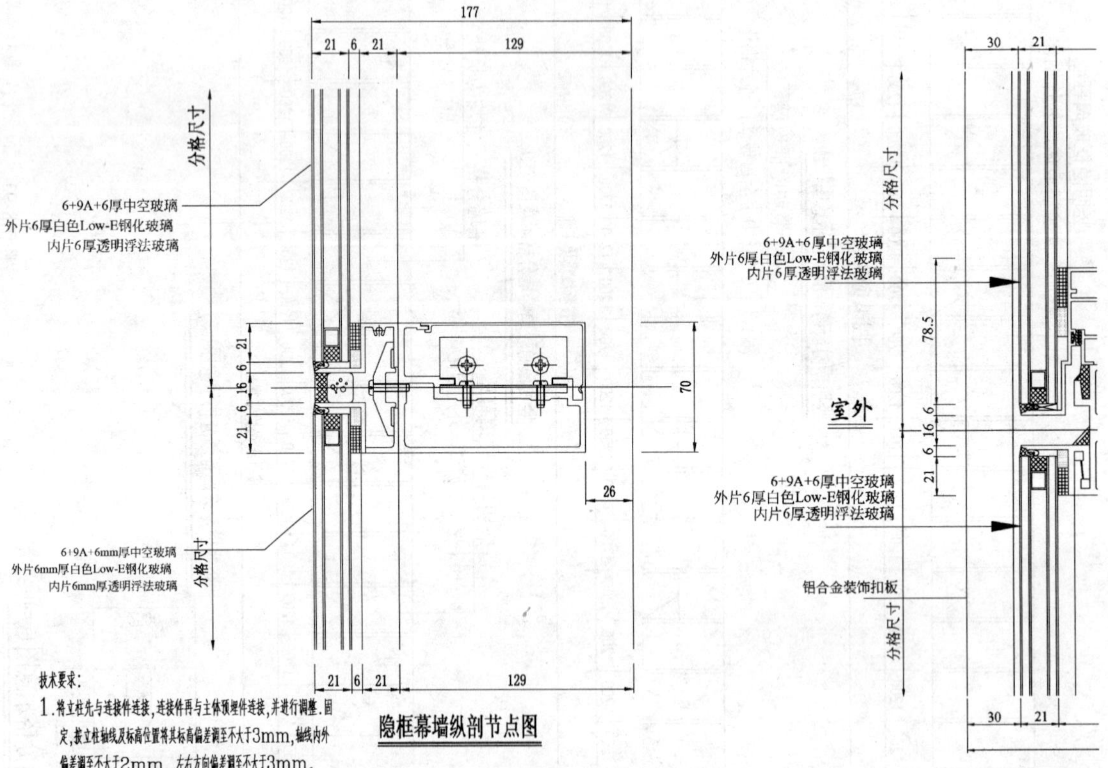

隐框幕墙纵剖节点图

竖明横隐

技术要求：

1. 将立柱先与连接件连接，连接件再与主体预埋件连接，并进行调整。固定，按立柱轴线及标高位置将其标高偏差调至不大于3mm，轴线内外偏差调至不大于2mm，左右方向偏差调至不大于3mm。
2. 立柱接长安装应按施工图进行，接头留有不少于20mm。
3. 相邻两根立柱安装的标高偏差不应大于1mm，同层的立柱的最大标高偏差不应大于4mm，相邻两根立柱的距离偏差不应大于1mm。
4. 结构硅酮密封胶采用高模数中性胶，耐候硅酮密封胶为中性胶，均不得使用过期变质胶。
5. 扇框和玻璃在打胶前应使用丙酮清洗干净，打胶房应保持清洁无尘。
6. 室外耐候胶缝应均匀顺直，表面光滑干净。

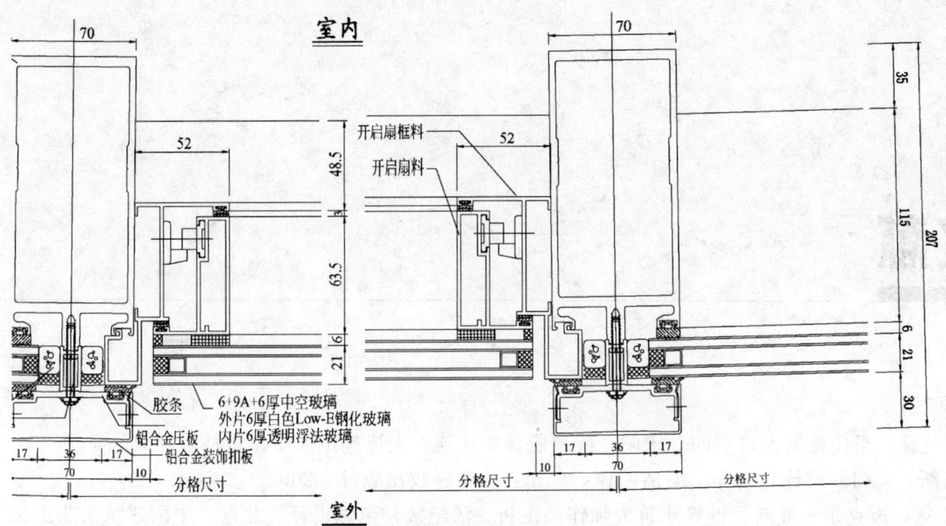

竖明横隐幕墙开启扇横剖节点图

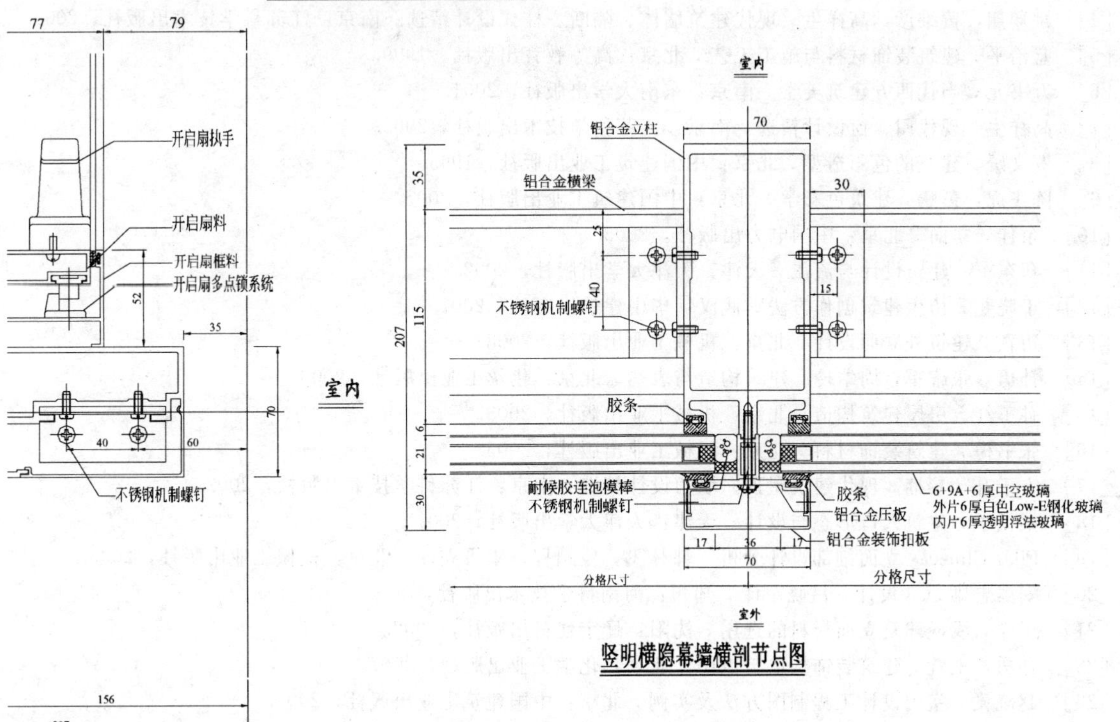

竖明横隐幕墙横剖节点图

幕墙开启扇纵剖节点图

8-94

参考文献

[1] 凯瑟琳·斯兰瑟．当代建筑入口空间．宋阳，陈冠宏译．大连：大连理工大学出版社，2003.

[2] 威廉P史宾斯．大门的设计与制作．潘洁明译．广州：广东科技出版社，2002.

[3] 罗杰H克拉克，迈克尔·波斯．世界建筑大师作品图析．汤纪敏，包志禹译．北京：中国建筑工业出版社，2006.

[4] 姚翔翔，黄维彦，高祥生．现代建筑墙体、隔断、柱式设计精选．南京：江苏科学技术出版社，2002.

[5] 蓝治平．建筑装饰材料与施工工艺．北京：高等教育出版社，1999.

[6] 万书元．当代西方建筑美学．南京：东南大学出版社，2001.

[7] 高祥生．现代门、窗设计精选．南京：江苏科学技术出版社，2002.

[8] 罗文媛．建筑的色彩造型．北京：中国建筑工业出版社，1995.

[9] 陈飞虎，彭鹏．建筑色彩学．北京：中国建筑工业出版社，2007.

[10] 余佳．立面．北京：中国电力出版社，2005.

[11] 郑东军．建筑设计与流派．天津：天津大学出版社，2002.

[12] 丁晓斐．仿生建筑创作方法．武汉：华中建筑出版社，2007.

[13] 边颖．建筑外立面设计．北京：机械工业出版社，2008.

[14] 孙勇，张耀军，周翠玲．建筑构造与表达．北京：化学工业出版社，2006.

[15] 孙玉红．房屋建筑构造．北京：机械工业出版社，2003.

[16] 张书梅．建筑装饰材料．北京：机械工业出版社，2003.

[17] 方于升，黎楠．现代建筑屋顶、墙角设计精选．南京：江苏科学技术出版社，2002.

[18] 梁振学．建筑入口形态与设计．天津：天津大学出版社，2001.

[19] Pilar Chueca. 立面细部设计分析．韩林飞，段鹏程，李雷立译．北京：机械工业出版社，2005.

[20] 安藤忠雄．C3设计．吕晓军译．郑州：河南科学技术出版社，2004.

[21] 于洋．浅谈建筑立面材料的选用．沈阳：辽宁建材出版社，2002.

[22] 孙勇，王萱．建筑装饰构造与识图．北京：化学工业出版社，2007.

[23] 赵晓飞．室内设计工程制图方法及实例．北京：中国建筑工业出版社，2007.

[24] 武金良．建筑工程计算机辅助设计．北京：机械工业出版社，2008.

[25] 高祥生．现代建筑设计入口、门头设计精选．南京：江苏科学技术出版社，2002.

[26] 苏小梅．建筑制图．北京：机械工业出版社，2008.